普通高校嵌入式系统基础教材

80C51 嵌入式系统教程

肖洪兵　李国峰
李　冰　杨　征　编著

北京航空航天大学出版社

内容简介

本书贯彻“讲清楚概念便于理解系统，讲清楚芯片便于应用系统”的思想，立足于将《微机原理》和《单片机原理及应用》两门课程优化整合为一门课程，使读者从基础起步。介绍了一些顺应嵌入式系统发展趋势的串行的、性价比高的新器件，体现“器件解决”的方针。充分考虑到作为教材的特点和实际教学需要，在具体内容的展开上采用“避重就轻”的手法，避免冗长的理论介绍，尽量采用简洁的理论描述以及适合学生理解的图表形式。本书融单片机与嵌入式系统的基础理论与应用系统设计于一体，概念和理论叙述简洁明了，例程来源于应用及最新科研成果，取材较新，实用性强，并配有参考程序。

本书将单片机与嵌入式系统结合起来，作为《微机原理》与《单片机原理及应用》课程整合后的替代教材，适合高校电子信息类、计算机类和机电类等专业的单片机与嵌入式系统方向的课程；该课程体现了电子技术和微型计算机技术的综合应用。本书也可作为工程技术人员自学单片机及嵌入式系统的入门书籍。

图书在版编目(CIP)数据

80C51嵌入式系统教程/肖洪兵等编著. —北京：北京航空航天大学出版社，2008.1

ISBN 978-7-81124-194-5

Ⅰ.8… Ⅱ.肖… Ⅲ.微型计算机—系统设计—教材
Ⅳ.TP360.21

中国版本图书馆CIP数据核字(2008)第002535号

80C51嵌入式系统教程

肖洪兵 李国峰 李 冰 杨 征 编著

责任编辑 张军香 朱红芳

*

北京航空航天大学出版社出版发行

北京市海淀区学院路37号(100083) 发行部电话：010-82317024 传真：010-82328026

http://www.buaapress.com.cn E-mail:bhpress@263.net

涿州市新华印刷有限公司印装 各地书店经销

*

开本：787 mm×960 mm 1/16 印张：20 字数：448千字

2008年1月第1版 2008年1月第1次印刷 印数：5 000册

ISBN 978-7-81124-194-5 定价：28.00元

前　言

目前，很多高校的电子信息类、计算机类和机电类等专业都开设了单片机与嵌入式系统方面的课程，比较典型的课程有《单片机原理及应用》、《单片机接口技术》和《单片机应用系统设计》等。这些课程有着广泛的物质基础和群众基础，虽然在内容上或多或少有些差异，但性质都是相同的，是在学生学完电子技术类和微机应用类基础课程之后，为加强学生技术应用能力的培养而开设的，是体现电子技术和微型计算机技术综合应用的课程。

将单片机与嵌入式系统结合起来，才是近几年的事情，因而这门课的课程体系建立尚处于关注和探索之中，国内有关专家和学者为此付出了不懈的努力。为了适应嵌入式系统发展的大好形势，应以创新思维来构建嵌入式系统的课程体系。从上述思想出发，作者一直将《单片机原理及应用》课程作为贯穿专业教学的主线，构建了课程理论教学、实验教学、专业综合设计、第二课堂和毕业设计的大课程体系。本着及时服务于学生的课外实践活动需要，在新教学计划中解决好课程之间的整合问题，将《微机原理》和《单片机原理及应用》两门课程合二为一，变成了《嵌入式应用系统原理与设计》，并在一些试点专业中实施。这一设想在与国内一些兄弟院校同行的交流中也取得了共识，得到了有关专家的肯定，他们鼓励作者尽快将这一设想变为现实，以便在兄弟院校间加以推广。

基于此，作者着手编写《80C51 嵌入式系统教程》，试图以此作为《微机原理》与《单片机原理及应用》课程整合后的替代教材，以求抛砖引玉。本教材力求做到以下几点：

- 在指导思想上，贯彻“讲清楚概念便于理解系统，讲清楚芯片便于应用（设计）系统”的思想。概念是进一步学习的前提，必须给出正确、简洁、明了的概念，接下来才能使读者理解嵌入式系统的一些理论和方法；而讲清楚芯片，才可使读者自己去应用和设计嵌入式系统，从而体现出该课程应用性强的特点。
- 在立意上，本书立足于将《微机原理》和《单片机》两门课程优化整合为一门课程。使读者从基础起步，不必再学《微机原理》课程。这样，既避免了过去两门课中大量的重复性内容，又为加强这门课程的实践环节腾出了一些宝贵的学时资源。
- 在器件上，书中尽量介绍一些顺应嵌入式系统发展趋势的串行的、性价比高的新器件，体现“器件解决”的方针。例如,本书选取了ZLG7290替代8279来介绍键盘/显示器接口设计。其他的例子还有很多,读者可从中体会到这一点。随着SoC系统级器件的出现和推广,这种趋势更是势在必行。

➢ 在写法上,充分考虑到作为教材的特点和实际教学需要。在具体内容的展开上采用“避重就轻”的手法,避免冗长的理论介绍,尽量采用简洁的理论描述以及适合学生理解的图表形式。

本教材是作者在10余年教学经验的基础上编写而成的,融单片机与嵌入式系统的基础理论与应用系统设计于一体。书中概念和理论叙述简洁明了;例子来源于应用及最新科研成果,取材较新,实用性强,并配有参考程序。

本书由肖洪兵、李国峰、李冰和杨征等编著。其中:第1章、第2章、第6章、第8章的8.3节、第10章的10.1节由肖洪兵编写;第5章、第7章的7.1节和7.2节、第9章的9.2节、第10章的10.2节由李国峰编写;第4章、附录由李冰编写;第3章、第9章的9.1节由杨征编写;第7章的7.3节和7.4节、第8章的8.1节由李朝晖编写;第8章的8.2节由李巧编写;另外,关小丹和蒋天伟参与了第1章、第2章的部分编写工作。肖洪兵担任主编并负责全书的统稿,李国峰和李冰协助主编做了部分统稿工作。

需要特别指出的是,北京航空航天大学出版社为本书的顺利完成做了大量细致的工作;在本书的编写过程中还得到了陈志强院长的大力支持,深表感谢;此外,本书参考了一些单位以及同行所公开的有关资料,尽管已在参考文献中列出,但难免有疏漏,在此一并致谢。

无疑,单片机与嵌入式系统课程是新兴的、同时又是富有生命力的课程。尽管它的课程体系还不尽完善,但由于其具有巨大的应用需求,作者相信,在各方的努力和呵护之下,必将逐渐趋于成熟,孕育和培养出一大批该领域的应用人才,充分显示出其巨大的价值。作者始终本着为读者认真负责的态度和出精品的意识来编写这本书,从本书的谋划到出版花费了几年的时间,但由于水平所限,缺点和不足在所难免,欢迎广大读者和同行不吝赐教。

本教材还配套有教学课件。需要用于教学的教师,请与作者或北京航空航天大学出版社联系。

作者 Email: x.hb@163.com

北京航空航天大学出版社联系方式如下:

通信地址:北京市海淀区学院路37号北京航空航天大学出版社教材推广部

邮编:100083

电话:010－82317027 传真:010－82327026

E-mail: bhkejian@126.com

作者

2007年8月

目　录

第1章　从计算机到嵌入式计算机

1.1　计算机概述 …… 1

1.1.1　计算机的技术发展史 …… 1

1.1.2　计算机中的信息表示 …… 2

1.2　微型计算机系统的组成及原理 …… 8

1.2.1　硬件组成 …… 8

1.2.2　软件组成 …… 9

1.3　微型计算机的基本电路 …… 10

1.4　微型计算机的分类 …… 13

1.4.1　现代计算机技术的两大分支 …… 13

1.4.2　通用微型计算机 …… 14

1.4.3　嵌入式计算机 …… 15

本章小结 …… 15

本章习题 …… 16

第2章　嵌入式系统结构

2.1　嵌入式系统的基本概念 …… 17

2.1.1　什么是嵌入式系统 …… 17

2.1.2　嵌入式系统的特点 …… 18

2.1.3　嵌入式系统的应用模式 …… 20

2.1.4　嵌入式系统的发展 …… 25

2.1.5　嵌入式系统的组成 …… 27

2.2　嵌入式系统硬件结构 …… 28

2.2.1 存储体系结构……28
2.2.2 指令体系结构……31
2.2.3 嵌入式系统的存储器……34
2.3 嵌入式系统软件基础……39
2.3.1 嵌入式操作系统……39
2.3.2 嵌入式应用软件……43
2.4 应用最广泛的嵌入式系统……44
2.4.1 单片机的嵌入式特点……44
2.4.2 单片机的嵌入式应用……45
2.4.3 8位单片机的主流地位……45
2.4.4 单片机的技术发展史和趋势……46
2.4.5 嵌入式系统的高低端……47
本章小结……48
本章习题……48

第3章 80C51单片机的结构与配置

3.1 概 述……49
3.2 80C51单片机的内部结构……50
3.3 80C51单片机的外部引脚及功能……52
3.3.1 信号引脚的介绍……52
3.3.2 引脚的复用……54
3.4 80C51单片机的存储器配置……54
3.4.1 内部数据存储器……54
3.4.2 特殊功能寄存器SFR……56
3.4.3 80C51单片机的堆栈操作……60
3.4.4 程序存储器……61
3.4.5 80C51嵌入式系统的存储器结构特点……62
3.5 80C51单片机并行输入/输出接口电路……62
3.5.1 P0口的内部结构……62
3.5.2 P1口的内部结构……63
3.5.3 P2口的内部结构……64
3.5.4 P3口的内部结构……65
3.5.5 并行接口电路小结……65
3.6 80C51单片机的时钟电路与时序……66

3.6.1 时钟电路…………………………………………………………………… 66
3.6.2 时钟时序的基本概念……………………………………………………… 67
3.7 80C51 单片机的工作方式……………………………………………………… 69
3.7.1 复位方式…………………………………………………………………… 69
3.7.2 节电方式…………………………………………………………………… 70
本章小结 ………………………………………………………………………………… 71
本章习题 ………………………………………………………………………………… 71

第 4 章 80C51 单片机指令系统与汇编程序设计

4.1 80C51 单片机指令系统…………………………………………………………… 72
4.1.1 指令概述…………………………………………………………………… 72
4.1.2 指令格式…………………………………………………………………… 73
4.1.3 指令的分类………………………………………………………………… 73
4.1.4 指令中常用符号说明……………………………………………………… 74
4.2 80C51 单片机的寻址方式……………………………………………………… 75
4.2.1 立即寻址…………………………………………………………………… 75
4.2.2 直接寻址…………………………………………………………………… 75
4.2.3 寄存器寻址………………………………………………………………… 76
4.2.4 寄存器间接寻址…………………………………………………………… 76
4.2.5 变址寻址…………………………………………………………………… 77
4.2.6 相对寻址…………………………………………………………………… 77
4.2.7 位寻址……………………………………………………………………… 77
4.3 数据传送类指令………………………………………………………………… 78
4.3.1 内部 RAM 数据传送指令 ………………………………………………… 78
4.3.2 访问外部 RAM 的数据传送指令 ………………………………………… 79
4.3.3 程序存储器向累加器 A 传送数据指令 ………………………………… 80
4.3.4 数据交换指令……………………………………………………………… 81
4.3.5 堆栈操作指令……………………………………………………………… 82
4.4 算术运算类指令………………………………………………………………… 82
4.4.1 加法指令…………………………………………………………………… 82
4.4.2 带进位加法指令…………………………………………………………… 83
4.4.3 带借位减法指令…………………………………………………………… 84
4.4.4 加 1 指令…………………………………………………………………… 85
4.4.5 减 1 指令…………………………………………………………………… 85

4.4.6 乘除指令……85
4.4.7 十进制调整指令……86
4.5 逻辑运算及移位类指令……87
4.5.1 逻辑“与”运算指令……87
4.5.2 逻辑“或”运算指令……87
4.5.3 逻辑“异或”运算指令……88
4.5.4 累加器清零、取反指令……88
4.5.5 循环移位指令……89
4.6 控制转移类指令……90
4.6.1 无条件转移指令……90
4.6.2 条件转移指令……92
4.6.3 子程序调用及返回指令……95
4.6.4 空操作指令……97
4.7 位操作类指令……97
4.7.1 位变量传送指令……97
4.7.2 置位清零指令……98
4.7.3 位逻辑运算指令……98
4.7.4 位控制转移指令……99
4.8 汇编语言程序的伪指令……100
4.9 汇编语言程序设计举例……102
4.9.1 程序的基本结构……102
4.9.2 顺序程序设计……103
4.9.3 分支程序设计……103
4.9.4 循环程序设计……105
4.9.5 查表程序设计……109
4.9.6 子程序设计……110
本章小结……112
本章习题……113

第5章 80C51单片机的C语言程序设计基础

5.1 C51程序设计的基础知识……116
5.1.1 C51的优势及其程序结构特点……116
5.1.2 C51中的标识符和关键字……117
5.2 C51中的数据类型……119

5.2.1 字符类型 char …… 120
5.2.2 整型 int …… 120
5.2.3 长整型 long …… 121
5.2.4 浮点型 float …… 121
5.2.5 指针型 …… 122
5.2.6 位标量 bit …… 122
5.2.7 特殊功能寄存器 sfr …… 123
5.2.8 16 位特殊功能寄存器 sfr16 …… 123
5.2.9 特殊功能位 sbit …… 124
5.3 C51 中的常量 …… 124
5.3.1 整型常量 …… 124
5.3.2 浮点型常量 …… 124
5.3.3 字符型常量 …… 124
5.3.4 字符串型常量 …… 125
5.3.5 位标量 …… 125
5.3.6 常量的定义 …… 125
5.4 C51 中的变量及其存储模式 …… 126
5.4.1 C51 中的变量 …… 126
5.4.2 C51 中存储器类型 …… 126
5.4.3 C51 中存储模式 …… 128
5.5 C51 中的函数 …… 129
5.5.1 一般函数 …… 130
5.5.2 中断函数 …… 130
5.5.3 再入函数 …… 132
5.6 C 程序和汇编语言程序的结合 …… 133
5.7 典型设计要求的 C 语言实现方法 …… 134
5.8 C51 程序设计的几点注意事项 …… 137
本章小结 …… 140
本章习题 …… 141

第 6 章 80C51 单片机的程序开发

6.1 80C51 单片机的程序开发流程 …… 142
6.2 80C51 单片机程序开发的软硬件平台 …… 142
6.2.1 Keil C51 软件及其安装 …… 142

6.2.2 HK-Keil C 仿真器及其安装 …… 144
6.3 80C51 程序的开发 …… 147
6.3.1 Keil μVisionX 的启动 …… 147
6.3.2 建立并调试用户程序 …… 148
6.3.3 HK-Keil C51 综合实验系统的应用 …… 157
6.3.4 几点使用技巧 …… 162
6.4 80C51 目标程序的 ISP 下载 …… 163
6.4.1 AT89S5X ISP 下载器简介 …… 163
6.4.2 ISP 下载操作流程 …… 163
本章小结 …… 166
本章习题 …… 166

第 7 章 80C51 单片机的中断与定时系统

7.1 中断的概念 …… 167
7.1.1 中断功能 …… 168
7.1.2 中断过程 …… 168
7.2 80C51 单片机的中断系统 …… 168
7.2.1 中断源及其入口地址 …… 169
7.2.2 80C51 单片机的中断系统结构和中断控制 …… 170
7.2.3 中断过程 …… 176
7.3 80C51 单片机的定时/计数器 …… 178
7.3.1 定时的方法 …… 178
7.3.2 定时器的两种工作模式 …… 178
7.3.3 定时器的控制 …… 179
7.3.4 定时器的工作方式 …… 181
7.4 80C51 单片机的定时器与中断联合应用举例 …… 187
本章小结 …… 190
本章习题 …… 191

第 8 章 80C51 嵌入式系统接口技术

8.1 嵌入式系统接口技术概述 …… 192
8.1.1 接口概念 …… 192
8.1.2 接口类型 …… 193
8.2 80C51 单片机的通信接口技术 …… 194

8.2.1 串行通信的基本知识 …… 194
8.2.2 80C51 单片机的串行接口 …… 200
8.2.3 80C51 单片机与外设的通信总线 …… 220
8.3 80C51 单片机的人机交互接口技术 …… 240
8.3.1 键盘接口技术 …… 240
8.3.2 显示接口设计 …… 243
8.3.3 键盘/LED 显示器接口 ZLG7290 …… 251
本章小结 …… 257
本章习题 …… 259

第 9 章 80C51 单片机的 SoC 化嵌入式系统

9.1 ADμC8xx 嵌入式数据采集系统 …… 260
9.1.1 A/D 转换器 …… 260
9.1.2 D/A 转换器 …… 262
9.1.3 ADμC812 的主要特点 …… 263
9.1.4 ADμC812 的功能部件 …… 263
9.1.5 ADμC824 简介 …… 265
9.2 C8051F 系统级单片机 …… 268
9.2.1 系统组成 …… 268
9.2.2 外部引脚及功能 …… 272
9.2.3 改进型 51 内核 …… 273
9.2.4 片内存储器 …… 274
9.2.5 可编程数字 I/O 和交叉开关 …… 275
9.2.6 可编程计数器阵列 …… 275
9.2.7 串行端口 …… 276
9.2.8 模/数转换器 ADC …… 277
9.2.9 比较器和数/模转换器 DAC …… 278
9.2.10 JTAG 调试和边界扫描 …… 278
本章小结 …… 279
本章习题 …… 279

第 10 章 80C51 嵌入式系统应用实例

10.1 高精度低成本温度控制器 …… 280
10.1.1 DS1620 温度测量与控制原理 …… 280

10.1.2 控制电路的实现 …… 286
10.1.3 控制程序设计 …… 287
10.2 多功能报警系统 …… 288
10.2.1 系统的组成与工作原理 …… 288
10.2.2 软件程序设计 …… 290
本章小结 …… 293
本章习题 …… 293
附录 A 指令速查表(按字母顺序排列) …… 294
附录 B PDIUSBD 12 引脚描述 …… 298
附录 C PDIUSBD 12 端点描述 …… 300
附录 D PDIUSBD 12 的命令描述 …… 301
附录 E ZLG7290 的应用程序 …… 302
参考文献 …… 307

第1章 从计算机到嵌入式计算机

主要内容 计算机的基本概念,微型计算机系统的组成及工作原理,构成微型计算机的基本电路,微型计算机的分类。

教学建议 1.1、1.2节作为一般性内容介绍,其他部分作为重点介绍内容。

教学目的 通过本章学习,使学生:

- 了解计算机特别是微型计算机的有关概念和术语;
- 了解微型计算机系统的基本构成及工作原理;
- 熟悉嵌入式计算机的概念。

1.1 计算机概述

1.1.1 计算机的技术发展史

自从1946年第一台电子计算机ENIAC问世以来,计算机的迅速发展对人类社会的进步产生了巨大的推动作用。在推动计算机发展的诸多因素中,电子器件的发展是最活跃的一个因素。因此,人们常常把计算机的发展以电子器件为标志分为4代,即电子管时代、晶体管时代、集成电路时代和大规模/超大规模集成电路时代。

在计算机的发展历史中,每一次逻辑元件的变更都使计算机的性能得到一次飞跃;再加上硬件结构和软件技术的不断改进,使得60年来计算机的性价比提高了千万倍,这主要体现在速度和存储容量大幅度提高,软件性能愈加完善,而体积急剧缩小,价格也一再下降。目前,在世界各行业中,发展速度最快的要首推计算机行业,这与社会对它的需求是分不开的。

在计算机发展的早期,电子计算机技术一直是沿着满足高速数值计算的道路发展的。直到20世纪70年代,电子计算机在数字计算、逻辑运算与推理、信息处理及控制方面表现出非凡能力后,在通信、测控、数据传输等领域,人们对计算机技术给予更大的期待。正是由于社会的需求和发展,计算机也在不断革新和发展着,它促使每一代又派生出大小不一、花样繁多的各种类型的计算机。如果按照计算机的规模、性能、用途和价格来分类,可分为巨型机、大型机、小型机和微型机。近年来,计算机的发展趋势是:一方面向着高速化和智能化的超级巨型机方向发展;另一方面向着微型化和网络化的方向发展。

巨型计算机主要用于大型科学研究和实验以及超高速数学计算等领域。它的研究水平标志着一个国家的科学技术和工业发展的程度,象征着一个国家的实力。

巨型计算机的作用不容忽视,但微型计算机的问世却使得计算机的应用不再仅限于少数科技人员。微型计算机与其他类型计算机的主要区别是其中央处理器 CPU(Central Processing Unit)集成在一个小硅片上,而巨型机、大型机和小型机的 CPU 则是由相当多的电路组成的。除此之外,因为微型机充分利用了大规模和超大规模集成电路工艺,所以体积小,成本低,容易掌握,加之其使用面广,除了可用于一般的计算、管理之外,还适用于工业控制等领域。因此,自 20 世纪 70 年代微型计算机诞生之后,就把计算机的应用推向了全社会。微型计算机已成为现代计算机领域中一个极为重要的分支,正在突飞猛进地发展。

所谓微型计算机,就是以微处理器(中央处理单元)为核心,再配以相应的半导体存储器(RAM 和 ROM)、I/O(Input/Output)接口和中断系统等,并由系统总线连接起来组装在一块或数块印刷电路板上构成的计算机。通常包括以下几种类型:

多板微型计算机。多板微型计算机是把构成微型计算机的各功能部件分别组装在多块印刷电路板上,再通过同一机箱内的总线插槽把这些电路板连为一体的微型计算机。这种结构的微型计算机功能很强,通过选用不同的印刷电路插件就可以达到不同的使用目的。

单板微型计算机。单板微型计算机是把微处理器、一定容量的存储器芯片以及 I/O 接口电路等大规模集成电路组装在一块印刷电路板上而构成的一种微型计算机。在这块印刷板上,通常还配有简易键盘和发光二极管,在只读存储器 ROM 中还固化有容量不大的监控程序。单板微型计算机常做成专用的过程控制机投放市场。

单片微型计算机。单片微型计算机简称单片机,是把微处理器、半导体存储器、I/O 接口电路和中断系统集成在一块集成电路芯片上的具有完整功能的微型计算机。单片机是具有嵌入式形态的计算机,英文名称为 Micro-Controller Unit(即微控制器,简称为 MCU)。它具有体积小,重量轻,价格低和可靠性好等优点,可以实现嵌入式应用。在家用电器、智能仪表和工业控制等领域中有着广阔的发展空间。

为了适应社会发展的需要,20 多年来,微型计算机不断地更新换代,新产品层出不穷。目前微型计算机正向着两个不同的方向发展:一个是向着高速度、大容量、高性能和通用的高档个人微型机(即 PC 机)方向发展;另一个是向着稳定可靠、体积小、成本低和专用的单片机方向发展。为讨论方便起见,我们约定,后面提到的计算机均是指微型计算机;但这丝毫不妨碍计算机概念的一般性。

1.1.2 计算机中的信息表示

1. 计算机中的数

计算机中的数据是以二进制的形式进行存储和运算的,微型计算机也不例外。在计算机进行数据存取时，不管它的实际长度如何，每类数据所占据的二进制位数是固定的。例如在8位机中，整数124以01111100B的形式存储，整数22以00010110B的形式存储。当然计算机中不仅要处理无符号数，还要处理带符号数和带小数点的数。

(1) 机器数

为表示带符号数，通常规定数的最高位为符号位。符号位通常用“0”表示正数，用“1”表示负数。如在8位机中，+12表示为00001100B，−12表示为10001100B。这种能被计算机识别的带符号位的二进制数就称为“机器数”，而它所代表的真实值称为“机器数的真值”。

(2) 带符号数的表示

对带符号数，计算机中常见的有原码、反码和补码3种表示方法。

① 原 码

在表示带符号数时，正数的符号位为“0”，负数的符号位为“1”，数值位不变，这样就得到了原码。例如在8位机中：

$$[+38]_{原}=00100110B, \quad [-38]_{原}=10100110B$$

其中，最高位为符号位，后面7位是数值位。如果字长是16位，则D_{15}是符号位，$D_{14}\sim D_0$是数值位。在用原码表示时，8位二进制原码表示数的范围为−127～+127；16位二进制原码表示的范围为−32767～+32767。但是“0”的原码有两种形式：00000000B和10000000B，即分为+0和−0。原码表示简单易懂，而且与真值转换方便。但若是两个异号数相加（或两个同号数相减）就要做减法。由于微机中一般只有加法器而没有减法器，所以为了把减法运算转换为加法运算就引入了反码和补码的概念。

② 反 码

正数的反码表示与原码相同，最高位为符号位，其余位为数值位。如在8位机中：

$$[+4]_{反}=[+4]_{原}=00000100B$$

而负数的反码应当表示为，该数的原码除符号位外按位取反。如在8位机中：

$$[-4]_{反}=11111011B$$

负数的反码表示与原码有很大的区别：最高位相同仍是“1”，但数据位的值完全相反。对于8位二进制数来说，反码表示数的范围为−127～+127；16位二进制反码的表示范围为−32767～+32767。

如果一个带符号数用反码表示，当符号位为“0”时，说明该数是正数，后面7位（或15位）是其数值；当符号位为1时，说明该数为负数，其值为后面7位（或15位）按位取反。例如：

已知$[X]_{反}=00000101B$，则$X=+5$；$[Y]_{反}=11111110B$，则$Y=-1$。

③ 补 码

在钟表上，顺时针方向拨12小时或逆时针拨12小时，结果都是不变的，假设现在的标准时间是6点整，而时钟却指向8点整。校准的方法是顺时针拨10小时或逆时针拨2小时。在顺时针拨的过程中，时钟到达12点时就从0点重新开始，相当于丢失了一个数12，即

$$8+10=8+4+6=12(\text{自动丢失})+6=6$$

这个自动丢失的数叫做“模”(mod)。时钟上的加法可以表示为“模为12的加法”，可表示为：8+10=6(模为12记作：mod12)。

由于时钟上超过12点时就会自动丢失一个数12，因此可以将减法运算8－2转化为加法运算，即先将模12与(－2)相加，然后再与被减数相加，即

$$8-2=8+[12+(-2)]=12+6=6\quad(\text{mod}12)$$

在时钟上模为12，顺时针拨10小时和逆拨2小时效果一样，即8＋10与8－2等价。模12与(－2)相加得到的数为10，则10为(－2)对模12的补数，即

$$[X]_{补}=\text{模}+X$$

时钟的模为12，是因为时钟上只能表示0～11共12个时刻，即时钟的容量为12个时刻，一旦到达12点则12丢失，又变为0。在n位计算机中，它能表示00…0B～11…1B共2^n个数，将11…1B加1得到2^n，即1后面n个0，最高位1丢失，只剩下n个0，则模为2^n。因此，n位二进制数X以2^n为模的补码为

$$[X]_{补}=2^n+X\quad(\text{mod}2^n)$$

当$X\geqslant0$时，X可表示为$+X_1X_2\cdots X_{n-1}$，X的补码为

$$[X]_{补}=2^n+X=2^n+X_1X_2\cdots X_{n-1}=0\ X_1X_2\cdots X_{n-1}=X\quad(\text{mod}2^n)$$

当$X<0$时，X可表示为$-X_1X_2\cdots X_{n-1}$，X的补码为

$$[X]_{补}=2^n+X=2^n-X_1X_2\cdots X_{n-1}=11\cdots1B-0\ X_1X_2\cdots X_{n-1}+1=$$
$$1\overline{X}_1\ \overline{X}_2\cdots\overline{X}_{n-1}+1\quad(\text{mod}2^n)$$

即负数的补码等于负数的原码(符号位除外)求反加1。特别地，$X=0$时，$[0]_{补}=2^n+0=0$，即0的补码为0，且只有一种表示方法。n位补码表示数的范围是$-2^{n-1}\sim+(2^{n-1}-1)$。8位二进制补码表示的数值范围是$-128\sim+127$，16位二进制补码表示范围为$-32\,768\sim+32\,767$。

补码的求法如下例所示：

$$[+3]_{补}=[+3]_{原}=[+3]_{反}=00000011B$$
$$[-3]_{补}=[-3]_{反}+1=11111100B+1=11111101B$$
$$[-0]_{补}=[-0]_{反}+1=11111111B+1=00000000B$$

这样，当负数采用补码表示时，就可以把减法运算转换为加法运算。

(3) 数的定点和浮点表示

在实际运算中，计算机所处理的数一般是带有小数点的数，既有整数部分，又有小数部分，这就提出一个小数点位置如何确定的问题。在计算机中，通常有两种方法，即定点表示法和浮点表示法。采用定点表示法的计算机叫做“定点机”，采用浮点表示法的叫做“浮点机”。这里所谓的定点与浮点，是指计算机中数的小数点的位置是固定的还是浮动的。

① 定点表示法

在定点表示法中，小数点的位置是固定的。计算机在处理定点数时，常把小数点固定在数值位的最后面或最前面，即分为定点纯小数与定点纯整数两类，如图1.1所示。

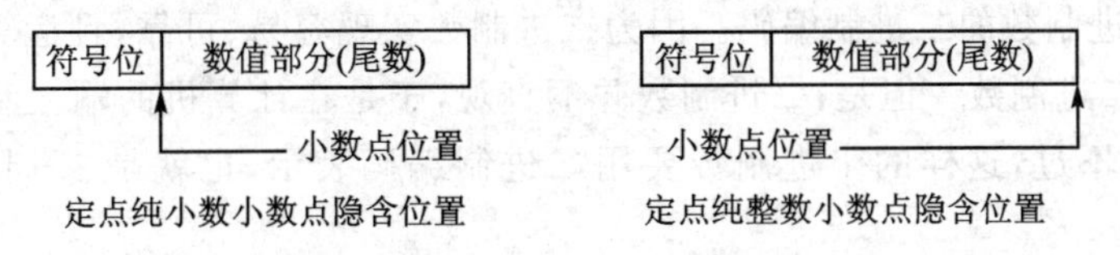

图1.1　定点纯小数和定点纯整数的表示

定点纯整数和定点纯小数在计算机中的表示没有什么区别，小数点并不实际存在，需要编程人员事先约定小数点的位置，即事先约定小数点是隐含在数值部分的最后面还是最前面。例如00011000B，如果把它看作定点纯整数，其真值为24(00011000B)；如果把它看作定点纯小数，其真值为0.1875(0.0011000B)。

② 浮点表示法

在浮点表示法中，小数点的位置是浮动的。例如，63.8可表示为0.638×10^2或6.38×10^0或638×10^{-1}等，由此，对于任意一个二进制数N也可表示为：$N=S\cdot2^J$。

其中，S称为数N的尾数，表示数N的全部有效数字，它决定了N的精度。将S表示为$S_fS_1S_2\cdots S_n$时，S_f是尾数的符号，称为尾符，$S_1S_2\cdots S_n$表示尾数的数值。J称为数N的阶码，底为2，指明了小数点的位置，决定了数N的大小范围，将J表示为$J_fJ_1J_2\cdots J_n$，J_f是阶码的符号位，称为阶符，$J_1J_2\cdots J_n$表示阶码的数值。一般来说，任何一个数的浮点表示格式如图1.2所示。

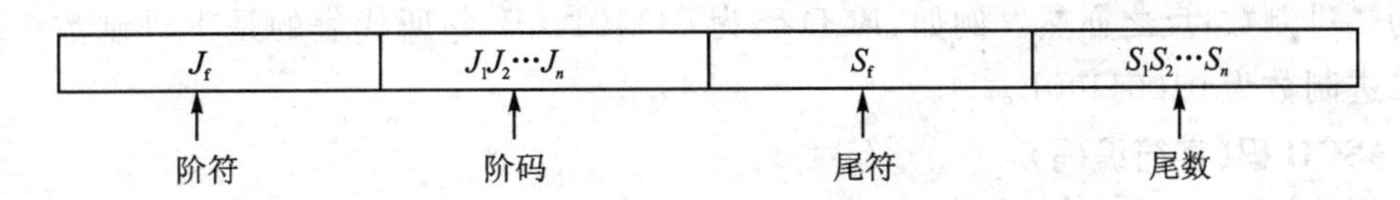

图1.2　浮点表示法

例如，二进制数$N=2^{+11}\times1011$在浮点机中的表示格式为：

0	11	0	1011

为了提高精度，在浮点数表示中，常采取数的规格化表示法。所谓规格化数，就是要求尾数的最高位是1；非规格化数，就是尾数的最高位是0。在浮点数中，若保持一个数的数值不变，尾数小数点向左移动1位，阶码相应地加1；同理，若尾数的小数点向右移动1位，阶码减1。只要移动尾数的小数点，就可实现数的规格化。

2. 计算机中的编码

计算机中，数是用二进制表示的。而计算机又应能识别和处理各种字符，如大小写英文字母、标点符号、运算符号等，这些符号又怎样表示呢？由于计算机的基本物理器件是具有两个状态的器件，所以各种字符也只能用若干位的二进制码组合(即编码)来表示。

(1) BCD码

BCD码即十进制数的二进制编码。因为二进制数实现容易、可靠，且运算规律简单，所以在计算机中使用二进制数。但是，二进制数并不直观，于是在计算机的输入和输出时，通常还是采用十进制数，不过，这样的十进制数要用二进制编码表示，也就是二-十进制编码，简称BCD码。

BCD码的1位十进制数需要用4位二进制编码，表示的方法很多，较常用的是8421 BCD码，表1-1列出了部分8421 BCD码和十进制数的对应关系。

BCD码有10个不同的字符，且逢十进一，所以BCD码是十进制数。但它的每一位是用4位二进制编码来表示的，因此称它为十进制数的二进制编码。BCD码比较直观，如：BCD码01001001.0111B表示的十进制数为49.7。因此，只要熟悉BCD的0～9的10个编码，就可以很容易地实现十进制与BCD码之间的转换。

表1-1　BCD码编码表

十进制数	8421BCD码	十进制数	8421BCD码
0	0000B	7	0111B
1	0001B	8	1000B
2	0010B	9	1001B
3	0011B	10	0001 0000B
4	0100B	11	0001 0001B
5	0101B	12	0001 0010B
6	0110B	13	0001 0011B

但值得注意的是，BCD码和二进制数之间的转换不是直接的，要先经过十进制数，即将BCD码先转换为十进制数，然后再转换为二进制数；反之亦然。例如，BCD码为01110110B，它所代表的是十进制数76，而它的等值二进制数为01001100B。

(2) ASCII码(字符编码)

在计算机中，字母和字符也必须按照特定的规定，用二进制编码表示。编码可以有各种方式，目前微机中最普遍采用的是ASCII码(American Standard Cord for Information Interchange，美国标准信息交换码)。

ASCII码使用7位二进制编码，故可表示128个字符，其中包括数码0～9，以及英文字母等可打印的字符。其中，数码0～9用0110000B～0111001B来表示。因为微机字长通常是8位，所以通常把Bit7用做奇偶校验位，但在机器中表示时，常看做0，故用一个字节来表示一个ASCII码。于是0～9的ASCII码就为30H～39H；大写字母A～Z的ASCII码为41H～5AH；小写字母a～z的ASCII码为61H～7AH。

3. 计算机的术语

在计算机中通常要用到一些计算机术语来描述微型计算机及其性能。

(1) 位、字节、字和字长

➢ 位(bit)是计算机所能表示的最基本、最小的数据单元，是一个二进制位(bit)，即只能由0和1两种状态构成。若干个二进制位的组合可以表示各种数据、字符等信息。

➢ 字节(Byte)是计算机中通用的基本单元，简称B。它由8个二进制位组成，即8位二进制数组成一个字节。

➢ 字(Word)是计算机一次可处理或运算的一组二进制数，它是计算机内部进行数据处理的基本单位。

➢ 字长(Word Length)是计算机在交换、加工和存放信息时，每个字所包含的二进制位数，它决定计算机的内部寄存器、加法器及数据总线的位数。有4位、8位、16位、32位、64位等。各种类型的微型计算机字长是不相同的，计算机字长越长，其处理数据的精度和速度就越高。因此，字长是微计算机中最重要的指标之一。

字节的长度是固定的，但不同计算机的字长是不同的。8位机的字长就等于1字节即8位，16位机的字长等于2字节，而32位的字长等于4字节。

(2) 指令、指令系统和程序

➢ 指令(Instruction)是规定计算机进行某种操作的命令，是计算机自动运行的依据。计算机只能直接识别0和1数字组合的编码，这就是指令的机器码。微型计算机的机器码指令有1字节、2字节，也有多字节，如4字节、6字节等。

➢ 指令系统(Instruction Set)指一台计算机所能执行的全部指令。

➢ 程序(Program)是指令的有序集合，是一组为完成某种任务而编制的指令序列。

(3) 主频、指令执行时间和速度

➢ 时钟频率是指计算机等电子设备中的时钟振荡频率，即激励源，以Hz(赫兹)为单位。

➢ 主频是指计算机的基准时钟频率，是衡量CPU速度快慢的基本指标。计算机的所有操作都是以此为基准的。

➢ 指令执行时间是指CPU完成一条指令所需要的时间，与CPU的主频有关。一般说来，主频越高，一个时钟周期里面完成的指令数也就越多，CPU的速度也就越快。

还有一种更具体、更直接的描述计算机运算速度的方式—— MIPS (Million Instruction Per Second，即百万条指令每秒)。

(4) 总线、接口和接口卡

➢ 总线(Bus)是指计算机中连接各功能部件的公共数据通道。一次传输信息的位数则称为总线宽度。

➢ 接口是指连接计算机与外部设备的专用电路，又称接口电路。计算机通过总线连接相应的输入/输出设备的接口电路，然后再与输入/输出设备连接。

➢ 计算机中的一般接口电路又叫接口卡或适配器。接口卡是一块印刷电路板，是系统I/O设备控制器功能的扩展和延伸，因此，也称为功能卡。

(5) 计算机的几种称谓

Micro-Processor Unit：简称 MPU，即微处理器，与 CPU 的含义相同。

Micro-Computer：即微型计算机。

Micro-Computer System：即微型计算机系统。

当然，有关计算机的术语还有很多，我们会在以后的内容中逐步介绍。

1.2 微型计算机系统的组成及原理

计算机系统是以微型计算机为主体，并配备相应的外围设备和软件等。概括地讲，一个完整的计算机系统由硬件和软件两大部分组成，如图1.3所示。

所谓硬件是指构成微型计算机的所有实体(物理)部件的集合。例如键盘、显示器、主机、硬盘等。

所谓软件是指建立在硬件基础之上的所有程序和文档的集合。

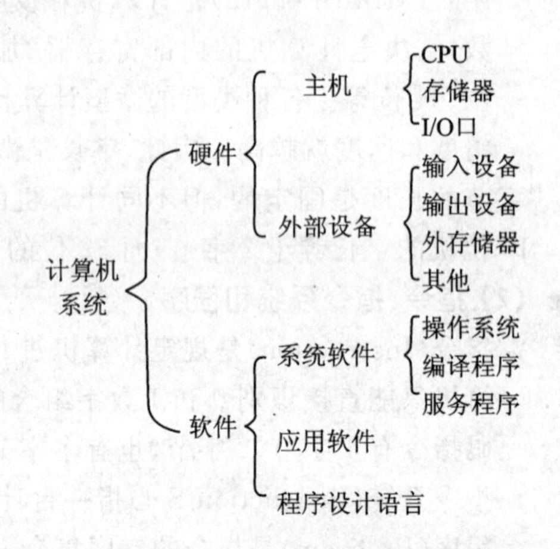

图 1.3 计算机系统的组成

在计算机系统中，硬件是计算机进行工作的物质基础，任何软件都是建立在硬件基础之上的。离开了硬件，软件一事无成。如果把硬件系统比做计算机的躯体，那么软件系统就是计算机的头脑和灵魂。这两者是互相依存、密不可分的。

1.2.1 硬件组成

按具体形态划分，硬件包括：主机和外部设备等。以 PC 机为例，主机就是指位于主机箱主板上的 CPU、内存条和接口电路等。

自第一台电子计算机问世以来，它的更新换代实质上就是硬件的更新换代。但无论如何变化，其基本结构不变，主要由运算器、控制器、存储器、输入设备和输出设备5大部分(或部件)组成，如图1.4所示。其中运算器和控制器统称为中央处理器(Central Processing Unit)，简称为 CPU。

1. 各部分的主要功能

① 运算器。运算器在控制器的控制下，对信息及数据进行处理和计算。计算机中最常见的运算是算术运算和逻辑运算。算术运算有加、减、乘、除等，逻辑运算有比较、判断、"与"、"或"、"非"等。往往可以将一些复杂的运算分解为一系列简单的算术运算和逻辑运算。

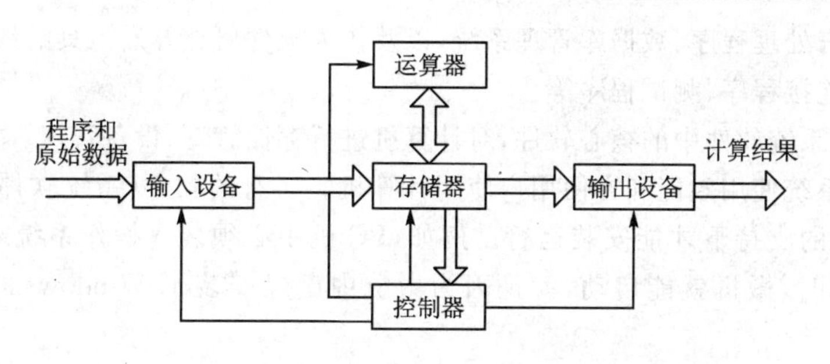

图 1.4 微型计算机硬件的基本组成

② 控制器。控制器是发布操作命令的机构，是整个计算机的指挥中心。它取出程序中的控制信息，经分析后按要求发出操作控制信号，用来指挥各部件的操作，使各部分协调一致地工作。

③ 存储器。存储器是计算机的存储部件，用来存放程序和数据。在控制器的控制下，它可与输入设备、输出设备、运算器、控制器交换信息，是计算机中各种信息存储和交流的中心。常见的存储器有内存、外存(硬盘和光盘)等。

④ 输入设备。输入设备用于输入原始信息以及处理信息的程序。输入信息包括数据、字符和控制符等，其中字符包括英文字母、汉字和其他一些字符。常用的输入设备是键盘、鼠标器和扫描仪等。

⑤ 输出设备。输出设备用来输出计算机的处理结果及程序清单。处理结果可以是数字、字符、表格、图形等。最常用的输出设备是显示器和打印机，可以分别在屏幕和打印纸上输出各种信息。

2. 计算机的工作过程

从图 1.4 中可以看出，计算机内部有两类信息在流动，一类是采用粗线表示的数据信息流，包括原始数据、中间结果、计算结果和程序中的指令；另一类是采用单线表示的控制信息流，是控制器发出的各种操作命令。程序和数据通过输入设备送入存储器中，控制器从存储器中逐条取出命令并加以分析，按照命令的功能规定向各个部件发出一系列的控制信号来执行这条命令；存储器把参加运算的数据送给运算器，运算器按规定的运算操作进行计算，并把结果送回到存储器中保存；最后把处理的结果通过输出设备送给外设。这就是计算机工作的基本过程。

1.2.2 软件组成

软件包括：系统软件、应用软件和程序设计语言等。

(1) 系统软件

系统软件是为计算机用户提供最基本功能的软件，它针对一般应用领域而非特定领域，包括操作系统、语言处理程序、数据库管理系统，以及作为软件研究开发工具的编译程序、调试程序、装配程序和连接程序、测试程序等。

操作系统是系统软件中的核心软件，对计算机进行存储管理、设备管理、文件管理、处理器管理等，以提高系统使用效能和方便用户使用计算机。所有的软件（系统软件和应用软件）都必须在操作系统的支持下才能安装运行。例如，PC 机中必须装入操作系统才能工作。当用户打开微机电源时，微机就能启动，就是因为微机中已经安装了 Windows2000 等操作系统软件。

(2) 应用软件

应用软件是指用户自己开发或外购的满足用户各种专门需要的应用软件包，如图形软件、Word2000 文字处理软件、财会软件、计划报表软件、辅助设计软件 Auto CAD 和模拟仿真软件等。

(3) 程序设计语言

程序设计语言是指用户编写程序的语言工具。计算机的程序设计语言有：低级语言、中级语言和高级语言。低级语言又叫机器语言，是面向机器（硬件）的语言；中级语言就是汇编语言；高级语言是面向用户（对象）的语言，其特点是易于被用户理解。需要指出的是，机器只识别机器语言，其他语言编写的程序须经过系统软件最终翻译成机器语言方能执行。

1.3 微型计算机的基本电路

计算机是由若干基本电路单元组成的，这些电路是组成计算机的硬件基础。现就计算机中常见的基本电路作一简单介绍。

1. 常用逻辑电路

计算机系统中存在着大量的逻辑运算，基本逻辑运算有“与”、“或”、“非”。实现逻辑运算的电路称为逻辑门电路，基本逻辑门电路有“与”门、“或”门、“非”门。

(1) 逻辑“与”和“与”门电路

“与”逻辑关系可以用图 1.5(a)来表示。其中，开关 A 和 B 经串联后控制指示灯 F，只有 A、B 都接通（全为“1”）时，灯 F 才会点亮（为“1”）；只要 A、B 中有一个断开（为“0”），灯 F 就不会点亮（为“0”）。F 与 A、B 的这种关系称为逻辑“与”。表达式为

$$F=A\cdot B \quad \text{或} \quad F=A\wedge B$$

图 1.5(b)为由二极管组成的“与”门电路。为了方便，可以用图 1.5(c)“与”门逻辑符号来代替。图中的 $+U$ 表示高电平。

(2) 逻辑“或”和“或”门电路

“或”逻辑关系可以用图 1.6(a)来表示。其中，开关 A 和 B 经并联后控制指示灯 F，只要

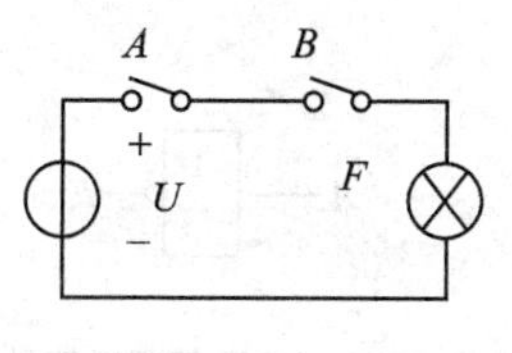

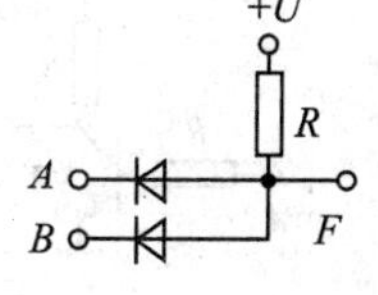

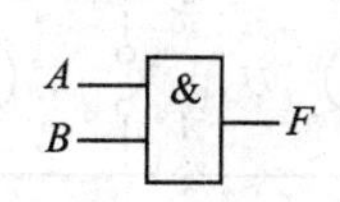

(a) “与” 逻辑关系示意　(b) “与” 门电路　(c) “与” 门逻辑符号

图 1.5 “与”门

A、B 中有一个接通(为“1”),灯 F 就会点亮(为“1”);只有 A、B 全都断开(全为“0”)时,灯 F 才不会点亮(为“0”)。F 与 A、B 的这种关系称为逻辑“或”。表达式为

$$F=A+B \quad \text{或} \quad F=A \vee B$$

图 1.6(b)为由二极管组成的“或”门电路。可以用图 1.6(c)“或”门逻辑符号来代替。图中的 $-U$ 表示低电平。

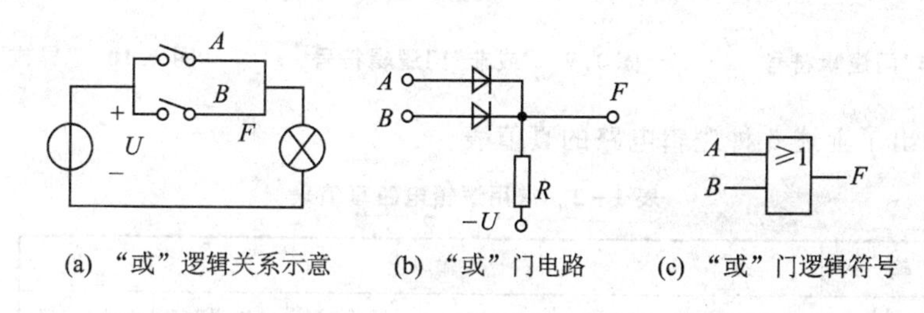

(a) “或” 逻辑关系示意　(b) “或” 门电路　(c) “或” 门逻辑符号

图 1.6 “或”门

(3) 逻辑“非”和“非”门电路

“非”逻辑关系可以用图 1.7(a)来表示。其中,开关 A 和指示灯 F 并联。当开关 A 接通(为“1”)时,灯 F 不会点亮(为“0”);当 A 断开(为“1”)时,灯 F 才会点亮(为“1”)。F 与 A 的状态相反。这种关系称为逻辑“非”。表达式为

$$F=\overline{A}$$

图 1.7(b)为由三极管组成的“非”门电路。这时三极管工作在饱和或截止状态。当 A 为低电平时,晶体管截止,相当于开路,输出端 F 为高电平,即 1;当 A 为高电平时,晶体管处于饱和状态,c、e 极之间相当于短路,输出端 F 为 0。图 1.7(c)为“非”门逻辑符号。

(4) 复合逻辑门

基本逻辑门电路经过简单的组合,便构成复合逻辑门电路。常见的有:“与非”门、“或非”门、“异或”门。

“与非”门:“与”和“非”的复合运算(先求“与”,再求“非”)称为“与非”运算。其逻辑符号如图 1.8 所示。“与非”门的表达式为:$F=\overline{A \cdot B}$。

“或非”门:实现“或非”复合运算的电路称为“或非”门。其逻辑符号如图 1.9 所示。“或非”门的逻辑表达式为:$F=\overline{A+B}$。

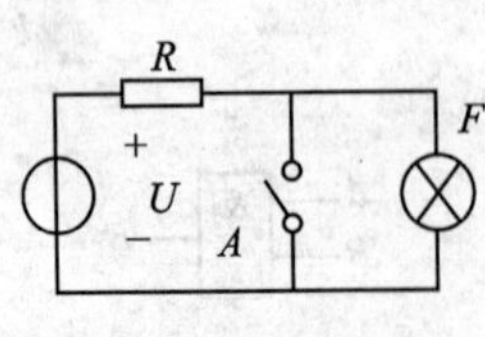

(a) "非"逻辑关系示意

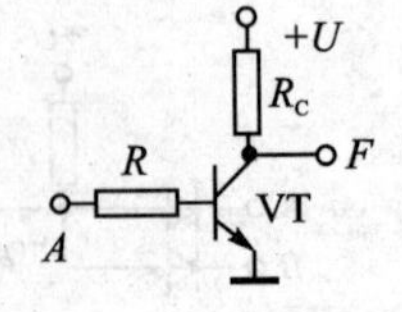

(b) "非"门电路

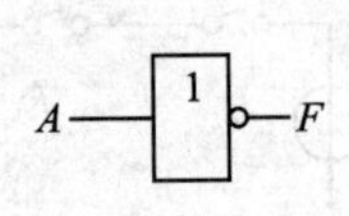

(c) "非"门逻辑符号

图 1.7　"非"门

"异或"门："异或"门的逻辑表达式为：$F=A\oplus B$。"异或"门的逻辑符号如图 1.10 所示。由逻辑式可知

$$0\oplus 0=0 \quad 0\oplus 1=1 \quad 1\oplus 0=1 \quad 1\oplus 1=0$$

图 1.8　"与非"门逻辑符号

图 1.9　"或非"门逻辑符号

图 1.10　"异或"门逻辑符号

表 1-2 列出了上述 6 种逻辑电路的真值表。

表 1-2　常用逻辑电路真值表

输　入		输　出					
A	*B*	"与"门	"或"门	"非"门	"异或"门	"与非"门	"或非"门
0	0	0	0	1	0	1	1
0	1	0	1	1	1	1	0
1	0	0	1	0	1	1	0
1	1	1	1	0	0	0	0

2. 触发器

触发器是计算机记忆装置(如寄存器)的基本单元,具有把以前输入的信息"记忆"下来的功能,一个触发器能存储一位二进制代码。常用的触发器有 *R*-*S* 触发器、*D* 触发器和 *J*-*K* 触发器等。

现以 *D* 触发器为例说明触发器的功能。*D* 触发器又称数据触发器,其逻辑符号如图 1.11 所示。在触发脉冲 CLK 到来前,触发器的输出 *Q* 是不变的,即具有记忆功能。当脉冲信号到达之后,触发器内容会更新。*R*、*S* 分别为置 0 端和置 1 端,触发器的状态是由 CLK 上升沿到来时 *D* 端的状态决定的。当 $D=1$ 时,触发器为 1 状态;当 $D=0$ 时,触发器为 0 状态。其真值表如表 1-3 所列。

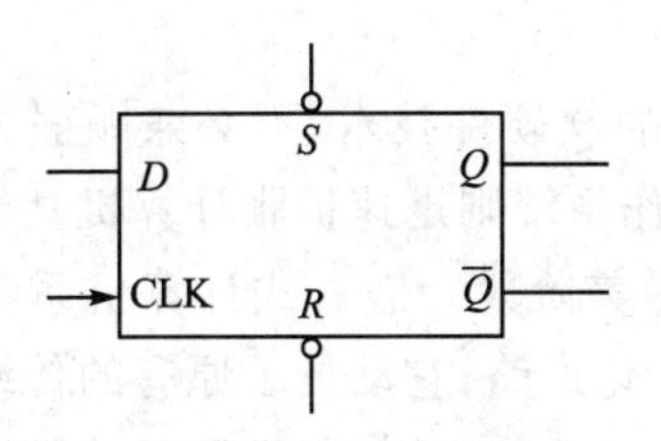

图 1.11 *D* 触发器

表 1-3 *D* 触发器真值表

时钟脉冲	输入(*D*)	输出(*Q*)
↑	0	0
↑	1	1

3. 寄存器

触发器就是一位寄存器,可以存放 1 位二进制信息,并且具有接收和输出二进制数的功能。*N* 个触发器便可构成 *N* 位寄存器。图 1.12 所示为由 *D* 触发器构成的 4 位寄存器。

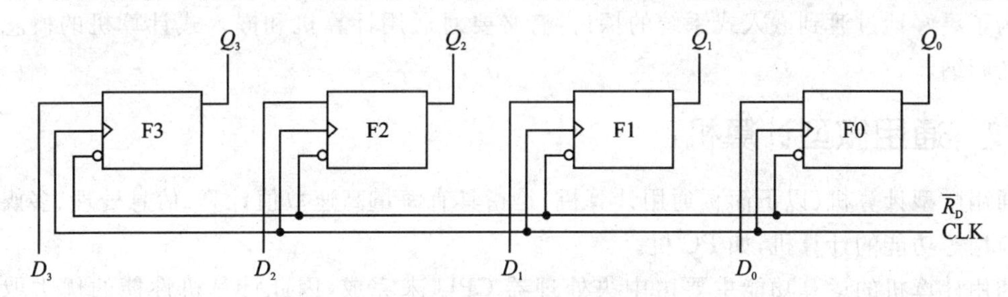

图 1.12 4 位寄存器

4. 计数器

在数字电路和计算机中,计数器能累计输入脉冲的个数,是最基本的部件之一。当输入脉冲的频率一定时,又可作为定时器使用。计数器既可进行加法计数又可进行减法计数。

需要指出的是,计算机中的复杂器件都是由本小节所述的单元电路组合而成的。因此,在了解简单电路的基础上再分析复杂器件就容易多了。

1.4 微型计算机的分类

1.4.1 现代计算机技术的两大分支

在前面的介绍中我们提到,随着大规模集成电路技术的不断发展,微型计算机异军突起,从而导致微型计算机向两个方向深入发展:一个是向高速度、高性能的通用微型计算机方向发展;另一个是向稳定可靠、小而廉的嵌入式计算机或专用计算机方向发展。如果说微型机的出现使计算机进入到现代计算机发展阶段,那么嵌入式计算机系统的诞生则标志计算机进入了通用计算机系统与嵌入式计算机系统两大分支并行发展时代。从而导致 20 世纪末 21 世纪初计算机的高速发展时期。

计算机专业领域集中精力发展通用微型计算机系统的软硬件技术，不必兼顾嵌入式应用要求，通用微处理器迅速从286、386、486到奔腾系列；操作系统则迅速扩张计算机基于高速海量的数据文件处理能力，使通用计算机系统进入到尽善尽美阶段。嵌入式计算机系统则走上了一条完全不同的道路，这条独立发展的道路就是单芯片化道路，它动员了原有的传统电子系统领域的厂家与专业人士，接过起源于计算机领域的嵌入式系统，承担起发展与普及嵌入式系统的历史任务，迅速地将传统的电子系统发展到智能化的现代电子系统时代。因此，现代计算机技术发展的两大分支的意义在于它不仅形成了计算机发展的专业化分工，而且将发展计算机技术的任务扩展到传统的电子系统领域，使计算机成为进入人类社会全面智能化时代的有力工具。

为了更好地过渡到嵌入式系统的探讨，有必要对通用计算机和嵌入式计算机的概念作进一步的归纳。

1.4.2 通用微型计算机

通用微型计算机(以下简称通用计算机)是指具有海量高速数值计算、信息处理、多媒体和网络应用等功能的计算机，如PC机。

通用计算机的运算功能主要由中央处理器CPU来完成，因此计算机性能的优劣取决于CPU的性能。在微型机中，CPU通常是一个大规模的集成电路芯片，也称为微处理器(μP)。因此，探讨通用计算机的情况从微处理器的发展情况入手。表1-4所列概括了各阶段通用微处理器的总体情况。

表1-4 通用微处理器的发展情况

年 代	第一代微处理器(1971年)	第二代微处理器(1973年)	第三代微处理器(1978年)	第四代微处理器(1983年)	第五代微处理器(1993年)
代表机型	Intel 4004、8008	Intel 8080、8085 Motorola MC6800 Zilog Z80	Intel 8086、80286 Motorola MC68000、68010 Zilog Z8000	Intel 80386、80486 Motorola 68040 Zilog Z80000	Pentium586 Pentium Pro Pentium系列产品
字长/位	4、8	8	16	32	64
工 艺	PMOS	NMOS	HMOS	CHMOS	CMOS
集成度(晶体管/芯片)	2000	9000	2万～10万	15万～120万	310万～750万
时钟频率/MHz	小于1	1～4	4～25	16～60	60以上
平均指令执行时间/μs	10～15	1～2	0.5	小于0.1	小于0.1

从表中不难看出，对通用计算机的发展贡献最大的当属Intel公司，其他有代表性的公司还有Motorola(其半导体部已改名为Freescal公司)和Zilog等。从技术发展上来讲，通用计算机CPU的字长在不断加宽，集成度在不断提高，速度在不断提升。目前，奔腾4代CPU的运算频率已达到3 GHz以上。

1.4.3 嵌入式计算机

计算机由于大大提高了现场环境的可靠性，体积小型化，从而走出机房，迈入微型计算机时代；同时，微型计算机强化了I/O驱动功能，对外部的控制管理功能以及抗干扰性能得以增强，将计算机嵌入到对象体系中完成对象的智能化控制要求，诞生了嵌入式计算机。嵌入式计算机，就是将计算机嵌入到对象体系中，实现嵌入式应用要求的计算机。不难理解，嵌入式计算机属于专用计算机。此时的计算机失去了原有形态，功能也动态地发生变化。嵌入式计算机是面向测控对象，具有对象交互、嵌入式应用、I/O管理功能的计算机。

需要特别指出的是，嵌入式计算机的基本结构并未发生多大的改变，前面介绍的计算机基础知识同样适用；但由于应用对象的不同，嵌入式计算机的形态各异。为了了解嵌入式计算机的实质，我们先从嵌入式计算机的核心——嵌入式处理器入手来简单认识一下嵌入式计算机。

嵌入式计算机的核心部件是各种类型的嵌入式处理器，目前据不完全统计，全世界嵌入式处理器的品种总量已经超过1000多种，流行体系结构有30多个系列，其中80C51结构的占有多半。生产80C51单片机的半导体厂家有20多个，共350多种衍生产品，仅Philips公司就有近100多种。现在几乎每个半导体制造商都生产嵌入式处理器，越来越多的公司有自己的处理器设计部门。嵌入式处理器的寻址空间一般为64 KB～16 MB，处理速度为0.1 MIPS～2000 MIPS，常用封装为8～144个引脚。

目前，比较典型的嵌入式处理器类型有微控制器MCU(Micro-Controller Unit，国内习惯称作单片机)、嵌入式微处理器EMPU(Embedded Micro-Processor Unit)和数字信号处理器DSP(Digital Signal Processor)等。例如，ARM架构处理器是ARM公司生产的嵌入式RISC处理器，它为合作伙伴提供ARM处理器内核，由各半导体公司(ARM公司合作伙伴)在上述处理器内核基础上进行再设计，嵌入各种外围和处理部件，形成各种嵌入式微处理器EMPU或微控制器MCU。DSP的处理能力强，特别适合于声音、图像等多媒体信息处理系统。

通过上面的讨论，我们引出了嵌入式计算机这一主题，为介绍嵌入式系统打下了伏笔。有关嵌入式系统的内容将在下一章讨论。

本章小结

本章从计算机的基础知识入手，简要介绍了微型计算机的基本概念，微型计算机的组成及工作原理，构成微型计算机的基本电路以及微型计算机的分类。这些计算机(这里指微型计算机)的一般知识是嵌入式系统学习的前提。

计算机概述部分介绍了计算机的技术发展状况,计算机中的信息,计算机的有关术语等概念;

微型计算机的系统组成及原理部分给出了微型计算机系统的组成结构,包括硬件组成和软件组成,并阐述了微型计算机的基本原理;

微型计算机的基本电路部分对构成计算机的基本电路进行了介绍,计算机中的复杂器件都是由这些单元电路组成的;

最后一部分介绍了微型计算机的两大类型和发展方向,引出了嵌入式计算机的概念,为下一章介绍嵌入式系统打下了基础。

本章习题

1.1 计算机的发展趋势是什么?微型计算机的发展趋势是什么?

1.2 微型计算机通常分为哪几类?

1.3 微型计算机主要由哪些部分组成?各部分的主要功能和特点是什么?

1.4 什么是通用计算机?举例说明。

1.5 什么是嵌入式计算机?举例说明。

第2章

嵌入式系统结构

主要内容 嵌入式系统的基本概念，嵌入式系统的硬件结构，嵌入式系统的软件基础，嵌入式系统的存储器，应用最广泛的嵌入式系统。

教学建议 本章内容较抽象，较难理解，可以先作为一般了解性内容加以介绍；在后续章节学习中，不断加深理解。该章内容也可放在全书的其他内容介绍完之后再作讲解。

教学目的 通过本章学习，使学生：

- 了解嵌入式系统的存储结构和指令结构的含义；
- 了解操作系统的概念以及嵌入式操作系统的特点、功能及发展状况；
- 了解存储器的概念、半导体存储器的种类以及Cache的含义；
- 熟悉应用最广泛的嵌入式系统——80C51应用系统的嵌入式特点。

2.1 嵌入式系统的基本概念

2.1.1 什么是嵌入式系统

通过前面的知识介绍，我们自然要问：嵌入式计算机是否就是一个嵌入式系统？目前，嵌入式系统是一个时尚的词汇，很多人不自觉地都会说出来。那么，到底什么是嵌入式系统？关于它的定义有很多版本，并且随着嵌入式系统的发展，其内涵和外延还在丰富和发展，这里只能给出最具代表性的说法。

国际电气电子工程师协会(IEEE)将嵌入式系统概括为：嵌入式系统是用来控制或监视机器、装置或工厂等大规模系统的设备。这种概括较全面地阐述了嵌入式系统的作用，但作为概念理解，尚不够明确。

国内有关专家将嵌入式系统定义为：嵌入到对象体系中的专用计算机系统或嵌入式计算机系统。我们认为，这个定义更容易理解和接受。

从该定义中可看出，构成嵌入式系统的三要素是：计算机、嵌入性、专用性。其中，

计算机——是智能化控制的基础，这里的计算机显然是嵌入式计算机，其核心是嵌入式处

理器；

嵌入性——隐含着形态、物理空间的限制，描述了嵌入式系统的特点；

专用性——具有满足对象要求的外部电路实现，体现了与通用计算机系统的不同。

按照上述嵌入式系统的定义，只要满足定义中三要素的计算机系统，都可称为嵌入式系统。因此，嵌入式系统是以嵌入式处理器为技术核心，面向用户、面向产品、面向应用，软硬件可裁剪的，适用于对功能、可靠性、成本、体积、功耗等综合性严格要求的专用计算机系统。它是集软硬件于一体的可独立工作的"器件"，用于实现对其他设备的控制、监视或管理等功能。与通用计算机系统不同，嵌入式系统是针对具体应用的专用系统，目的就是要把一切变得更简单、更方便、更普遍、更适用，其硬件和软件都必须高效率地设计，量体裁衣，去除冗余，力争在同样的硅片面积上实现更高的性能。

2.1.2　嵌入式系统的特点

1. 嵌入式系统的应用特点

由嵌入式系统的构成要素可知，嵌入式系统的应用特点包括：软硬件的实时性、可裁剪性、功能专用、可靠性高、小型、价廉、功耗低等。

① 实时性。实时系统操作不仅要得到正确的结果，而且对结果的时延有着明确的限制，即要求实时性好。信号处理系统、紧急任务处理系统就是典型的实时性要求很强的系统。有时候，需要计算最坏情况下的性能。在复杂系统中估计最差情况比较困难，所以，经常导致过于悲观的估计。事件本身可能是周期性的或非周期性的。周期性的事件要保证系统有足够性能来响应；而对于非周期事件，我们必须估计最大事件发生概率来应付最坏情况。估计最坏情况来设计，对硬件的性能参数要求，是设计实时性要求高的嵌入式系统的难点。

② 专用性和可裁剪性。与通用计算机系统不同，嵌入式系统的硬件和软件都必须高效率地设计，量体裁衣、去除冗余，力争在同样的硅片面积上实现更高的性能，这样才能在具体应用面前更具有竞争力。嵌入式系统要针对用户的具体需求，对芯片配置进行裁剪和添加才能达到理想的性能；但同时还受用户订货量的制约。因此，不同的处理器面向的用户是不一样的，可能是一般用户、行业用户或单一用户。对嵌入式系统软件的要求也同样如此，也应具有可裁剪性。

③ 安全性和可靠性。系统会面临出错的可能。严重的人为操作失误、设备的受损和恶劣的工作环境都将导致嵌入式系统出错。可以通过双机冗余备份或分布式交互协议，来保证某设备出错后整个系统继续工作；其挑战是最小冗余的低成本系统的可靠性。

④ 体积小和重量轻。有些嵌入式系统是安装在飞机或一些手提式便携设备上（如 PDA 等），重量和体积可能是很重要的考虑因素。

⑤ 复杂的应用环境。很多嵌入式系统工作环境是不可控的，特别是热、振动、冲击、光、电源抖动、水腐蚀、火等。嵌入式系统应具有对复杂应用环境的适应性。

⑥ 低功耗。嵌入式系统的专用性以及特殊的应用环境决定了其低功耗的要求。例如，手机电池的待机时间成为用户购买手机的主要考虑因素之一。

⑦ 产品生产成本的敏感度。虽然对嵌入式系统有着迫切的需求，但成本仍然是极其重要的考虑因素。无论系统大小，大家对成本都同样关心，但是用户对变化的反应却有极大的区别。可能一个较复杂的大系统，价格敏感度在＄1 000（即为了产品更优秀而不惜多花几百元）；而一个微型系统可能对＄1 的成本会做出不同的决策，因为它可能占整个设备成本相当大的百分比。如何在产品的健壮性和成本优化中取得平衡是产品成功与否的关键。

在诸多特点当中，专用性、功耗以及价格尤为突出，成为嵌入式系统设计者考虑的关键因素。

2. 嵌入式系统产业的特点和要求

嵌入式系统是将先进的计算机技术、半导体技术和电子技术与各个行业的具体应用相结合的产物，这就决定了其必然是一个技术密集、资金密集、高度分散、不断创新的知识集成系统。

(1) 嵌入式系统工业是高度分散的工业

从某种意义上来说，通用计算机行业的技术是垄断的。占整个计算机行业 90％的 PC 产业，采用 Intel 公司的 8X86 体系结构，芯片基本上出自 Intel、AMD、Cyrix 等几家公司。在几乎每台计算机必备的操作系统和文字处理器方面，Microsoft 公司的 Windows 及 Word 占 80％～90％，凭借操作系统还可以搭配其他应用程序。因此，当代的通用计算机工业的基础被认为是由 Wintel（Microsoft 和 Intel 20 世纪 90 年代初建立的联盟）垄断的工业。

嵌入式系统则不同，它是一个分散的工业，充满了竞争、机遇与创新，没有哪一个系列的处理器和操作系统能够垄断全部市场。即便在体系结构上存在主流，但各不相同的应用领域决定了不可能有少数公司、少数产品垄断全部市场。因此，嵌入式系统领域的产品和技术必然是高度分散的，留给各个行业的中小规模高技术公司的创新余地很大。另外，社会上各个应用领域是在不断向前发展的，要求其中的嵌入式系统核心也同步发展，这也构成了推动嵌入式工业发展的强大动力。所以说，嵌入式系统工业的基础是以应用为中心的“芯片”设计和面向应用的软件产品开发。

(2) 嵌入式系统具有个性应用特征

嵌入式系统是面向用户、面向产品、面向应用的，如果独立于应用自行发展，则会失去市场。嵌入式系统的功耗、体积、成本、可靠性、速度、处理能力、电磁兼容性等方面均受到应用要求的制约，这些也是各个半导体厂商之间竞争的热点。

嵌入式系统与具体应用有机地结合在一起，其升级换代也与具体产品同步进行；因此，嵌入式系统产品一旦进入市场，就具有较长的生命周期。嵌入式系统中的软件一般都固化在只读存储器中，而不是以磁盘为载体可以随意更换，所以嵌入式系统应用软件的生命周期也与嵌入式产品一样长。另外，各个行业的应用系统和产品与通用计算机软件不同，很少发生突然性的跳跃，嵌入式系统中的软件也因此更强调可继承性和技术衔接性，发展比较稳定。嵌入式处理器的发展也体现出稳定性，一个体系一般要存在8～10年的时间。一个体系结构及其相关的片上外设、开发工具、库函数、嵌入式应用产品是一套复杂的知识系统，用户和半导体厂商都不会轻易地放弃一种嵌入式处理器。

2.1.3 嵌入式系统的应用模式

按应用形态划分，嵌入式系统可分为设备级（工控机）、板级（单板、模块）、芯片级（MCU、DSP）和SoC级。设备级、板级可看作通用计算机的嵌入式系统应用模式，芯片级和SoC级则是专用计算机的嵌入式系统应用模式。

1. 设备级模式

设备级模式（工控机）是嵌入式系统的最早形态，是通过将通用计算机加固而实现的，具有通用计算机的形态和操作系统。由于X86嵌入式应用平台容易做到与PC兼容，开发工具同样可利用PC上的现行工具，因此应用开发比较方便，但成本较高。嵌入式系统是面向专门应用的，对成本非常敏感，特别是批量系统更是如此，这正是这种嵌入式系统应用模式的软肋所在。去掉不要的功能，能很快出产品；但伴随的问题可能是成本高，核心竞争力差。

工控机的基本架构与传统X86 PC一样，最核心的部分仍然由主板、CPU、内存等构成；不过由于工控机是在恶劣工作环境下使用，对于采用的主板和CPU在灵活性、稳定性等方面有着更高的要求，应具有发热量低、体积小、可靠性高的特点。

以386CPU为代表的低端X86平台以它优良的性价比在工业自动化、智能终端、网络协议转换、设备上网等众多领域得到了广泛应用。许多公司推出了嵌入式工控机。它们采用嵌入式CPU、嵌入式操作系统Linux或Windows CE以及各类嵌入式I/O模块。

2. 板级模式

板级模式是指以各种性能卓越的工业级32位通用微处理器（如X86处理器）为核心构成的功能模块或功能板，如一些通用CPU处理器生产厂家将在通用微处理器方面的技术和产品“移植”到嵌入式应用领域，制成X86的小型工控板或工控卡，在各种自动化设备、数字机械产品中具有非常广阔的应用空间。与工业控制计算机相比，板级模式具有体积较小、重量轻、成本低、可靠性高的优点，但是在电路板上必须包括ROM、RAM、总线接口、各种外设等器件，从而降低了系统的可靠性，技术保密性也较差。若将微处理器及其存储器、总线、外设等安装在一块电路板上，则称为单板计算机。

该方式将嵌入式系统设计成板卡形式，并通过主机的PCI接口进行数据传输。这种方式具有一定的独立性，可承担某项特定的任务，从而可使主机CPU的开销大大减少；具有技术成熟、开发方便、资源利用充分和移植容易等优点，但是其体积大、功耗高和实时性差等不足也为其带来应用的局限。

比较典型的嵌入式工控板卡有：嵌入式Compact PCI卡、嵌入式CPU卡、嵌入式POS

卡、视频压缩卡以及工业数据采集卡等。近年来,德国、日本的一些公司又开发出了类似"火柴盒"式名片大小的嵌入式系列 OEM 产品。这些卡可根据需要进行增减,非常适合嵌入式系统的应用特点。一般的 Compact PCI 卡,除配备标准的 USB、IDE、软驱、并行口和键盘鼠标接口以外,板上还会集成以太网接口、RS-232 通信口等,以满足网络需求;有的还提供 Compact-Flash 插槽和音效接口等。嵌入式 CPU 卡采用单板结构,单+5 V 电源,低功耗,扩充槽有限,但功能完善,适用于嵌入式系统。在选用 CPU 卡时,并不是功能越多越好。在满足系统要求和预留升级的情形下,功能越少越好。因为功能越多,卡的可靠性就越低;相反功能越少,卡的可靠性就越高。板级嵌入式设备一般还使用稳定、通用性强的嵌入式操作系统,具有配置灵活、易于扩展、适用协议多、调试维修方便等优点。

从后 PC 时代的嵌入式系统来看,各种嵌入式板卡令人眼花缭乱,众多的嵌入式系统协议规范也争奇斗艳,但从目前的号召力和众多的厂商支持来看,PC/104 (PC104)协议在嵌入式领域占有举足轻重的地位。1987 年产生了世界上第一块 PC/104 嵌入式板卡,由于其固有的优点,截止目前,全世界已有 200 多家厂商在生产和销售符合 PC/104 规范的嵌入式板卡。

3. 芯片级

芯片级模式是基于嵌入式处理器(如 MCU、EMPU 和 DSP)的嵌入式系统,它们根据各种应用系统的不同要求,选用相应的嵌入式处理器芯片、存储器(RAM 和 ROM)及 I/O 接口芯片等组成相应的嵌入式系统;相应的系统软件和应用软件也以固件形式固化在 ROM 中。它们是典型的嵌入式系统形态,是本书讨论的对象。

(1) 微控制器

微控制器(Micro-Controller Unit,简称 MCU),如今国内比较习惯的叫法是单片机。顾名思义,就是将整个计算机系统集成到一块芯片中。严格意义上讲,微控制器和单片机这两个概念有一定区别。微控制器体现了其面向控制应用的专用计算机的功能特点;而单片机只是描述了其单片化的形态特点,未体现其功能特点。不过,由于单片机这一概念在人们的心目中已根深蒂固,所以在应用中用户一般不加区分。

微控制器一般是以某一种微处理器内核为核心,芯片内部集成一定数量的 ROM(有 EPROM、EEPROM、FLASH 等类型)、RAM、总线逻辑、定时/计数器、看门狗(Watchdog)、输入/输出接口(I/O 口)、脉宽调制输出(PWM)、A/D 转换器、D/A 转换器等各种必要的功能器件。为适应不同的应用需求,一般一个系列的微控制器具有多种衍生产品,每种衍生产品的处理器内核都是一样的,不同的是存储器和功能器件的配置及封装。这样可以使微控制器最大限度地和应用需求相匹配,功能不多不少,从而减少功耗和成本。

微控制器的最大特点是单片化,体积大大减小,从而使功耗和成本下降,可靠性提高。微控制器是目前嵌入式系统工业的主流。微控制器的片上资源一般比较丰富,适合于控制,所以称其为微控制器。

微控制器目前的品种和数量最多，比较有代表性的通用系列包括8051、P51XA、MCS-251、MCS-96/196/296、C166/167、MC68HC05/11/12/16、68300等。另外还有许多半通用系列，如支持USB接口的MCU 8XC930/931、C540、C541；支持I²C、CAN-Bus、LCD等的众多专用MCU及其兼容系列。目前MCU占嵌入式系统约70%的市场份额。因此，本书将MCU的代表性产品80C51作为介绍的主要内容。

(2) 嵌入式微处理器

嵌入式微处理器(Embedded Micro-Processor Unit，简称EMPU)的基础是通用计算机中的CPU。在应用中，将微处理器装配在专门设计的电路板上，只保留与嵌入式应用有关的母板功能，这样大幅度减小了系统的体积和功耗，从而出现了各种类型的嵌入式微处理器。为了满足嵌入式应用的特殊要求，嵌入式微处理器虽然在功能上与标准微处理器基本一样，但在工作温度、抗电磁干扰、可靠性等方面一般都做了各种增强。嵌入式微处理器目前主要有Power PC、MIPS、ARM系列等。下面简单介绍一下ARM系列。

ARM公司把ARM作为知识产权IP推向嵌入式处理器市场，半导体厂商采用ARM架构生产相应的芯片。目前，ARM已占有32位嵌入式处理器75%左右的市场。ARM作为嵌入式系统中的处理器，具有低电压、低功耗和高集成度等特点；并具有开放性和可扩展性。事实上，ARM已成为嵌入式系统首选的处理器架构。

ARM采用RISC指令结构，减少复杂功能的指令，减少指令条件，选用使用频度最高的指令，简化处理器的结构，降低处理器的集成度；并使每一条指令都在一个机器周期内完成，以提高处理器的速度。由于指令相对比较精简，降低了处理器的复杂性，因此，CPU控制器采用硬布线的控制方式。

特别值得注意的是，随着嵌入式系统产业的发展，MCU与EMPU的界限已不那么明显。近年来，提供X86微处理器的著名厂商AMD公司将Am186CC/CH/CU等嵌入式处理器称之为Microcontroller，Freescale公司把以Power PC为基础的PPC505和PPC555亦列入单片机行列，TI公司亦将其TMS320C2XXX系列DSP作为MCU进行推广。

(3) DSP处理器

DSP(Digital Signal Processor，简称DSP)的中文名字是数字信号处理器。顾名思义，它是面向数字信号处理应用的专用计算机。20世纪80年代还属于少数人使用的DSP，进入90年代以来，已逐渐成为人们最常用的工程术语之一。它可满足大部分高速实时信号处理的需求；在产品中越来越多地使用DSP处理器，加剧了对更快、更便宜、更节省功耗的DSP处理器的开发和迅速发展。DSP处理器与通用处理器的区别在于，DSP的结构和指令是专门针对信号处理而设计和开发的。DSP处理器对系统结构和指令进行了特殊设计，使其适合于执行DSP算法，编译效率较高，指令执行速度也较高。在数字滤波、FFT(快速傅里叶变换)、谱分析等方面，DSP算法正在大量进入嵌入式领域；DSP算法正从在通用单片机中以普通指令实现DSP功能，过渡到采用DSP处理器来实现。DSP处理器的嵌入式应用有两个发展来源，一是DSP处理器经过单片化、EMC改造、增加片上外设而来，TI公司的TMS320C2000 /C5000等属于此范畴；二是在通用单片机或SoC中增加DSP协处理器，例如Intel的MCS-296和Infineon的TriCore。

推动DSP处理器发展的另一个因素是嵌入式系统的智能化，例如各种带有智能逻辑的消费类产品、生物信息识别终端、带有加解密算法的键盘、ADSL接入、实时语音压解系统、虚拟现实显示等。这类智能化算法一般运算量较大，而这些正是DSP处理器的长处所在。

DSP处理器比较有代表性的产品是TI公司的TMS320系列、Freescale公司的DSP56000系列和ADI公司的ADSP系列。TMS320系列处理器包括用于控制的C2000系列，用于移动通信的C5000系列，以及性能更高的C6000和C8000系列等；DSP56000目前已经发展成为DSP56000、DSP56100、DSP56200和DSP56300等几个不同系列的处理器。Blackfin系列ADSP是ADI公司推出的一类新型的嵌入式处理器，专为满足目前音频、视频、通信应用等方面的计算需求和降低功耗而设计。另外，Philips公司新近也推出了基于可重置DSP结构的，低成本、低功耗的REAL DSP处理器，其特点是具备双哈佛结构和双乘/累加单元，应用目标是大批量消费类产品。

4. SoC级模式

系统级芯片SoC(System on Chip)是把嵌入式处理器、I/O接口、存储器等不同的功能模块，根据应用的要求集成在一块芯片上。

(1) SoC设计与实现技术

目前，3大技术支柱的发展降低了用户设计SoC的门槛，使SoC成为可能。这3大技术分别是：方便可行的EDA工具方法、丰富可用的IP库资源以及分摊成本的MPW机制。

① 方便可行的EDA工具方法

EDA(Electronic Design Automation)即电子设计自动化，是现代电子信息工程领域的一门先进技术，它提供了基于计算机技术和信息技术的电子系统设计与实现方法。随着EDA的推广、VLSI(Very Large Scale Integrated Circuit，超大规模集成电路)设计的普及化以及半导体工艺的迅速发展，EDA设计的自动化程度更高，功能更强，更丰富完善，在一个硅片上实现一个更为复杂的系统的时代已来临，这就是EDA的系统解决方案——SoC。

② 丰富可用的IP库资源

SoC要把包括嵌入式处理器、I/O接口、存储器等不同的功能模块集成在一块芯片上。这里，设计师已设计好的功能模块称作IP(Intellectual Property，知识产权核)单元，各种嵌入式软件也可以IP的方式集成在芯片中。因此，SoC采用的是IP级架构。IP是指受专利、产权保护的所有的产品、技术和软件。对于SoC，IP核是组成系统级芯片的基本功能块，可以由用户开发、IC厂家开发或第三方开发。IP核可以是一个可综合的HDL(硬件描述语言)，或是一个门级的HDL，或是芯片的版图。它通常分为硬核、固核、软核。硬核是被投片测试验证过的，具有特定功能、针对具体工艺的物理版图。固核是将寄存器传输级 RTL(Register Transfer Level)的描述，结合具体标准单元库进行逻辑综合优化而形成的门级网表；它可以结合具体应用进行适当修改重新验证，用于新的设计。软核是用硬件描述语言 HDL 或 C 语言写成的功能软件，用于功能仿真，具有较大的灵活性。各种通用处理器内核将作为 SoC 设计公司的标准库，与许多其他嵌入式系统外设一样，成为 VLSI 设计中一种标准的器件，用标准的 VHDL 等语言描述，存储在器件库中。用户只需定义出其整个应用系统，仿真通过后就可以将设计图交给半导体工厂制作样品。这样，除个别无法集成的器件以外，整个嵌入式系统大部分均可集成到一块或几块芯片中，应用系统电路板将变得很简洁，对于减小体积和功耗、提高可靠性非常有利。

IP 核具有以下特点：较高的可预测性，可能达到的最好性能，根据需要可灵活重塑，可接受的成本。目前采用 IP 核的最主要动力是能缩短 SoC 的研制周期，快速投放市场。用 IP 核设计芯片比从头到尾设计要节省 40%以上的时间。另一个重要原因是设计工具和制造能力的脱节，现有设计工具不能满足 SoC 的设计需要。第三是成本因素，选择 IP 核意味着降低了该部件的设计验证成本。目前 IP 核已成为 SoC 设计的基础，SoC 研制成功的关键是是否有大量可用的 IP 核和先进的工艺加工线。今后 50%以上的 SoC 设计将基于 IP 核。

③ 分摊成本的 MPW 机制

在集成电路开发阶段，为了检验开发是否成功，必须进行工程流片。通常流片时至少需要 6～12 片晶圆片，制造出的芯片达上千片，远远超出设计检验要求，一旦设计存在问题，则造成芯片大量报废；而且一次流片费用也不是中小企业和研究单位所能承受的。多项目晶圆 MPW(Multi-Project Wafer)就是将多个相同工艺的集成电路设计在同一个晶圆片上流片，流片后每个设计项目可获得数十个芯片样品。这样既能满足实验需要，所需费用由于由所有参与 MPW 流片的项目分摊，大大降低了中小企业介入集成电路设计的门槛。

随着国际上 IC 产业的迅速膨胀，一些先进的服务机构和技术平台也逐渐向我国大陆开放，加上政府的大力倡导与支持，如果能遵循 IC 产业的发展规律，充分利用一切可利用的先进技术和服务管理模式，就有可能以最短的时间赶上世界先进水平。可采取走 MPW 平台捷径以及争取世界级 SoC IP 平台技术支持等具体办法。

MPW 平台捷径：MPW 服务机构运作方式已很成熟，这里有成熟的工艺、低廉的成本、经过实践验证的 IP 核和经验丰富的 MPW 供应商，可以在较高的基础上起步。

世界级 SoC IP 平台技术支持：包括工艺完美的设计、良好的 EDA 工具和 IP 库、先进的代工厂支持，丰富的验证实例以及 SoC IP 平台免费或廉价使用。

例如，北京大学的 MPRC 已与美国著名的工艺库提供商 Artisan 达成协议，MPRC 作为国内 Artisan 面向 TSMC 0.25 μm 以下的工艺库提供者，将无偿为大陆地区的设计人员服务。目前 MPRC 已获得该公司提供的 TSMC 0.25 μm 服务、0.18 μm 的完备工艺库和相应的 Memory 生成器，可向大陆地区提供全程服务。

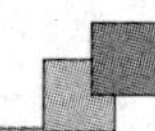

(2) 多种形式的 SoC 系统方案

SoC 是嵌入式系统的最终形态。嵌入式系统应用中除了最广泛的单片机外，基于 PLD 硬件描述语言的 EDA 模式、基于 IP 库的微电子 ASIC 模式等形成了众多的 SoC 解决方法。无论是微电子集成，还是 PLD 的可编程设计，还是单片机的模拟混合集成，目的都是 SoC，手段也会逐渐形成基于处理器内核加上外围 IP 单元的模式。

① 从单片机向 SoC 的发展

单片机从单片微型计算机向微控制器(MCU)的发展体现了单片机向 SoC 的发展方向：按系统要求，其不断扩展外围功能、外围接口以及系统要求的模拟数字混合集成。在向 SoC 发展过程中，许多厂家引入 8051 内核构成 SoC 单片机。例如 ADI 公司引入 8051 内核后配置自己的优势产品——信号调理电路构成了用于数据采集的 SoC，Cygnal 公司(已并入 Silicon Labs 公司)则为 8051 配置了全面的系统驱动控制、前向/后向通道接口等构成了较全面的通用型 SoC。

② PLD 在 SoC 中的作用

基于 PLD 采用硬件描述语言设计的电子系统是近年来十分流行的方法。在解决较大规模的智能化系统时，要求可编程逻辑门数量很大，这导致设计工作量大，资源很难充分利用，出错概率也大。随着 IP 核及处理器技术的发展，从事可编程逻辑器件的公司在向 SoC 进军时，几乎都会将微处理器、存储单元、通用 IP 模块集成到 PLD 中，构成可配置的 SoC 芯片(CSoC)。当设计人员使用这样的芯片开发产品时，由于系统设计所需部件已有 80%集成在 CSoC 上，设计者可以节省许多精力。Triscend 公司推出的 ES 系列 SoC 就是以 8051 为处理器核加上 40 KB RAM、Watchdog、DMA(直接存储器访问控制器)和 4 万门带 SoC 总线的 PLD 组成，形成了一个以 8051 为内核的可编程的半定制 SoC 器件。

③ 可编程选择 SoC(PSoC)器件的应用

完全基于通用 IP 模块、由可编程选择来构成产品 SoC 的设想是由 Cypress 公司倡导并推出的。这种可编程选择的 SoC 取名为 PSoC，由基本的 CPU 内核和预设外围部件组成。Cypress 公司将多种数字和模拟器件、微处理器、处理器外围单元、外围接口电路集成到 PSoC 上，用户只需按产品的功能构建自己的产品系统即可。

2.1.4　嵌入式系统的发展

嵌入式系统的嵌入式应用特点决定了其多学科交叉性。作为计算机的内含，要求计算机领域介入其体系结构、软件技术工程、应用方法的发展；然而，要了解对象系统的控制要求、实现系统的控制模式，必须具备对象领域的专业知识。因此，从嵌入式系统发展的历史过程以及嵌入式应用的多样性中可以了解到，客观上形成了两种嵌入式系统的应用模式。

我们知道，嵌入式系统起源于微型机时代，但很快就进入到独立发展的单片机时代。在单片机时代，嵌入式系统以器件形态迅速进入到传统电子技术领域中，以电子技术应用工程师为主体实现传统电子系统的智能化；而计算机专业队伍并没有真正进入单片机应用领域。因此，电子技术应用工程师以自己习惯性的电子技术应用模式从事单片机的应用开发。这种应用模式最重要的特点是：软硬件的底层性、随意性；对象系统专业技术的密切相关性；缺少计算机工程设计方法。虽然在单片机时代，计算机专业淡出了嵌入式系统领域，但随着后 PC 时代的到来和网络通信技术的发展，同时嵌入式系统软硬件技术有了很大的提升，为计算机专业人士介入嵌入式系统应用开辟了广阔天地。计算机专业人士的介入所形成的计算机应用模式，带有明显的计算机的工程应用特点：即基于嵌入式系统软硬件平台；以网络通信为主的非嵌入式底层应用。

从前面的分析可以看出，嵌入式系统起源于微型计算机时代；然而，微型计算机的体积、价位、可靠性都无法满足广大对象系统的嵌入式应用要求，因此，嵌入式系统必须走独立发展道路。这条道路就是芯片化和网络化的道路。

1. SoC 化

将计算机做在一个芯片上，从而开创了嵌入式系统独立发展的 SoC 化时代。尽管制约 SoC 发展的因素仍很多，如设计、测试、封装、工艺制造等，但 SoC 的趋势非常明显，SoC 确实具有巨大的市场潜力。特别是随着 EDA 工具、IP 核开发、MEMS 研究、SoP 开发等技术的融合，实现广义上的 SoC 指日可待。在这里简单介绍一下 MEMS 和 SoP 技术。

MEMS(Micro Electronic Mechanical System)是指大小在毫米量级以下，可控制、运行的微型机电装置，可以集传感器、执行器、信号处理电路、控制电路、接口电路、电源等于一体形成微机电系统，提供许多新的信息获取手段和更高效的信息处理系统及智能化的控制设备。MEMS 是 20 世纪 80 年代中后期发展起来的基于基本微电子 Si 工艺的微电子机械系统。由于其有巨大的市场前景，各国都投入了相当的人力、物力进行研究开发；我国也在该领域有了近 10 年的探索，并取得了一些成果。可以说，我国在 MEMS 领域与国外差距较小，有较好的基础，大力开展 MEMSoC 的研究有望取得突破。

由于工艺兼容性及系统复杂性等问题，SoC 不可能完成所有要求的系统功能，有人提出把不同工艺制作的芯片所组成的系统放在一个封装内，形成 SoP(System On a Package)。SoP 能在同一衬底上把 MOS 电路、Si 双极电路、数字电路、模拟电路、射频微波毫米波电路、功率电路、光电电路、有源器件和无源元件等用多层布线集成在一起，实现复杂的系统功能和不同的工艺要求。与 SoC 相比，SoP 对技术和工艺要求较低，设计灵活性大，成品率高，可测性较高，实现的系统更为复杂，具备更多的功能。因此，西方发达国家采取了 SoC 和 SoP 两种技术同步发展的方针。目前，SoP 的研究和商品化已取得很大进展，尤其在军用方面的应用已很广泛，成为现代军事和宇航电子装备的重要基础元件。

2. 网络化

为适应嵌入式系统分布处理结构和应用上网需求，面向 21 世纪的嵌入式系统要求配备标准的一种或多种网络通信接口和相应的 TCP/IP 协议簇等软件支持。例如，家用电器的相互关联（如防盗报警、灯光能源控制、影视设备和信息终端交换信息）及实验现场仪器的协调工作等要求，使得新一代嵌入式设备需具备 IEEE1394（高速串行数据传输标准）、USB（通用串行数据总线）、CAN（控制器局域网现场总线）、Bluetooth（蓝牙接口）或 IrDA（红外接口）等通信接口，同时也需要提供相应的通信组网协议软件和物理层驱动软件。以上这些市场需求，无疑将对嵌入式系统的发展注入巨大的推动力。因此，嵌入式系统的网络化势在必行。

2.1.5 嵌入式系统的组成

嵌入式系统也就是嵌入式计算机系统，从大的方面说，与计算机系统的组成一样，由硬件和软件两部分组成。嵌入式系统的硬件包括：嵌入式处理器以及外围硬件设备；嵌入式系统的软件则包括：嵌入式操作系统以及特定的应用程序。因此，嵌入式系统由嵌入式处理器、外围硬件设备、嵌入式操作系统以及特定的应用程序等组成。其各部分的关系如图 2.1 所示。

1. 嵌入式处理器

嵌入式处理器是嵌入式系统的核心部分，用于实现特定的功能。嵌入式处理器的类型有微控制器 MCU、嵌入式微处理器 EMPU 和数字信号处理器 DSP 等。这部分内容前面已有过介绍。

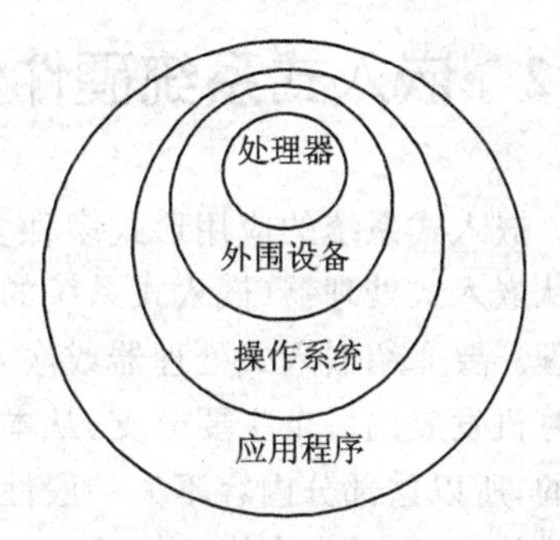

图 2.1 嵌入式系统的组成

2. 外围器件

这里所说的嵌入式外围器件指在一个嵌入式硬件系统中除了嵌入式处理器以外的，完成存储、通信、保护、调试、显示等辅助功能的其他部件。嵌入式系统与对象系统密切相关，其主要发展方向是满足嵌入式应用要求；不断扩展的对象系统需要外围电路，如存储器、A/D 转换器、D/A 转换器、PWM、日历时钟、电源监测、程序运行监测电路等，形成满足对象系统要求的应用系统。

根据功能划分，外围器件主要有 3 类：存储器、接口和外设。

- 存储器。存储器是指令和数据的存储设备，有静态易失型存储器（RAM/SRAM）、动态存储器（DRAM）、非易失型存储器（ROM/EPROM/EEPROM/FLASH）等。其中 FLASH（闪存）以可擦写次数多、存储速度快、容量大及价格便宜等优点在嵌入式领域得到广泛的应用。
- 接口。接口是连接嵌入式处理器与外部设备的电路。目前存在的所有接口在嵌入式领域中都有广泛的应用；但是以下几种接口的应用最为广泛，包括 RS-232 接口（串口）、IrDA（红外线接口）、SPI（串行外围设备接口）、I^2C（Inter IC）、USB（通用串行接口）、Ethernet（以太网口）、普通并行接口、A/D 转换器和 D/A 转换器等。

➢ 外设。外设主要有键盘和显示器等。键盘显示器是嵌入式系统的信息输入/输出设备，包括 LED、LCD、键盘和触摸屏等外围显示设备。

有关接口和外设的内容在后续章节中将有介绍。

3. 嵌入式操作系统

与通用操作系统不同，嵌入式操作系统具有实时处理能力，负责整个系统的任务调度、存储分配、时钟管理和中断管理等服务。目前比较流行的嵌入式操作系统有 VxWorks、μC/OS-II、Windows CE 等。

4. 嵌入式应用软件

嵌入式系统都是面向特定的应用，因此，要根据不同的对象和应用需求，开发不同的应用程序。

有关嵌入式操作系统和嵌入式应用软件更详细的内容，后面将有相关介绍。

2.2 嵌入式系统硬件结构

嵌入式系统的应用形式多种多样，自然地，嵌入式系统的硬件涉及多方面的知识，这里只能从嵌入式处理器(嵌入式系统的核心)以及存储器的角度探讨嵌入式系统硬件结构的一般性原理。要介绍嵌入式处理器或嵌入式计算机的结构，就不能不提到计算机的体系结构。作为计算机发展的一个主要分支，从本质上讲嵌入式计算机的体系结构与计算机的体系结构是一致的，所以这部分内容不失一般性。对用户而言，存储体系结构和指令体系结构是计算机体系结构的主要内涵，在嵌入式系统中也显得尤为关键。下面介绍这两方面的内容。

2.2.1 存储体系结构

计算机的存储结构指的是存储器结构以及存储器与 CPU 的物理连接方式和工作方式。计算机工作的主要过程就是 CPU 与存储器交换数据的过程。存储结构在很大程度上决定了计算机(包括嵌入式计算机)的指令结构、功能及应用范围。故存储结构是计算机体系结构的重要内容。

按照存储体系结构划分，计算机体系结构有两种类型：一类是程序存储器和数据存储器处于同一个空间内，与 CPU 采用单一总线连接的冯·诺依曼体系结构，又称普林斯顿体系结构；另一类是程序存储器和数据存储器各自独立，严格分工，它们与 CPU 之间采用不同总线(多根总线)连接的哈佛体系结构。

1. 冯·诺依曼体系结构

(1) 冯·诺依曼体系结构概述

冯·诺依曼体系结构属于经典的计算机体系结构。通用微型计算机(如 PC 机)往往采用这种结构。一部分嵌入式系统就是通用计算机的嵌入式应用,还有一部分嵌入式系统是在传统的冯·诺依曼体系结构基础之上的结构简化、功能集成及面向对象的嵌入式应用,二者均没有脱离冯·诺依曼体系结构的范畴。冯·诺依曼体系结构计算机的存储结构如图2.2所示。

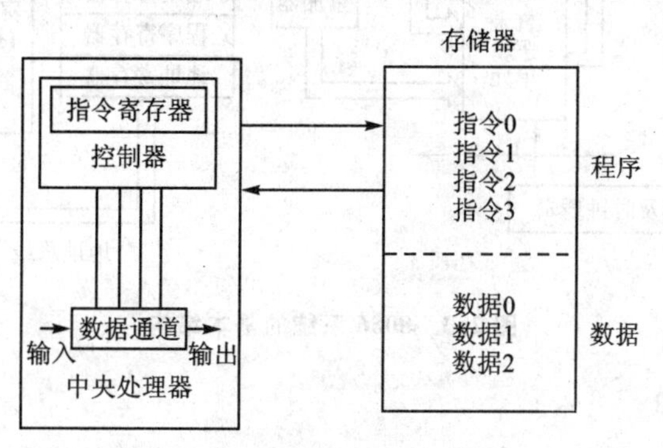

图2.2 冯·诺依曼体系结构计算机的存储结构

图中给出了冯·诺依曼体系结构计算机围绕着存储数据(存储器、寄存器等)所实施的总线连接方式。由图可见,程序和数据存储在一个统一编址的存储空间内,采用一组总线与CPU连接起来。这样,在任何时刻,CPU只能通过这一条总线与外围交换数据,即在任何一个时钟节拍内,CPU只能进行一种操作,总线只能支持单一性质的数据流(程序或数据)。由于采用单一总线连接,CPU与外围之间的总线宽度是相同的。

(2) 冯·诺依曼结构的特点

冯·诺依曼体系结构的计算机主要具有以下特点:

- 共享数据。程序(指令)和数据存储在统一编址的存储体内,即指令和数据以同等地位存于存储器内,对两者没有加以区分。指令和数据都是以二进制数的形式存放。程序存储器和数据存储器可采用不同的存储介质,按地址进行访问。每个存储单元的数据位数相同且固定。
- 串行执行。由于程序存储器和数据存储器通过同一总线与CPU连接,对程序指令的读取和对数据的存取不能同时进行。
- 速度较慢。指令数目较多,指令周期较长,执行所需机器周期数差别较大,不统一,无法实现流水线操作。这是冯·诺依曼体系结构具有的先天劣势。

(3) 冯·诺依曼结构的例子

早期的通用计算机往往采用冯·诺依曼体系结构。8086系统的存储结构如图2.3所示。从中看出,数据和程序存放在同一个存储器当中;通过一组相同的总线与CPU连接,实现信息的交互。这就同一些城市的街道一样,既是人行道,又是车道,虽然建设成本低,但速度自然无法快起来。

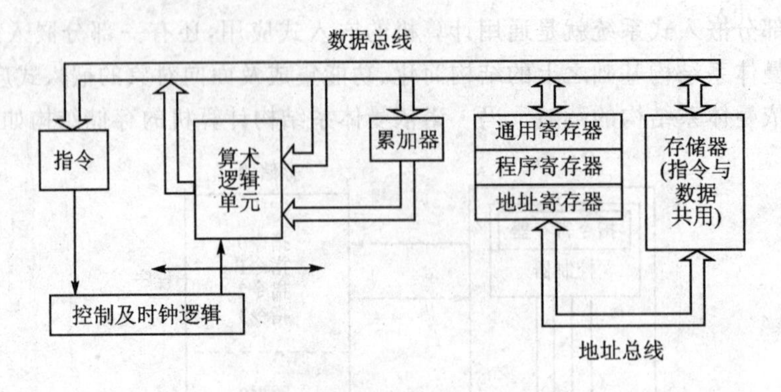

图 2.3 8086 系统的基本结构

2. 哈佛体系结构

由于冯·诺依曼体系结构计算机的局限性，使得其在提高系统处理速度、简化指令集结构、强化指令功能、增强系统扩展性等方面受到一定程度的制约，影响了计算机在快速场合的应用。为了消除冯·诺依曼结构计算机的弱点，人们对计算机的体系结构进行了改进，出现了另一种计算机体系结构——哈佛体系结构。与冯·诺依曼体系结构的计算机相比，哈佛结构计算机的处理速度快，指令可实现流水化，指令数目较少，加强了指令的控制功能，系统扩展更加灵活。因而，这种结构的计算机更加适合嵌入式系统的应用。

(1) 哈佛体系结构概述

图 2.4 给出了哈佛体系结构各主要模块电路的总线连接方式。由图可见，哈佛体系结构的计算机与冯·诺依曼体系结构的计算机相比，主要模块电路大致相同。但哈佛结构计算机是将程序(指令)代码和数据分别存储在不同的存储空间，即由程序存储器和数据存储器分别存储。对这两个存储器的访问分别在多个不同总线上进行，读取指令和存取数据互不干扰，可实现指令的流水操作，这就大大加快了系统执行速度。

(2) 哈佛结构的特点

哈佛体系结构的计算机主要具有以下特点：

- 程序存储器与数据存储器在物理上是分开的。程序存储器和数据存储器通过不同的程序总线和数据总线(可以是多条)与 CPU 连接，对程序指令的读取和对数据的存取可以同时进行，提高了数据吞吐率；且一般程序总线宽度要宽于数据线。
- 控制器多采用硬布线技术实现，控制速度快，实时性好。
- 该体系结构的处理器具有简单的指令集，其指令系统多为 RISC(精简指令集结构)结构体系。指令周期较短且大多数指令执行周期相同，可实现流水线操作。
- 具有灵活的功能扩展特性。通过系统总线，可以对存储器及功能模块进行扩展，以提高存储空间，改变系统存储器类型或增加系统附加功能。

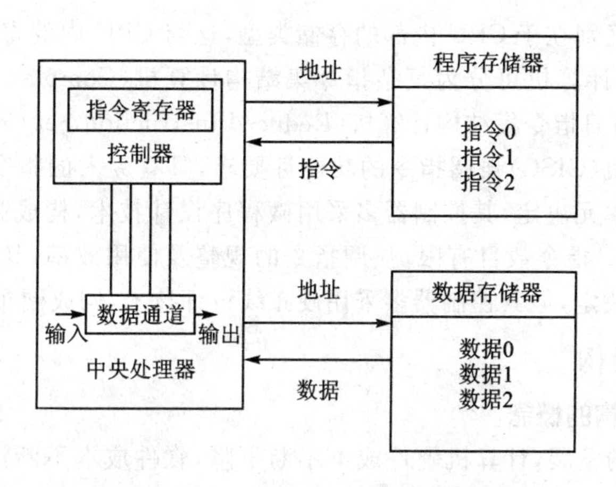

图 2.4　哈佛体系结构计算机的存储结构

(3) 哈佛结构的例子

DSP 器件往往采用哈佛结构。与 PC 机相比，它既有数据总线又有程序总线，分别连接程序存储器和数据存储器，如图 2.5 所示；而且，两条总线各自的宽度也可以不同。打个比方讲，这里的道路人行道和车道分开独立，而且车道可以比人行道宽一些。

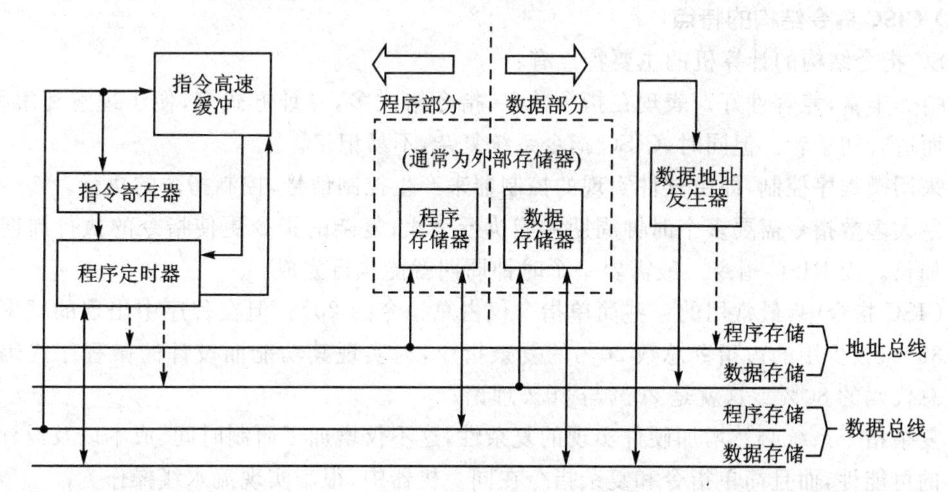

图 2.5　DSP 的基本结构

2.2.2　指令体系结构

计算机的指令结构指的是构成计算机的指令集及指令控制实现的方式。指令集包含符合硬件操作的所有指令，同时也隐含指令的寻址方式及指令书写格式；指令控制实现方式则是指令的执行方式及相应控制信号的产生与控制的实现。

指令结构的根本区别在于 CPU 内部的存储类型,这与 CPU 内的寄存器等有关。按照计算机的指令结构划分,计算机可分为复杂指令集结构计算机(Complex Instruction Set Computer,简称 CISC)和精简指令集结构计算机(Reduced Instruction Set Computer,简称 RISC)。复杂指令集结构计算机(CISC)强调指令的功能性要求,具有庞大的指令集,其指令控制实现方式由定时控制逻辑单元决定,其控制器多采用微程序设计技术,构成微程序控制器;精简指令集结构计算机(RISC)指令数目有限,强调指令的规整及使用效率,其指令控制实现方式也由定时控制逻辑单元决定,但其控制器多采用硬布线设计技术,构成硬布线控制器。

1. CISC 指令结构

(1) CISC 指令结构的概念

随着 VLSI 技术的发展,计算机硬件成本不断下降,软件成本不断提高,使得人们热衷于在指令系统中增加更多的指令和复杂的指令,来提高操作系统的效率,并尽量缩短指令系统与高级语言的语义差别,以便高级语言的编译和降低软件成本。另外,为了做到程序兼容,同一系列计算机的新机型和高档机的指令系统只能扩展而不能舍弃任意一条指令,因此也促使指令系统越来越复杂,某些计算机的指令多达几百条。我们称这些计算机为复杂指令系统计算机。80C51 内核就是一个不断发展的 CISC 结构计算机。

(2) CISC 指令结构的特点

CISC 指令结构的计算机的主要特点有:

- 指令丰富,兼容性好。表现在指令数多,指令格式多,寻址方式多,便于理解和编程,因而适合初学者。但同时,CISC 指令系统复杂,不易记忆。
- 采用微程序控制,即由软件实现的控制器来产生控制信号,控制指令的执行。
- 绝大多数指令需要多个时钟周期才能执行完成;复杂的指令更使指令的执行周期大大加长。而 RISC 指令一般需要一个时钟周期就能执行完成。
- CISC 指令中,最常用的一些简单指令仅占总指令的 20%,但在程序中出现的频率却占 80%;较少用的占指令总数 20%的复杂指令,为实现其功能而设计的微程序代码却占总代码的 80%。这就是 20%与 80%理论。
- 复杂指令系统必然增加硬件实现的复杂性,这不仅增加了研制时间、成本以及设计失误的可能性,而且简单指令和复杂指令在同一机器中,很难实现流水线操作。

可以说,CISC 结构虽然增强了计算机指令系统的功能,简化了软件编程,但硬件相当复杂。对于简单指令,没有必要用微程序实现;复杂指令用微程序实现与用简单指令组成的子程序实现没有多大区别。精简指令结构(RISC)正好适应了这一要求。

2. RISC 指令结构

(1) RISC 指令结构的概念

1975 年 IBM 公司开始研究指令系统的合理性问题,并由 IBM 的 John Cocke 提出精简指令系统的想法。1981年美国加州伯克莱大学Patterson等人研制了32位RISC I微处理器，共31种指令，3种数据类型，2种寻址方式，研制周期10个月，比当时最先进的MC68000和Z8002快3～4倍。1983年又研制了RISC II，指令种类扩充到39种，采用单一的变址寻址方式，通用寄存器达138个。后来，斯坦福大学的MIPS也研究成功。这些成功的事件标志着精简指令系统计算机(RISC)的诞生。1983年以后，各种小型公司亦开始推出RISC产品，RISC产品的性价比和市场占有率不断提高，得到了空前的发展。例如，Microchip推出的PIC系列RISC单片机在8位机市场大有后来居上之势。英国的ARM公司推出的32位RISC处理器在嵌入式系统领域得到了广泛的应用。如今的嵌入式处理器，有90％是RISC体系结构的。

RISC为了生成优化代码，对指令集的要求为：三地址指令格式、较多的寄存器、对称的指令格式及减少指令的平均周期数。

(2) RISC指令结构的特点

RISC结构的计算机的主要特点包括：

➢ 具有一个有限的简单指令集。选用使用频率最高(80％～90％)的一些简单指令。指令长度固定；指令格式种类少，指令数一般少于100条；寻址方式种类少，一般少于4种。

➢ 只有取数/存数指令访问存储器，其余指令的操作都在寄存器之间进行；CPU配备大量的通用寄存器，以寄存器——寄存器方式工作，减少了访问存储器的操作。这是因为，CPU访问寄存器要比访问存储器快得多。

➢ 强调指令流水线的优化，使大多指令可在一个时钟周期内执行完毕。采用优化编译技术，对寄存器分配进行优化，保证流水线畅通。

➢ 指令控制器采用硬布线方式和由阵列逻辑实现的组合电路控制器(即由硬件实现)；基于RISC指令结构的嵌入式处理器多采用哈佛存储结构加以实现。

(3) RISC指令结构的流水线技术

标准的冯·诺依曼体系结构采用的是串行处理，即一个时刻只能进行一个操作。一条指令的指令构成包括取指令和执行指令两部分，如按两个机器周期完成一条指令，其执行过程如图2.6所示。

由于计算机串行执行，因而速度慢，不能充分发挥CPU的性能。考虑到计算机在指令周期的不同阶段，其功能由不同的组成部件完成，可以设计它们并行执行，以提高计算机的执行速度。而提高计算机性能的根本方向之一就是并行处理，并行处理技术已成为计算机发展的主流。

RISC型CPU采用指令流水线技术。对于RISC嵌入式处理器而言，大多数指令是寄存器到寄存器的，而且绝大多数指令执行周期相同，一般包括以下两个步骤：

I　取指令。由PC值的变化控制取出指令到译码控制逻辑。

E　执行指令。在寄存器中输入输出，完成一个ALU操作。

同时，绝大多数RISC嵌入式处理器存储结构为哈佛类型，可以在同一指令周期，对程序存储器和数据存储器分别操作，满足并行处理的要求。图2.7给出了使用流水线技术的RISC两周期指令序列的操作顺序。不难看出，其处理速度比串行处理提高了一倍。

取指令1	执行指令1	取指令2	执行指令2	…

图2.6 指令的串行执行顺序

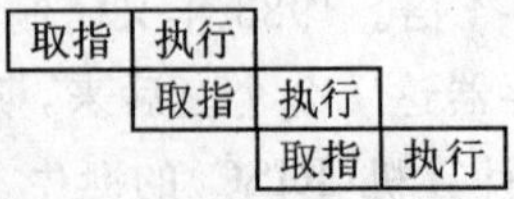

取指	执行		
	取指	执行	
		取指	执行

图2.7 使用流水线技术的RISC两周期指令序列的操作顺序

通过上述分析不难发现，在同一指令执行所需的时间阶段内，并行处理的这些操作分别由组成计算机的不同部件完成，从而避免了操作冲突的现象。

尽管流水线技术促使计算机在不添加更多硬件的情况下提高了执行速度，但在流水线中也存在冲突，这些冲突会使流水线发生断流，而不能充分发挥作用；因此，需采取相应的技术对策，就是我们经常提到的流水线的优化。具体操作应以具体器件为准，在此不做赘述。

(4) RISC结构与CISC结构的比较

表2-1以Microchip公司的单片机PIC16F87x和80C51为例，对RISC结构与CISC结构对比做一简单说明。

表2-1 PIC16F87x与80C51比较

型　号	指令结构	指令集	指令长度	存储结构	综合性能	教学特点
PIC16F87x	RISC	35条	单字	哈佛结构	指令少，性价比高，嵌入式系统应用广泛	不适合初学者
80C51	CISC	111条	单字、多字混合	哈佛结构	指令丰富，兼容性好	适合初学者

PIC16F87x单片机采用了高性能RISC CPU，指令系统仅有35条指令，除了程序分支指令为两个周期外，其余均为单周期指令，它的程序存储器总线宽度为14位，数据存储器总线宽度为8位。80C51单片机采用CISC CPU，指令系统有111条单周期和多周期指令，它的程序存储器总线和数据存储器总线宽度均为8位。从上面的简单分析可以看出，虽然PIC16F87x单片机的综合性能优于80C51，但后者的性能更符合教学特点，便于理解和编程，因而更适合初学者，所以本书选择80C51作为讲授内容。当读者具备了本书的知识之后，再学习其他嵌入式系统方面的知识将变得比较容易。

2.2.3 嵌入式系统的存储器

从上面的分析中不难看出，嵌入式处理器的体系结构是与存储器密切关联的；而且，一个嵌入式系统必然包含或多或少的存储器来存储程序和数据。像在嵌入式系统体系结构中所提及的ROM、RAM以及将要介绍的Cache等都是这部分所涉及的内容。

1. 存储器概述

存储器就是用来存储二进制位(0或1)的部件。存储器是计算机的基本组成部分,用来存放计算机工作时所需的程序或数据。

衡量存储器的指标很多,如容量、功耗、价格和可靠性等,这也是在嵌入式系统应用中需考虑的因素。其他指标容易理解,我们这里只介绍一下存储器的容量。

存储器的容量指的是每个存储器所能存储的二进制数的位数,是以1位二进制数(就是前面介绍的bit)为单位的。存储器的容量与存储器的地址总线宽度 n 以及数据总线宽度 m 有关

$$存储器的容量 = 2^n \times m(\text{bit})$$

其中,2^n 表示存储器存储单元的个数,即存储空间;m 表示每个存储器单元存放的位(bit)数。比如,存储空间相当于一个公寓大楼的标准房间的个数,存储器单元的地址相当于门牌号,而 m 相当于一个标准房间居住的人数;因此,存储器的容量相当于这个大楼所能容纳的总人数。

由于一个存储器单元存放8位二进制数,即一个字节,所以在描述存储器容量时经常以字节Byte(简写为B)为单位,例如一个512 MB的内存条就表示它能存放512 MB的二进制数据。

存储器通常分为内存(内部存储器)和外存(外部存储器),随着计算机科学的发展,还出现了一种叫做Cache的存储器,即高速缓存器。

① 内部存储器简称内存,顾名思义,是指与微处理器CPU集成在一块芯片上(如80C51)或放在一块主板上(如PC机)的存储器,又称片上(On Chip)或片内存储器。内存的访问速度较快,容量(受地址总线宽度限制)较小,存储的程序和数据的数量有限。

② 外部存储器。与内存相反,位于主芯片的外部。存取速度较慢,但容量大,可存储大量的数据和程序。

注意: 内存在通用计算机中与在嵌入式计算机中的含义是有区别的:在通用计算机中,内存就是我们常说的内存条,在CPU外部,位于主板上;在嵌入式计算机中,内存指的是与CPU集成在一块芯片内的存储器。

外存在通用计算机中与在嵌入式计算机中的含义也是有区别的。在通用计算机中,外存就是我们常说的软盘、硬盘、光盘等,其容量可达几百MB~几十GB,又称“海量存储器”,用来作为后备存储器,存储各种程序和数据,外存访问往往需要配置专用设备;在嵌入式计算机中,外存指的是芯片外部的存储器,访问时不需要配置专用设备。

---

③ 高速缓冲存储器。这种存储器所用芯片都是高速的,其存取速度可与微处理器相匹配,容量有几十KB~几百KB,通常用来存储当前使用频率最多的程序或数据。由于Cache是缓存器,即缓冲的、暂时的意思,所以相对于Cache而言,系统中所存在的较大容量的其他存

储器就叫做主存(即主要的存储器,一般指外存);可以说,主存中存放的是 Cache 的数据(也包括程序)源。Cache 原本是通用计算机中的思想,随着嵌入式系统的发展,Cache 也已广泛应用到这一领域当中,如很多的 DSP 芯片中已具有 Cache 功能。

2. 半导体内部存储器

对嵌入式系统而言,主要涉及内存的配置。当然,有时也需要配备适量的外存。下面就来介绍内存的有关知识。目前构成内存的主要是半导体存储器。半导体存储器的最小逻辑单位是存储元件,它存储一位二进制信息。稍大些的逻辑单位是存储单元,由若干存储元件构成,存储一个或多个字节。再大一些的逻辑单位是存储芯片,包含一定数量的存储单元和对存储单元操作的外围线路。若干存储芯片构成半导体存储器。

半导体存储器的类型如图 2.8 所示。

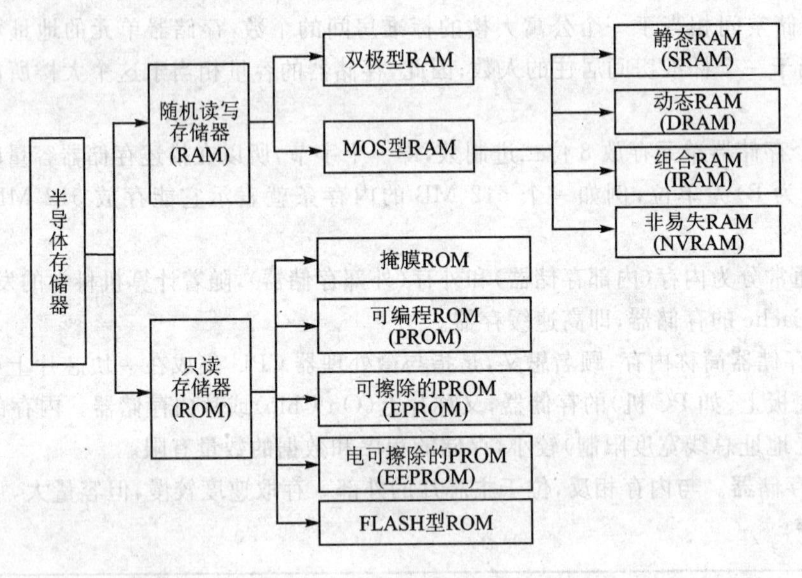

图 2.8　半导体存储器的类型

(1) 随机读/写存储器(RAM)

随机读/写存储器(Random Access Memory)简称为 RAM,可随时在其任一地址单元读出信息或写入新信息。随机存储器往往用于存放可随时修改的数据,因此在嵌入式系统中也称之为数据存储器。一些可随时修改的程序也可以放在 RAM 中,如 PC 机的程序和数据都放在 RAM 中。与 ROM 不同,对 RAM 可以进行读/写两种操作。但 RAM 是易失性存储器,断电后所存信息立即消失。

按半导体工艺,RAM 分为 MOS 型和双极型两种:MOS 型集成度高,功耗低,价格便宜,但速度较慢;而双极型的特点则正好相反,双极型 RAM 读/写速度高,但集成度低,功耗高。在嵌入式系统中使用的大多数是 MOS 型随存储器,所以除非特别说明,我们讨论的 RAM 均指 MOS 型 RAM。

按其工作方式，RAM 分为如下几类：

- 静态 RAM(即 SRAM)。其存储电路以双稳态触发器为基础，状态稳定，只要不掉电，信息就不会丢失，但集成度低。
- 动态 RAM(即 DRAM)。存储单元电路以电容为基础，电路简单，集成度高，功耗低；但因电容漏电，须定时刷新。
- 组合 RAM(即 IRAM)。它是附有片上刷新逻辑的 DRAM，兼有 SRAM 和 DRAM 的优点。
- 非易失 RAM(即 NVRAM)。它是由 SRAM 和 EEPROM 共同构成的存储器，正常运行时和 SRAM 一样，而在掉电或电源故障时，把 SRAM 的信息保存在 EEPROM 中，NVRAM 多用于存储非常重要的信息和掉电保护。

对静态 RAM 而言，只要电源加上，所存信息就能可靠保存；而动态 RAM 使用的是动态存储单元，需要不断进行刷新以便周期性地再生，才能保存信息。动态 RAM 的集成密度大，集成同样的位容量，动态 RAM 所占芯片面积只是静态 RAM 的四分之一。此外，动态 RAM 的功耗低，价格便宜。但是，动态存储器需要增加刷新电路，因此 DRAM 适应于较大规模的应用系统。

(2) 只读存储器(ROM)

在一些嵌入式系统(如 80C51 系统)中，为了防止程序丢失或更改，程序存储器往往使用只读存储器芯片。只读存储器简称为 ROM(Read Only Memory)。ROM 中的信息一旦写入就不能随意更改，其信息也不会丢失。特别是不能在程序运行过程中写入新的内容，而只能读存储单元的内容，故称之为只读存储器。ROM 存储器是由 MOS 管的接通或断开来存储二进制信息的。按照程序要求确定 ROM 存储阵列中各 MOS 管状态的过程，叫做 ROM 编程。根据编程方式的不同，ROM 共分为以下几种。

① 掩膜 ROM。简称为 ROM，其编程是由半导体制造厂家完成的，即在生产过程中进行编程。因编程是以掩膜工艺实现的，因此称作掩膜 ROM。掩膜 ROM 制造完成后，用户不能更改其内容。这种 ROM 芯片存储结构简单，集成度高，但由于掩膜工艺成本高，因此只适合于大批量生产。当数量很大时，这种 ROM 芯片才比较经济。

② 可编程 ROM。简称为 PROM，PROM 芯片出厂时并没有任何程序信息，其程序是在研制现场由用户写入的。这为写入用户自己研制的程序提供了可能。但这种 ROM 芯片只能写入一次，其内容一旦写入就不能再进行修改。

③ 可改写 ROM。简称为 EPROM，其内容也是由用户写入，但允许反复擦除重新写入。按擦除信息方法的不同，把 EPROM 分为两类：一类是用紫外线擦除的，称之为 EPROM；另一类是用电擦除的，称之为 EEPROM 或 E^2PROM。EPROM 是用电信号编程而用紫外线擦除的只读存储器芯片。在芯片外壳上方的中央有一个圆形窗口，通过这个窗口照射紫外线就

可以擦除原有信息。由于阳光有紫外线的成分，所以程序写好后要用不透明的标签贴封窗口，以避免阳光照射而破坏程序。电擦除 ROM(EEPROM)是一种用电信号编程、也用电信号擦除的 ROM 芯片。可以通过读/写操作进行逐个存储单元的读出和写入，且读/写操作与 RAM 存储器几乎没有什么差别；所不同的是写入速度慢一些，但断电后却能保存信息。

④ FLASH 存储器。简称为闪存，是 20 世纪 80 年代末推出的新型存储器件，其主要特点是在掉电情况下可长期保存信息，原理上看像 ROM，但又能在线进行擦除与改写，功能上像 RAM，因此兼有 EEPROM 和 SRAM 的优点。FLASH 存储器由单一电源供电，读取速度较快，功耗低，改写次数目前达 100 万次，价格接近 EPROM。它存储容量适中。体积小，可靠性高，内部无可移动部分，无噪声，抗震动力强，是代替 EPROM 和 EEPROM 的理想器件，也可制作成移动存储设备，如 U 盘和小型硬盘等，市场前景非常看好。

3. 高速缓冲存储器 Cache

(1) Cache 的基本原理

在一些复杂的嵌入式系统中，CPU 在进行运算时所需的大量指令和数据都是从主存(一般指外存)中读取的。由于 CPU 的速度要比主存储器的访问速度快得多，因此，CPU 等待数据到来或把数据写入主存储器需要一段时间。为了减少这种等待时间，解决 CPU 与主存之间的速度匹配问题，在 CPU 和主存之间增设了高速缓存器(Cache)。Cache 是一种小容量、高速度的存储器，其读取速度比系统主存储器快很多，位于处理器与主存储器(外存)之间，用于存放当前使用的主存储器中的部分内容，以减少访问主存储器的等待时间，如图 2.9 所示。

利用 Cache 的依据是程序的局部性原理。据统计，系统中程序有 90％的时间执行的是其 10％的代码，也就是说程序经常会重复使用它最近使用过的指令和数据，即指令或数据访问具有很强的局部性。这种表现为时间局部性和空间局部性两种类型。时间局部性主要是指最近访问过的存储器位置很可能再次访问，空间局部性是指地址相近的单元可能在一定时间内被连续访问，即与已经访问过的存储器位置相近的位置可能会被访问。数据的局部性保证了 Cache 中的内容能多次被访问，这就是 Cache 技术的基本依据。

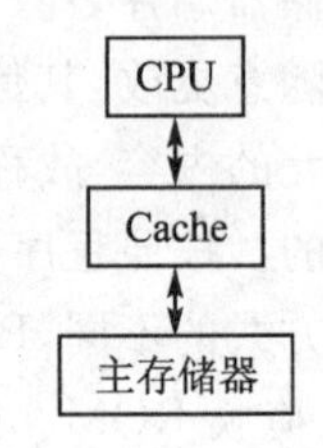

图 2.9　Cache 与主存储器

在嵌入式系统中，Cache 一般用于外部存储器容量较大的应用中。Cache 与处理器往往集成在一个芯片上，由于片上内存容量受功耗和价格的限制，Cache 通常都比较小；而其主存储器(存放大量的程序和数据)位于芯片的外部。在嵌入式系统中，Cache 的速度和内存等同。

(2) Cache 的工作过程

下面简单谈一下 Cache 的工作过程。我们知道，Cache 的作用就是把主存储器中经常访问的指令和数据存储到 Cache 中。当 CPU 访问存储器时，首先检查 Cache。如果要访问的指令或数据在 Cache 中，则直接读至 CPU 内部进行处理，使 CPU 可以不必等待主存数据而保持高速操作，这种情况称为Cache命中(Cache Hit)；如果访问的数据不在Cache中，此时称为Cache未命中(Cache Miss)，则将这些指令和数据以一定的算法和策略从主存储器中调入放到Cache中。发生Cache未命中时，可由硬件实现算法进行处理，它能在极快的时间内自动处理Cache未命中时的状态更新。如果组织方式得当，程序所用的大多数数据都可在Cache中找到，即在大多数情况下能命中Cache。有关Cache的组织方式等内容在此不便于展开，感兴趣的读者可参考其他介绍Cache的文献。

需要指出的是，上述操作对用户而言都是透明的，用户只需学会使用就可以了。

2.3 嵌入式系统软件基础

2.3.1 嵌入式操作系统

早期基于单片机的嵌入式系统由于结构简单，功能单一，一般是不需要嵌入式操作系统的。但随着嵌入式系统的发展，其应用领域越来越广泛，功能越来越强，嵌入式操作系统的应用已不是什么新鲜事。因此，有必要介绍一下嵌入式操作系统的基本知识。由于本书的大多数读者不是计算机专业出身，所以我们只能从应用的角度来简单介绍这部分内容，更专业、更详细的内容可参考其他有关文献。

为了更好地学习嵌入式操作系统，有必要先了解一下计算机操作系统的一般知识。

1. 操作系统的概念

操作系统(Operating System，简称OS)是计算机系统中重要的系统软件，是整个系统的控制中心，控制和管理计算机系统的各类资源，并为其他系统程序和应用程序提供基本的服务。简而言之，计算机操作系统就是用户和计算机之间的接口，有助于用户和计算机相互之间进行友好地交流。例如，3个运行中的程序都要求在一台共享的打印机上输出信息，可以通过在磁盘缓冲区里进行排队管理来使各程序平等地使用该打印机，这一工作由OS来完成。因此，操作系统的目的是：

- 方便用户，OS可看作是用户与硬件之间的接口程序；
- 有效地管理和使用计算机系统资源，提高资源的利用率。

操作系统的主要功能包括：

- CPU管理：负责分配CPU给多个任务；
- 存储管理：负责分配内存空间，保护存储器内信息的安全；
- 设备管理：负责设备分配、优化调度，提高设备使用率；
- 文件管理：负责文件的管理，方便用户使用，保证文件的安全。

常用的计算机操作系统有大家熟悉的Windows2000、WindowsXP以及嵌入式操作系统

μC/OS等。下面介绍几个有关的概念，对理解操作系统特别是嵌入式操作系统很有必要。

(1) 任务、进程

① 任务是指一个程序段落。任务有4种状态：运行、就绪、挂起和休眠：

- 运行——获得CPU访问权。
- 就绪——进入任务等待队列，通过调度转为运行状态。
- 挂起——任务发生阻塞，移出任务等待队列；等待系统实时事件的发生而唤醒，从而转为就绪或运行。
- 休眠——任务完成或由于错误等原因被清除的任务。

任何时刻，系统中只能有一个任务处在运行状态，各任务按级别通过时间片分别获得对CPU的访问权。

系统任务就绪后进入任务就绪态，等待队列通过调度程序使它获得CPU和资源使用权，从而进入运行态。任务在运行时因申请资源等原因而挂起，转入挂起态，等待运行条件的满足；当条件满足后任务被唤醒，进入就绪态，等待系统调度程序依据调度算法进行调度。任务的休眠态是任务虽然在内存中，但不被实时内核所调度的状态。

② 进程是指具有独立功能的程序段的一次动态运行过程。进程是一个能独立运行的单位，能与其他进程并行地活动。线程是进程内的一个相对独立的、可调度的执行单元。

(2) 中断、中断优先级

① 中断就是CPU打断正在处理的任务，转而去响应另一个请求并进行处理。比如说，老师正在上课，这时候有人敲门，老师暂停讲课去开门；等处理完此事情后返回讲台继续上课。这一过程就是中断以及中断处理的过程。计算机中的中断过程与上述过程类似。

② 中断优先级是操作系统对每个中断源按照响应顺序规定的高低级别。在多级中断系统中，高优先级的中断可以打断低优先级的中断请求；反之，则不行。

2. 嵌入式操作系统的特点和功能

嵌入式操作系统是指为嵌入式系统应用服务的操作系统。与通用的操作系统相似，其具备文件和目录管理、设备支持、多任务、网络支持、图形窗口以及用户界面等功能；同时，它具有大量的应用程序接口(API)，开发应用程序简单，嵌入式应用软件丰富。因此，嵌入式操作系统具有以下一些特点：

① 体积小。嵌入式系统有别于一般的计算机处理系统，它不具备像硬盘那样大容量的存储介质，而大多使用闪存(Flash存储器)作为存储介质。这就要求嵌入式操作系统只能运行在有限的内存中，不能使用虚拟内存，中断的使用也受到限制。因此，嵌入式操作系统必须结构紧凑，体积微小。因此，一个实际的嵌入式操作系统的微内核往往只有几K～几十K。

② 面向应用，可裁剪和移植。嵌入式系统必须根据应用需求对软硬件进行裁剪，满足应用系统的功能、可靠性、成本和体积等要求。例如，可根据实际使用情况，进行功能扩展或者裁

剪。由于微内核的存在，使得这种扩展能够非常顺利地进行。同时，嵌入式操作系统的引入解决了嵌入式软件开发标准化的难题，在嵌入式操作系统平台上开发出的程序具有较高的可移植性，嵌入式软件的函数化和产品化能够促进行业间交流，减少重复劳动，提高知识创新的效率。

③ 实时性强。大多数嵌入式系统都是实时系统，而且多是强实时多任务系统，要求相应的嵌入式操作系统也必须是实时操作系统(RTOS)。实时操作系统作为操作系统的一个重要分支已成为研究的一个热点，它主要探讨实时多任务调度算法和可调度性、死锁解除等问题。

④ 特殊的开发调试环境。嵌入式系统本身不具备自举开发能力，即使设计完成以后用户通常也不能对其中的程序功能进行修改，必须有一套开发工具和环境才能进行开发。提供完整的集成开发环境是每一个嵌入式系统开发人员所期待的。一个完整的嵌入式系统的集成开发环境一般需要提供的工具是编译/连接器、内核调试/跟踪器和集成图形界面开发平台，其中的集成图形界面开发平台包括编辑器、调试器、软件仿真器和监视器等。这些都是嵌入式操作系统所具备的。

3. 嵌入式操作系统的发展状况

国外嵌入式操作系统已经从简单走向成熟，主要有 VxWorks、μC/OS－II、嵌入式 Linux、Windows CE 等。国内嵌入式操作系统的发展虽然起步较晚，但由于巨大的国内市场的牵引，发展很快，势头不错，比较知名的有 DeltaOS 以及 Hopen OS 等。

(1) VxWorks

在众多的实时操作系统和嵌入式操作系统产品中，WindRiver 公司的 VxWorks 是比较有特色的一种实时操作系统。VxWorks 支持各种工业标准，包括 POSIX(Portable Operating System Interface：可移植操作系统接口)、ANSI C 和 TCP/IP 网络协议。VxWorks 运行系统的核心是一个高效率的微内核，该微内核支持各种实时功能，包括快速多任务处理、中断支持、抢占式和轮转式调度。微内核设计减轻了系统负载并可快速响应外部事件。美国宇航局的“极地登陆者”号、“探空二号”和火星气候轨道器等登陆火星探测器上就采用了 VxWorks，负责火星探测器的全部飞行控制，包括飞行纠正、载体自旋和降落时的高度控制等，而且还负责数据收集和与地球的通信工作。目前在全世界装有 VxWorks 系统的智能设备数以百万计，其应用范围遍及互联网、通信、数字影像、医学、计算机外设、汽车、导航与制导、航空、航天、控制、声纳、雷达和测试等众多领域。

(2) μC/OS－II

μC/OS－II 是一种源代码开放的嵌入式操作系统，是专门为微控制器 MCU 设计的抢占式实时多任务操作系统。其内核主要提供进程管理、时间管理、内存管理等服务。系统最多支持 56 个任务，每个任务均有一个独有的优先级。由于其内核为抢先式，所以总是处于运行态最高优先级的任务占用 CPU。系统提供了丰富的 API 函数，实现进程之间的通信以及进程状态的转化。

(3) 嵌入式 Linux

嵌入式 Linux 的成功之处在于其与硬件芯片的紧密结合。Linux 是源代码开放的软件，不存在黑箱技术，任何人都可以修改它，或者用它开发自己的产品。Linux 系统是可以定制的，系统内核目前已经可以做得很小。一个带有中文系统及图形化界面的核心程序也可以做到不足 1 MB，而且非常稳定。Linux 作为一种可裁剪的软件平台系统，是发展未来嵌入式设备产品的绝佳资源，遍布全球的众多 Linux 爱好者又能给予 Linux 开发者强大的技术支持。因此，Linux 作为嵌入式系统新的选择，是非常有发展前途的。

(4) Windows CE

Windows CE 的内核较小，是 Microsoft 推出的一种应用到工业控制等领域的嵌入式操作系统。其优点在于便携性、提供对微处理器的选择以及非强行的电源管理功能等。其内置的标准通信能力使 Windows CE 能够访问 Internet 并收发 Email 或浏览 Web。除此之外，Windows CE 特有的与 Windows 类似的用户界面使用户易于使用。Windows CE 的缺点是速度慢，效率低，价格偏高，开发应用程序相对较难。

(5) DeltaOS

DeltaOS 是国内自主开发的一个强实时、高可靠性的嵌入式操作系统，它主要包括：具有高可靠性和实时性的内核 DeltaCORE、嵌入式 TCP/IP 网络组件 DeltaNET、嵌入式文件系统 DeltaFILE 以及嵌入式图形接口 DeltaGUI。DeltaOS 支持 ARM7、StrongARM、X86、MIPS 等多种嵌入式微处理器。其中，DeltaCORE 是一个高效、时间确定性强、可配置、可靠且部分满足 POSIX 标准的嵌入式强实时操作系统内核。DeltaNET 是一个支持多任务的嵌入式 TCP/IP 网络组件，适用于内存要求较小、可靠性要求较高的网络应用。DeltaFILE 是一个管理 DeltaCORE 操作系统的输入/输出和文件操作的功能模块。DeltaGUI（Delta Graphical User Interface）是嵌入式系统中的图形用户界面，运行在实时操作系统内核之上，应用于各种需要图形界面的嵌入式设备（如 PDA 等）中。目前，DeltaOS 已成功地应用于消费电子产品、通信产品、工业控制及军用电子产品中。

(6) Hopen OS

Hopen OS 是凯思集团自主研制开发的嵌入式操作系统，由一个体积很小的内核及一些可以根据需要进行定制的系统模块组成。其核心 Hopen Kernel 一般约为 10 KB 大小，占用空间小，并具有实时、多任务、多线程的系统特征。

4. 嵌入式操作系统支持下的 80C51 应用系统

像上面介绍的 VxWorks 嵌入式操作系统，虽然性能优越，但价格昂贵，目前主要用于 16 位和 32 位处理器中，而针对用户广泛使用的 80C51 系列单片机，利用源代码开放的的 μC/OS－II 是一种不错的选择，已经有大量的在 80C51 上成功移植 μC/OS－II 操作系统的范例。

μC/OS-II给80C51应用系统带来了如下变化。

① 增强了系统的可靠性，并使得调试程序变得简单。以往传统的80C51开发工作中经常遇到程序跑飞或是陷入死循环等情况。可以用看门狗解决程序跑飞问题；而对于后一种情况，只能通过设置断点、耗费大量时间来慢慢分析。如果在系统中嵌入μC/OS-II，事情就简单多了。可以把整个程序分成许多任务，每个任务相对独立，然后在每个任务中设置超时函数，时间用完以后，任务必须交出CPU的使用权。即使一个任务发生问题，也不会影响其他任务的运行。这样既提高了系统的可靠性，同时也使得调试程序变得容易。

② 增加了系统的开销。现在所使用的80C51，其片内都带有一定的RAM和ROM，对于一些简单的程序，如果采用传统的编程方法，已经不需要外部存储器了；如果在其中嵌入μC/OS-II，在只需要使用任务调度、任务切换、信号量处理、延时或超时服务的情况下，不需要外扩ROM，但是外接RAM是必须的。由于μC/OS-II是可裁剪的操作系统，其所需要的RAM大小就取决于操作系统功能的多少。

μC/OS-II的移植需要一定的基础。如果没有现成的移植实例，就必须自己来编写移植代码。虽然只需要改动两个文件，但仍需要对相应的微处理器比较熟悉才行，所以最好参照已有的移植实例。另外，即使有移植实例，在编程前最好也要阅读一下，因为里面涉及堆栈操作。在编写中断服务程序时，把寄存器压入堆栈的顺序必须与移植代码中的顺序相对应。

μC/OS-II在80C51系统中的启动过程比较简单。μC/OS-II的内核是和应用程序放在一起编译成一个文件的，使用者只需要把这个文件转换成HEX（十六进制）格式，写入ROM中就可以了。上电后，μC/OS-II会像普通的80C51程序一样运行。

2.3.2 嵌入式应用软件

嵌入式应用软件是针对特定的实际专业领域的，基于相应的嵌入式硬件平台的，并能完成用户预期任务的软件。用户的任务可能有时间和精度的要求。有些嵌入式应用软件需要嵌入式操作系统的支持，但在简单的应用场合下一般不需要嵌入式操作系统。

嵌入式应用软件与普通的应用软件有一定的区别。由于嵌入式应用对成本十分敏感，因此为减少系统的成本，除了精简每个硬件单元的成本外，尽可能地减少嵌入式应用软件的资源消耗也是不可忽视的重要因素。这就要求嵌入式应用软件不但要保证准确性、安全性、稳定性以满足应用要求，还要尽可能地优化。为了提高执行速度和系统可靠性，嵌入式系统中的软件一般都固化在存储器芯片或处理器的内部存储器件当中。

嵌入式应用软件的开发必须将硬件、软件、人力资源等元素集成起来并进行适当的组合，以实现目标应用对功能和性能的需求。在嵌入式软件的开发过程中，实时性能常常与功能一样重要，这就使嵌入式软件开发所关注的方面更广泛，要求的精度更高。

嵌入式系统应用软件的整个开发流程可分为需求分析阶段、设计阶段、生成代码阶段和固化阶段，如图2.10所示。

嵌入式系统应用软件开发的每个阶段都体现着嵌入式开发的特点。

① 需求分析阶段。嵌入式系统的特点决定了系统在开发初期的需求分析过程中需要完成的任务。在需求分析阶段需要分析客户需求，并将需求分类整理——包括功能需求操作界面需求和应用环境需求等。嵌入式系统应用需求中最为突出的一个特点是注重应用的时效性——在竞争中产品上市时间最短的企业最容易赢得市场。因此，在需求分析的过程中采用成熟、易于二次开发的系统有利于节省时间，从而以最短的时间面向用户。

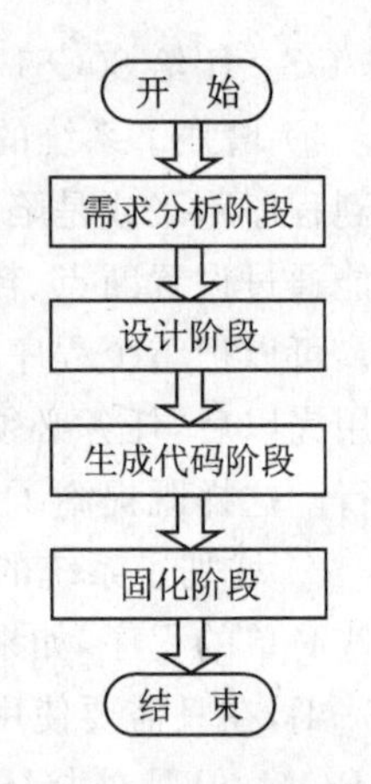

图 2.10　嵌入式系统的软件开发过程

② 设计阶段。需求分析完成后，需求分析人员提交规格说明文档，进入系统的设计阶段。系统的设计阶段包括系统设计和任务设计。

③ 生成代码阶段。生成代码阶段需要完成的工作包括编程（常采用汇编语言和 C 语言）、交叉编译、链接、交叉调试和测试等。该阶段经过后，将生成可执行的程序代码。

④ 固化阶段。嵌入式软件开发在生成了可执行的程序代码后，要存放在目标环境的非易失性存储单元（如 PROM/FLASH）中运行程序，所以需要将代码写入到 ROM 中固化，以保证每次运行结果一致。固化的可执行代码生成并烧写到目标环境中后，还要进行运行测试以保证程序的正确无误。

固化测试完成后，整个嵌入式应用软件的开发就宣告完成了。

2.4　应用最广泛的嵌入式系统

2.4.1　单片机的嵌入式特点

从嵌入式系统的概念和当今主流单片机的特点来看，可以这样说，单片机是典型的嵌入式系统，其特点是：

- 集成度高、可靠性强。单片机把各功能部件集成在一块芯片上，内部采用总线结构，减少了芯片之间的连线，从而大大提高了其可靠性和抗干扰能力。
- 控制功能强。单片机的指令系统中有丰富的 I/O 指令、位处理指令、转移指令等，能够满足工业控制的需要。单片机的逻辑控制功能和运行速度均高于同一档次的微机。
- 体积小、功耗低。单片机易于产品化，能够方便地组成各种智能化的控制设备和仪器，做到机、电、仪一体化，并易于实现便携式应用。
- 系列齐全。单片机有外接 ROM、内部掩膜 ROM、内部 EPROM 以及内部 FLASH 等多种供应状态，便于从产品设计、小批量生产到大批量生产定型产品的转化。

2.4.2 单片机的嵌入式应用

单片机的应用极为广泛,已深入到国民经济的各个领域,所以说单片机系统是应用最广泛的嵌入式系统。单片机的应用提高了机电设备的技术水平和自动化程度,对各行各业的技术改造和产品更新换代起到了重要的推动作用。其典型应用领域有以下几个方面。

① 工业控制。单片机在工业自动化控制系统中的应用相当广泛,数据采集、过程控制、自动化生产线、数控机床等都可以用单片机作为控制器,所以单片机又称作微控制器。由于自动化生产可以降低劳动强度,提高经济效益、改善产品质量,从而使单片机广泛应用于机械、电子、汽车、电力、石油、化工等工业领域中。

② 智能仪器仪表。把单片机应用到各种仪器仪表上可以在很大程度上促进仪器仪表向数字化、智能化、多功能化、综合化和柔性化方向发展,同时还能够提高仪器仪表的精度和准确度,简化结构,减小体积和重量,提高性价比。

③ 信息通信技术。多机系统中各计算机间的通信联系、计算机与其外围设备(如键盘、打印机、传真机、复印机等)间的协作都可以用到单片机。并且伴随着嵌入式操作系统的应用以及单片机网络化的发展趋势,单片机在该领域的应用将会蓬勃发展。

④ 日常生活。自单片机诞生之日起它就进入了人类日常生活,现已成功地应用于家用电器、玩具、无绳电话、家庭自动化、电子秤、防盗报警、电子日历时钟等日常生活用品中,进一步提高了家电产品智能化的程度,信息家电已从概念变成了现实。

⑤ 其他领域。各种实验控制台,管理通信系统,现代化的军舰、坦克和导弹等军事装备,商业营销领域中的自动售货机,电子收款机等都有单片机在发挥作用。

2.4.3 8位单片机的主流地位

1976年美国Intel公司首次推出了8位单片机MCS-48系列,从而使单片机的发展进入了8位单片机时代。1977年Fairchild公司和Mostek公司生产了F8系列的8位单片机,1978年Motorola公司推出了6801系列的8位机。早期的8位单片机功能较差,一般都没有串行I/O接口,几乎不带A/D、D/A转换器,终端控制和管理能力也较弱,寻址空间的范围一般也很小。

随着集成工艺水平的提高,一些高性能8位单片机相继问世,增加了定时/计数器的个数,增添了通用串行通信控制接口,扩展了存储器的容量,强化了中断控制功能,而且部分系列单片机内部还集成了A/D、D/A转换接口,如Intel公司的MCS-51系列、Zilog公司的Z8系列、NEC公司的μPD78XX系列等。

MCS-51系列单片机以其典型的结构、完善的总线、SFR(特殊功能寄存器)的集中管理模式、布尔(位)处理器和面向控制功能的指令系统,为单片机的发展奠定了良好的基础。为此,众多的厂商都介入了8051单片机的研发。为了进一步提高单片机的控制功能,拓宽其应用领域,各大公司在高档8位单片机的基础上又推出了新一代8位单片机,如Intel、Phillips、Atmel、Cygnal、华邦等公司生产的80C51兼容系列,Motorola公司的MC68xx系列,Microchip公司的PIC18xx系列等。

继8位单片机之后,16位单片机逐渐问世并得到了较大的发展,Intel公司推出的MCS-96系列单片机和TI公司推出的超低功耗MSP430系列单片机就是其中的典型产品。近年来还出现了32位单片机,如英国ARM公司的ARM7和ARM9系列,可用于高速控制、图像处理、语音处理等领域。尽管如此,8位单片机由于功能强、品种多、价格低,仍得到了广泛的应用,是单片机的主流。

目前,在我国应用最多的是各大半导体公司(包括Philips、Infineon、Atmel、TI和Intel等知名企业)推出的以Intel的80C51为核心的系列兼容单片机,我们统称为80C51系列单片机。本书也将以此为主进行介绍。

2.4.4 单片机的技术发展史和趋势

1. 技术发展史

单片机诞生于20世纪70年代末,经历了SCM、MCU、SoC三大阶段。

① SCM即单片微型计算机(Single Chip Microcomputer)阶段。该阶段的主要特点是寻求最佳的单片形态即嵌入式系统的最佳体系结构。在开创嵌入式系统独立发展的道路上,Intel公司功不可没。Intel公司按嵌入式应用要求设计了满足嵌入式应用要求的MCS-51系列单片机,MCS-51的体系结构也因此成为单片嵌入式系统的典型结构体系。

② MCU即微控制器(Micro Controller Unit)阶段。这是当今单片机的主流形态。该阶段的主要技术发展方向是:不断扩展满足嵌入式应用时对象系统要求的各种外围电路与接口电路,突显其对象的智能化控制能力。它所涉及的领域都与对象系统相关,因此,发展MCU的重任不可避免地落在电气、电子技术厂家身上。在发展MCU方面,最著名的厂家当数Philips公司。Philips公司以其在嵌入式应用方面的巨大优势,将MCS-51从单片微型计算机迅速发展到微控制器。因此,当我们回顾嵌入式系统发展道路时,不要忘记Intel和Philips的历史功绩。

③ SoC即片上系统解决方案阶段。单片机向MCU阶段发展的重要因素,就是寻求应用系统在芯片上的最大化解决;因此,专用单片机的发展自然形成了SoC(System on Chip)化趋势。SoC片上系统设计就是把整个应用电子系统的功能(软件)和固件(硬件)全部集成在一个芯片上,是真正意义上的单片系统。随着微电子技术、IC设计、EDA工具的发展,基于SoC的嵌入式系统设计会有较大的发展。因此,对单片机的理解可以从单片微型计算机、单片微控制器延伸到单片应用系统。

2. 发展趋势

单片机功能正日渐完善,今后的发展趋势是:

① 集成度高。单片机集成越来越多资源，内部存储资源日益丰富，用户不需要扩充资源就可以完成项目开发，不仅是开发简单，产品小巧美观，同时系统也更加稳定，目前该发展方向即是 SoC。

② 抗干扰能力强。单片机抗干扰能力加强，使得它能够更加适合工业控制领域，具有更加广阔的市场前景。

③ 提供在线编程能力。这加速了产品的开发进程，为企业产品上市赢得宝贵时间。在线编程目前有两种不同方式 ISP 和 IAP：ISP（在系统可编程）——具备 ISP 的单片机内部集成 FLASH 存储器，用户可以通过下载线以特定的硬件时序在线编程，但用户程序自身不可以对内部存储器做修改，如 Philips 的 LPC900 系列；IAP（在应用可编程）——具备这种特性的单片机厂家在出厂时内部写入了单片机引导程序，用户可以通过下载线对它在线编程，用户程序也可以自己对内存重新修改，这对于工业实时控制和数据的保存提供了方便，如 STC 的 89 系列。

④ 在线仿真变得容易。用户一旦开发一个比较大的系统，开发调试就会变得非常复杂，同时由于单片机资源有限，不能像 PC 一样直接调试自己的软件，于是出现了品种繁多的专业仿真器，为用户的开发提供了强大功能，加速了开发进程，降低了开发难度；但这类仿真器同时也给中小型用户带来沉重的经济负担。目前已经有公司推出了在线调试的单片机，如 TI 的 MSP430 系列。这类单片机采用标准的 JTAG 接口，可对单片机进行在线调试。

⑤ 嵌入式操作系统的应用。单片机一般是不用操作系统的，但是随着其性能的提高以及应用的要求，一些复杂的嵌入式系统（如 ARM 系统）开始采用嵌入式操作系统，专用于嵌入式系统的嵌入式操作系统也发展起来了，如 VxWorks、μC/OS-II、DeltaOS 等嵌入式操作系统。采用嵌入式操作系统，一方面加速了开发人员的开发速度，节约了开发成本，另外也为更复杂功能的实现提供了可能。

2.4.5 嵌入式系统的高低端

综上所述，嵌入式系统起源于微型计算机时代；然而，通用微型计算机的体积、价位、可靠性都无法满足广大对象系统的嵌入式应用要求，因此，嵌入式系统必须走独立发展道路。这条道路就是芯片化道路，将计算机做在一个芯片上，从而开创了嵌入式系统独立发展的单片机时代。

嵌入式系统有过很长一段单片机的独立发展道路，大多是基于 8 位单片机，实现最底层的嵌入式系统应用，带有明显的电子系统设计模式和特点，大多数从事单片机应用开发人员都是对象系统领域中的电子系统工程师。单片机出现后，立即脱离了计算机专业领域，以“智能化”器件身份进入了电子系统领域。由于当时没有引入“嵌入式系统”的概念，不少从事单片机应用的人不了解单片机与嵌入式系统的关系，在一谈到嵌入式系统时，往往将其理解成是计算机专业领域的，基于 32 位嵌入式处理器的，应用于网络、通信、多媒体等的系统。事实上，由于单片机是典型的、独立发展起来的、应用最广泛的嵌入式系统，从学科建设的角度出发，应该把它纳入“嵌入式系统”的范畴。考虑到原来单片机的电子系统底层应用特点以及与对象系统的紧耦合性，我们完全有理由把原来的单片机应用理解成低端嵌入式系统的应用，把基于32位嵌入式处理器的嵌入式系统应用归结为高端嵌入式系统的应用。本书就是从这一观点出发，以80C51单片机为重点，介绍低端嵌入式系统的应用。

本章小结

本章介绍了嵌入式系统的概念、硬件结构、软件基础、存储器，最后以应用最广泛的嵌入式系统——单片机为例，介绍了其嵌入式特点、应用技术发展史以及8位单片机的主流地位，从而引出了80C51嵌入式系统这一本书的主题。

嵌入式系统的基本概念部分，在定义了嵌入式系统概念的基础上，进一步阐述了嵌入式系统的组成、特点和种类与发展状况。

嵌入式系统硬件结构部分，介绍了存储结构和指令结构是嵌入式系统结构体系中两项重要的内容；在存储结构中介绍了冯·诺依曼结构和哈佛结构两种典型的存储结构，分析了各自的特点；在指令结构中给出了CISC体系结构和RISC体系结构，提供了典型实例。

嵌入式系统的体系结构是与存储器相关联的。嵌入式系统存储器部分首先介绍了存储器的有关概念；然后重点介绍了半导体存储器的知识；在这部分中，还介绍了有关高速缓存器Cache的内容，供读者拓展视野。

嵌入式操作系统是服务于硬件系统的。这部分介绍了嵌入式操作系统的基本概念、特点和功能、发展状况及其在80C51上实现的方法。对80C51嵌入式系统而言，嵌入式操作系统虽然不是必须的，但了解它对将来应用是必要的。

在本章学习当中，理解嵌入式系统的基本概念是关键，弄懂80C51是典型的嵌入式系统是根本。只有具备了这些理念，才能理解这本书以及这门课程的主旨，为学好后续章节内容打下知识基础和思想基础。

本章习题

2.1　什么是嵌入式系统？它有哪些特点？

2.2　嵌入式系统的存储结构分为哪两大类？各自的特点是什么？

2.3　嵌入式系统的指令结构分为哪两大类？分别举例说明。

2.4　简述RAM、ROM、PROM、EPROM和EEPROM之间的区别。

2.5　简述Cache的作用。

第3章

80C51单片机的结构与配置

主要内容 80C51系列单片机的分类、内部结构、引脚功能、I/O端口、CPU时序及工作方式。

教学建议 3.2、3.4小节作为重点内容介绍，其他部分作为一般性内容介绍。

教学目的 通过本章学习，使学生：

- 了解单片机的分类，各引脚功能、输入/输出口作用；
- 熟悉单片机存储器组织。

3.1 概 述

以8051为基核开发出的CHMOS工艺单片机统称为80C51系列单片机。它是我国目前应用最广泛的8位单片机系列，是在MCS-51系列的基础上发展起来的，由Intel公司研制生产的。后来越来越多的厂商如Atmel、Philips等公司在传统80C51单片机的基础上生产80C51系列兼容芯片。新一代80C51单片机除了内部功能增强之外，还在芯片中增加了一些外部接口功能单元，例如数/模转换器(A/D)、监视定时器、高速I/O口等，使新一代80C51单片机功能更强大，如Atmel公司生产的AT89sxx系列、ADI公司生产ADμC8xx系列等。这些器件，在本书中统称为80C51单片机系列。需要指出的是，在介绍基本原理性内容时，仍以传统80C51系列单片机为例加以介绍；但这并不妨碍我们以新款单片机介绍应用方面的内容。

传统80C51系列可分为51和52两个子系列，主要有4种型号，分别是：80C31/80C32、80C51/80C52、87C51/87C52、89C51/89C52。其中51型号子系列是基本型，芯片末位数字为"1"；52型子系列是增强型，芯片末位数字为"2"。52系列较51系列功能上有所增强，如片内ROM及RAM都增加一倍，定时/计数器个数由2个增加到3个，中断源由5个增加到6个等。资源配置如表3-1所列。

在80C51系列单片机里，80C51是最典型的单片机芯片，其他芯片都具有与80C51基本相同的硬件结构和软件特征，下面以80C51为线索来介绍单片机的内部结构、外部引脚、存储器配置等内容。

表 3-1 80C51 系列单片机分类

分 类	芯片型号	存储器		其他功能单元	
		ROM	RAM	定时/计数器(个)	中断源(个)
基本型	80C31	无	128 B	2	5
	80C51	4 KB 掩膜	128 B	2	5
	87C51	4 KB EPROM	128 B	2	5
	89C51	4 KB FLASH	128 B	2	5
增强型	80C32	无	256 B	3	6
	80C52	8 KB 掩膜	256 B	3	6
	87C52	8 KB EPROM	256 B	3	6
	89C52	8 KB FLASH	256 B	3	6

3.2 80C51 单片机的内部结构

80C51 单片机由中央处理器 CPU、存储器、输入/输出接口电路(I/O 口)、定时和中断电路等基本结构组成,其结构框图如图 3.1 所示。

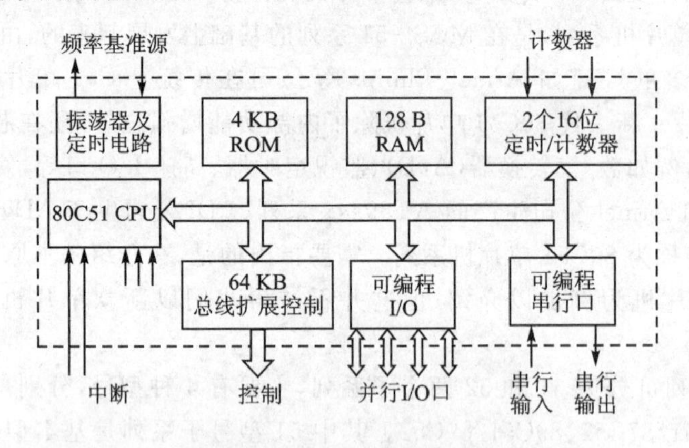

图 3.1 基本型单片机结构框图

80C51 单片机芯片内部逻辑结构框图如图 3.2 所示。

1. 80C51 单片机的微处理器

80C51 单片机的微处理器是一个 8 位高性能中央处理器(CPU)。其功能是产生控制信号,把数据从存储器或输入口传送到 CPU,或反向传送,还可以对输入数据进行算术逻辑运算

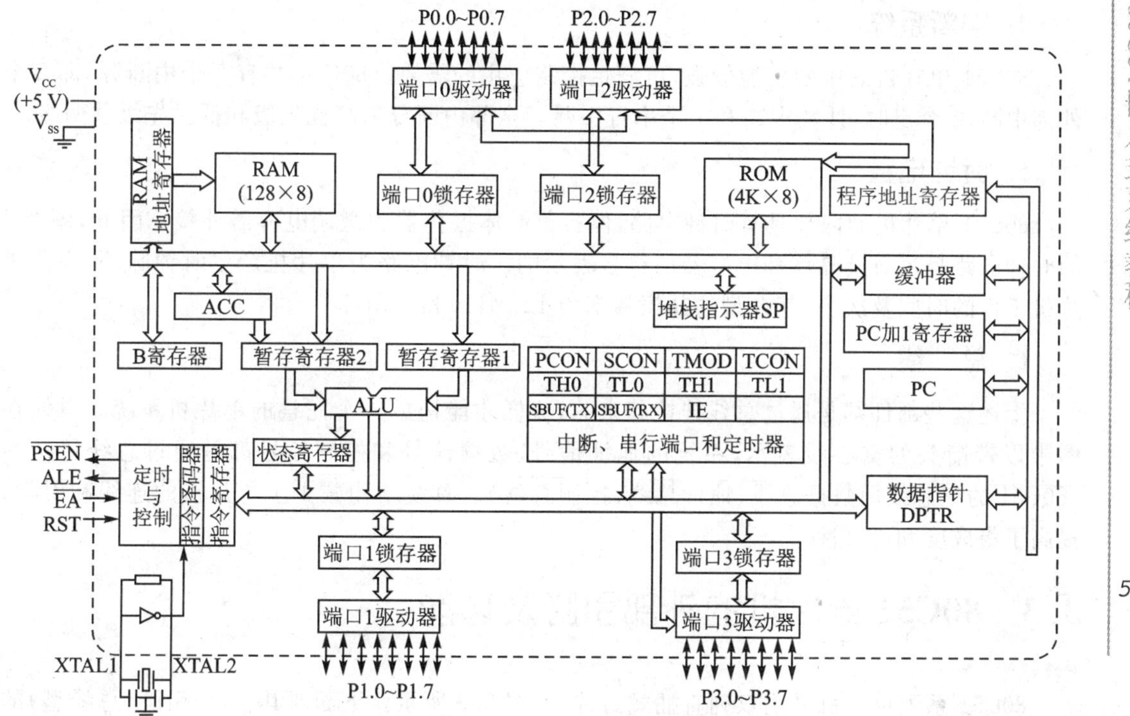

图 3.2 80C51 内部逻辑结构框图

以及位操作处理，由运算器、控制器等部件组成。运算器由算术逻辑运算单元 ALU、累加器 ACC、寄存器 B、暂存寄存器和程序状态字寄存器 PSW 组成，其任务是实现算术与逻辑运算、位变量处理和数据传送等操作。控制器由指令寄存器、指令译码器、定时及控制逻辑电路和程序计数器 PC 等组成。

2. 80C51 单片机的存储器

① 内部数据存储器。实际上 80C51 芯片中共有 256 个 RAM 单元，但其中后 128 单元被专用寄存器占用，供用户使用的只是前 128 单元，用于存放可读/写的数据。通常，内部数据存储器是指前 128 单元，简称“内部 RAM”。

② 内部程序存储器。内部程序存储器在图 3.2 中是指 ROM(4 KB)。80C51 共有 4 KB 掩膜 ROM，用于存放程序和原始数据。因此称之为程序存储器，简称“内部 ROM”。

3. I/O 口电路

80C51 单片机共有 4 个 8 位 I/O 口(P0～P3)，以实现数据的并行输入/输出。还有一个可编程全双工的串行口，它功能强大，可做异步通信收发器使用，也可用作同步移位器。

4. 中断系统

80C51 单片机的中断功能较强，可满足控制应用的需要。80C51 共有 5 个中断源，即 2 个外部中断、2 个定时/计数中断和 1 个串行中断。全部中断分为高优先级和低优先级共两级。

5. 时钟电路

80C51 单片机的内部具有时钟电路，但石英晶体振荡器和微调电容需外接。因此，图 3.2 的时钟电路是用石英晶体和电容器的符号表示的。时钟电路为单片机产生时钟脉冲，规范单片机工作的时间及次序，其典型的晶振频率为 12 MHz 和 6 MHz。

6. 总 线

上述这些部件都是通过总线连接起来的，这样才能构成一个完整的单片机系统。总线在图中以带箭头的空心线表示，系统的地址信号、数据信号和控制信号都是通过总线传送的(80C51 的三总线即数据总线、地址总线、控制总线)。总线结构减少了单片机的连线和引脚，提高了集成度和可靠性。

3.3 80C51 单片机的外部引脚及功能

80C51 系列单片机采用双列直插式封装，如图 3.3 所示。下面对其 40 个引脚(总线型)的功能介绍如下。

3.3.1 信号引脚的介绍

1. 主电源引脚 V_{SS} 和 V_{CC}

V_{SS}(20 脚) 接地；

V_{CC}(40 脚) 正常操作、对 EPROM 编程和验证时为＋5 V 电源。

2. 外接晶振引脚 XTAL1 和 XTAL2

XTAL1(19 脚) 内部振荡电路反相放大器的输入端，是外接晶体的一个引脚。当使用外部时钟时，对于 HMOS 单片机，该引脚必须接地；对于 CHMOS 单片机，该引脚作为驱动端。

XTAL2(18 脚) 内部振荡电路反相放大器的输出端，是外接晶体的另一端。若使用外部时钟，对于 HMOS 单片机，该引脚输入外部时钟脉冲；对于 CHMOS 单片机，该引脚应悬浮。

3. 控制和其他电源复用引脚

RST/V_{PD}(9 脚) 复位信号输入引脚/备用电源输入引脚。当振荡器工作时，在此引

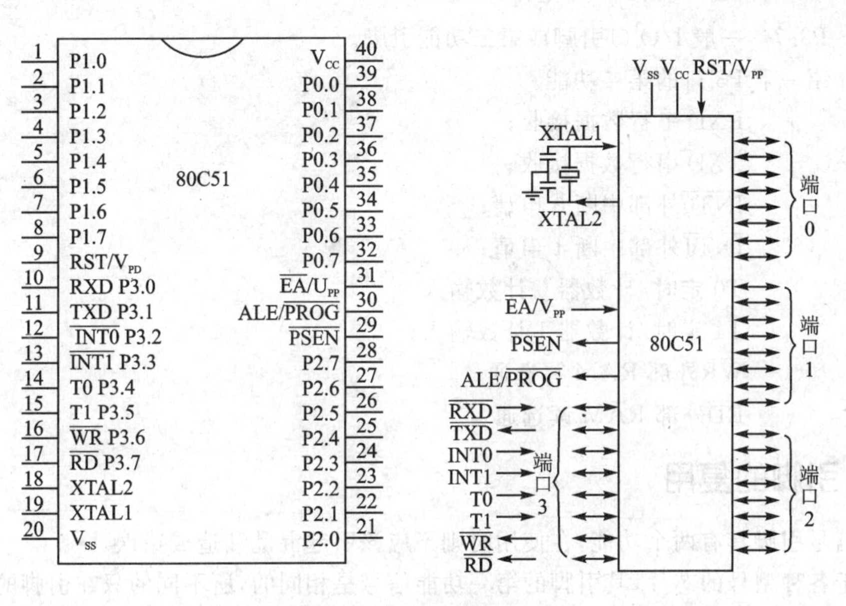

图3.3　单片机引脚结构图

脚上出现两个机器周期的高电平将使单片机复位。V_{CC}掉电期间，此引脚可接上备用电源，以保持内部RAM的数据。

ALE/$\overline{\text{PROG}}$(30脚)　地址锁存允许信号输出引脚/编程脉冲输入引脚。当访问外部存储器时，ALE的输出用于锁存地址的低位字节。即使不访问外部存储器，ALE仍以不变的频率周期性地出现正脉冲信号，频率为振荡器频率的1/6。因此该信号可用做对外输出的时钟。每当访问外部数据存储器时，都会跳过一个ALE的脉冲。对于有EPROM的单片机，在EPROM编程期间，此脚用于输入编程脉冲。

$\overline{\text{EA}}$/V_{PP}(31脚)　当$\overline{\text{EA}}$端保持高电平时，访问内部程序存储器。当PC值超过0FFFH时，将自动转向执行外部程序存储器的程序。当$\overline{\text{EA}}$保持低电平时，则只访问外部数据存储器，不管是否有内部程序存储器。

$\overline{\text{PSEN}}$(29脚)　外部程序存储器读选通信号。在由外部程序存储器取指令期间，每个机器周期两次$\overline{\text{PSEN}}$有效。但当访问外部数据存储器时，这两次的$\overline{\text{PSEN}}$信号不出现。$\overline{\text{PSEN}}$可以驱动8个TTL输入。

4. 并行I/O口引脚(32个，分成4个8位口)

P0.0～P0.7　一般I/O口引脚或数据/低位地址总线复用引脚；

P1.0～P1.7　一般I/O口引脚；

P2.0～P2.7　一般I/O口引脚或高位地址总线引脚；

P3.0～P3.7　一般I/O口引脚或第二功能引脚。

下面介绍一下P3口的第二功能。

P3.0　　RXD串行数据接收；

P3.1　　TXD串行数据接收；

P3.2　　$\overline{\text{INT0}}$外部中断0申请；

P3.3　　$\overline{\text{INT1}}$外部中断1申请；

P3.4　　T0定时/计数器0计数输入；

P3.5　　T1定时/计数器1计数输入；

P3.6　　$\overline{\text{WR}}$外部RAM写选通；

P3.7　　$\overline{\text{RD}}$外部RAM读选通。

3.3.2　引脚的复用

一个信号引脚具有两个功能，在使用时则不应该引起混乱和造成错误。

- 对于各种型号的芯片，其引脚的第一功能信号是相同的，所不同的只在引脚的第二功能信号上。
- 对于9、30和31引脚，由于其第一功能信号与第二功能信号是单片机在不同工作方式下的信号，因此不会发生使用上的矛盾。
- P3口线的情况却有所不同，其第二功能信号都是单片机的重要控制信号。因此在实际使用时，总是先按需要优先选用其第二功能，剩下不用的才作为口线使用。

单片机往往不是独立工作的，用户可通过引脚连接外部设备从而构成80C51嵌入式系统，因此熟悉各引脚的功能是十分重要的。

3.4　80C51单片机的存储器配置

80C51单片机的存储器分为程序存储器(ROM)和数据存储器(RAM)。

程序存储器是一种写入信息后不易改写的存储器。断电后，ROM中的信息保留不变。用来存放固定的程序或数据(系统监控程序、常数表格等)，例如存放指令的机器码。数据存储器通常用来存放程序运行中所需要的常数或变量，例如，做加法时的加数和被加数、做乘法时的乘数和被乘数、模/数转换时实时记录的数据等。

3.4.1　内部数据存储器

80C51单片机的内部数据存储器在物理上分为两个区：00H～7FH单元组成的低128字节单元和高128字节的特殊功能寄存器区(SFR)。低128字节单元如图3.4所示。

80C51片内RAM共有128字节，分成工作寄存器区、位寻址区、通用用户区。

在80C51单片机中，尽管片内RAM的容量不大，但它的功能多，使用灵活，是80C51嵌入式系统设计时必须要周密考虑的。

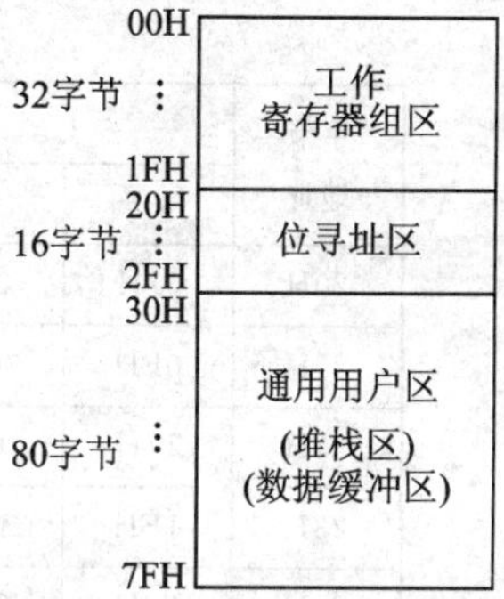

00H
32字节 ⋮ 工作寄存器组区
1FH
20H
16字节 ⋮ 位寻址区
2FH
30H
通用用户区
80字节 ⋮ (堆栈区)
(数据缓冲区)
7FH

图3.4 低128字节单元

1. 工作寄存器区

80C51单片机片内RAM低端的00H～1FH共32字节分成4个工作寄存器组，每组占8个单元。

寄存器0组：地址00H～07H；

寄存器1组：地址08H～0FH；

寄存器2组：地址10H～17H；

寄存器3组：地址18H～1FH。

每个工作寄存器组都有8个寄存器，分别称为：R0、R1、…、R7。程序运行时，只能有一个工作寄存器组作为当前工作寄存器组。

当前工作寄存器组的选择由特殊功能寄存器中的程序状态字寄存器PSW的RSl、RS0位来选定。RSl、RS0与工作寄存器组的关系地址如表3-2所列。

表3-2 80C51单片机工作寄存器地址表

组 别	RS1	RS0	R7	R6	R5	R4	R3	R2	R1	R0
0	0	0	07H	06H	05H	04H	03H	02H	01H	00H
1	0	1	0FH	0EH	0DH	0CH	0BH	0AH	09H	08H
2	1	0	17H	16H	15H	14H	13H	12H	11H	10H
3	1	1	1FH	1EH	1DH	1CH	1BH	1AH	19H	18H

如果不进行设定时，工作组别默认为第0组，这个特点使80C51具有快速现场保护功能。特别注意的是，如果不加设定，在同一段程序中R0～R7只能用一次，若用两次程序会出错。

如果用户程序不需要4个工作寄存器区，则不用的工作寄存器单元可以作一般的RAM使用。

2. 位寻址区

内部RAM的20H～2FH单元，既可作为一般RAM单元使用，进行字节操作，也可以对单元中每一位进行位操作，因此把该区称之为位寻址区。位寻址区共有16个RAM单元，共计128位，地址为20H～2FH。80C51具有布尔(位)处理机功能，这个位寻址区可以构成布尔处理机的存储空间。表3-3为位寻址区的位地址。同样，位寻址区的RAM单元也可以作一般的数据缓冲器使用。

表 3-3　位地址表

字节地址	位地址							
	D7	D6	D5	D4	D3	D2	D1	D0
20H	07H	06H	05H	04H	03H	02H	01H	00H
21H	0FH	0EH	0DH	0CH	0BH	0AH	09H	08H
22H	17H	16H	15H	14H	13H	12H	11H	10H
23H	1FH	1EH	1DH	1CH	1BH	1AH	19H	18H
24H	27H	26H	25H	24H	23H	22H	21H	20H
25H	2FH	2EH	2DH	2CH	2BH	2AH	29H	28H
26H	37H	36H	35H	34H	33H	32H	31H	30H
27H	3FH	3EH	3DH	3CH	3BH	3AH	39H	38H
28H	47H	46H	45H	44H	43H	42H	41H	40H
29H	4FH	4EH	4DH	4CH	4BH	4AH	49H	48H
2AH	57H	56H	55H	54H	53H	52H	51H	50H
2BH	5FH	5EH	5DH	5CH	5BH	5AH	59H	58H
2CH	67H	66H	65H	64H	63H	62H	61H	60H
2DH	6FH	6EH	6DH	6CH	6BH	6AH	69H	68H
2EH	77H	76H	75H	74H	73H	72H	71H	70H
2FH	7FH	7EH	7DH	7CH	7BH	7AH	79H	78H

3. 通用 RAM 区

在内部 RAM 低 128 单元中，通用寄存器占去 32 个单元，位寻址区占去 16 个单元，剩余 80 个单元，这就是供用户使用的一般 RAM 区，其单元地址为 30H～7FH。

对于用户 RAM 区，只能以存储单元的形式来使用，其他没有任何规定或限制。但应当注意，在一般应用中常把堆栈开辟在此区中。

3.4.2　特殊功能寄存器 SFR

80C51 单片机内的锁存器、定时器、串行口数据缓冲器以及各种控制寄存和状态寄存器等(共 21 个)都是以特殊功能寄存器的形式出现的，它们分散地分布在内部 RAM 高 128 字节地址单元中。程序计数器 PC 不属于此范畴，因为它不可寻址。

表 3-4 列出了这些特殊功能存储器的助记标识符、名称及地址(字节或位地址)，其中大部分寄存器的应用将在有关章节中详述，这里仅作简单介绍。

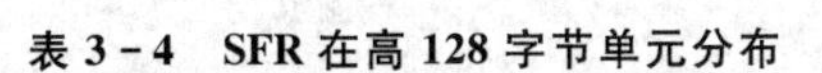

表3-4　SFR在高128字节单元分布

SFR	高位(MSB)←位地址/位名称→低位(LSB)								字节地址
P0	87H	86H	85H	84H	83H	82H	81H	80H	80H
	P0.7	P0.6	P0.5	P0.4	P0.3	P0.2	P0.1	P0.0	
SP									81H
DPL									82H
DPH									83H
PCON	字节访问,特定位有含义								87H
TCON	8FH	8EH	8DH	8CH	8BH	8AH	89H	88H	88H
	TF1	TR1	TF0	TR0	IE1	IT1	IE0	IT0	
TMOD	字节访问,特定位有含义								89H
TL0									8AH
TL1									8BH
TH0									8CH
TH1									8DH
P1	97H	96H	95H	94H	93H	92H	91H	90H	90H
	P1.7	P1.6	P1.5	P1.4	P1.3	P1.2	P1.1	P1.0	
SCON	9FH	9EH	9DH	9CH	9BH	9AH	99H	98H	98H
	SM0	SM1	SM2	REN	TB8	RB8	TI	RI	
SBUF									99H
P2	A7H	A6H	A5H	A4H	A3H	A2H	A1H	A0H	A0H
	P2.7	P2.6	P2.5	P2.4	P2.3	P2.2	P2.1	P2.0	
IE	AFH	—	—	ACH	ABH	AAH	A9H	A8H	A8H
	EA	—	—	ES	ET1	EX1	ET0	EX0	
P3	B7H	B6H	B5H	B4H	B3H	B2H	B1H	B0H	B0H
	P3.7	P3.6	P3.5	P3.4	P3.3	P3.2	P3.1	P3.0	
IP	—	—	—	BCH	BBH	BAH	B9H	B8H	B8H
	—	—	—	PS	PT1	PX1	PT0	PX0	

续表 3-4

SFR	高位(MSB)←位地址/位名称→低位(LSB)								字节地址
PSW	D7H	D6H	D5H	D4H	D3H	D2H	D1H	D0H	D0H
	CY	AC	F0	RS1	RS0	OV	—	P	
ACC	E7H	E6H	E5H	E4H	E3H	E2H	E1H	E0H	E0H
	ACC.7	ACC.6	ACC.5	ACC.4	ACC.3	ACC.2	ACC.1	ACC.0	
B	F7H	F6H	F5H	F4H	F3H	F2H	F1H	F0H	F0H
	B.7	B.6	B.5	B.4	B.3	B.2	B.1	B.0	

1. 累加器 A

最常用的特殊功能寄存器,大部分单操作数指令的操作取自累加器。很多双操作数指令的一个操作数取自累加器。加、减、乘、除算术运算指令的运算结果都存放在累加器 A 或 A、B 寄存器对中。指令系统中用 A 作为累加器的助记符。

2. 寄存器 B

寄存器 B 是乘除法指令中常用的寄存器。乘法指令的两个操作数分别取自 A 和 B,其结果存放在 A、B 寄存器对中。除法指令中,被除数取自 A,除数取自 B,商数存放于 A,余数存放于 B。在其他指令中,B 寄存器可作为 RAM 中的一个单元来使用。

3. 程序状态字 PSW

程序状态字是一个 8 位寄存器,它包含了程序状态信息。此寄存器各位的含义如表 3-5 所列。其中 PSW.1 未用。

表 3-5　PSW 程序状态字

CY	AC	F0	RS1	RS0	OV	—	P

其他各位说明如下:

- CY(PSW.7)　进位标志。在执行某些算术和逻辑指令时,可以被硬件或软件置 1 或清 0。在布尔处理机中它被认为是位累加器,其重要性相当于中央处理器中的累加器 A。
- AC(PSW.6)　辅助进位标志。当进行加法或减法操作而产生由低 4 位数(BCD 码一位)向高 4 位数进位或借位时,AC 将被硬件置 1,否则被清 0。AC 被用于 BCD 码调整。详见 ADD 指令。
- F0(PSW.5)　用户标志。F0 是用户定义的一个状态标记,用软件来使它置 1 或清 0。该标志位状态一经设定,可由软件测试 F0,以控制程序的流向。
- RSl、RS0(PSW.4、PSW.3)　寄存器区选择控制。可以用软件来置位或清零以确定工作寄存器区。RSl、RS0 与寄存器区的对应关系见表 3-2。

- OV(PSW.2) 溢出标志。当执行算术指令时,由硬件置1或清0,以指示溢出状态。
- P(PSW.0) 奇偶标志。每个指令周期都由硬件来置1或清0,以表示累加器A中1的个数的奇偶数。若1的个数为奇数,P置1;若1的个数为偶数,P清0。P标志位对串行通信中的数据传输有重要的意义,在串行通信中常用奇偶校验的办法来检验数据传输的可靠性。

4. 栈指针SP

栈指针SP是一个8位特殊功能寄存器。它指示出堆栈顶部在内部RAM中的位置。系统复位后,SP初始化为07H,使得堆栈的存放事实上由08H单元开始。

除用软件直接改变SP值外,在执行PUSH/POP指令、各种子程序调用、中断响应、子程序返回(RET)和中断返回(RETI)等指令时,SP值将自动调整。

5. 数据指针DPTR

数据指针DPTR是一个16位特殊功能寄存器,其高位字节寄存器用DPH表示,低位字节寄存器用DPL表示,既可以作为一个16位寄存器DPTR来处理,也可以作为两个独立的8位寄存器DPH和DPL来处理。DPTR主要用来存放16位地址,当对64 KB外部存储器寻址时,可作为间址寄存器用。可以用下列两条传送指令"MOVX A,@DPTR"和"MOVX @DPTR,A"。在访问程序存储器时,DPTR可用作基址寄存器,有一条采用基址+变址寻址方式的指令"MOVC A,@A+DPTR",常用于读取存放在程序存储器内的表格常数。

6. 与接口相关的寄存器

- 并行I/O接口P0、P1、P2、P3:均为8位。通过对这4个寄存器的读/写,可以实现数据从相应接口的输入/输出。
- 串行接口数据缓冲器SBUF:用于存放要发送或已接收的数据。由两个独立的寄存器组成,占用一个地址,其中之一为发送缓冲器,另一个为接收缓冲器。
- 串行接口控制寄存器SCON:控制监视串行口的工作状态。
- 电源控制寄存器PCON:用于控制单片机的低功耗工作方式以及波特率的选择。

7. 与中断相关的寄存器

- 中断允许控制寄存器IE:用于各个中断源的允许和屏蔽的设置。
- 中断优先级控制寄存器IP:80C51的中断分为高优先级和低优先级,由IP设定各个中断源的优先级。

8. 与定时/计数器相关的寄存器

- 定时/计数器的工作方式寄存器TMOD:用于设定定时器的工作方式。
- 定时/计数器的控制寄存器TCON:其各位用于对定时/计数器和外部中断进行设置。

➢ 定时/计数器 T0(TH0、TL0)、T1(THl、TLl):16 位计数器,用于设定定时/计数器的初值。TH0、TL0 为一组,THl、TL1 为一组。

3.4.3 80C51单片机的堆栈操作

所谓堆栈就是只允许在其一端进行数据插入和数据删除操作的线性表。数据写入堆栈称入栈(PUSH)。数据从堆栈中读出称之为出栈(POP)。堆栈的最大特点就是“后进先出”的数据操作规则,即先入栈的数据由于存放在栈的底部,因此后出栈;而后入栈的数据存放在栈的顶部,因此先出栈。

1. 堆栈的作用

堆栈主要是为子程序调用和中断操作而设立的。其具体功能有两个:保护断点和保护现场。

因为在 CPU 工作中无论是执行子程序调用操作还是执行中断操作,最终都要返回主程序。因此在计算机转去执行子程序或中断服务之前,必须考虑其返回问题。为此应预先把主程序的断点保护起来,为程序的正确返回做准备。CPU 在转去执行子程序或中断服务程序以后,很可能要使用单片机中的一些寄存单元,这样就会破坏这些寄存单元中的原有内容。为了既能在子程序或中断服务程序中使用这些寄存单元,又能保证在返回主程序之后恢复这些寄存单元的原有内容,在转中断服务程序之前要把单片机中各有关寄存单元的内容保存起来,这就是所谓现场保护。把断点和现场内容保存在堆栈中。可见堆栈主要是为中断服务操作和子程序调用而设立的。为了使 CPU 能进行多级中断嵌套及多重子程序嵌套,所以要求堆栈具有足够的容量(或者说足够的堆栈深度)。此外,堆栈也可用于数据的临时存放,在程序设计中时常用到。

2. 堆栈操作

堆栈共有两种操作:进栈和出栈。但不论是数据进栈还是数据出栈,都是对堆栈的栈顶单元进行的,即对栈顶单元的写和读操作。为了指示栈顶地址,所以要设置堆栈指针 SP(Stack Pointer),SP 的内容就是堆栈栈顶的存储单元地址。系统复位后,SP 的内容为 07H,但由于堆栈最好在内部 RAM 的 30H～7FH 单元中开辟,所以在程序设计时应注意把 SP 值初始化为 30H 以后,以免占用宝贵的寄存器区和位寻址区。SP 的内容一经确定,堆栈的位置也就跟着确定下来,由于 SP 可初始化为不同值,因此堆栈位置是浮动的。

3. 堆栈使用方式

堆栈的使用有两种方式。一种是自动方式,即在调用子程序或中断时,返回地址(断点)自动进栈。程序返回时,断点再自动弹回 PC。这种堆栈操作无需用户干预,因此称为自动方式。另一种是指令方式,即使用专用的堆栈操作指令,进行进出栈操作。其进栈指令为 PUSH,出栈指令为POP。例如现场保护就是指令方式的进栈操作；而现场恢复则是指令方式的出栈操作。进栈操作：先SP加1，后写入数据；出栈操作：先读出数据，后SP减1。

例如：

```
PUSH    direct    ;SP←(SP) + 1,(SP)←(direct)
POP     direct    ;direct←((SP)),SP←(SP) - 1
```

若(SP)=07H，(40H)=88H，执行指令"PUSH　40H"后，(SP)=08H，(08H)=88H。

3.4.4　程序存储器

程序存储器用来存放程序和表格常数，如图3.5所示。程序存储器以程序计数器PC作地址指针，通过16位地址总线，可寻址的地址空间为64 KB。片内、片外统一编址。

1. 片内有程序存储器且存储空间足够

在80C51片内，带有4 KB ROM/EPROM程序存储器(内部程序存储器)，4 KB可存储约2000多条指令，对于一个小型的单片机控制系统来说就足够了，不必另加程序存储器，若不够还可选8 KB或16 KB内存的单片机芯片，如89C52等。总之，尽量不要扩展外部程序存储器，这会增加成本、增大产品体积。

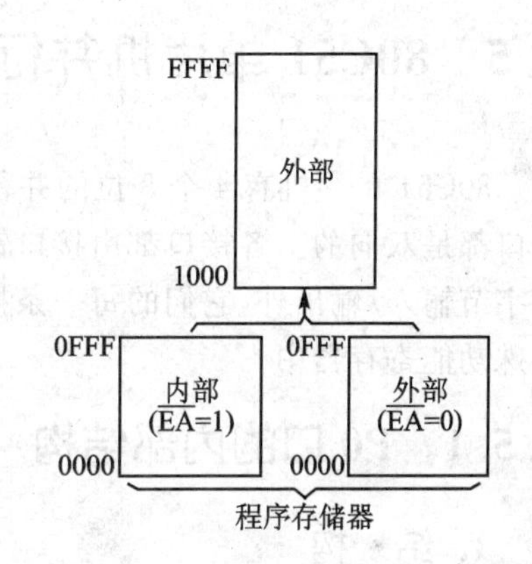

图3.5　80C51程序存储器

2. 片内有程序存储器且存储空间不够

若开发的单片机系统较复杂，片内程序存储器存储空间不够用时，可外扩展程序存储器，由两个条件决定：一是程序容量大小，二是扩展芯片容量大小，64 KB总容量减去内部4 KB即为外部能扩展的最大容量。

程序存储器使用时应当注意：80C51单片机复位后程序计数器PC的内容为0000H，因此系统从0000H单元开始取指令并执行程序，它是系统执行程序的起始地址，通常在该单元中存放一条跳转指令，而用户程序从跳转地址开始存放程序。

在程序存储器中有一个固定的中断入口地址区，这些入口地址不得被其他程序指令占用。80C51的5个中断入口地址为：

0003H　外部中断0的中断服务程序入口地址；

000BH　定时/计数器0溢出中断服务程序入口地址；

0013H　外部中断1的中断服务程序入口地址；

001BH　定时/计数器1溢出中断服务程序入口地址；

0023H　串行接口中断服务程序入口地址。

中断响应后，系统能按中断种类，自动转到各中断区的首地址去执行程序。因此在中断地址区中本应存放中断服务程序；但通常情况下，8个单元难以存下一个完整的中断服务程序，因此一般在相应入口地址开始的几个单元存放一条无条件转移指令，以便中断响应后，转到中断服务程序存放的地址执行中断服务程序。

3.4.5 80C51嵌入式系统的存储器结构特点

80C51单片机的存储器结构与常见的微型计算机的配置方式不同，它把程序存储器(ROM)和数据存储器(RAM)分开，设计成两个独立的空间，这称为哈佛结构；而ROM和RAM安排在同一空间的不同范围则称为普林斯顿结构。

80C51嵌入式系统的存储器除类型不同外，还有内外之分，即有片内存储器和片外存储器。片内存储器的特点是使用方便，对于一般的应用系统，使用片内存储器就够了。

3.5 80C51单片机并行输入/输出接口电路

80C51单片机有4个8位的并行接口P0、P1、P2和P3，共32根I/O线(32个引脚)，4个端口都是双向的。各接口都由接口锁存器、输出驱动器和输入缓冲器组成。各接口除可以作为字节输入/输出外，它们的每一条接口线也可以单独用作位输入/输出线。各接口的编址于特殊功能寄存器中。

3.5.1 P0口的内部结构

1. 结　构

P0接口由一个输入锁存器、两个三态缓冲器、一个输出驱动电路和一个输出锁存器组成。输出锁存器为D触发器，输出驱动电路由一对场效应管T1、T2组成，输出控制电路由一个“与”门、一个反相器和一个模拟转换开关MUX组成。结构如图3.6所示。

2. 工作情况分析

考虑到P0口既可以作为通用的I/O口进行数据的输入/输出，也可以作为单片机系统的地址/数据线使用，为此在P0口的电路中有一个多路转接电路MUX。在控制信号的作用下，多路转接电路可以分别接通锁存器输出或地址/数据线。当作为通用的I/O口使用时，内部的控制信号为低电平，封锁“与”门，将输出驱动电路的上拉场效应管(FET)截止，同时使多路转接电路MUX接通锁存器Q端的输出通路。

读端口是指通过上面的缓冲器读锁存器Q端的状态。在端口已处于输出状态的情况下，Q端与引脚的信号是一致的，这样安排的目的是为了适应对口进行“读—修改—写”操作指令的需要。例如，“ANL P0,A”就是属于这类指令，执行时先读入P0口锁存器中的数据，然后与

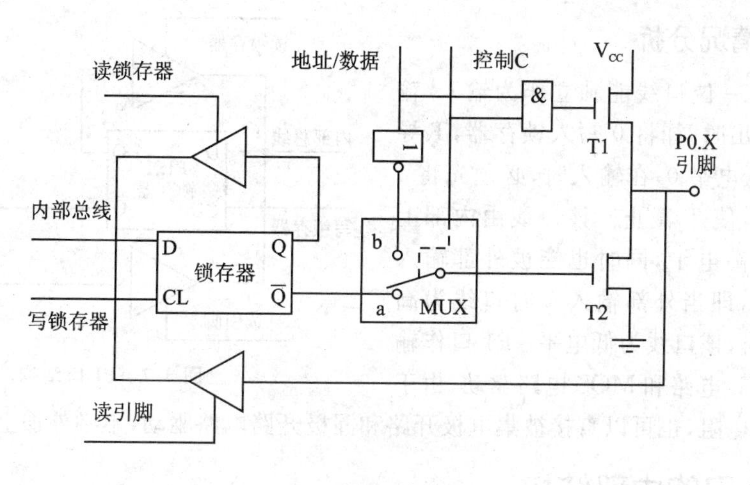

图 3.6　P0 口结构

A 的内容进行逻辑与，再把结果送回 P0 口。对于这类"读—修改—写"指令，不直接读引脚而读锁存器是为了避免可能出现的错误。因为在端口已处于输出状态的情况下，如果端口的负载恰是一个晶体管的基极，导通了的 PN 结会把端口引脚的高电平拉低，这样直接读引脚就会把本来的"1"误读为"0"。但若从锁存器 Q 端读，就能避免这样的错误，得到正确的数据。

但要注意，当 P0 口进行一般的 I/O 输出时，由于输出电路是漏极开路电路，因此必须外接上拉电阻才能有高电平输出；当 P0 口进行一般的 I/O 输入时，必须先向电路中的锁存器写入"1"，使 FET 截止，以避免锁存器为"0"状态时对引脚读入的干扰。

在实际应用中，P0 口绝大多数情况下都是作为单片机系统的地址/数据线使用，这要比作一般 I/O 口应用简单。当输出地址或数据时，由内部发出控制信号，打开上面的"与"门，并使多路转接电路 MUX 处于内部地址/数据线与驱动场效应管栅极反相接通状态。这时的输出驱动电路由于上、下两个 FET 处于反相，形成推拉式电路结构，使负载能力大为提高。而当输入数据时，数据信号则直接从引脚通过输入缓冲器进入内部总线。

3.5.2　P1 口的内部结构

1. 结　构

P1 口由 1 个输出锁存器、2 个三态输入缓冲器和输出驱动电路组成。输出驱动电路内部设有上拉电阻。结构如图 3.7 所示。

P1 口无模拟开关 MUX，只能作通用 I/O 口，用内部上拉电阻 *R* 代替 P0 口结构中的场效应管 FET。当端口的数据从 0 变到 1 时，上拉电阻用来加速这个转变过程。

2. 工作情况分析

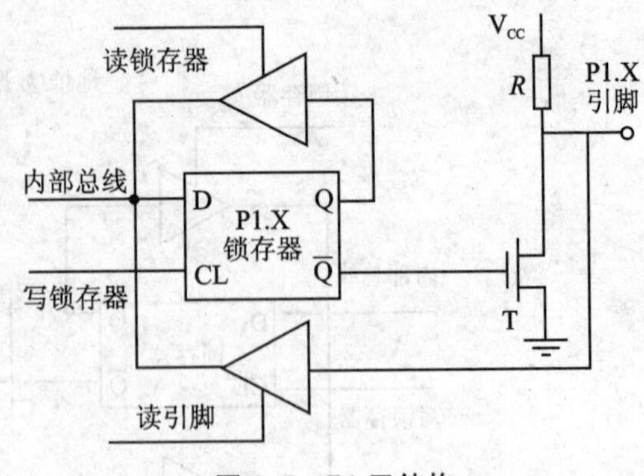

图 3.7　P1口结构

P1口的每一位口线能独立作为输入/输出口使用。输出时,如将0写入锁存器,T导通,输出线为低电平0;在输入时,必须先将1写入口锁存器,使T截止。该口线由内部上拉电阻提拉成高电平,同时也能被外部输入源拉成低电平,即当外部输入1时口线为高电平,输入0时,该口线为低电平。P1口作输入时,可被TTL电路和MOS电路驱动,由于具有内部上拉电阻,也可以直接被集电极开路和漏极开路电路驱动,不必外加上拉电阻。

3.5.3　P2口的内部结构

1. 结　构

P2口由1个输出锁存器、1个转换MUX、2个三态输入缓冲器、输出驱动电路和1个反相器组成。结构如图3.8所示。

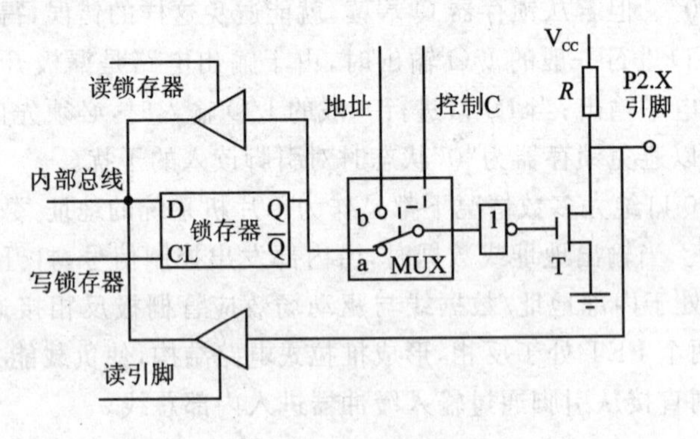

图 3.8　P2口结构

2. 工作情况分析

在结构上,P2口比P1口多了一个输出转换控制部分,模拟开关MUX的数据端接锁存器的Q端,而不是$\overline{Q}$端。P2口作通用I/O口使用时,是一个准双向口,这时MUX倒向a,输出级与锁存器接通引脚可接I/O设备,其输入/输出操作与P1口完全相同。当系统中接有外部数据存储器时,P2口用于输出高8位地址,这时,在CPU的控制下,MUX倒向b,接通内部地址总线,P2口不再作通用I/O使用。P2口的状态取决于片内输出的地址信息,这些信息来源于PC的高8位、DPH寄存器等。

3.5.4　P3口的内部结构

1. 结　构

P3口由1个输出锁存器、3个输入缓冲器(其中2个为三态)、输出驱动电路和1个"与非"门组成部分。输出驱动电路与P2接口和P1接口相同,内部设有上拉电阻。结构如图3.9所示。

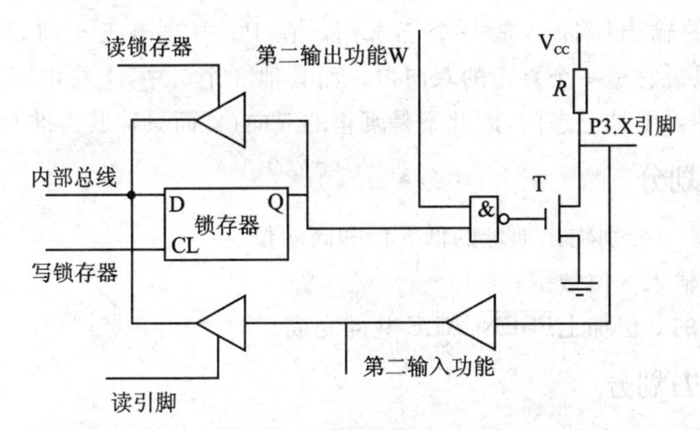

图3.9　P3口结构

控制部分是一个"与非"门。"与非"门的一端接D触发器的Q端,输入通道有两个缓冲器。P3口是双功能口。

2. 工作情况分析

- P3口作通用I/O口时,第二输出功能端应保持高电平,使"与非"门对锁存器Q端畅通;
- P3口工作于第二功能时,则该位的锁存器应置于1,使"与非"门对选择输出功能端畅通;
- P3口作输入口时,输出锁存器和第二输出功能端都应置1;
- 第二功能的专用输入信号取自输入通道的第一个缓冲器输入端,通用输入信号取自"读引脚"。

3.5.5　并行接口电路小结

1. 按功能划分

P0口:地址低8位与数据线分时使用端口;

P1口:按位可编址的输入/输出口;

P2口：地址高8位输出口；

P3口：双功能口。若不用第二功能，可作通用I/O口。

2. 按双向口划分

在4个口中只有P0口是真正的双向口，而其余的3个口都是准双向口。原因在于：应用系统中P0口作为系统的数据总线使用时，为了保证正确的数据传送，需要解决芯片内外的隔离问题，即只有在数据传送时芯片内外才接通；不进行数据传送时，芯片内外应处于隔离状态。为此就要求P0口的输出缓冲器是一个三态门。在P0中输出三态门是由两个场效应管(FET)组成的，所以说它是一个真正的双向口。而其他3个口中，上拉电阻代替了P0口中的场效应管，输出缓冲器不是三态的，因此不是真正的双向口，而只称其为准双向口。

3. 按三总线划分

地址线：P0、P2口分别输出地址的低8位和高8位。

数据线：P0口输入8位数据；

控制线：P3口的8位加上$\overline{\text{PSEN}}$、ALE共同完成。

4. 按负载能力划分

4个I/O口的输入和输出电平与CMOS电平和TTL电平均兼容。

P0接口的每一位可驱动8个LSTTL负载。

P1、P2、P3接口的每一位可驱动4个LSTTL负载。

3.6 80C51单片机的时钟电路与时序

3.6.1 时钟电路

单片机的工作过程是：取一条指令、译码、进行操作，再取一条指令、译码、进行操作，这样自动地、一步一步地依序完成相应指令规定的功能。各指令的操作在时间上有严格的次序，这种操作的时间次序称作时序。单片机的时钟信号用来为单片机芯片内部各种操作提供时间基准。

80C51单片机的时钟信号通常有两种方式产生：一是内部时钟方式，二是外部时钟方式，如图3.10所示。XTAL1和XTAL2引脚外接石英晶体(简称晶振)，就构成了自激振荡器并在单片机内部产生时钟脉冲信号。图中电容器C_1和C_2的作用是稳定频率和快速起振，电容值在5～30 pF，典型值为30 pF。晶振的振荡频率范围一般在1.2～12 MHz间选择，典型值为12 MHz和6 MHz。

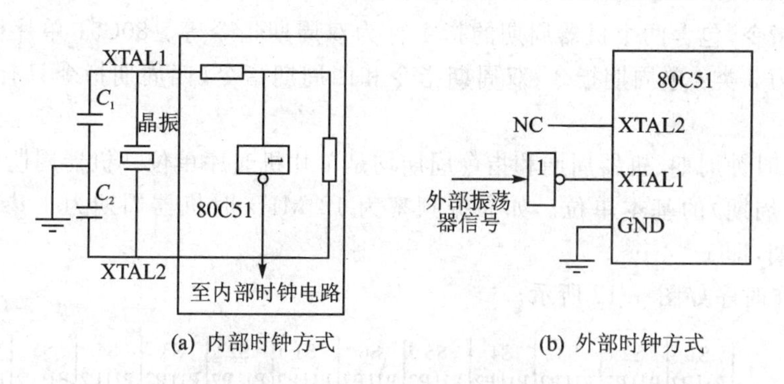

图 3.10　80C51 单片机的时钟电路

外部时钟方式是把外部已有的钟信号引入到单片机内。此方式常用于多片 80C51 单片机同时工作，以便于各单片机的同步。一般要求外部信号高电平的持续时间大于 20 ns，且为频率低于 12 MHz 的方波。对于 CHMOS 工艺的单片机，外部时钟要由 XTAL1 端引入，而 XTAL2 引脚应悬空。

3.6.2　时钟时序的基本概念

晶振周期(或外部时钟信号周期)为最小的时序单位。如图 3.11 所示。

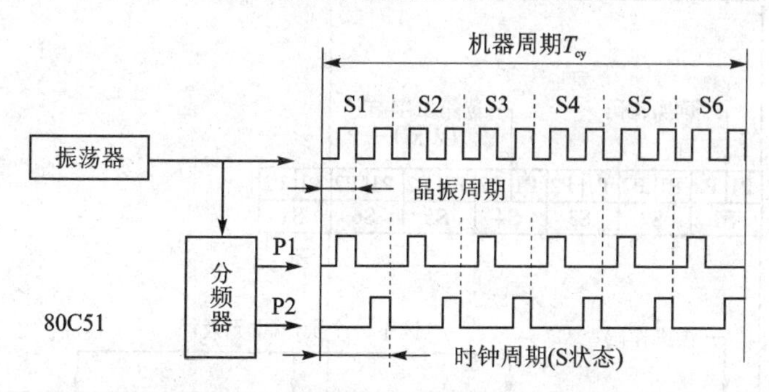

图 3.11　80C51 单片机时钟信号

振荡脉冲的周期定义为节拍(用 P 表示)。振荡脉冲经过二分频后，就是单片机的时钟信号的周期，其定义为状态(用 S 表示)。这样，一个状态就包含两个节拍，前半周期对应的节拍叫节拍 1(P1)，后半周期对应的节拍叫节拍 2(P2)。CPU 以 P1 和 P2 为基本节拍指挥各个部件协调地工作。

晶振信号 12 分频后形成机器周期，即一个机器周期包含 12 个晶振周期或 6 个时钟周期。因此，每个机器周期的 12 个振荡脉冲可以表示为 S1P1、S1P2、S2P1、S2P2、…、S6P2。

指令周期是最大的时序定时单位，执行一条指令所需要的时间称为指令周期，一般由若干个机器周期组成。不同的指令，所需要的机器周期数也不相同。通常，包含一个机器周期的指令称为单周期指令，包含两个机器周期的指令称为双周期指令等。80C51 单片机的指令按执行时间可以分为 3 类：单周期指令、双周期指令和四周期指令（四周期指令只有乘、除两条指令）。

晶振周期、时钟周期、机器周期和指令周期均是单片机时序单位。机器周期常用作计算其他时间（如指令周期）的基本单位。如晶振频率为 12 MHz 时机器周期为 1 μs，指令周期为 1～4个机器周期，即 1～4 μs。

80C51 工作时序如图 3.12 所示。

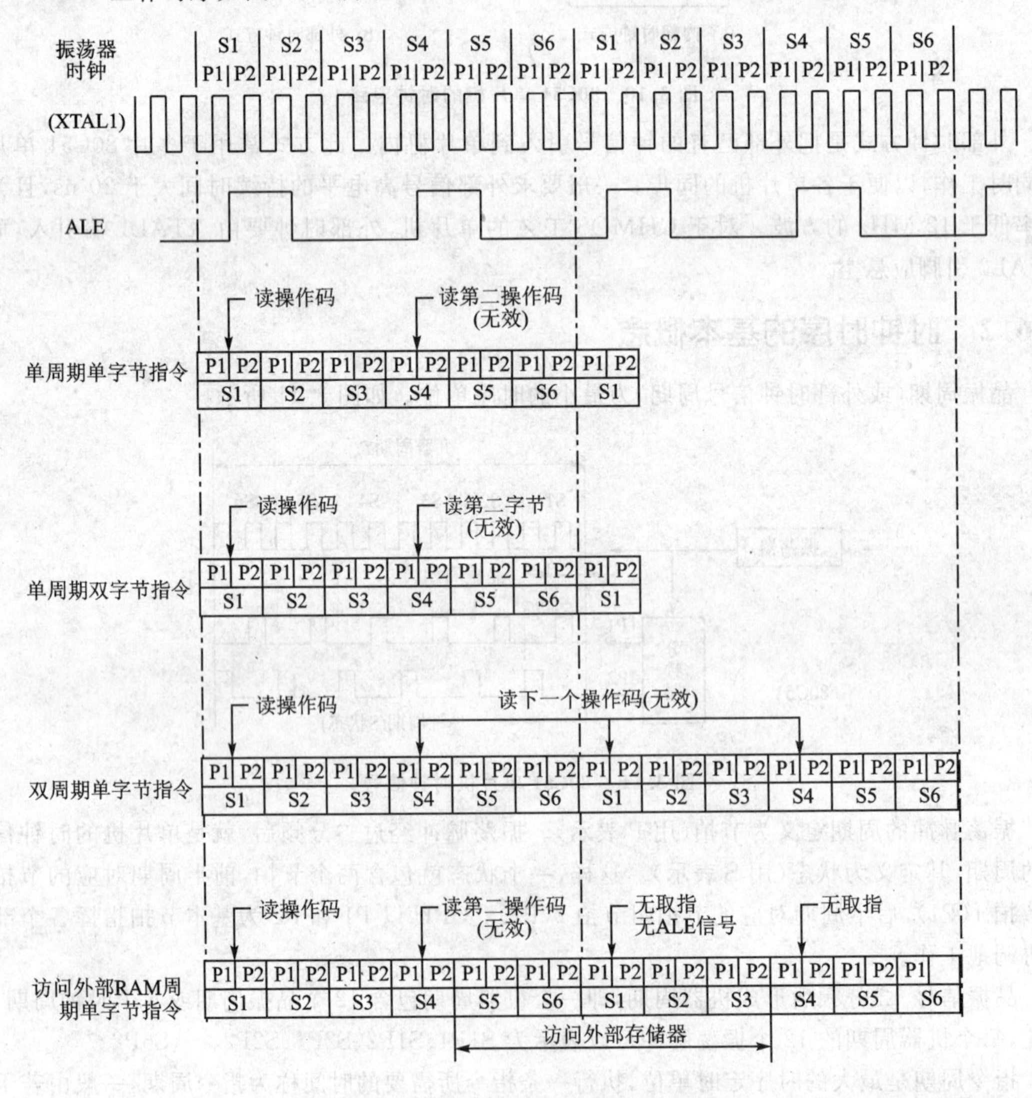

图 3.12　80C51 单片机的指令时序

3.7 80C51单片机的工作方式

3.7.1 复位方式

复位是使单片或系统中其他部件处于某种确定的初始状态。单片机的工作是从复位开始的。

1. 复位电路

当在80C51单片机的RST引脚引入高电平并保持2个机器周期时,单片机内部就执行复位操作(若该引脚持续保持高电平,单片机就处于循环复位状态)。

实际应用中,复位操作有两种基本形式:一种是上电复位,另一种是上电与按键均有效的复位,如图3.13所示。

上电复位要求接通电源后,单片机自动实现复位操作。常用的上电复位电路图如图3.13(a)所示,是利用电容充电来实现的。在接电瞬间,RESET端的电位与V_{CC}相同,随着充电电流的减少,RESET的电位逐渐下降。只要保证RESET为高电平的时间大于两个机器周期,便能正常复位。该电路典型电阻和电容参数为:晶振频率为12 MHz时,C_1为10 μF,R_1为8.2 kΩ;晶振频率为6 MHz时,C_1为22 μF,R_1为1 kΩ。

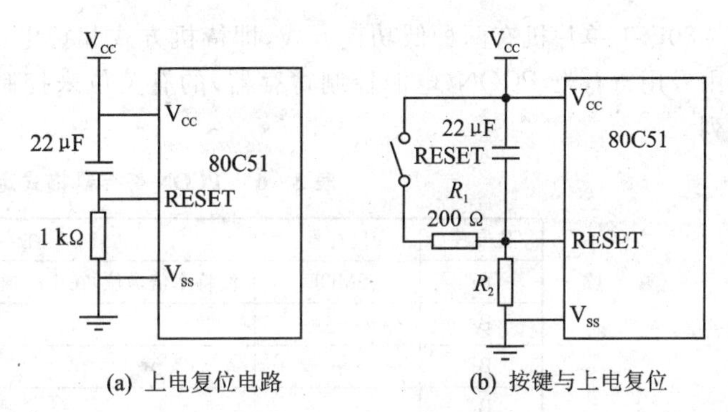

图3.13 80C51单片机的复位电路

上电与按键均有效的复位电路如图3.13(b)所示。上电复位原理与图3.13(a)相同,另外在单片机运行期间,还可以利用按键完成复位操作,此时电源V_{CC}经电阻R_1、R_2分压,在RESET端产生一个复位高电平。晶振频率为6 MHz时,R_2为200 Ω。

2. 单片机复位后的状态

单片机的复位操作使单片机进入初始化状态。复位后PC值为0000H,表明复位后程序从0000H开始执行;SP值为07H,表明堆栈底部在07H,一般需重新设置SP值;P0～P3口值为FFH。P0～P3口用作输入口时,必须先写入“1”。单片机在复位后,已使P0～P3口每一端线为“1”,为这些端线用作输入口做好了准备。

复位后,内部各专用寄存器状态如下:

寄存器	复位状态	寄存器	复位状态
PC	0000H	TMOD	00H
ACC	00H	TCON	00H
B:	00H	TH0	00H
PSW	00H	TL0	00H
SP	07H	TH1	00H
DPTR	0000H	TL1	00H
P0～P3	FFH	SCON	00H
IP	***00000B	SBUF	不定
IE	0**00000B	PCON	0***0000

3.7.2 节电方式

80C51单片机有两种低功耗方式，即待机方式和掉电保护方式。待机方式和掉电方式都是由专用寄存器PCON(电源控制寄存器)的有关位来控制的。PCON寄存器格式如表3-6所列。

表3-6　PCON寄存器格式定义

位　序	位符号	注　释
B_7	SMOD	波特率倍增位，在串行通信时才使用
B_6	—	
B_5	—	
B_4	—	
B_3	GF_1	通用标志位
B_2	GF_0	通用标志位
B_1	PD	掉电方式位，PD=1，则进入掉电方式
B_0	IDL	待机方式位，IDL=1，则进入待机方式

要使单片机进入待机或掉电工作方式，只要执行一条能使IDL或PD位为“1”的指令即可。

1. 待机方式

如果使用指令使PCON寄存器IDL位置1，则80C51即进入待机方式。这时振荡器仍然工作，并向中断逻辑、串行口和定时/计数器电路提供时钟，但向CPU提供时钟的电路被阻断，因此CPU不能工作，与CPU有关的如SP、PC、PWS、ACC以及全部通用寄存器也都被“冻结”在原状态。

在待机方式下，中断功能应继续保留，以便采用中断方式退出待机方式。为此，应引入一个外中断请求信号，在单片机响应中断的同时，PCON的第0位被硬件自动清0，单片机就退出待机方式而进入正常工作方式。其实在中断服务程序中只需安排一条 RETI 指令，就可以使单片机恢复正常工作后返回断点继续执行程序。

2. 掉电保护方式

PCON 寄存器的 PD 位控制单片机进入掉电保护方式。因此对于像 80C51 这样的单片机，在检测到电源故障时，除进行信息保护外，还应把 PCON 的第 1 位置 1，使之进入掉电保护方式。此时单片机一切工作都停止，只有内部 RAM 单元的内容被保存。

本章小结

80C51 单片机在功能上可以分为基本型和增强型(如 80C51/80C52)。

80C51 单片机采用 40 引脚双列直插封装，由微处理器、存储器、I/O 口以及定时/中断系统等组成。

80C51 单片机存储器结构上把程序存储器以及数据存储器分开，并且都可以实现 64 KB 的片外扩展，各有自己的寻址系统，控制信号和功能。

P0 口可以作为输入/输出口又可以作为地址/数据总线使用，P1 口为准双向口，P2 口作通用 I/O 口使用时一个准双向口，另外可作为地址的高 8 位总线，P3 口是一个多功能端口，可用作第一和第二功能。

80C51 单片机的时钟信号通常有两种方式产生：一是内部时钟方式，二是外部时钟方式。

80C51 单片机工作时晶振周期为最小时序单位，其典型值为 1/(12 MHz)和 1/(6 MHz)。1 个机器周期为 6 个时钟周期，1 个时钟周期为 2 个晶振周期。

80C51 单片机的复位操作有两种基本形式：一种是上电复位。另一种是上电与按键均有效的复位。复位操作使单片机进入初始化状态。

本章习题

3.1　单片机有哪些类型？请举例出 3 个以上生产厂家。

3.2　80C51 单片机主要由哪几部分组成？

3.3　80C51 内部 RAM 区功能结构如何分配？4 组工作寄存器使用时如何选用？位寻址区域的字节地址范围是多少？

3.4　特殊功能寄存器中哪些寄存器可以位寻址？它们的字节地址是什么？

3.5　80C51 单片机的 P0～P3 接口在结构上有何不同？在使用上有何特点？

3.6　80C51 单片机复位后的状态如何？复位方法有几种？

第 4 章

80C51 单片机指令系统与汇编程序设计

主要内容 80C51 单片机指令的寻址方式及各类指令的格式、功能和使用，伪指令，以及 80C51 程序的设计方法和程序设计举例。

教学建议 寻址方式、指令系统和程序设计部分作为重点内容介绍，其他部分作为一般性介绍内容。

教学目的 通过本章学习，使学生：

- 了解 80C51 单片机的寻址方式、指令系统、程序设计等相关知识；
- 了解 80C51 单片机的伪指令；
- 熟悉 80C51 单片机的指令，掌握使用汇编语言进行程序设计。

在前面各章的学习中，我们已经对单片机的内部结构和工作原理有了一个基本了解，在此基础上，理解和熟练掌握单片机的指令系统是学习和使用单片机的一个最重要的环节。不同种类的机型其指令系统是不同的。本章将详细介绍 80C51 系列单片机指令系统的寻址方式，各类指令的格式及功能，以及汇编语言程序设计。

4.1 80C51 单片机指令系统

指令是规定计算机进行某种操作的命令。一台计算机所能执行的指令集合称为该计算机的指令系统。计算机的主要功能是由指令系统来体现的，指令系统与机器密切相关，指令系统是由计算机生产厂商定义的，不同系列的机器其指令系统是不同的。

4.1.1 指令概述

计算机内部只能识别二进制数，因此，能被计算机直接识别、执行的指令是使用二进制编码表示的指令，称为机器语言指令。机器语言具有难学、难记、不易书写、难于阅读和调试、容易出错而且不易查找错误、程序可维护性差等缺点。为方便人们的记忆和使用，制造厂家对指令系统的每一条指令都给出了助记符，助记符是用英文缩写来描述指令的功能，不但便于记忆，也便于理解和分类。以助记符表示的指令就是计算机的汇编语言指令，汇编语言指令与机器语言指令具有一一对应的关系。

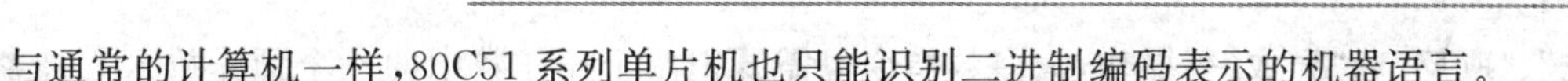

与通常的计算机一样，80C51系列单片机也只能识别二进制编码表示的机器语言。

4.1.2　指令格式

一条完整的80C51系列单片机汇编语言的指令格式如下。

[标号：]＜操作码＞[操作数][;注释]

标　号：标号是该指令的起始地址。标号可以由1～8个字符组成，第一个字符必须是字母，其余字符可以是字母、数字或其他特定符号，标号后跟分界符"："。

操作码：指令的助记符，规定指令所能完成的操作功能。

操作数：指令的操作对象。操作数可以是一个具体的数据，也可以是存放数据的单元地址，还可以是符号常量或符号地址等。在一条指令中可能有多个操作数，操作数与操作数之间用逗号","分隔。

注　释：为方便阅读而添加的解释说明性的文字，用";"开头。

操作码与操作数之间必须用空格分隔，带方括号项称为可选项。由指令格式可见，操作码是指令的核心，不可缺少。

在80C51系列单片机指令系统中，指令的字长有单字节、双字节、三字节3种，在程序存储器中分别占用1～3个单元。

4.1.3　指令的分类

80C51系列单片机指令系统共有111条指令，按功能划分为5大类：数据传送类指令、算术运算类指令、逻辑运算及移位类指令、控制转移类指令、位操作类指令等。

1. 数据传送类指令(29条)

主要用于单片机片内RAM和特殊功能寄存器SFR之间传送数据，也可用于单片机片内和片外存储器之间传送数据。数据传送指令是把源地址单元中操作数传送到目的地址(或目的寄存器)的指令，在该指令执行后源地址中的操作数不变。

交换指令也属于数据传送类指令，是把两个地址单元中内容相互交换。因此，这类指令中的操作数或操作数地址是互为"源操作数"和"目的操作数"。

2. 算术运算指令(24条)

用于对两个操作数进行加、减、乘、除等算术运算。在两个操作数中，一个应放在累加器A中，另一个可以在某个寄存器或片内RAM单元中，也可以放在指令码的第二和第三字节中。指令执行后，运算结果便可保留在累加器A中，运算中产生的进位标志、奇偶标志和溢出标志等保留在PSW中。

3. 逻辑操作和移位指令(24条)

这类指令包括逻辑操作和移位两类指令。逻辑操作指令用于对两个操作数进行"与"、

"或"、"取反"和"异或"等操作，大多数指令也需要把两个操作数中的一个预先放入累加器A，操作结果也放在累加器A中。移位指令对累加器A中的数进行移位操作。移位指令有左移和右移之分，也有带进位移位和不带进位移位之分。

4. 控制转移指令(17条)

控制转移指令分为条件转移、无条件转移、调用和返回等指令，共17条。这类指令的特点是可以改变程序执行的流向，或者使CPU转移到另一处执行，或者是继续顺序地执行。无论是哪一类指令，执行后都会改变程序计数器PC中的值。

5. 位操作指令(17条)

位操作指令也称布尔变量操作指令，共分为位传送、位置位、位运算和位控制转移指令等4类。其中，位传送、位置位和位运算指令的操作数不是以字节为单位进行操作的，而是以字节中某位为单位进行的；位控制转移指令不是以检测某个字节的结果为条件而转移的，而是以检测字节中的某一位的状态来转移的。

4.1.4 指令中常用符号说明

在描述80C51系列单片机指令系统的功能时，经常使用的符号及意义如下：

R*n*	当前选中的工作寄存器组中的寄存器R0～R7之一；所以*n*=0～7；
R*i*	当前选中的工作寄存器组中可作为地址指针的寄存器R0、R1，所以i=0,1；
#data	8位立即数；
#data16	16位立即数；
direct	内部RAM的8位地址，既可以是内部RAM的低128个单元地址，也可以是特殊功能寄存器的单元地址或符号；
addr11	11位目的地址，只限于在ACALL和AJMP指令中使用；
addr16	16位目的地址，只限于在LCALL和LJMP指令中使用；
rel	补码形式表示的8位地址偏移量，在相对转移指令中使用；
bit	片内RAM位寻址区或可位寻址的特殊功能寄存器的位地址；
@	间接寻址方式中间址寄存器的前缀标志；
C	进位标志位，是布尔处理机的累加器，也称之为位累加器；
/	加在位地址的前面，表示对该位先求反再参与操作，但不影响该位的值；
(x)	由x指定的寄存器或地址单元中的内容；
((x))	由x寄存器的内容作为地址的存储单元的内容；
$	当前指令的地址；
←	指令操作流程，将箭头右边的内容送到箭头左边的单元中。

4.2　80C51 单片机的寻址方式

在指令系统中，操作数是一个重要的组成部分，它指出了参加运算的数或数所在的单元地址，而如何找到这个操作数就称为寻址方式。寻址方式越多，则计算机的功能越强，灵活性亦越大，但指令系统也就越复杂。

在 80C51 单片机中，操作数的存放范围是很宽的，可以放在片外 ROM/RAM 中，也可以放在片内 ROM/RAM 以及特殊功能寄存器 SFR 中。为了适应这一操作数范围内的寻址，80C51 的指令系统共使用了 7 种寻址方式，即立即寻址、直接寻址、寄存器寻址、寄存器间址、变址寻址、相对寻址和位寻址等。

4.2.1　立即寻址

所谓立即寻址就是操作数在指令中直接给出。通常把出现在指令中的操作数称为立即数。为了与直接寻址指令中的直接地址相区别，在立即数前面加"#"标志。例如：

```
MOV  A,#20H          ;(A)←20H
```

其中 20H 就是立即数，该指令功能是将 20H 这个数本身送入累加器 A 中。

4.2.2　直接寻址

在指令中直接给出操作数地址，就是直接寻址方式。此时，指令的操作数部分就是操作数的地址。例如：

```
MOV     A,3AH
```

其中 3AH 就是表示直接地址，其操作示意图如图 4.1 所示。该指令功能是把内部 RAM 地址为 3AH 单元中的内容 88H 传送给累加器 A。

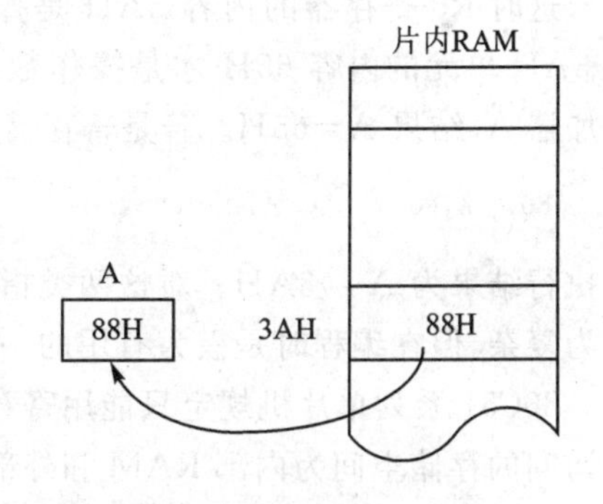

图 4.1　直接寻址示意图

直接寻址方式可访问以下存储空间：

① 内部 RAM 低 128 字节单元，在指令中直接地址以单元地址的形式给出。

② 特殊功能寄存器。对于特殊功能寄存器，其直接地址还可以用特殊功能寄存器的符号名称来表示。

注意： 访问特殊功能寄存器只能使用直接寻址方式。

4.2.3　寄存器寻址

寄存器寻址就是以通用寄存器的内容作为操作数。因此，在指令的操作数位置上指定了寄存器就能得到操作数。采用寄存器寻址方式的指令都是单字节的指令，指令中以符号名称来表示寄存器。例如：

```
MOV  A,R0          ;(A)←(R0)
MOV  R2,A          ;(R0)←(A)
```

以上两条指令都属于寄存器寻址。前一条指令是将R0寄存器的内容传送到累加器A，后一条是把累加器A中的内容传送到R2寄存器中。

由于寄存器在CPU内部，所以采用寄存器寻址可以获得较高的运算速度。能实现这种寻址方式的寄存器有：R0～R7，A、B寄存器，数据指针DPTR。

4.2.4　寄存器间接寻址

所谓寄存器间接寻址就是以寄存器中的内容作为RAM地址，该地址中的内容才是操作数。寄存器间接寻址也需在指令中指定某个寄存器，也是以符号名称来表示寄存器的。为了区别寄存器寻址和寄存器间接寻址，在寄存器名称前加“@”标志来表示寄存器间接寻址。例如：

```
MOV  A,@R0          ;(A)←((R0))
```

其操作示意图如图4.2所示。

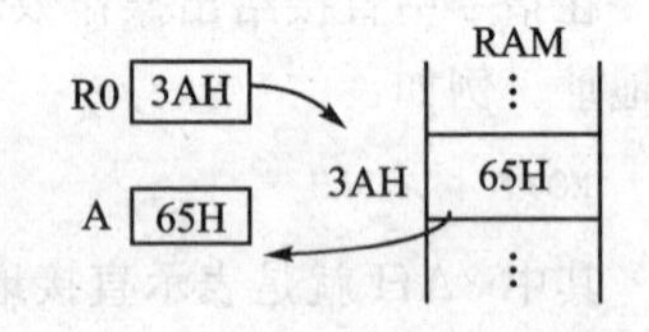

图4.2　寄存器间接寻址示意图

这时R0寄存器的内容3AH是操作数地址，内部RAM的3AH单元的内容65H才是操作数，并把该操作数传送到累加器A，结果A=65H。若是寄存器寻址指令：

```
MOV  A,R0
```

则执行结果为A =3AH。对这两类指令的差别和用法一定要区分清楚。间接寻址理解起来较为复杂，但在编程时是极为有用的一种寻址方式。

80C51系列单片机规定只能用寄存器R0、R1、DPTR作为间接寻址寄存器。间接寻址可以访问的存储空间为内部RAM和外部RAM。

① 内部RAM的低128个单元采用R0、R1作为间址寄存器，可寻址范围为00H～7FH单元。

② 外部RAM的寄存器间接寻址有两种形式：一是采用R0、R1作为间址寄存器，可寻址范围为00H～FFH单元；二是采用16位DPTR作为间址寄存器，可寻址外部RAM的全部64 KB地址空间。

4.2.5 变址寻址

变址寻址是以DPTR或PC作为基址寄存器，以累加器A作为变址寄存器(存放地址偏移量)，并以两者内容相加形成的16位地址作为操作数地址。例如：

```
MOVC  A,@A+DPTR     ;(A)←((A)+DPTR)
MOVC  A,@A+PC       ;(A)←((A)+ PC)
```

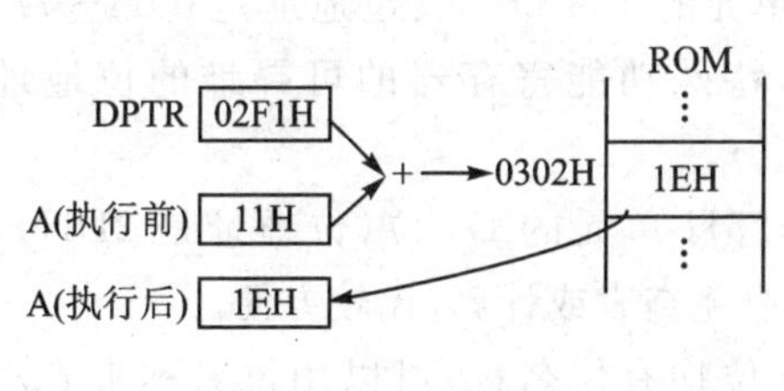

图4.3 变址寻址示意图

第一条指令的功能是将A的内容与DPTR的内容相加形成操作数的地址(程序存储器的16位地址)，把该地址中的内容送入累加器A中，如图4.3所示。第二条指令的功能是将A的内容与PC的内容相加形成操作数的地址(程序存储器的16位地址)，把该地址中的内容送入累加器A中。

这两条指令常用于访问程序存储器中的数据表。

4.2.6 相对寻址

相对寻址只在相对转移指令中使用，指令中给出的操作数是相对地址偏移量rel。相对寻址就是将程序计数器PC的当前值与指令中给出的偏移量rel相加，其结果作为转移地址送入PC中。此种寻址方式的操作是修改PC的值，故可用来实现程序的分支转移。

PC当前值是指正在执行指令的下条指令的地址。

Rel是一个带符号的8位二进制数，为了补码形式。其取值范围是－128～＋127，故rel给出了相对于PC当前值的跳转范围。例如：

```
SJMP    54H
```

这是无条件相对转移指令，是双字节指令。现假设此指令所在地址为2000H，执行此指令时，PC当前值为2000H＋02H，则转移地址为2000H＋02H＋54H＝2056H。故指令执行后，PC的值变为2056H，程序的执行发生了转移。其寻址方式如图4.4所示。

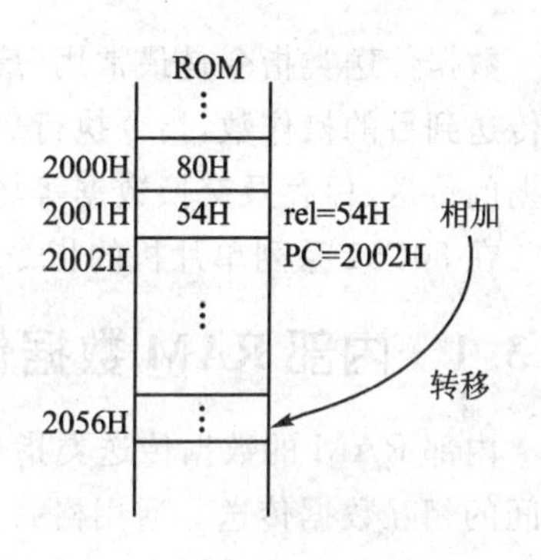

图4.4 相对寻址示意图

4.2.7 位寻址

80C51系列单片机有位处理功能，可对寻址的位单独进行操作。相应地，在指令系统中有一类位操作指令采用位寻址方式。在指令的操作数位置上直接给出位地址，这种寻址方式称为位寻址。例如：

```
MOV C,30H
```

该指令的功能是把位地址30H中的值(0或1)传送到位累加器CY中。

80C51单片机内部RAM有两个区域可以位寻址：一个是位寻址区20H～2FH单元的128位,另一个是字节地址能被8整除的特殊功能寄存器的相应位。

在80C51系列单片机中,位地址的表示可以采用以下几种方式：

① 直接使用位地址。对于20H～2FH共16个单元的128位。其位地址是00H～7FH,例如,20H单元的0～7位的位地址为00H～07H,特殊功能寄存器的可寻址的位地址见3.4.2小节。

② 用单元地址加位序号表示。如25H.5表示25H单元的D5位(位地址是2DH),而PSW中的D3可表示为D0H.3。这种表示方法可以避免查表或计算,比较方便。

③ 用位名称表示。特殊功能寄存器中的可寻址位均有位名称,可以用位名称来表示该位,如可用RS0表示PSW中的D3——D0H.3。

④ 对特殊功能寄存器可直接用寄存器符号加位序号表示。如PSW中的D3,又可表示为PSW.3。

习惯上,对于特殊功能寄存器的寻址位,常用位名称表示其位地址。

在熟悉寻址方式的基础上,下面按功能分类介绍指令。

4.3 数据传送类指令

数据传送类指令是最常用、最基本的一类指令。数据传送类指令的一般功能是把源操作数传送到目的操作数,指令执行后,源操作数不变,目的操作数被源操作数所代替。主要用于数据的传送、保存及交换数据等场合。

在80C51系列单片机的指令系统中,各类数据传送指令共有29条,分述如下。

4.3.1 内部RAM数据传送指令

内部RAM的数据传送类指令共16条,包括累加器、寄存器、特殊功能寄存器、RAM单元之间的相互数据传送。通用格式为：

```
MOV <dest>,<src>
```

其中,<src>为源操作数,<dest>为目的操作数

1. 立即寻址

```
MOV  A,#data        ;(A)←#data
```

```
MOV  Rn,#data          ;(Rn)←#data
MOV  @Ri,#data         ;((Ri))←#data
MOV  direct,#data      ;(direct)←#data
```

这组指令表明,8 位立即数可以直接传送到内部数据 RAM 的各个位置,包括内部的 80H～FFH 单元。

2. 直接寻址

```
MOV  A,direct          ;(A)←(direct)
MOV  direct,A          ;(direct)←(A)
MOV  Rn,direct         ;(Rn)←(direct)
MOV  @Ri,direct        ;((Ri))←(direct).
MOV  direct2,direct1   ;(direct2)←(direct1)
```

这组指令的功能是将直接地址所规定的内部 RAM 单元内容传送到累加器 A、寄存器 Rn、内部 RAM 单元。

直接寻址的数据传送指令比较丰富,使得内部 RAM 之间的数据传送十分方便。不需通过累加器 A 或者工作寄存器来间接传送,从而提高了数据传送的效率。需要注意,对于单片机内部 RAM 的高 128 个单元(80～FFH)不能用直接寻址的方法传送到 RAM 的其他部分去,而只能用间接寻址的方法来进行传送。

3. 间接寻址

```
MOV  @Ri,A             ;((Ri))←(A)
MOV  A,@Ri             ;(A)←((Ri))
MOV  direct,@Ri        ;(direct)←((Ri))
```

这一组只有两种指令:通过地址传送操作数到 A 和传送到直接地址。但通过寄存器间接寻址取得的源操作数不能直接传送到工作寄存器 Rn。

4. 寄存器寻址

```
MOV  Rn,A              ;(Rn)←(A)
MOV  A,Rn              ;(A)←(Rn)
MOV  direct,Rn         ;(direct)←(Rn)
```

这一组也只有两种指令。工作寄存器的内容可以直接传送到累加器 A、内部 RAM 的低 128 个单元以及各个特殊功能寄存器。但不能用这类指令在内部寄存器之间直接传送。

80C51 的数据传送操作方式如图 4.5 所示。

4.3.2 访问外部 RAM 的数据传送指令

CPU 与外部 RAM 或 I/O 口进行数据传送,必须采用寄存器间接寻址的方法,并通过累

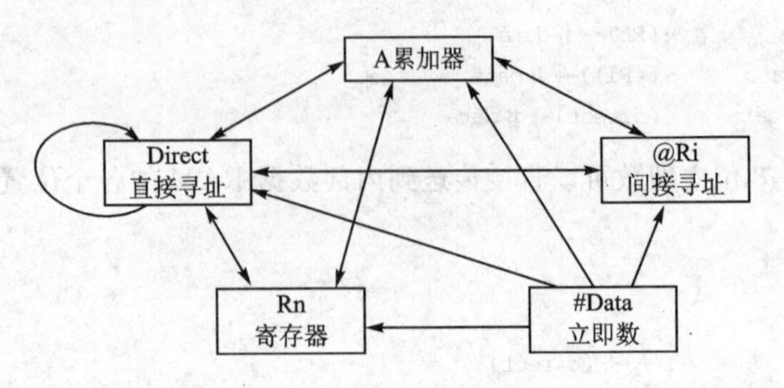

图 4.5　80C51 的数据传送方式

加器 A 来传送。这类指令共有 4 条：

```
MOVX  A,@DPTR        ;(A)←((DPTR))
MOVX  @DPTR,A        ;((DPTR))←(A)
MOVX  A,@Ri          ;(A)←((Ri))
MOVX  @Ri,A          ;((Ri))←(A)
```


前两条指令是以 DPTR 作为间址寄存器，其功能是将 DPTR 所指定的外部 RAM 单元与累加器 A 之间传送数据。由于 DPTR 是 16 位地址指针，因此这两条指令的寻址范围可达片外 RAM 64 KB 全部空间。

后两条指令是以 R0 或 R1 作为间址寄存器，其功能是将 R0 或 R1 所指定的外部 RAM 单元与累加器 A 之间传送数据。由于 R0 或 R1 是 8 位地址指针，因此这两条指令的寻址范围仅限于外部 RAM 某页中的 256 字节单元。

【例 4.1】　试编程，将片外 RAM 的 2000H 单元内容送入片外 RAM 的 0200H 单元中。

解　片外 RAM 与片外 RAM 之间不能直接传送，需通过累加器 A，另外，当片外 RAM 地址值大于 FFH 时，需用 DPTR 作间址寄存器。编程如下：

```
MOV   DPTR,#2000H   ;源地址送 DPTR
MOVX  A,@DPTR       ;从外部 RAM 中取数送 A
MOV   DPTR,#0200H   ;目的地址送 DPTR
MOVX  @DPTR,A       ;A 中内容送外部 RAM
```

4.3.3　程序存储器向累加器 A 传送数据指令

```
MOVC  A,@A+DPTR    ;(A)←((A)+(DPTR))
MOVC  A,@A+PC      ;(A)←((A)+(PC))
```

这两条指令的功能是从程序存储器中读取源操作数送入累加器 A 中，源操作数均为变址寻址方式。这两条指令都是单字节指令。

这两条指令特别适合于查阅在ROM中建立的数据表格,故称做查表指令。虽然这两条指令的功能完全相同,但在具体使用中却有一点差异。

前一条指令是采用DPTR作为基址寄存器。在使用前,可以很方便地把一个16位地址(表格首地址)送入DPTR,实现在整个64 KB ROM空间向累加器A的数据传送。即数据表格可以存放在64 KB程序存储器的任意位置,因此第一条指令称为远程查表指令。远程查表指令使用起来比较方便。

后一条指令是以PC作为基址寄存器。在程序中,执行该查表指令时PC值是确定的,为下一条指令的地址,而不是表格首地址,这样基址和实际要读取的数据表格首地址就不一致,使得A和PC与实际要访问的单元地址不一致,为此,在使用该查表指令之前,必须用一条加法指令进行地址调整,地址调整只能通过对累加器A的内容进行调整,使得A+PC和所读ROM单元地址保持一致。累加器A中的内容为8位无符号数,该查表指令只能查找指令所在地址以后256字节范围内的数据,即表格只能放在该指令所在地址之后的256字节范围内,故称之为近程查表指令。

4.3.4 数据交换指令

数据交换指令共有5条,可完成累加器和内部RAM单元之间的字节或半字节交换。

1. 整字节交换指令

整字节交换指令有3条,完成累加器A与内部RAM单元内容的整字节交换如下:

```
XCH   A,Rn            ;(A)←→(Rn)
XCH   A,direct        ;(A)←→(direct)
XCH   A,@Ri           ;(A)←→((Ri))
```

2. 半字节交换指令

```
XCHD  A,@Ri           ;(A)3～0←→((Ri))3～0
```

该指令功能是将A的低4位和间接寻址单元的低4位交换,而各自的高4位内容都保持不变。

3. 累加器高低半字节交换指令

```
SWAP  A               ;(A)7～4←→(A)3～0
```

由于十六进制数或BCD码都是以4位二进制数表示,因此SWAP指令主要用于实现十六进制数或BCD码的数位交换。

【例4.2】 试编程,将外部RAM 1000H单元中的数据与内部RAM 6AH单元中的数据相互交换。

解　数据交换指令只能完成累加器 A 和内部 RAM 单元之间的数据交换，要完成外部 RAM 与内部 RAM 之间的数据交换，需先把外部 RAM 中的数据取到 A 中，交换后再送回到外部 RAM 中。编程如下：

```
MOV    DPTR,#1000H      ;外部 RAM 地址送 DPTR
MOVX   A,@DPTR          ;从外部 RAM 中取数送 A
XCH    A,6AH            ;A 与 6AH 地址中的内容进行交换
MOV    @DPTR,A          ;交换结果送外部 RAM
```

4.3.5　堆栈操作指令

堆栈操作指令可以实现对数据或断点地址的保护，有两条指令：

```
PUSH  direct          ;(SP)←(SP)+1,(SP)←(direct)
POP   direct          ;(direct)←((SP)),(SP)←(SP)-1
```

前一条指令是进栈指令，其功能是先将栈指针 SP 的内容加 1，使它指向栈顶空单元，然后将直接地址 direct 单元的内容送入栈顶空单元。

后一条指令是出栈指令，其功能是将 SP 所指的单元的内容送入直接地址所指出的单元，然后将栈指针 SP 的内容减 1，使之指向新的栈顶单元。

进栈、出栈指令只能以直接寻址方式来取得操作数，不能用累加器或工作寄存器 Rn 作为操作数。例如把累加器 A 的内容送入堆栈，应使用指令：

```
PUSH   ACC
```

这里 ACC 表示累加器 A 的直接地址 E0H。

利用堆栈操作指令也可以完成数据的传送。

4.4　算术运算类指令

80C51 系列单片机的算术运算类指令共有 24 条，可以完成加、减、乘、除等各种操作，全部指令都是 8 位数运算指令。如果需要做 16 位数的运算需编写相应的程序来实现。

算术运算类指令大多数要影响到程序状态字寄存器 PSW 中的溢出标志 OV、进位(借位)标志 CY、辅助进位标志 AC 和奇偶标志位 P。利用进位(借位)标志 CY，可进行多字节无符号整数的加、减运算，利用溢出标志可对带符号数进行补码运算，辅助进位标志则用于 BCD 码运算的调整。

4.4.1　加法指令

```
ADD   A,#data          ;(A)←(A)+data
```

```
ADD   A,direct        ;(A)←(A)+(direct)
ADD   A,Rn            ;(A)←(A)+(Rn)
ADD   A,@Ri           ;(A)←(A)+((Ri))
```

这组指令的功能是把源操作数所指出的内容与累加器A的内容相加，其结果存放在A中。源操作数的寻址方式分别为立即寻址、直接寻址、寄存器寻址和寄存器间接寻址。运算结果对程序状态字PSW中的CY、AC、OV和P的影响情况如下：

进位标志CY：　在加法运算中，如果D7位向上有进位，则CY=1；否则，CY=0。

半进位标志AC：在加法运算中，如果D3位向上有进位，则AC=1；否则，AC=0。

溢出标志OV：　在加法运算中，如果D7、D6位只有一个向上有进位时，OV=1；如果D7、D6位同时有进位或同时无进位时，OV=0；

奇偶标志P：　当A中"1"的个数为奇数时，P=1；为偶数时，P=0。

【例4.3】 设A=94H，(30H)=8DH，执行指令"ADD　A,30H"，操作如下：

```
          10010100
   +      10001101
   ----------------
        1 00100001
```

结果为(A)=21H，(CY)=1，(AC)=1，(OV)=1，(P)=0。

参加运算的两个数，可以是无符号数(0～255)，也可以是有符号数(－128～＋127)。用户可以根据标志位CY或OV来确定运算结果或判断结果是否正确。无符号数用CY位表示进位、溢出(不考虑OV位)，有符号数用OV位表示溢出(不考虑CY位)。

上例中，若把94H、8DH看做无符号数相加，结果中CY=1，表示运算结果发生了溢出(结果超出了8位)，此时溢出的含义是向高位产生进位，所以确定结果时不能只看累加器A的内容，而应该把CY的值加到高位上，才可得到正确的结果。即结果为121H，若把94H、8DH看做有符号数(补码表示的)，结果中OV=1，它表示运算结果发生了溢出，A中的值是个错误的结果。因为两个负数相加，结果却为正数，显然是错误的。

两个正数相加或两个负数相加时，若发生溢出，将改变结果的符号位，所得结果都是错误的，OV=1正好指出了这一类错误。

无论编程人员把参加运算的两个数看做是无符号数还是有符号数，计算机在每次运算后，都会按规则自动设置标志位CY、OV、AC、P，对于编程人员来说，应能根据这些标志来了解当前运算结果所处的状态，以确定程序的走向。

4.4.2 带进位加法指令

```
ADDC  A,# data        ;(A)←(A)+#data+(CY)
ADDC  A,direct        ;(A)←(A)+(direct)+(CY)
```

```
ADDC  A,Rn       ;(A)←(A)+(Rn)+(CY)
ADDC  A,@Ri      ;(A)←(A)+((Ri))+(CY)
```

这组指令的功能是把源操作数所指出的内容与累加器 A 的内容相加、再加上进位标志 CY 的值,其结果存放在 A 中。源操作数的寻址方式分别为立即寻址、直接寻址、寄存器寻址和寄存器间接寻址。运算结果对 PSW 标志位的影响与 ADD 指令相同。

需要说明的是,这里所加的进位标志 CY 的值是在该指令执行之前已经存在的进位标志值,而不是执行该指令过程中产生的进位标志值。

【例 4.4】 设(A)=AEH,(R1)=81H,(CY)=1,执行指令"ADDC A,R1",则操作如下:

```
      10101110
      10000001
+            1←(CY)
--------------
    1 00110000
```

结果(A)=30H,(CY)=1,(OV)=1,(AC)=1,(P)=0。

带进位加法指令主要用于多字节数的加法运算。因低位字节相加时可能产生进位,而在进行高位字节相加时,要考虑低位字节向高位字节的进位,因此,必须使用带进位的加法指令。

【例 4.5】 设有两个无符号 16 位二进制数,分别存放在 30H、31H 单元和 40H、41H 单元中(低 8 位先存),写出两个 16 位数的加法程序,将和存入 50H、51H 单元。(设和不超过 16 位)。

解 由于不存在 16 位数的加法指令,所以只能先加低 8 位,后加高 8 位,而在加高 8 位时要连低位相加的进位一起相加,编程如下:

```
MOV   A,30H     ;取一个加数的低字节送 A 中
ADD   A,40H     ;两个低字节数相加
MOV   50H,A     ;结果送 50H 单元
MOV   A,31H     ;取一个加数的高字节送 A 中
ADDC  A,41H     ;高字节数相加,同时加低字节产生的进位
MOV   51H,A     ;结果送 51H 单元
```

4.4.3 带借位减法指令

```
SUBB  A,# data    ;(A)←(A)-#data-(CY)
SUBB  A,direct    ;(A)←(A)-(direct)-(CY)
SUBB  A,Rn        ;(A)←(A)-(Rn)-(CY)
SUBB  A,@Ri       ;(A)←(A)-((Ri))-(CY)
```

这组指令的功能是将累加器 A 中的数减去源操作数所指出的数和进位位 CY,其结果存

放在累加器A中。源操作数的寻址方式分别为立即寻址、直接寻址、寄存器寻址和寄存器间接寻址。运算结果对程序状态字PSW中各标志位的影响情况如下。

借位标志CY：在减法运算中，如果D7位须向上借位，则CY=1；否则，CY=0。

半借位标志AC：在减法运算中，如果D3位须向上借位，则AC=1；否则，AC=0。

溢出标志OV：在减法运算中，如果D7、D6位只有一个向上有借位时，OV=1；如果D7、D6位同时有借位或同时无借位时，OV=0。即：OV=CY⊕C6，C6表示D6位向前的进位或借位。

奇偶标志P：当A中"1"的个数为奇数时，P=1；为偶数时，P=0。

减法运算只有带借位减法指令，而没有不带借位的减法指令。若要进行不带借位的减法运算，应该先用指令将CY清零，然后再执行SUBB指令。

4.4.4 加1指令

```
INC  A            ;(A)←(A)+1
INC  direct       ;(direct)←(direct)+1
INC  Rn           ;(Rn)←(Rn)+1
INC  @Ri          ;(Ri)←((Ri))+1
INC  DPTR         ;(DPTR)←(DPTR)+1
```


这组指令的功能是将操作数所指定单元的内容加1。本组指令除"INC A"指令影响P标志外，其余指令均不影响PSW标志。

加1指令常用来修改操作数的地址，以便于使用间接寻址方式。

4.4.5 减1指令

```
DEC  A            ;(A)←(A)-1
DEC  direct       ;(direct)←(direct)-1
DEC  Rn           ;(Rn)←(Rn)-1
DEC  @Ri          ;(Ri)←((Ri))-1
```

这组指令的功能是将操作数所指定单元的内容减1。除"DEC A"指令影响P标志外，其余指令均不影响PSW标志。

4.4.6 乘除指令

80C51系列单片机有乘除法指令各一条，它们都是单字节指令，执行时需4个机器周期。

1. 乘法指令

```
MUL  AB           ;(B)(A)←(A)×(B)
```

这条指令的功能是把累加器A和寄存器B中的两个8位无符号数相乘，所得16位乘积的低8位放在A中，高8位放在B中。

乘法指令执行后会影响3个标志：若乘积小于FFH(即B的内容为零)，则OV=0，否则OV=1。CY总是清零，奇偶标志P仍按A中1的奇偶性来确定。

【例4.6】 已知(A)= 80H，(B)=32H，执行指令"MUL AB"。

结果(A)=00H，(B)=19H，OV=1，CY=0，P=0。

2. 除法指令

```
DIV  AB          ;(A)←(A)/(B)之商，(B)←(A)/(B)之余数
```

这条指令的功能是将两个8位无符号数进行除法运算，其中被除数存放在累加器A中，除数存放在寄存器B中。指令执行后，商存于累加器A中，余数存于寄存器B中。

除法指令执行后也影响3个标志：若除数为零(B=0)时，OV=1，表示除法没有意义；若除数不为零，则OV=0，表示除法正常进行。CY总是被清零，奇偶标志P仍按A中1的奇偶性来确定。

【例4.7】 已知(A)=87H，(B)=0CH，执行指令"DIV AB"。

结果(A)=0BH，(B)=03H，OV=0，CY=0，P=1。

4.4.7 十进制调整指令

```
DA  A
```

该指令的功能是对A中刚进行的两个BCD码的加法结果进行修正。该指令只影响进位标志CY。

有时希望计算机能存储十进制数，也希望计算机能进行十进制数的运算，这时就要用BCD码来表示十进制数。

所谓BCD码就是采用4位二进制编码表示的十进制数。4位二进制数共有16个编码，BCD码是取它前10个的编码0000～1001来代表十进制数的0～9，这种编码称为8421 BCD码，简称BCD码。一字节可以存放2位BCD码(称为压缩的BCD码)。

如果两个BCD码数相加，结果也是BCD码，则该加法运算称为BCD码加法。在80C51中没有专门的BCD码加法指令，要进行BCD码加法运算，也要用加法指令ADD或ADDC，然而计算机在执行ADD或ADDC指令进行加法运算时，是按照二进制规则进行的，对于4位二进制数是按逢2进位；而BCD码是逢10进位，两者存在进位差。

该指令的功能为：若在加法过程中低4位向高4位有进位(即AC=1)或累加器A中低4位大于9，则累加器A做加6调整，若在加法过程中最高位有进位(即CY=1)或累加器A中高4位大于9，则累加器A做加60H调整(即高4位做加6调整)。十进制调整指令执行时仅

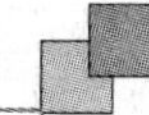

对进位位 CY 产生影响。

【例 4.8】 试编写程序，实现 95＋59 的 BCD 码加法、并将结果存入 30H、31H 单元。

解

```
MOV   A,＃95H          ;95 的 BCD 码数送 A 中
ADD   A,＃59H          ;A 与 59 的 BCD 码相加，结果存在 A 中
DA    A                ;对相加结果进行十进制调整
MOV   30H,A            ;A 中的和(十位、个位的 BCD 码)存入 30H
MOV   A,＃00H          ;A 清零
ADDC  A,＃00H          ;加进位(百位的 BCD 码)
DA    A                ;BCD 码相加之后，必须使用调整指令
MOV   31H,A            ;存进位
```

4.5　逻辑运算及移位类指令

逻辑运算的特点是按位进行。逻辑运算包括"与"、"或"、"异或"3 类，每类都有 6 条指令。此外还有移位指令及对累加器 A 清零和求反指令，逻辑运算及移位类指令共有 24 条。

4.5.1　逻辑"与"运算指令

```
ANL  A,＃data          ;(A)←(A)∧＃data
ANL  A,direct          ;(A)←(A)∧(direct)
ANL  A,Rn              ;(A)←(A)∧(Rn)
ANL  A,@Ri             ;(A)←(A)∧((Ri))
ANL  direct,A          ;direct←(direct)∧(A)
ANL  direct,＃data     ;direct←(direct)∧＃data
```

这组指令中前 4 条指令是将累加器 A 的内容和源操作数所指出的内容按位相"与"，结果存放在 A 中。后两条指令是将直接地址单元中的内容和源操作数所指出的内容按位相"与"，结果存入直接地址所指定的单元中。

逻辑"与"运算指令常用于将某些位屏蔽(即使之为零)。方法是将要屏蔽的位和"0"相"与"，要保留的位同"1"相"与"。

4.5.2　逻辑"或"运算指令

```
ORL  A,＃data          ;(A)←(A)∨＃data
ORL  A,direct          ;(A)←(A)∨(direct)
ORL  A,Rn              ;(A)←(A)∨(Rn)
ORL  A,@Ri             ;(A)←(A)∨((Ri))
```

```
ORL   direct,A          ;(direct)←(direct) ∨ (A)
ORL   direct,#data      ;(direct)←(direct) ∨ #data
```

这组指令中前 4 条指令是将累加器 A 的内容与源操作数所指出的内容按位相“或”,结果存放在 A 中。后两条指令是将直接地址单元中的内容与源操作数所指出的内容按位相“或”,结果存入直接地址所指定的单元中。

逻辑“或”运算指令常用于将某些位置位(即使之为 1)。方法是将要置位的位和“1”相“或”,要保留的位同“0”相“或”。

【例 4.9】 将累加器 A 的低 4 位送到 P1 门的低 4 位输出,而 P1 的高 4 位保持不变。

解　这种操作不能简单地用 MOV 指令实现,而可以借助“与”、“或”逻辑运算。程序如下:

```
ANL   A,#0FH            ;屏蔽 A 的高 4 位,保留低 4 位
ANL   P1,#0F0H          ;屏蔽 P1 的低 4 位,保留高 4 位
ORL   P1,A              ;通过“或”运算,完成所需操作
```


4.5.3 逻辑“异或”运算指令

```
XRL   A,#data           ;(A)←(A)⊕#data
XRL   A,direct          ;(A)←(A)⊕(direct)
XRL   A,Rn              ;(A)←(A)⊕(Rn)
XRL   A,@Ri             ;(A)←(A)⊕((Ri))
XRL   direct,A          ;(direct)←(direct)⊕(A)
XRL   direct,#data      ;(direct)←(direct)⊕#data
```

这组指令中前 4 条指令是将累加器 A 的内容和源操作数所指出的内容按位“异或”运算,结果存放在 A 中。后两条指令是将直接地址单元中的内容和源操作数所指出的内容按位“异或”运算,结果存入直接地址所指定的单元中。

逻辑“异或”运算指令常用于将某些位取反。方法是将要求反的位同“1”相“异或”,要保留的位同“0”相“异或”。

【例 4.10】 试编程,使内部 RAM 30H 单元中的低 2 位清 0,高 2 位置 1,其余 4 位取反。

解

```
ANL   30H,#0FCH         ;30H 单元中低 2 位清 0
ORL   30H,#0C0H         ;30H 单元中高 2 位置 1
XRL   30H,#3CH          ;30H 单元中中间 4 位取反
```

4.5.4 累加器清零、取反指令

累加器清零指令和累加器按位取反指令各 1 条:

```
CLR  A                  ;(A)←0
CPL  A                  ;(A)←/(A)
```

清零和取反指令只有累加器 A 才有,它们都是单字节指令,如果用其他方式来达到清零或取反的目的,则都为双字节的指令。

80C51 系列单片机只有对 A 的取反指令,没有求补指令。若要进行求补操作,可按"求反加 1"来进行。

以上所有的逻辑运算指令,对 CY、AC 和 OV 标志都没有影响,只在涉及累加器 A 时,才会影响奇偶标志 P。

4.5.5 循环移位指令

80C51 系列单片机的移位指令只能对累加器 A 进行移位,共有循环左移、循环右移、带进位的循环左移和右移 4 种:

```
RL   A                  ;循环左移,(Ai+1)←(Ai),(A0)←(A7)
RR   A                  ;循环右移,(Ai)←(Ai+1),(A7)←(A0)
RLC  A                  ;带进位循环左移,(A0)←(CY),(Ai+1)←(Ai),(CY)←(A7)
RRC  A                  ;带进位循环右移,(A7)←(CY),(Ai)←(Ai+1),(CY)←(A0)
```


前两条指令的功能分别是将累加器 A 的内容循环左移或右移 1 位,执行后不影响 PSW 中的标志位;后两条指令的功能分别是将累加器 A 的内容带进位位 CY 一起循环左移或右移 1 位,执行后影响 PSW 中的进位位 CY 和奇偶标志位 P。

以上移位指令,可用图形表示,如图 4.6 所示。

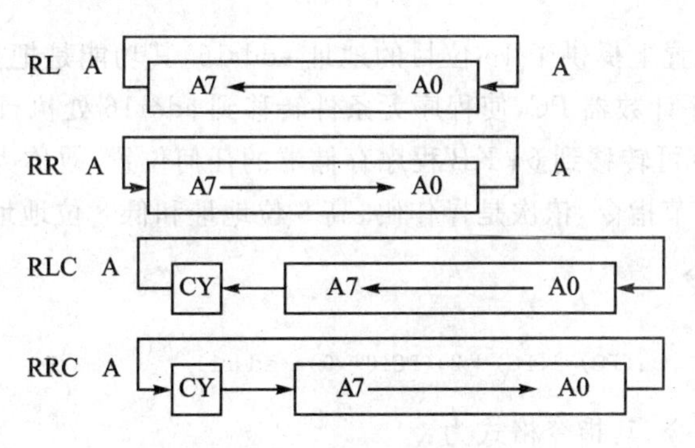

图 4.6 移位指令示意图

【例 4.11】 设(A)=08H,试分析下面程序执行结果。

```
RL  A                  ;A 的内容左移 1 位,结果(A)=10H
RL  A                  ;A 的内容左移 1 位,结果(A)=20H
RL  A                  ;A 的内容左移 1 位,结果(A)=40H
```

即左移一位，相当于原数乘 2(原数小于 80H 时)。

```
RR  A                    ;A 的内容右移 1 位,结果(A) = 04H
RR  A                    ;A 的内容右移 1 位,结果(A) = 02H
RR  A                    ;A 的内容右移 1 位,结果(A) = 01H
```

即右移 1 位，相当于原数除 2(原数为偶数时)。

4.6 控制转移类指令

通常情况下，程序的执行是按顺序进行的，这是由 PC 自动加 1 实现的，有时因任务要求，需要改变程序的执行顺序，这时就需要改变程序计数器 PC 中的内容，这种情况称做程序转移。控制转移类指令都能改变程序计数器 PC 的内容。

80C51 有比较丰富的控制转移指令，包括无条件转移指令、条件转移指令和子程序调用及返回指令，这类指令一般不影响标志位。

4.6.1 无条件转移指令

80C51 系列单片机有 4 条无条件转移指令，提供了不同的转移范围和方式，可使程序无条件地转到指令所提供的地址上。

1. 长转移指令

```
LJMP  addr16             ;(PC)←addr16
```

该指令在操作数位置上提供了 16 位目的地址 addr16，其功能是把指令中给出的 16 位目的地址 addr16 送入程序计数器 PC，使程序无条件转移到 addr16 处执行。16 位地址可以寻址 64 KB，所以用这条指令可转移到 64 KB 程序存储器的任何位置，故称为“长转移”。

长转移指令是三字节指令，依次是操作码、高 8 位地址和低 8 位地址。

2. 绝对转移指令

```
AJMP  addr11             ;(PC)←(PC) + 2,(PC10～0)←addr11
```

这是一条双字节指令，其指令格式为：

$a_{10}\,a_9\,a_8$ 00001	$a_7\,a_6\,a_5\,a_4\,a_3\,a_2\,a_1\,a_0$

指令中提供了 11 位目的地址，其中位 a_7～a_0 在第二字节，a_{10}～a_8 则占据第一字节的高 3 位，而 00001 是这条指令特有的操作码，占据第一字节的低 5 位。

绝对转移指令的执行分为两步：

第一步,取指令。此时 PC 自身加 2 指向下一条指令的起始地址(PC 当前值)。

第二步,用指令中给出的 11 位地址替换 PC 当前值的低 11 位,PC 高 5 位保持不变,形成新的 PC 地址——即转移的目的地址。

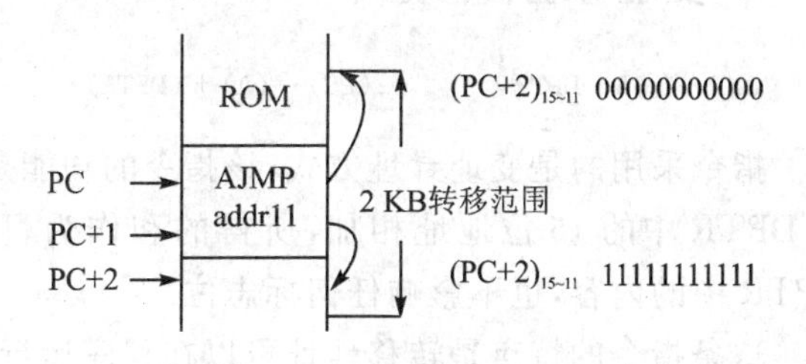

图 4.7 AJMP 指令转移范围

11 位地址的范围为 00000000000～11111111111,即可转移的范围是 2 KB。转移可以向前也可以向后。如图 4.7 所示。但要注意转移到的位置是要与 PC＋2 的地址在同一个 2 KB 区域,而不一定与 AJMP 指令的地址在同一个 2 KB 区域。例如 AJMP 指令地址为 1FFFH,加 2 以后为 2001H,因此可以转移的区域为 2000H～27FFH 的区域。

【例 4.12】 分析下面绝对转移指令的执行情况。

```
1234H: AJMP 0781 H
```

解 在指令执行前,(PC)＝1234H;取出该指令后,(PC)＋2 形成 PC 当前值,它等于 1236H,指令执行过程就是用指令给出的 11 位地址 11110000001B 替换 PC 当前值的低 11 位。即:新的 PC 值为 1781H,所以指令执行结果就是转移到 1781 H 处执行程序。

应注意:只有转移的目的地址在 2 KB 范围之内时,才可使用 AJMP 指令,超出 2 KB 范围,应使用长转移指令 LJMP。所以,建议初学者少用或不用 AJMP 指令。

3. 短转移指令

```
SJMP  rel                ;(PC)←(PC) + 2,(PC)←(PC) + rel
```

SJMP 是无条件相对转移指令,该指令为双字节指令,rel 是相对转移的偏移量。指令的执行分两步完成:

第一步,取指令。此时 PC 自身加 2 形成 PC 的当前值。

第二步,将 PC 当前值与偏移量 rel 相加形成转移的目的地址。即:目的地址＝(PC)＋2＋rel。

rel 是一个带符号的相对偏移量,其范围为－128～＋127,负数表示向后转移,正数表示向前转移。

这条指令的优点是:指令给出的是相对转移地址,不具体指出地址值。这样,当程序地址发生变化时,只要相对地址不发生变化,该指令就不需要做任何改动。

通常,在用汇编语言编写程序时,在 rel 位置上直接以符号地址形式给出转移的目的地址,而由汇编程序在汇编过程中自动计算和装入偏移量。

4. 变址寻址转移指令

```
JMP    @A+DPTR        ;(PC)←(A)+(DPTR)
```

指令采用的是变址寻址方式,该指令的功能是把累加器 A 中的 8 位无符号数与基址寄存器 DPTR 中的 16 位地址相加,所得的和作为目的地址送入 PC。指令执行后不改变 A 和 DPTR 中的内容,也不影响任何标志位。

这条指令的特点是转移地址可以在程序运行中加以改变。例如,在 DPTR 中装入多分支转移指令表的首地址,而由累加器 A 中的内容来动态选择该时刻应转向哪一条分支,实现由一条指令完成多分支转移的功能。该指令又称散转指令、间接转移指令。

【例 4.13】 设累加器 A 中存有用户从键盘输入的键值 0～3,键处理程序分别存放在 KPRG0、KPRG1、KPRG2、KPRG3 处,试编写程序,根据用户输入的键值,转入相应的键处理程序。

解

```
        MOV    DPTR,#JPTAB        ;转移指令表首地址送入 DPTR
        RL     A                  ;键值×2,因 AJMP 指令占 2 字节
        JMP    @A+DPTR            ;JPTAB+2 倍键值,和送 PC 中,则程序就转移到表中某一位置
                                  ;执行指令
JPTAB:  AJMP   KPRG0
        AJMP   KPRG1
        AJMP   KPRG2
        AJMP   KPRG3
KPRG0:
        ⋮
KPRG1:
        ⋮
HPRG2:
        ⋮
KPRG3:
        ⋮
```

4.6.2 条件转移指令

条件转移指令是指当某种条件满足时,转移才进行;而条件不满足时,程序就按顺序往下执行。

条件转移指令的共同特点是以下两点:

① 所有的条件转移指令都属于相对转移指令，转移范围相同，都在以 PC 当前值为基准的 256 字节范围内（－128～＋127）；

② 计算转移地址的方法相同，即转移地址＝PC 当前值＋rel。

条件转移指令有累加器到零转移指令、比较条件转移指令、减 1 条件转移指令。

1. 累加器到零转移指令

```
JZ     rel              ;若(A) = 0,则转移,(PC)←(PC) + 2 + rel
                        ;若(A)≠0,则顺序执行,(PC)←(PC) + 2
JNZ    rel              ;若(A)≠0,则转移,(PC)←(PC) + 2 + rel
                        ;若(A) = 0,则顺序执行,(PC)←(PC) + 2
```

这是一组以累加器 A 的内容是否为零作为判断条件的转移指令。JZ 指令的功能是：累加器(A)＝0 则转移；否则就按顺序执行。JNZ 指令的操作正好与之相反。

这两条指令都是双字节的相对转移指令，rel 为相对转移偏移量。与短转移指令中的 rel 一样，在编写源程序时，经常用标号来代替。只是在翻译成机器码时，才由汇编程序换算成 8 位相对地址。

2. 比较条件转移指令

比较条件转移指令共有 4 条，其差别只在于操作数的寻址方式不同：

```
CJNE  A,#data,rel      ;若(A) = data,则(PC)←(PC) + 3,(CY)←0
                        ;若(A)>data,则(PC)←(PC) + 3 + rel,(CY)←0
                        ;若(A)<data,则(PC)←(PC) + 3 + rel,(CY)←1
CJNE  A,direct,rel      ;若(A = (direct),则(PC)←(PC) + 3,(CY)←0
                        ;若(A)>(direct),则(PC)←(PC) + 3 + rel,(CY)←0
                        ;若(A)<(direct),则(PC)←(PC) + 3 + rel,(CY)←1
CJNE  Rn,#data,rel      ;若(Rn) = data,则(PC)←(PC) + 3,(CY)←0
                        ;若(Rn)>data,则(PC)←(PC) + 3 + rel,(CY)←0
                        ;若(Rn)<data,则(PC)←(PC) + 3 + rel,(CY)←1
CJNE   @Ri,#data,rel    ;若((Ri)) = data,则(PC)←(PC) + 3,(CY)←0
                        ;若((Ri))>data,则(PC)←(PC) + 3 + rel,(CY)←0
                        ;若((Ri))<data,则(PC)←(PC) + 3 + rel,(CY)←1
```

该组指令在执行时首先对两个规定的操作数进行比较，然后根据比较的结果来决定是否转移：若两个操作数相等，程序按顺序往下执行；若两个操作数不相等，则进行转移。指令执行时，还要根据两个操作数的大小来设置进位标志 CY：若目的操作数大于、等于源操作数，则 CY＝0；若目的操作数小于源操作数，则 CY＝1；为进一步的分支创造条件。通常在该组指令之后，选用以 CY 为条件的转移指令，则可以判别两个数的大小。

在使用 CJNE 指令时应注意以下几点：

① 比较条件转移指令都是三字节指令，此 PC 当前值＝PC ＋3 （PC 是该指令所在地址），转移的目的地址应是 PC 加 3 以后再加偏移量 rel。

② 比较操作实际就是做减法操作，只是不保存减法所得到的差（即不改变两个操作数本身），而将结果反映在标志位 CY 上。

③ CJNE 指令将参与比较的两个操作数当做无符号数看待、处理并影响 CY 标志。因此 CJNE 指令不能直接用于有符号数大小的比较。

若进行两个有符号数大小的比较，则应依据符号位和 CY 位进行判别比较。

3. 减 1 条件转移指令

这是一组把减 1 与条件转移两种功能结合在一起的指令。这组指令共有 2 条：

```
DJNZ  Rn,rel           ;(Rn)←(Rn) - 1
                       ;若(Rn)≠0,则转移,(PC)←(PC) + 2 + rel
                       ;若(Rn) = 0,按顺序执行,(PC)←(PC) + 2
DJNZ  direct,rel       ;(direct)←(direct) - 1
                       ;若(direct)≠0,则转移,(PC)←(PC) + 2 + rel
                       ;若(direct) = 0,按顺序执行,(PC)←(PC) + 2
```


这组指令的操作是先将操作数（Rn 或 direct）内容减 1，并保存结果，如果减 1 以后操作数不为零，则进行转移；如果减 1 以后操作数为零，则程序按顺序执行。

注意：第一条为双字节指令，第二条指令为三字节指令，这两条指令与 DEC 指令一样，不影响 PSW 中的标志位。

这两条指令对于构成循环程序十分有用，可以指定任何一个工作寄存器或者内部 RAM 单元为计数器。对计数器赋以初值以后，就可以利用上述指令，若对计数器进行减 1 后不为零就进行循环操作，为零就结束循环，从而构成循环程序。

【例 4.14】　试编写程序，将内部 RAM 从 DATA 为起始地址的 10 个单元中的数据求和，并将结果送入 SUM 单元。设和不大于 255。

解　对一组连续存放的数据进行操作时，一般都采用间接寻址，使用 INC 指令修改地址，可使编程简单，利用减 1 条件转移指令很容易编成循环程序来完成 10 个数相加。

```
        MOV  R0,#DATA        ;数据块首地址送入间址寄存器 R0
        MOV  R7,#0AH         ;计数器 R7 送入计数初值
        CLR  A               ;累加器 A 存放累加和,先清零
LOOP:   ADD  A,@R0           ;加一个数
        INC  R0              ;地址加 1,指向下一个地址单元
        DJNZ R7,LOOP         ;循环
```

```
        MOV  SUM,A              ;累加和存入指定单元
        SJMP $                  ;结束
```

4.6.3 子程序调用及返回指令

在程序设计中，常常出现几个地方都需要进行功能完全相同的处理，如果重复编写这样的程序段，会使程序变得冗长而杂乱。对此，可以采用子程序，即把具有一定功能的程序段编写成子程序，通过主程序调用来使用它，这样不但减少了编程工作量，而且也缩短了程序的长度。

调用子程序的程序称之为主程序，主程序和子程序之间的调用关系可用图4.8表示。

从图中可以看出，子程序调用要中断原有指令的执行顺序，转移到子程序的入口地址去执行子程序。与转移指令不同的是：子程序执行完毕后，要返回到原有程序被中断的位置，继续往下执行。因此，子程序调用指令必须能将程序中断位置的地址保存起来，一般放在堆栈中保存。堆栈先入后出的存取方式正好适合于存放断点地址，特别适合于子程序嵌套时断点地址的存放。

如果在子程序中还调用其他子程序，称为子程序嵌套；二层子程序嵌套过程如图4.9(a)所示。图4.9(b)为二层子程序调用后，堆栈中断点地址存放的情况。先存入断点1地址，程序转去执行子程序1，执行过程中又要调用子程序2，于是在堆栈中又存入断点2地址。存放时，先存地址低8位，后存地址高8位。从子程序返回时，先取出断点2地址，接着执行子程序1，然后取出断点1地址，继续执行主程序。主程序调用和返回构成了子程序调用的完整过程。为了实现这一过程，必须有子程序调用指令和返回指令。调用指令在主程序中使用，而返回指令则是子程序中的最后一条指令。

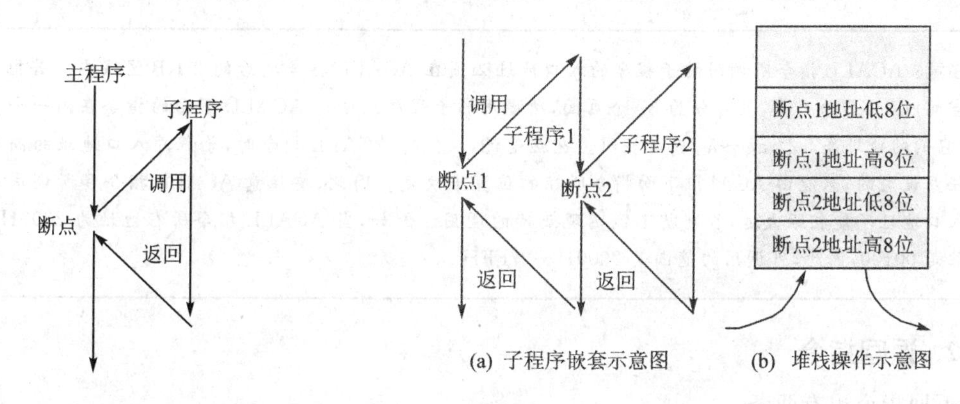

图4.8　子程序调用示意图　　　　图4.9　子程序嵌套及断点存放示意图

1. 子程序调用指令

80C51共有两条子程序调用指令：

```
LCALL  addr16        ;(PC)←(PC) + 3
                     ;(SP)←(SP) + 1,(SP) ←(PC)7~0
                     ;(SP)←(SP) + 1,(SP) ←(PC)15~8
                     ;(PC)←addr16
ACALL  addr11        ;(PC)←(PC) + 2
                     ;(SP)←(SP) + 1,(SP)←(PC)7~0
                     ;(SP)←(SP) + 1,(SP)←(PC)15~8
                     ;(PC10~0)←addr11
```

LCALL 指令称为长调用指令，是三字节指令。指令的操作数部分给出了子程序的16位地址。该指令功能是：先将PC加3，指向下条指令地址（即断点地址），然后将断点地址压入堆栈，再把指令中的16位子程序入口地址装入PC。以使程序转到子程序入口处。

长调用指令可调用存放在64 KB程序存储器任意位置的子程序，即调用范围为64 KB。

ACALL 指令称为绝对调用指令，是双字节指令。其指令格式为：

$a_{10}\,a_9\,a_8\,10001$	$a_7\,a_6\,a_5\,a_4\,a_3\,a_2\,a_1\,a_0$

指令的操作数部分提供了子程序的低11位入口地址，其中 $a_7 \sim a_0$ 在第二字节、$a_{10} \sim a_8$ 则占据第一字节的高3位，而10001是这条指令特有的操作码，占据第一字节的低5位。

绝对调用指令的功能是：先将PC加2，指向下条指令地址（即断点地址），然后将断点地址压入堆栈，再把指令中提供的子程序低11位入口地址装入PC的低11位上，PC的高5位保持不变。使程序转移到对应的子程序入口处。

子程序调用地址是由子程序的低11位地址与PC的高5位合并组成，调用范围为2 KB。

注意：ACALL 指令所调用的子程序的入口地址必须在ACALL指令之后的2 KB区域内。若把64 KB内存空间以2 KB为一页，共可分为32个页面，所调用的子程序应该与ACALL下面的指令在同一个页面之内，即它们的地址高5位 $a_{15} \sim a_{11}$ 应该相同。也就是说，在执行ACALL指令时，子程序入口地址的高5位是不能任意设定的，只能由ACALL下面指令所在的位置来决定。因此，要注意ACALL指令和所调用的子程序的入口地址不能相距太远，否则就不能实现正确的调用。例如，当ACALL指令所在地址为2300H时，其高5位是00100，因此，可调用的范围是2300H～27FFH。

---

2. 返回指令

返回指令也有两条：

```
RET     ;(PC15~8)←((SP)),(SP)←(SP) - 1
        ;(PC7~0)←((SP)),(SP)←(SP) - 1
RETI    ;(PC15~8)←((SP)),(SP)←(SP) - 1
        ;(PC7~0)←((SP)),(SP)←(SP) - 1
```

RET 指令被称为子程序返回指令，放在子程序的末尾。其功能是从堆栈中自动取出断点地址送入程序计数器 PC，使程序返回到主程序断点处继续往下执行。

RETI 指令是中断返回指令，放在中断服务子程序的末尾。其功能也是从堆栈中自动取出断点地址送入程序计数器 PC，使程序返回到主程序断点处继续往下执行。同时还清除中断响应时置位的优先级状态触发器，以告之中断系统已经结束中断服务程序的执行，恢复中断逻辑以接受新的中断请求。

注意：

① RET 和 RETI 不能互换使用；

② 在子程序或中断服务子程序中，PUSH 和 POP 指令必须成对使用；否则不能正确返回主程序断点位置。

4.6.4　空操作指令

```
NOP          ;(PC)←(PC)+1
```


这是一条单字节指令。该指令不产生任何操作，只是使 PC 的内容加 1，然后继续执行下一条指令，它又是一条单周期指令，执行时在时间上消耗一个机器周期，因此，NOP 指令常用来实现等待或延时。

4.7　位操作类指令

80C51 系列单片机其特色之一就是具有丰富的布尔变量处理功能，所谓布尔变量即开关变量，它是以位(bit)为单位来进行运算和操作的，也称为位变量。通过专门处理布尔变量的指令子集，可以完成布尔变量的传送、逻辑运算、控制转移等操作。这些指令通常称之为位操作指令。

位操作类指令的操作对象：一是内部 RAM 中的位寻址区，即 20H～2FH 中的 128 位(位地址 00H～7FH)；二是特殊功能寄存器中可以进行位寻址的各位。

位地址在指令中都用 bit 表示，bit 有 4 种表示形式。① 采用直接位地址表示；② 采用字节地址加位序号表示；③ 采用位名称表示；④ 采用特殊功能寄存器加位序号表示。

进位标志 CY 在位操作指令中直接用 C 表示，位操作指令共有 17 条。

4.7.1　位变量传送指令

```
MOV  C,bit           ;(CY)←(bit)
MOV  bit,C           ;(bit)←(CY)
```

这两条指令的功能是在以 bit 表示的位和位累加器 CY 之间进行数据传送，不影响其他标志。

两个可寻址位之间没有直接的传送指令，若要完成这种传送，需要通过 CY 来进行。

4.7.2　置位清零指令

```
CLR  C            ;(CY)←0
CLR  bit          ;(bit)←0
SETB C            ;(CY)←1
SETB bit          ;(bit)←1
```

上述指令的功能是对 CY 及可寻址位进行清零或置位操作，不影响其他标志。

4.7.3　位逻辑运算指令

位运算都是逻辑运算，有"与"、"或"、"非"3 种，共 6 条指令。


```
ANL  C,bit        ;(CY)←(CY)∧(bit)
ANL  C,/bit       ;(CY)←(CY)∧/(bit)
ORL  C, bit       ;(CY)←(CY)∨(bit)
ORL  C,/bit       ;(CY)←(CY)∨/(bit)
CPL  C            ;(CY)←/(CY)
CPL  bit          ;(bit)←/(bit)
```

前 4 条指令的功能是将位累加器 CY 的内容与位地址中的内容（或取反后的内容）进行逻辑"与"、"或"操作，结果送入 CY 中，斜杠"/"表示将该位值取出后，先求反，再参加运算，不改变位地址中原来的值。

后两条指令的功能是把位累加器 CY 或位地址中的内容取反。

在位操作指令中，没有位的"异或"运算，如果需要，可通过上述位操作指令实现。

【例 4.15】　设 E、B、D 都代表位地址，试编写程序完成 E、B 内容的"异或"操作，并将结果存入 D 中。

解　可直接按 $D=\bar{E}B+E\bar{B}$ 来编写。

```
MOV  C,B          ;从位地址中取数送 CY
ANL  C,/E         ;(CY)←C∧/(E)
MOV  D,C          ;暂存
MOV  C,E          ;取另一个操作数
ANL  C,/B         ;(CY)←E∧/(C)
ORL  C,D          ;进行 ĒB + EB̄ 运算
MOV  D,C          ;操作结果存 D 位
```

利用位逻辑运算指令可以对各种组合逻辑电路进行模拟，即用软件方法来获得组合电路逻辑功能。

4.7.4　位控制转移指令

位控制转移指令都是条件转移指令，即以进位标志CY或地址bit的内容作为是否转移的条件，可以位内容为1转移，也可以为0转移。

1. 以CY为条件的转移指令

```
JC    rel              ;CY = 1 时就转移,即:
                       ;若 CY = 1,(PC)←(PC) + 2 + rel
                       ;否则,(PC)←(PC) + 2
JNC   rel              ;CY = 0 时就转移,即:
                       ;若 CY = 0,(PC)←(PC) + 2 + rel
                       ;否则,(PC)←(PC) + 2
```


这两条指令常和比较条件转移指令CJNE一起使用，先由CJNE指令判别两个操作数是否相等，若相等，就继续执行，若不相等，再根据CY中的值来决定两个操作数哪一个大，或者来决定如何进一步分支。从而形成三分支的控制摸式，如图4.10所示。

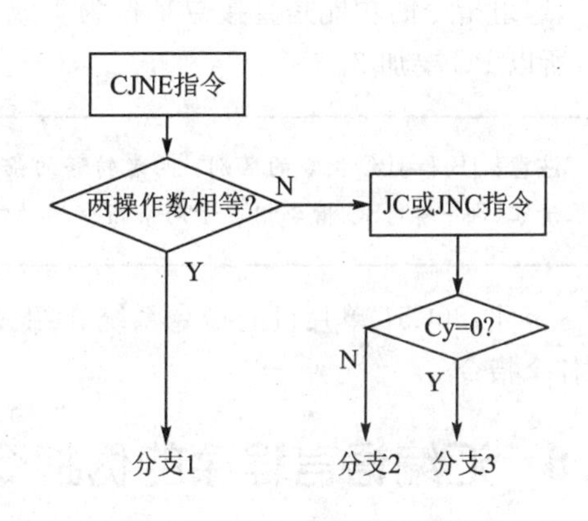

图4.10　用CJNE和JC(或JNC)形成3个分支

【例4.16】　判别累加器A和30H单元内容的大小，若A＝(30H)，转向LOOP1，若A＞(30H)，则转向LOOP2，若A＜(30H)，则转向LOOP3。设所存的都是补码数。

解　首先判断操作数的正负。可以将操作数和立即数80H相“与”，若结果为零；则为正数；否则，就为负数。然后再用CJNE指令和JC(JNC)指令形成3个分支。

```
      MOV  R0,A            ;暂存
      ANL  A,#80H          ;判别 A 的正负
      JNZ  NEG             ;A<0 则转至 NEG
      MOV  A,30H
      ANL  A,#80H          ;判别(30H)的正负
      JNZ  LOOP2           ;(30H)<0,A>(30H)
      SJMP COMP            ;(30H)>0,转向 COMP
NEG:  MOV  A,30H
```

```
         ANL  A,#80H          ;再次判别(30H)的正负
         JZ   LOOP3           ;(30H)>0,A<(30H)
COMP:    MOV  A,R0            ;取出原A值
         CJNE A,30H,NEXT      ;比较A与(30H)
         SJMP LOOP1           ;A=(30H)转LOOP1
NEXT:    JNC  LOOP2           ;A>(30H)转LOOP2
         JC   LOOP3           ;A<(30H)转LOOP3
```

2. 以位状态为条件的转移指令

```
JB   bit,rel        ;若(bit)=1,则(PC)←(PC)+3+rel
                    ;若(bit)=0,则(PC)←(PC)+3
JNB  bit,rel        ;若(bit)=0,则(PC)←(PC)+3+rel
                    ;若(bit)=1,则(PC)←(PC)+3
JBC  bit,rel        ;若(bit)=1,则(PC)←(PC)+3+rel 且(bit)←0
                    ;若(bit)=0,则(PC)←(PC)+3
```

这组指令的功能是直接寻址位为1或为0则转移,否则按顺序执行。指令均为三字节指令,所以PC要加3。

注意: JB和JBC指令的区别:两者转移的条件相同,所不同的是JBC指令在转移的同时,还能将直接寻址位清零,即一条JBC指令相当于两条指令的功能。

至此,80C51单片机的指令系统介绍完毕。现将指令系统汇总在附录A中,以便快速查找各个指令。

4.8 汇编语言程序的伪指令

指令能使CPU执行某种操作,能生成对应的机器代码。伪指令不能命令CPU执行某种操作,也没有对应的机器代码,其作用仅用来给汇编程序提供某种信息。伪指令是汇编程序能够识别的汇编命令。下面介绍80C51汇编程序常用的伪指令。

1. 汇编起始伪指令ORG

格式:[标号:] ORG 16位地址

功能:规定程序块或数据块存放的起始地址。如:

```
       ORG    1000H
START: MOV    A,#30 H
```

该伪指令规定第一条指令从地址1000H单元开始存放,即标号START的值为1000H。通常,在一个汇编语言源程序的开始,都要设置一条ORG伪指令来指定该程序在存储器

中存放的起始位置。若省略 ORG 伪指令，则该程序段从 0000H 单元开始存放。在一个源程序中，可以多次使用 ORG 伪指令，以规定不同程序段或数据段存放的起始地址，但要求 16 位地址值由小到大顺序排列，不允许空间重叠。

2. 汇编结束伪指令 END

格式：[标号：]　　END　　[表达式]

功能：结束汇编。

汇编程序遇到 END 伪指令后结束汇编。

3. 字节数据定义伪指令 DB

格式：[标号：]　　DB　　8 位字节数据表

功能：从标号指定的地址单元开始，将数据表中的字节数据按顺序依次存入。

数据表可以是一个或多个字节数据、字符串或表达式，各项数据用"，"分隔，一个数据项占一个存储单元。例如：

```
      ORG    1000H
TAB:  DB     -2,-4,100,30H,'A','C'
```

汇编后：(1000H)＝FEH，(1001H)＝FCH，(1002H)＝64H，(1003H)＝30H
　　　　(1004H)＝41H，(1005H)＝43H

用单引号括起来的字符以 ASCII 码存入，负数用补码存入。

4. 字数据定义伪指令 DW

格式：[标号：]DW　　16 位字数据表

功能：从标号指定的地址单元开始，将数据表中的字数据按从左到右的顺序依次存入。

5. 空间定义伪指令 DS

格式：[标号：]　　DS　　表达式

功能：从标号指定的地址单元开始，由表达式指定。例如：

```
      ORG    3000H
SUF:  DS     06H
       ⋮
```

汇编后，从地址 3000H 开始保留 6 个存储单元作为备用。

注意：DB、DW、DS 伪指令只能对程序存储器进行定义，不能对数据存储器进行定义；DB 伪指令常用来定义数据，DW 伪指令常用来定义地址。

---

6. 赋值伪指令 EQU(或=)

格式：符号　　EQU　　表达式

　　　或

　　　符号名=表达式

功能：将表达式的值定义为一个指定的符号名。

注意： 注意：用 EQU 定义的符号不允许重复定义，而用"="定义的符号允许重复定义。

4.9 汇编语言程序设计举例

用汇编语言进行程序设计的过程与用高级语言进行程序设计很相似。对于比较复杂的问题可以先根据题目的要求做出流程图，然后再根据流程图来编写程序；对于比较简单的问题则可以不做流程图而直接编程。汇编语言程序共有 4 种结构形式，即：顺序结构、分支结构、循环结构和子程序结构。

这一节中将介绍汇编语言程序设计的方法和实例。

4.9.1 程序的基本结构

1. 汇编语言程序设计的基本步骤

使用程序设计语言编写程序的过程称为程序设计。在程序设计过程中，应在完成规定功能的前提下，使程序占用空间小，执行时间短。同时，在程序设计时要按照规定的步骤进行。程序设计步骤如下：

① 分析问题，确定算法和解题思路。

② 根据算法和解题思路画出程序流程图。

③ 根据流程图编写程序。

④ 程序调试，找出错误并更正，再调试，直至通过。

⑤ 编写相关说明。

2. 程序的基本结构

由于所处理的问题不同，不同程序的结构也就不尽相同。但是，结构化程序的基本结构只有 3 种：顺序结构、分支结构、循环结构。任何复杂的程序都可以用上述 3 种结构来表示。3 种基本结构的流程图如图 4.11 所示。

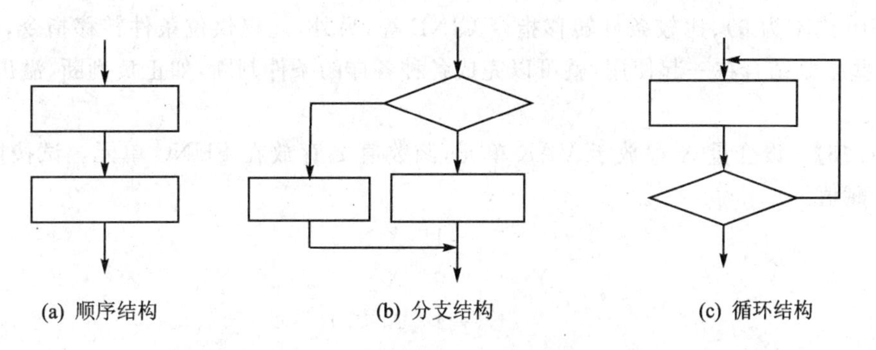

图 4.11　3 种基本的程序结构

4.9.2　顺序程序设计

顺序结构的程序多用来处理比较简单的问题，如简单的算术运算类问题。这类程序的特点是：程序中的语句由前向后顺序执行，最后一条指令执行完毕，整个程序也随之结束。

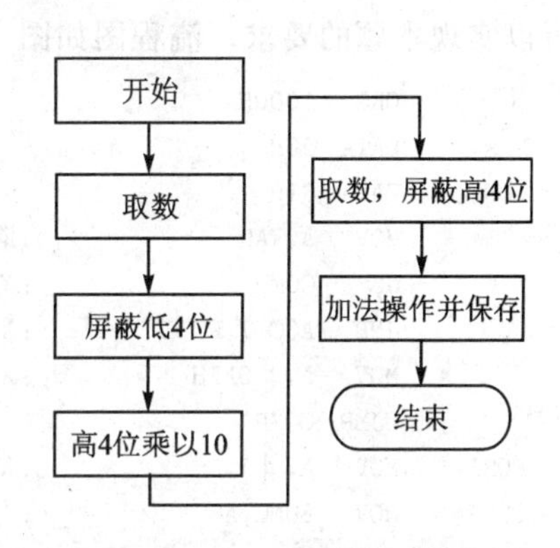

图 4.12　例 4.17 流程图

【例 4.17】　将 20H 中存放的压缩 BCD 数转换成二进制数存放在累加器 A 中。

解　转换方法为 BCD 数的高 4 位乘以 10 再加上低 4 位。

流程图如图 4.12 所示，程序清单如下：

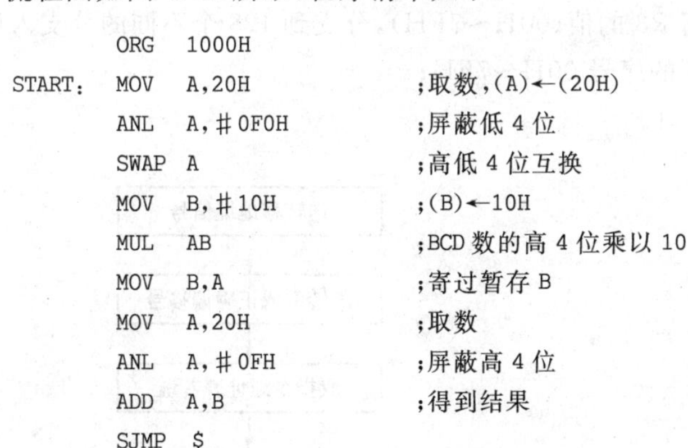

```
        ORG   1000H
START:  MOV   A,20H          ;取数,(A)←(20H)
        ANL   A,#0F0H        ;屏蔽低 4 位
        SWAP  A              ;高低 4 位互换
        MOV   B,#10H         ;(B)←10H
        MUL   AB             ;BCD 数的高 4 位乘以 10
        MOV   B,A            ;寄过暂存 B
        MOV   A,20H          ;取数
        ANL   A,#0FH         ;屏蔽高 4 位
        ADD   A,B            ;得到结果
        SJMP  $
```

4.9.3　分支程序设计

分支程序就是条件分支程序，即根据不同的条件，执行不同的程序段。在编写分支程序时，关键是如何判断分支的条件。在 80C51 中可以直接用来判断分支条件的指令不多，只有

累加器为 0(或不为 0)、比较条件转移指令 CJNE 等,另外,还提供位条件转移指令,如 JC、JB 等。把这些指令结合在一起使用,就可以完成各种各样的条件判断,如正负判断、溢出判断、大小判断等。

【例 4.18】 设变量 X 存放于 VAR 单元,函数值 Y 存放在 FUNC 单元。试按照下式的要求给 Y 赋值。

$$Y=\begin{cases}1 & X>0\\ 0 & X=0\\ -1 & X<0\end{cases}$$

解　X 是有符号数,因此可以根据符号位来决定其正负,判别符号位是 0 还是 1 则可利用 JB 或 JNB 指令。而判别 X 是否等于 0 则可以直接使用累加器判零指令。两种指令结合使用就可以实现本题的要求。流程图如图 4.13 所示。

```
        ORG   1000H
VAR:    DATA  30H
FUNC:   DATA  31H
        MOV   A,VAR              ;取出 X
        JZ    COMP               ;X = 0 则转移到 COMP
        JNB   ACC.7,POSI         ;X>0 则转移到 POSI
        MOV   A,#0FFH            ;X<0 则转移到 Y = -1
        SJMP  COMP
POSI:   MOV   A,#1               ;X>0 则 Y = 1
COMP:   MOV   FUNC,A             ;存函数值
        SJMP  $
```


【例 4.19】 128 分支程序。根据 R3 的值(00H～7FH),分支到 128 个不同的分支入口。

解　入口:(R3)=转移目的地址的序号 00H～7FH;

出口:转移到相应子程序入口。

程序框图如图 4.14 所示。

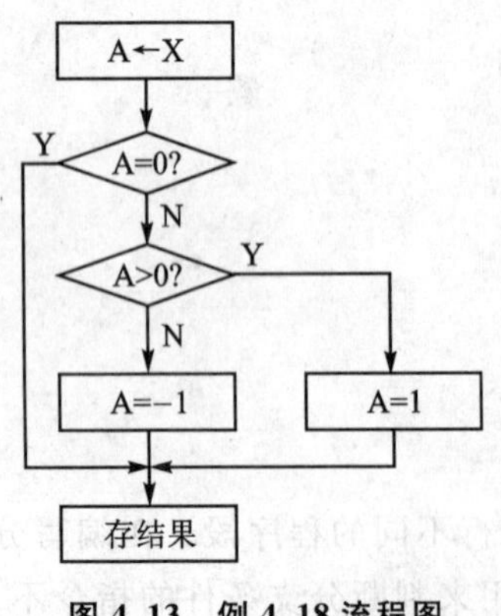

图 4.13　例 4.18 流程图

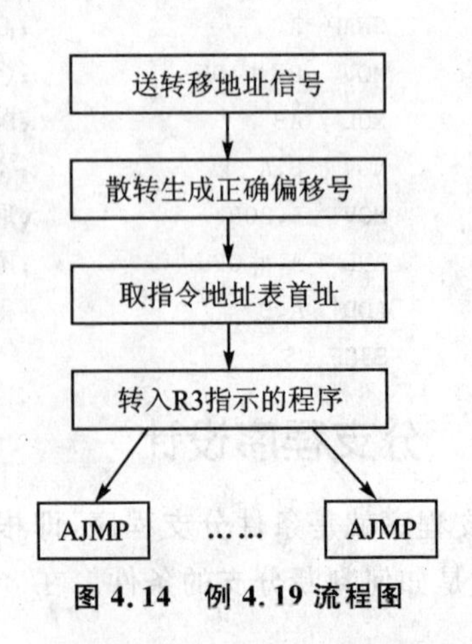

图 4.14　例 4.19 流程图

参考程序如下：

```
        MOV   A,R3
        RL    A                  ;(A)←A×2
        MOV   DPTR,#JMPTAB
        JMP   @A+DPTR
JMPTAB: AJMP  ROUT00             ;128 个子程序首地址
        AJMP  ROUT01
          ⋮
        AJMP  ROUT127
```

此程序要求 128 个转移目的地址（ROUT00～ROUT127）必须驻留在与绝对转移指令 AJMP 同一个 2 KB 存储区内，RL 指令对变址部分乘以 2 是由于每条 AJMP 指令占 2 字节。如改用 LJMP 指令，目的地址可以任意安排在 64 KB 程序存储器空间内，但程序应作较大的修改。

4.9.4 循环程序设计

在处理实际事务时，有时会遇到多次重复某些指令，这时可用循环程序的方法来解决。循环结构的程序可以缩短源代码，减小程序所占的内存空间。重复次数越多，循环程序的优越性越明显。但是并不能节省程序执行的时间。

循环程序一般由 4 部分组成：

① 置循环初值。即设置循环过程中有关工作单元的初始值，如置循环次数、地址指针及工作单元清零等。

② 循环体。即循环的工作部分，完成主要的计算或操作任务，是重复执行的程序段。这部分程序应特别注意，因为它要重复执行许多次，若能少写一条指令，实际上就是少执行某条指令若干次，因此，应注意优化程序。

③ 循环修改。每循环一次，就要修改循环次数、数据及地址指针等。循环程序必须在一定条件下结束，否则就会变成死循环，永远不会停止执行（除非强制停止）。因此，每循环一次就要注意是否需要修改达到循环结束的条件，以便在一定情况下，能结束循环。

④ 循环控制。根据循环结束条件，判断是否结束循环。

如果在循环程序的循环体中不再包含循环程序，即为单重循环程序。如果在循环体中还包含有循环程序，那么这种现象就称为循环嵌套，这样的程序就称为二重循环程序或三重以至多重循环程序。在多重循环程序中，只允许外重循环嵌套内重循环程序，而不允许循环体互相交叉，也不允许从循环程序的外部跳入循环程序的内部。

循环程序结构有两种组织形式，见图 4.15 所示。

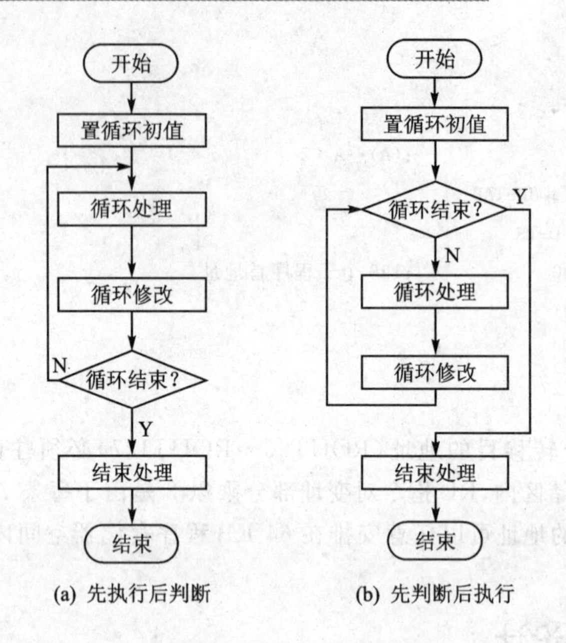

图 4.15 循环程序结构图

图 4.15(a)结构是"先执行后判断",适用于循环次数已知的情况。其特点是:一进入循环,先执行循环处理部分,然后根据循环次数判断是否结束循环。

图 4-15(b)结构是"先判断后执行",适用于循环次数未知的情况。其特点是:将循环控制部分放在循环的入口处,先根据循环控制条件判断是否结束循环,若不结束,则执行循环操作;若结束,则退出循环。

【例 4.20】 在外部 RAM 2000H 单元开始存放有 20 个无符号数,找出其最大值,把它放在内部 RAM 30H 单元中。

解 这是一个循环次数已知的循环程序的问题,通过两两比较可以找出其中的最大值。

根据以上分析,给出程序的流程图,如图 4.16 所示。源程序如下:

```
        ORG   1000H
MAIN:   MOV   DPTR,# 2000H
        MOV   R7,#20
        MOV   R5,#00H
LOOP:   MOVX  A,@DPTR
        CLR   C
        SUBB  A,R5
        JC    NEXT
        MOVX  A,@DPTR
        MOV   R5,A
```

```
NEXT: INC   DPTR
      DJNZ  R7,LOOP
      MOV   30H,R5
      END
```

【例4.21】 编写无符号数排序程序。假设在片内RAM中，起始地址为40H的10个单元中存放有10个无符号数。试进行升序排序。

解 数据排序常用方法是冒泡排序法。这种方法的过程类似水中气泡上浮，故称冒泡法。执行时从前向后进行相邻数的比较，如数据的大小次序与要求的顺序不符就将这两个数互换，否则不互换。对于升序排序，通过这种相邻数的互换，使小数向前移动，大数向后移动；从前向后进行一次冒泡(相邻数的互换)，就会把最大的数换到最后；再进行一次冒泡，就会把次大的数排在倒数第二的位置。依此类推，完成由小到大的排序。

编程中选用R7做比较次数计数器，初始值为09H，位地址00H作为冒泡过程中是否有数据互换的标志位，若(00H)＝0，表明无互换发生，已排序完毕。(00H)＝1，表明有互换发生。流程图如图4.17所示。

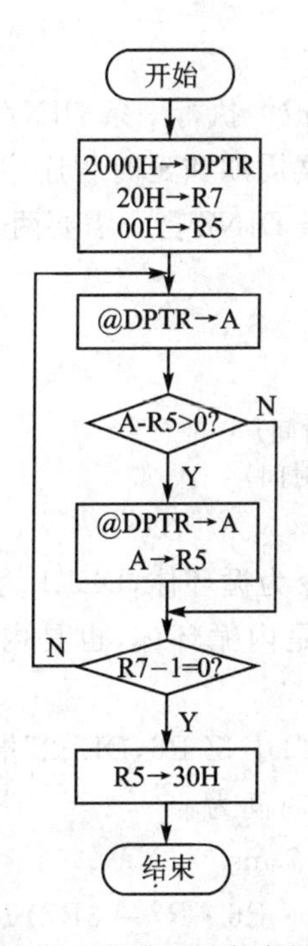

图4.16 单循环程序流程图

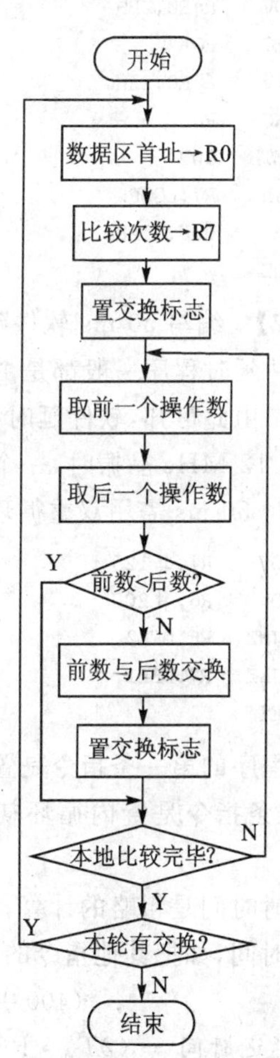

图4.17 冒泡法排序程序流程图

程序如下：

```
        ORG    4000H
START:  MOV    R0,#40H          ;数据区首址送 R0
        MOV    R7,#09H          ;各次冒泡比较次数送 R7
        CLR    00H              ;互换标志位清零
LOOP:   MOV    A,@R0            ;取前数送 A 中
        MOV    2BH,A            ;暂存到 2BH 单元中
        INC    R0               ;修改地址指针
        MOV    2AH,@R0          ;取后数暂存到 2AH 单元中
        CLR    C                ;清 CY
        SUBS   A,@R0            ;前数减后数
        JC     NEXT             ;前数小于后数,则转(不互换)
        MOV    @R0,2BH          ;前数大于后数,两数交换
        DEC    R0
        MOV    @R0,2AH
        INC    R0               ;地址加 1,准备下一次比较
        SETB   00H              ;置互换标志
NEXT:   DJNZ   R7,LOOP          ;未比较完,进行下一次比较
        JB     00H,START        ;有交换,表示未排完序,进行下一轮冒泡
        END                     ;无交换,表示已排好序,结束
```


【例 4.22】 编写 50 ms 软件延时程序。

解 软件延时程序一般都是由“DJNZ Rn，rel”指令构成。执行一条 DJNZ 指令需要两个机器周期。由此可知,软件延时程序的延时时间主要与机器周期和延时程序中的循环次数有关,在使用 12 MHz 晶振时,一个机器周期为 1 μs,执行一条 DJNZ 指令需要两个机器周期,即 2 μs。延时 50 ms 需用双重循环,源程序如下：

```
DEL:   MOV   R7,#125        ;执行时需 1 个机器周期
DEL1:  MOV   R6,#200
DEL2:  DJNZ  R6,DEL2        ;200×2 μs = 400 μs(内循环时间)
       DJNZ  R7,DEL1        ;0.4 ms×125 = 50 ms(外循环时间)
       RET
```

该延时程序的第一条指令是置外循环的初值,下面的指令为循环体,DEL1 为外循环的控制部分;第二条指令是置内循环初值,“DJNZ R6,DEL2”既是内循环体,也是内循环的控制部分。

以上延时时间是粗略的计算,不太精确,它没有考虑到除“DJNZ R6,DEL2”指令外的其他指令的执行时间,如把其他指令的执行时间计算在内,其延时时间为

$$(400+1+2)\times 125+2=50.377\ \text{ms}$$

$$\text{延迟时间}=(2T_{\rm M}\cdot \text{R6}+3T_{\rm M})\text{R7}+1\cdot T_{\rm M}\approx(2\cdot \text{R6}\cdot \text{R7}+3\text{R7})T_{\rm M}$$

式中 $T_{\rm M}$ 为机器周期。

4.9.5 查表程序设计

程序设计中,有时会遇到比较复杂的运算或转换过程,直接编程的困难较大,采用查表的方法是解决这种问题的有效途径。在 80C51 中查表时的数据表格是存放在程序 ROM 而不是数据 RAM 中,在编程时可以很方便地通过 DB 伪指令把表格的内容存入 ROM。用于查表的指令有两条:

```
MOVC  A,@A + DPTR
MOVC  A,@A + PC
```

使用 DPTR 作为基地址查表比较简单,可通过 3 步操作来完成:

① 将所查表格的首地址存入 DPTR 数据指针寄存器;

② 将所查表的项数(即在表中的位置是第几项)送到累加器 A;

③ 执行查表指令"MOVC　A,@A+DPTR",进行读数,查表的结果送回累加器 A。

若用 PC 内容作为基地址来查表,所需操作有所不同,但也可以分为 3 步:

① 将所查表的项数(即在表中是第几项)送到累加器 A,在"MOVC　A,@A+PC"指令之前先写上一条"ADD　A,#data"指令,data 的值待定;

② 计算"MOVC　A,@A 十 PC"指令执行后的地址到所查表的首地址之间的距离,即算出这两个地址之间其他指令所占的字节数,把这个结果作为 A 的调整量取代加法指令中的 data 值。

③ 执行查表指令"MOVC　A,@A+PC"进行查表,查表结果送到累加器 A。

在用 DPTR 作为基址进行查表时,可以通过传送指令让 DPTR 的值和表的首地址一致。但在用 PC 作为基址时,却不大可能做到这一点,因为 PC 的值是由"MOVC　A,@A+PC"指令所在的地址加 1 以后的值所决定的,因此,必须要作上面步骤中规定的地址调整。用程序计数器 PC 作为基址虽然稍为麻烦一些,但是可以不占用 DPTR 寄存器,所以仍是常用的一种查表方法。

【例 4.23】 计算 $y=x^2$,设 x 为小于 10 的非负整数,存放在内部 RAM 20H 单元中,结果保存在内部 RAM 21H 单元中。

解　计算平方运算,可采用乘法实现,也可采用查表的方法实现,本例采用查表程序设计。源程序如下:

```
        ORG   1000H
SQR:    MOV   DPTR,#TAB
        MOV   A,20H
        MOVC  A,@A + DPTR
        MOV   21H,A
        RET
```

```
TAB:    DB      0,1,4,9, 16
        DB      25,36,49,64,81
        END
```

【例4.24】 设有一巡回检测报警装置，需对16路输入进行控制，每路有一个最大允许值，为双字节数。控制时需根据测量的路数，找出该路的最大允许值。看输入值是否大于最大值，若大于即报警。

解 下面根据这个要求，编制一个查表程序。

取路数为$x(0\leqslant x\leqslant 15)$，$y$为最大允许值，放在表格中。进入查表程序前，路数放在R2中，查表后最大允许值放在R3R4中，程序如下：

```
        ORG     1000H
TB1:    MOV     A,R2
        ADD     A,R2
        MOV     R3,A
        ADD     A,#6                    ;加偏移量
        MOVC    A,@A+PC
        XCH     A,R3
        ADD     A,#3
        MOVC    A,@A+PC
        MOV     R4,A
        RET
TAB:    DW      1520,3721,42645,7850
        DW      3483,32657,886,9943
        DW      890,6654,12345,4168
        DW      9900,2345,6543,7896
        END
```

4.9.6 子程序设计

在一个程序中，往往有许多地方需要执行同样的操作，但又不能用循环程序来实现。这时我们可以把这个操作单独编成一个独立的程序段，这个独立的程序段称为子程序。

子程序放在程序存储器的特定区域，执行时由主程序来调用它。子程序是构成单片机应用程序必不可少的部分。

子程序调用，就是暂时中断主程序的执行，而转到子程序的入口地址去执行子程序，执行完毕后，自动返回主程序，主程序再继续向下执行。80C51单片机指令系统提供了两条子程序调用指令“ACALL　addr11”和“LCALL　addr16”。指令中的地址为子程序的入口地址，在实际的程序中通常用标号来代表。在主程序调用子程序时，只需执行调用指令，单片机即可先

将当前的PC值压入堆栈，然后将PC值修改为指令中标号所代表的地址，从而实现了子程序的调用。子程序中应该有返回指令RET或RETI，以确保子程序能够正确返回。执行RET指令时单片机将原来存在堆栈中的断点送回PC，保证了子程序返回主程序中调用的地方继续执行。由此可见，子程序从子程序标号开始，到RET或RETI指令结束。

子程序的设计应注意以下两个问题：

(1) 现场保护与恢复

调用子程序后，CPU处理权转到了子程序，在转子程序前，CPU有关寄存器和内存有关单元是主程序的现场，若这个现场信息还有用处，那么在调用子程序前要设法保护这个现场。保护现场的方式很多，多数情况是在调用子程序后由子程序前部操作完成现场保护，再由子程序后部操作完成恢复。现场信息可以压栈或传送到不被占用的存储单元，也可以避开这些有用的寄存器或单元，达到保护现场的目的。

恢复现场是保护现场的逆操作。当用堆栈保护现场时，还应注意恢复现场的顺序不能搞错，否则不能正确地恢复主程序的现场。

(2) 参数的传递

参数传递是指主程序与子程序之何相关信息或数据的传递。在调用子程序时，主程序应先把有关参数(常称为入口参数)放到某些约定的位置，如寄存器、A累加器或堆栈等，子程序在运行时，从约定的位置得到有关参数。同样，子程序在运行结束前，也应把运行结果(常称为出口参数)送到约定位置，在返回主程序后，主程序可以从这些地方得到所需的结果，这就是所谓的参数传递。

【例4.25】 用程序实现 $c=a^2+b^2$。设 a、b、c 存于内部RAM的3个单元30H、31H、32H。

解 用子程序来实现，即通过两次调用查平方表子程序来得到 a^2 和 b^2，并在主程序中完成相加。平方表子程序的入口参数和出口参数都是A。

```
        ORG   1000H
        MOV   A,30H                    ;取第一个操作数
        ACALL SQR                      ;第一次调用
        MOV   R1,A                     ;暂存 a² 于 R1
        MOV   A,31H                    ;取第二个操作数
        ACALL SQR                      ;再次调用
        ADD   A,R1                     ;完成 a² + b²
        MOV   32H,A                    ;存结果 c 到 32H 单元
        SJMP  $                        ;暂停
SQR:    INC   A                        ;查表位置调整
        MOVC  A,@A + PC                ;查平方表
        RET
```

```
TAB:   DB    0,1,4,9,16
       DB    25,36,49,64,81
       END
```

【例 4.26】 在 50H 单元存有两位十六进制数。编程将它们分别转换成 ASCII 码，并存入 51H、52H 单元。

解　十六进制数转换成 ASCII 码的过程可采用子程序。

由于 1 字节单元中有两位十六进制数，而子程序的功能是一次只转换 1 位十六进制数，所以 50H 单元中的两位十六进制数要拆开、转换两次；因此，主程序需两次调用子程序，才能完成 1 字节的十六进制数向 ASCII 码的转换。程序如下：

```
       ORG   2100H
       MOV   SP,#3FH                   ;设堆栈指针
       MOV   A,50H                     ;取待转换的数送 A
       ACALL HASC                      ;第一次调用转换子程序
       MOV   51H,A                     ;存转换结果
       MOV   A,50H                     ;重新取待转换的数
       SWAP  A                         ;高 4 位交换到低 4 位上，准备转换高 4 位
       ACALL HASC                      ;再次调用子程序，转换高 4 位
       MOV   52H,A                     ;存转换结果
       SJMP  $                         ;结束
HASC:  ANL   A,#0FH                    ;只保留低 4 位，高 4 位清 0
       ADD   A,#01H                    ;查表位置调整
       MOVC  A,@A+DPTR                 ;查表取 ASCII 码送 A 中
       RET                             ;子程序返回
TAB:   DB    30H,31H,32H,33H,34H,35H,36H,37H
       DB    38H,39H,41H,42H,43H,44H,45H,46H
       END
```

子程序在此采用的是查表法，查表法只需把转换结果按序编成表连续存放在 ROM 中，用查表指令即可实现转换，查表法编程方便且程序量小。

本章小结

本章前半部分主要讲述了 80C51 指令的寻址方式以及各指令的格式、功能和使用方法等。指令主要用于进行数据操作，寻址方式是解决如何取得操作数的问题。80C51 共有 7 种寻址方式：寄存器寻址、直接寻址、立即寻址、寄存器间址、变址寻址、相对寻址和位寻址。对于具体指令，要掌握指令的格式和功能以及它们的使用方法，因为指令数目较多，不宜死记硬背，应通过上机练习程序设计时，多了解指令涉及的内容，慢慢就会熟悉，这需要在编程实践上

多下功夫。

后半部分分别介绍了伪指令和汇编语言程序的基本结构：顺序结构、分支结构、循环结构和子程序结构。并通过这几种结构进行了汇编语言编程的举例。通过这些实例，可以看出汇编语言的程序设计方法与其他计算机语言相同，没有特别之处。

本章习题

4.1 单片机的指令有几种表示方法？单片机能够直接执行的是什么指令格式？

4.2 什么叫寻址方式？80C51有几种寻址方式？各自有什么特点？

4.3 指出下列指令的寻址方式及执行的操作：

(1) MOV A,direct

(2) MOV A,#data

(3) MOV A,R1

(4) MOV A,@R1

(5) MOVC A,@A+DPTR

4.4 已知累加器A＝20H，寄存器R0＝30H，内部RAM(20H)＝78H，内部RAM(30H)＝56H，请指出每条指令执行后累加器A内容的变化。

(1) MOV A,#20H

(2) MOV A,20H

(3) MOV A,R0

(4) MOV A,@R0

4.5 编写程序段实现把外部RAM 2000H单元的内容传送到内部RAM 20H中的操作。

4.6 给出交换内部RAM 20H单元和30H单元的内容的所有操作方法。

4.7 说明利用单片机进行24H＋9CH运算后对各标志位的影响。

4.8 编写计算257A126BH＋890FEA7235H的程序段，将结果存入内部RAM 30H～33H单元(30H存低位)。

4.9 编写计算6825H－357BH的结果，并将结果存入40H、41H单元(40H存低位)。

4.10 已知：A＝25H，B＝3FH，指令MUL AB执行后寄存器A、B的值是什么？对各标志位有何影响？

4.11 请写出完成下列操作的指令：

(1) 使累加器A的低4位清0，其余位不变；

(2) 使累加器A的低4位置1，其余位不变；

(3) 使累加器A的低4位取反，其余位不变；

(4) 使累加器A中的内容全部取反；

4.12 用移位指令实现累加器A的内容乘以10的操作。

4.13 分别指出无条件长转移指令、无条件绝对转移指令、无条件相对转移指令和条件转移指令的转移范围是多少?

4.14 将内部RAM 30H开始的4个单元中存放的4字节十六进制数和内部RAM 40H单元开始的4个单元中存放的4字节十六进制数相减,结果存放到40H开始的单元中。

4.15 数据拼拆程序。将一字节内的两个BCD码十进制数拆开并变成相应的ASCII码的程序。

4.16 已知共阴极8段LED数码管的显示数字的字形码如下:

0	1	2	3	4	5	6	7	8	9	A	b	C	d	E	F
3FH	06H	5BH	4FH	66H	6DH	7DH	07H	7FH	6FH	77H	83H	C6H	A1H	86H	8EH

若累加器A中的内容为00H~0FH中的一个数,请利用查表指令得到相应字符的字形码。

4.17 分析下面程序的功能。

```
        X     DATA  30H
        Y     DATA  32H
        MOV   A,X
        JNB   ACC.7,AYU
        CPL   A
        ADD   A,#01H
DAYU:   MOV   Y,A
        SJMP  $
        END
```

4.18 设有100个有符号数,连续存放在外部RAM 1000H地址开始的区域,编程统计其中的正数、负数和0的个数,并分别存放在内部RAM的20H、21H、22H单元中。

4.19 编程,在内部RAM起始地址为40H的20个无符号数中找出最小值,并把它送入30H单元。

4.20 编程采用查表法求1~6的立方子程序。

4.21 求30H单元和31H单元中两个无符号数之差的绝对值,结果放在32H单元中。

4.22 设有两个16位无符号数,分别存放在30H、31H单元和32H、33H单元中,求它们的和,结果保存在34H、35H单元中。(设低位存放在低地址中。)

第5章

80C51单片机的C语言程序设计基础

主要内容 单片机的C语言程序设计中的基础知识。包括C中的常量、关键字、变量、函数，使用C语言控制单片机硬件的注意事项，以及应用C语言直接控制单片机的实例。

教学建议 5.4节C51中关于变量及其存储模式和5.5节中关于中断的函数这两部分作为重点内容介绍，其他部分作为一般性内容介绍。

教学目的 通过本章学习，使学生：

- 了解单片机使用C语言开发的优势；
- 了解单片机的C语言与普通C语言的区别；
- 熟悉C51中关于中断函数与变量的存储类型、存储模式的特殊性；
- 掌握单片机应用中将汇编语言源程序改写成C语言源程序的方法，并能用C语言独立完成实际任务的程序设计。

单片机设计语言有机器语言、汇编语言及高级语言。机器语言是单片机所能识别的语言，是面向机器的语言。不同厂家、不同系列的单片机其指令系统也不同。汇编语言是一种用文字助记符来表示机器指令的符号语言，是最接近机器码的一种语言。其主要优点是利于初学者掌握单片机的硬件资源，占用资源少，程序执行效率高，直接操作机器的硬件，指令的执行速度快，程序容易优化。但是不同的CPU，其汇编语言可能有所差异，所以不易移植，可读性不强，不易于维护。

C语言是一种得到了普遍使用的结构化高级语言。它具有完善的模块化程序结构，从而为软件开发中采用模块化程序设计方法提供了有力的保障。因此，使用C语言进行程序设计已成为系统开发的一个主流。它采用编译型程序设计思路，兼顾了多种高级语言的特点，并具备汇编语言的功能。语言中有功能丰富的库函数，运算速度快，编译效率高，有良好的可移植性，而且可以直接实现对系统硬件的控制，特别适合单片机系统程序的开发。目前已有若干种专为单片机设计的C语言编译器，如美国Franklin软件公司推出的Franklin C51就是专为80C51系列单片机设计的C编译器。

5.1　C51程序设计的基础知识

Franklin C51编译器是标准的Franklin C语言编译器专门为80C51系列的单片机量身定做的一套精简的编译器，这就是通常所说的C51。它为C语言在嵌入式系统上的应用，提供了一种编程的方法和途径。而这种简化的C语言又完全符合Franklin C语言的ANSI标准。

5.1.1　C51的优势及其程序结构特点

标准C语言的语言简练，使用灵活，运算符丰富，表达能力强。C语言共有32个标准关键字，45个标准运算符，9种控制语句。C语言具有丰富的数据结构类型和多种运算符，可以实现复杂数据结构的运算。数据结构丰富、结构化好。C语言以函数作为程序设计的基本单元，其函数相当于汇编语言中的子程序。C语言对于输入/输出的处理也是通过函数来实现的，各种C语言编译器都提供一个包含许多标准函数的函数库，有各种数学函数和输入、输出函数等。C语言还具有自定义函数的功能，用户可以根据自己的需要编制特殊的自定义函数。C语言程序实际上是由许多个函数组成的。因此，C语言程序可以很容易地进行结构化设计。

从标准C语言分支出来的C51除了具有这些特点之外，还具有以下特点：

① 可以直接操作单片机硬件。美国Franklin公司的C51编译器允许C语言的语句直接访问单片机的物理地址，可以直接对80C51单片机的内部特殊功能寄存器和I/O口进行操作，可直接访问片内或片外存储器，还可以进行各种位操作。

② 编程容易。对处理器的指令集不必了解，只要了解80C51单片机的基本结构即可。寄存器的分配以及各种变量和数据的寻址都由编译器完成。

③ 可读性好。选择特定的操作符来操作变量的能力提高了源代码的可读性。

④ 使用标准功能。C运行链接库包含一些标准子程序，如：格式化输出、数字转换、浮点运算。

⑤ 模块化设计。由于程序的模块结构技术，使得现有的程序段可以很容易地包含到新的程序中。ANSI标准的C语言是一种非常方便的，已获得广泛应用的，并在绝大部分系统中都能够很容易得到的语言。程序拥有了正式的结构(由C语言带来的)，并且能被分成多个单独的子函数。这使整个应用系统的结构变得清晰，同时让源代码变得可重复使用。

⑥ 编程效率高。程序开发人员无需花费大量的时间去详细了解机器硬件及其汇编语言的指令系统，只需初步了解80C51单片机的存储器结构和相应控制寄存器即可，编写程序和调试程序的时间得到很大程度的缩短。

⑦ 目标代码质量高，可以同汇编语言媲美。

⑧ 可移植性好。由于C语言将任务的核心定位到程序的算法编写上，而将一些诸如内存地址的操作、变量空间的分配以及单片机资源的利用等一些底层任务交给它的编译器来完成，

或者通过调用系统提供的库函数来实现，这样可以方便地把它的源程序稍加修改，便能快速地移植到另外一个硬件不兼容的单片机系统上。因此，C语言编写的程序很容易从一种单片机硬件环境移植到另一种单片机硬件环境上。因此，在单片机程序设计中C51使用得越来越普遍。现在的单片机开发系统中很多都配置了高级语言，如C语言、BASIC语言及PL/M等。

⑨ 在功能、结构性、可读性、可维护性上有明显的优势，因而易学易用。

⑩ 开发工具齐全，典型的开发工具是Keil Software公司出品的51系列兼容单片机C语言软件开发系统——Keil C51，在这个软件中可以完成编辑、编译、链接、调试、仿真等整个开发流程。它提供了丰富的库函数和功能强大的集成开发调试工具，全Windows界面。另外重要的一点是，只要看一下编译后生成的汇编代码，就能体会到Keil C51生成的目标代码效率非常之高。在开发大型软件时，更能体现高级语言的优势。

关于C51语言程序的具体结构，因其与标准的C程序完全相同，所以这里不作更具体的介绍。

综上所述，用C语言进行单片机程序设计是单片机开发与应用的必然趋势。作为一个技术全面并涉足较大规模系统开发的单片机应用人员，掌握C语言的编程基础和编程思路是必经之路，利用C语言进行80C51单片机的程序开发，是高层开发的一个必然的选择。

5.1.2　C51中的标识符和关键字

1. 标识符

标识符用来标识源程序中某个对象的名字，这些对象可以是语句、数据类型、函数、变量、常量、数组等。

标识符由字符串、数字和下划线等组成。

在建立和定义标识符时，应尽量在满足个人习惯编程风格的基础上，注意以下4点：

① 标识符的长度最长可以达到255个字符，但是实际在C51里只支持标识符的前32位为有效，一般情况下也足够用了。

② 尽量做到见名思义。标识符在命名时应当简单，含义清晰，这样有助于阅读理解程序。

③ 严格区分大小写。C语言是大小写敏感的一种高级语言，如果要定义一个定时器1，可以写做“Timer1”；如果程序中有“TIMER1”，那么这两个是完全不同的标识符。

④ 第一个字符必须是字母或下划线，如“1Timer”是错误的，编译时便会有错误提示。有些编译系统专用的标识符是以下划线开头，所以一般不要以下划线开头命名标识符。

2. 关键字

关键字则是编程语言保留的特殊标识符，具有固定名称和含义，在程序编写中不允许标识符与关键字相同。在Keil μVision2中的关键字除了有ANSI C标准的32个关键字外，根据80C51单片机的特点，又扩展了13个特殊关键字，分别如表5-1和表5-2所列。其实在

Keil μVision2 的文本编辑器中编写 C 程序，系统可以把保留字以不同颜色显示，缺省颜色为天蓝色。

表 5-1 ANSIC 标准关键字

关键字	用 途	说 明
auto	存储种类说明	用以说明自动变量，为缺省值
break	程序语句	退出最内层循环
case	程序语句	switch 语句中的选择项
char	数据类型说明	单字节整型或字符型数据
const	存储类型说明	在程序执行过程中不可更改的常量值
continue	程序语句	转向下一次循环
default	程序语句	switch 语句中的失败选择项
do	程序语句	构成 do…while 循环结构
double	数据类型说明	双精度浮点数
else	程序语句	构成 if…else 选择结构
enum	数据类型说明	枚举
extern	存储种类说明	在其他程序模块中说明了的全局变量
float	数据类型说明	单精度浮点数
for	程序语句	构成 for 循环结构
goto	程序语句	构成 goto 转移结构
if	程序语句	构成 if…else 选择结构
int	数据类型说明	基本整型数据
long	数据类型说明	长整型数据
register	存储种类说明	使用 CPU 内部寄存器的变量
return	程序语句	函数返回
short	数据类型说明	短整型数据
signed	数据类型说明	有符号数据，二进制数据的最高位为符号位
sizeof	运算符	计算表达式或数据类型的字节数
static	存储种类说明	静态变量
struct	数据类型说明	结构类型数据
swicth	程序语句	构成 switch 选择结构

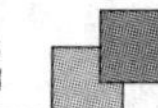

续表 5-1

关键字	用　途	说　明
typedef	数据类型说明	重新进行数据类型定义
union	数据类型说明	联合类型数据
unsigned	数据类型说明	无符号数数据
void	数据类型说明	无类型数据
volatile	数据类型说明	该变量在程序执行中可隐含地改变
while	程序语句	构成 while 和 do…while 循环结构

表 5-2　C51 编译器中能识别的扩展关键字

关键字	用　途	说　明
bit	位标量声明	声明一个位标量或位类型的数据
sbit	特殊功能位标量声明	声明一个可寻址的特殊功能位
sfr	特殊功能寄存器声明	声明一个 8 位特殊功能寄存器
sfr16	特殊功能寄存器声明	声明一个 16 位特殊功能寄存器
data	存储器类型说明	说明一个变量在直接寻址的内部数据存储器
bdata	存储器类型说明	说明一个变量在可位寻址的内部数据存储器
idata	存储器类型说明	间接寻址的内部数据存储器
pdata	存储器类型说明	分页寻址的外部数据存储器
xdata	存储器类型说明	说明一个变量在外部数据存储器
code	存储器类型说明	说明一个变量在程序存储器
interrupt	中断函数说明	定义一个中断函数
reentrant	再入函数说明	定义一个再入函数
using	寄存器组定义	选择 80C51 芯片的工作寄存器组

5.2　C51 中的数据类型

数据类型是指数据的不同格式。在 Keil C51 中能识别的数据类型如表 5-3 中所列。

表 5-3 中列出了 Keil C51 编译器所支持的数据类型。在标准 C 语言中基本的数据类型为 char、int、short、long、float 和 double，而在 C51 编译器中 int 和 short 相同，float 和 double 相同，这里就不一一说明。

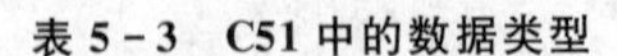
表 5-3　C51 中的数据类型

数据类型	名　称	长　度	值　域
unsigned char	无符号字符	单字节	0～255
signed char	有符号字符	单字节	－128～＋127
unsigned int	无符号整型	双字节	0～65535
signed int	有符号整型	双字节	－32768～＋32767
unsigned long	无符号长整型	4 字节	0～4294967295
signed long	有符号长整型	4 字节	－2147483648～＋2147483647
float	浮点型	4 字节	±1.175494E－38～±3.402823E＋38
*	一般指针	1～3 字节	对象的地址
bit	位型	1 个二进制位	0 或 1
sfr	8 位特殊功能寄存器	单字节	0～255
sfr16	16 位特殊功能寄存器	双字节	0～65535
sbit	可编程的位	1 个二进制位	0 或 1

5.2.1　字符类型 char

char 类型的长度是一字节，通常用于定义处理字符数据的变量或常量。char 类型分无符号字符类型 unsigned char 和有符号字符类型 signed char，默认值为 signed char 类型。unsigned char 类型用字节中所有的位来表示数值，可以表达的数值范围是 0～255。signed char 类型用字节中最高位表示数据的符号，“0”表示正数，“1”表示负数，负数用补码表示，其他位表示数值大小，所能表示的数值范围是－128～＋127。unsigned char 常用于处理 ASCII 字符，或用于处理小于或等于 255 的整型数，这样可以节省存储空间，对于片内存储空间有限的 80C51 单片机来说很有实际意义。

当定义一个变量为特定的数据类型时，在程序使用该变量不应使它的值超过数据类型的值域。例如定义了一个无符号的字符型变量 b，那么它的值域不能赋超出 0～255 的值，如 for(b＝0；b＜256；b＋＋)和 for(b＝0；b＜257；b＋＋)，在编译时是可以通过的，但运行时就会发现后者有问题，因为 b 的值永远都是小于 257 的，所以无法跳出循环，从而造成死循环。

5.2.2　整型 int

int 整型长度为 2 字节，用于存放一个双字节数据。整型的数据类型包括有符号 int 整型数 signed int 和无符号整型数 unsigned int，默认值为 signed int 类型。signed int 表示的数值范围是－32768～＋32767，字节中最高位表示数据的符号，“0”表示正数，“1”表示负数。

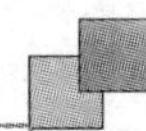

unsigned int 所有位都用来表示数值大小,所以范围是 0～65535。

在实际编程的过程中,为了减少变量在单片机中所占的内存空间,通常情况下,如果数据大小在 0～255 之间,定义成无符号字符型;如果数据都是正数,数值超过了 256,那么可以定义成无符号整型数 unsigned int。

注意: 有时如果 C51 的程序出现延时或循环体次数的错误,都可能是因为字符型和整型的数据类型运用得不恰当,解决的办法是可以把变量的类型由原来的字符型或整型换成另外一种类型。

关于整型和字符型,可以通过下面的程序继续得以区分:

```
main()
{char  i;//char和 int 这里的时间延时是不一样的
P1 = 0x55;
while(1)
    {
        P1 = ～P1;
        for (i = 0;i<1000;i ++ );
    };
}
```

通过这个程序,可以看到变量"i"定义成整型和字符型之后,端口输出的延迟时间是不同的。

5.2.3 长整型 long

long 长整型长度为 4 字节,用于存放一个 4 字节数据。长整型的数据类型包括有符号长整型 signed long 和无符号长整型 unsigned long,默认值为 signed long 类型。signed int 表示的数值范围是－2147483648～＋2147483647,字节中最高位表示数据的符号,"0"表示正数,"1"表示负数。unsigned long 表示的数值范围是 0～4294967295。

5.2.4 浮点型 float

C51 中,float 浮点型占用 4 字节。依次存放数的符号(占用 1 位)、阶码(占用 8 位)、尾码(占用 23 位)在内存中具体的存放格式如下:

字节地址	＋3	＋2	＋1	＋0
浮点数内容格式	S EEEEEEE	E MMMMMMM	MMMMMMMM	MMMMMMMM

其中:

S　代表数的符号位,"1"表示负,"0"表示正。

E　代表阶码,占用8个位,分开放在最高和次高字节中。在这个格式中,如果E项的结果大于127,则将结果减127作为2的指数;若小于127,则用127减结果然后作为2的指数。

M　代表精度为23位的尾数。

例如,浮点数－13.28125＝1101.01001B,用这种浮点数的格式存储为S＝1,E＝3＋127＝130＝82H,M＝10101001B。

字节地址	＋3	＋2	＋1	＋0
浮点数内容格式	1100 0001	0101 0100	1000 0000	0000 0000

从格式中很容易得到浮点数－13.28125对应的形式写成十六进制是：0xC1548000。

注意:一个浮点数应该首先化成与之等效的二进制数,然后表示成1.XXX～X的形式,接下来依次求出S、E、M,分别放入对应的4字节中。

5.2.5　指针型

指针型本身就是一个变量,在其中存放指向另一个数据的地址。该指针变量要占据一定的内存单元,对不同的处理器其长度也不尽相同,在C51中其长度一般为1～3字节。

C51支持一般指针(Generic Pointer)和存储器指针(Memory Specific Pointer)。

1. 一般指针

一般指针的声明和使用均与标准C相同,不过同时还可以说明指针的存储类型,例如：

```
long * state;  //为一个指向long型整数的指针,而state本身则依存储模式存放
```

一般指针本身用3字节存放,分别为存储器类型、高位偏移、低位偏移量。

2. 存储器指针

基于存储器的指针说明时即指定了存储类型,例如：

```
char  data * str;     //str指向data区中char型数据
int   xdata * pow;    //pow指向外部RAM的int型整数
char  * xdata ptr;    //ptr为一个指向char数据的指针,而ptr本身放于外部RAM区
```

这种指针存放时,只需1字节或2字节就够了,因为只须存放指针。

5.2.6　位标量 bit

bit位标量是C51编译器的一种扩充数据类型,利用它可定义一个位标量,但不能定义位

指针，也不能定义位数组。它的值是一个二进制位内容，不是“0”就是“1”，类似一些高级语言中的 Boolean 类型中的 True 和 False。经常用这个数据类型定义一些位变量，用来存储一些单片机的中间位处理结果。

5.2.7　特殊功能寄存器 sfr

sfr 是一种扩充的数据类型，占用一个内存单元，范围是 0～255。利用 sfr 可以访问 80C51 单片机内部的所有特殊功能寄存器，80C51 系列单片机的特殊功能寄存器如表 5-4 所列。

表 5-4　80C51 系列单片机的特殊功能寄存器

符　号	地　址	注　释	符　号	地　址	注　释
* ACC	E0H	累加器	* P3	B0H	端口 3
* B	F0H	乘法寄存器	PCON	87H	电源控制及波特率选择
* PSW	D0H	程序状态字	* SCON	98H	串行口控制器
SP	81H	堆栈指针	SBUF	99H	串行数据缓冲器
DPL	82H	数据存储器指针低 8 位	* TCON	88H	定时器控制
DPH	83H	数据存储器指针高 8 位	TMOD	89H	定时器方式选择
* IE	A8H	中断允许控制寄存器	TL0	8AH	定时器 0 低 8 位
* IP	D8H	中断优先控制寄存器	TL1	8BH	定时器 1 低 8 位
* P0	80H	端口 0	TH0	8CH	定时器 0 高 8 位
* P1	90H	端口 1	TH1	8DH	定时器 1 高 8 位
* P2	A0H	端口 2			

注：带“*”号的特殊功能寄存器都是可以位寻址的寄存器。

例如，用“sfr　P1=0x90;”这条语句定义 P1 为 P1 端口的寄存器，这样在程序中就可以用“P1=0xFF;”(对 P1 端口的所有引脚置高电平)之类的语句，对 P1 端口进行编程控制。具体格式为：

sfr　特殊功能寄存器名=特殊功能寄存器地址常数;

其中的特殊功能寄存器地址常数见表 5-4。

这种数据类型通常用在 C51 的头文件中，用来定义特殊功能寄存器，这样在 C 语言源程序中，就可以直接引用这些特殊功能寄存器了。

5.2.8　16 位特殊功能寄存器 sfr16

用 sfr16 定义的变量占用两个内存单元，变量的范围是 0～65535。sfr16 和 sfr 一样，都是用来定义特殊功能寄存器的，所不同的是，sfr16 定义的变量占用 2 字节的寄存器空间。具体格式为：

sfr16　特殊功能寄存器名＝特殊功能寄存器地址常数；

5.2.9　特殊功能位 sbit

sbit 是 C51 中的一种扩充的数据类型，利用 sbit 可以访问单片机中可位寻址的空间。经常用这种数据类型定义单片机某些 I/O 引脚，以完成对单片机的 I/O 控制。如：为了判断单个按键，定义“sbit　key＝P1^0；”，这样在以后的程序 if(key)语句中，就可以直接用 key 对 P1 端口的 P1.0 引脚进行直接操作了。

这类似于在汇编语言中使用 SETB 和 CLR 等位操作指令，直接对可编程的位进行操作一样。

5.3　C51 中的常量

常量是在程序执行过程中其值不能改变的量。

5.3.1　整型常量

整型常量可以用十进制、十六进制、八进制来表示，但不能直接用二进制来表示。其中八进制用 0 开头，十六进制则以 0x 开头，而默认的格式是十进制数。例如一个十进制数 100，如果表示成十六进制是 0x64，表示成八进制就应该写成 0144，而在 C51 中不能直接处理二进制常量。

5.3.2　浮点型常量

浮点型常量可分为十进制基本型和指数标准形式。十进制基本型是由数字和小数点组成，如 0.888、3345.345、0.0 等，整数或小数部分为 0，可以省略但必须有小数点。指数表示形式为

[±]数字[.数字]e[±]数字

其中，[]中的内容为可选项，其中内容根据具体情况可有可无，但其余部分必须有，如 125e3、7e9、−3.0e−3。

5.3.3　字符型常量

字符型常量就是单引号内的字符，如'a'、'd'等。不可以显示的控制字符，可以在该字符前面加一个反斜杠“\”，组成专用转义字符，进而使之显示。常用转义字符表如表 5－5 所列。

表5-5　常用转义字符

转义字符	含　义	ASCII码(十六/十进制)	转义字符	含　义	ASCII码(十六/十进制)
\o	空字符(NULL)	00H/0	\f	换页符(FF)	0CH/12
\n	换行符(LF)	0AH/10	\'	单引号	27H/39
\r	回车符(CR)	0DH/13	\"	双引号	22H/34
\t	水平制表符(HT)	09H/9	\\	反斜杠	5CH/92
\b	退格符(BS)	08H/8			

5.3.4　字符串型常量

字符串型常量是由双引号内的字符组成。如"test"、"OK"等，都属于字符串类型的常量。当引号内没有字符时，为空字符串。在C中字符串常量是作为字符类型数组来处理的，在存储字符串时系统会在字符串尾部加上“\o”转义字符，以作为该字符串的结束符。字符串常量"A"和字符常量'A'是不同的，前者在存储时占用2字节的空间，而后者只占用1字节的空间。

5.3.5　位标量

位标量的值是一个二进制数。C51在原来C语言整型、浮点型、字符型、字符串型的基础之上，又另外扩展了一种新的常量，即位标量。

位标量是用关键字“bit”来定义的，是一个二进制位。一个函数中可以包含bit类型的参数，函数的返回值也可以为bit型。这种位标量的作用，是定义一个标量，用来表示某个二进制位的值，这在能直接进行位操作的80C51来说，很有实用价值。它的语法结构是：

bit　标量名；

例如：

```
bit flag;  /*定义一个位标量flag,作为程序中的一个标志位*/
```

最后在使用bit定义位标量的时候，要注意，不能用它来定义位指针，也不能用它来定义位数组。bit和sbit的主要区别是，bit定义的是一个标量，而sbit则是将一个已知的位重命名。

5.3.6　常量的定义

常量的定义最常使用的方式有以下两种，分别加以说明。

1. 用宏定义语句

```
#define False 0x0        //用预定义语句可以定义常量
#define True 0x1         //定义False为0,True为1
//在程序中用到False编译时自动用0替换,同理True替换为1
```

2. 用赋值语句

```
unsigned int code a = 100;  //用 code 把 a 定义在程序存储器中并赋值,因为程序存储器只读的特性,
                            //所以 a 在程序执行的过程中值始终都是 100,不允许修改,这样 a 也相
                            //当于一个常量
const unsigned int c = 100; //用 const 定义 c 为无符号 int 常量并赋值
```

以上两句的值都保存在程序存储器中,而程序存储器在运行中是不允许被修改的,所以如果编程的时候,在这两句后面用了类似"a=110,c++"这样的赋值语句,编译时将会出错。

5.4 C51中的变量及其存储模式

5.4.1 C51中的变量

变量是在程序执行过程中其值可以变化的量。变量的值可能因为程序执行不同的语句,而有不同的结果,也可能由硬件的动作状态所制约。

要在程序中使用变量必须先用标识符作为变量名,并指出所用的数据类型和存储模式,这样编译系统才能为变量分配相应的存储空间。

定义一个变量的格式如下:

[存储种类] 数据类型 [存储器类型] 变量名表

在定义格式中,除了数据类型和变量名表是必要的之外,其他都是可选的。

其中,存储种类有4种:自动(auto)、外部(extern)、静态(static)和寄存器(register),缺省类型为自动(auto)。

数据类型与前面提到的名种数据类型的定义是一样的。

存储器类型是单片机C51中的重点,作为一个问题单独分析讨论。

5.4.2 C51中存储器类型

说明了一个变量的数据类型后,只能告诉编译系统给这个变量分配多大的存储空间,但是变量对应的存储空间放在哪个存储器区域上,还要通过选择该变量的存储器类型来说明。存储器类型的说明就是指定该变量在单片机存储器系统中所使用的存储区域,以便在编译时能对变量准确地定位。在KEIL μVision2中能识别的存储器类型有code、data、bdata、idata、xdata等。值得注意的是,在AT89C51芯片中,RAM只有低128字节用户可用,位于片内、地址为80H~FFH的高128字节内存空间,只能在52系列单片机芯片中才有实际意义,并与特殊寄存器地址重叠。

KEIL μVision2中给用户提供了3块不同的存储空间：程序存储器空间、片内数据存储器空间、片外数据存储器空间。在不同的存储器空间上，C51中定义了code、data、bdata、idata、xdata等5种存储器类型。如图5.1所示，给出了每块儿存储器空间上分布的相应存储器类型。

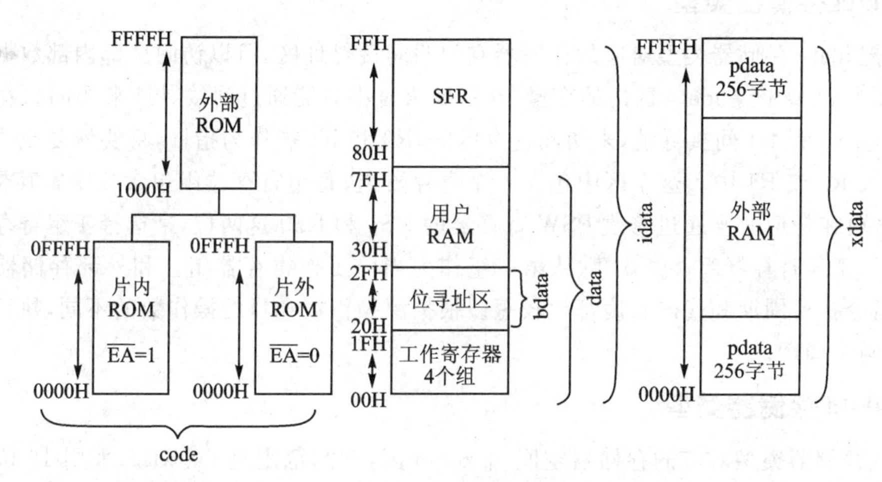

图5.1　80C51单片机内部存储空间对应的存储类型

1. code存储器类型

这种存储器类型对应的空间是程序存储器的整个64 KB范围。因为程序存储器通常是只读的，所以如果将变量定义成这种存储器类型，那么这个变量的值只能访问和引用，不能修改。在这个空间内一般除了存放程序语句的机器码，还可存储各种查寻表。对应汇编语言的程序中，访问这部分存储器空间的指令为：

```
MOVC  A,@A+DPTR
MOVC  A,@A+PC
```

为此，在C51中就应该把相应的变量定义成code存储器类型，以完成与汇编语言同样的功能。

2. data存储器类型

用data存储器类型定义的变量存储在内部低128字节RAM地址空间中。data存储器类型对应的空间主要功能是作为数据区。在这个区内，指令用一个或两个周期来访问数据，是所有区内访问速度最快的一个。通常把使用比较频繁的变量或局部变量存储在data区中。标准变量和用户自定义变量也可以存储在data区中，只要不超过data区的范围就可以，但是必须节省使用data区的空间，因为它的空间毕竟有限的。

3. bdata存储器类型

由bdata存储器类型对应的空间，叫做位寻址区即bdata区。这个区的范围是从片内

RAM地址20H开始到2FH结束，包括16字节，共128个可以寻址的位，每一位都可单独操作。80C51有17条位操作指令，这使得程序控制非常方便，并且可帮助软件代替外部组合逻辑。这样就减少了系统中的模块数。位寻址区的这16字节也可以进行字节寻址。

4. idata存储器类型

通常把idata存储器类型对应的存储器空间叫间接寻址区，可以访问全部内部数据存储器空间，被称为idata区。idata区内的变量，在汇编语言中只能通过间接寻址来访问。在汇编语言中是通过R0和R1间接寻址，来访问这个区的，R0和R1被作为指针，将要恢复或改变字节的地址放入R0或R1中。这个区中包含4个寄存器组，每组寄存器组包含8个寄存器，共32个寄存器，可在任何时候通过修改PSW寄存器的RS1和RS0这两位，来选择4组寄存器的任意一组作为工作寄存器组，80C51默认第一组作为当前工作寄存器组。和外部存储器寻址比较，它的指令执行周期和代码长度都比较短。根据源操作数和目的操作数的不同，执行指令需要一个或两个周期。

5. xdata存储器类型

xdata存储器类型对应的存储器空间叫xdata区，空间范围是64 KB。采用16位地址寻址。这个区主要对应外部RAM或一些I/O接口的地址空间。对xdata区中变量的读/写操作需要至少4个机器周期。使用DPTR、R0或R1作为间接寻址的MOVX汇编语言指令，都可以定义成属于这个区域的变量。其中需要两个机器周期来装入地址，而读/写数据又需要两个机器周期，由此可见访问xdata区中的数据至少需要4个机器周期。因此使用频繁的数据应尽量保存在data区中，而不适合放在xdata区中，而那些需要与外部器件进行数据交换的数据或者希望数据保存在外部存储器中，则应把变量定义成xdata的存储器类型。

5.4.3 C51中存储模式

存储模式决定了变量的默认存储类型。C51提供了3种存储器模式来存储变量。如果省略存储器类型，系统则会按编译模式small、compact或large所规定的默认存储器类型去指定变量的存储区域。无论什么存储模式都可以声明变量在任何的80C51存储区范围，然而把最常用的命令如循环计数器和队列索引放在内部数据区可以显著地提高系统性能。还要指出的是，变量的存储种类与存储器类型是完全无关的。

C51系统的存储模式，可以在源程序中用语句直接定义，也可以在C51的源程序调试集成软件环境中，通过对某个项目文件的选项设置。

1. small存储模式

这是C51默认的一种模式，也叫小模式，在这种模式中，C51把所有函数变量和局部数据段，以及所有参数传递，都放在内部数据存储器data区中，所以在这种存储模式中数据访问非常快，但small存储模式的地址空间受限。在写小型的应用程序时，变量和数据放在data内部数据存储器中是很好的，因为访问速度快，但在较大的应用程序中data区最好只存放小的变量、数据或常用的变量（如循环计数、数据索引），而大的数据则放置在其他存储区域。

2. compact存储模式

又称为压缩的存储模式，在这种模式下，所有的函数、程序变量和局部数据段定位在80C51嵌入式系统的外部数据存储区。外部数据存储区分页访问，每页256字节，最多256页。如果不加说明的变量，将被分配在pdata区中，这种模式将扩充能够使用的RAM数量，对xdata区以外的数据存储仍然是很快的。变量的参数传递将在内部RAM中进行，这样存储速度会比较快。对pdata区的数据寻址方式是通过R0和R1进行间接寻址，比使用DPTR要快一些。

3. large存储模式

也叫大模式，在这种模式中，所有函数和过程的变量和局部数据段，都定位在80C51嵌入式系统的外部数据存储器中，容量最多可支持64 KB，要求使用DPTR数据指针访问数据或定义成xdada的存储器类型。

关于存储模式的设置，要注意以下两点：

① 如果用参数传递和分配再入函数的堆栈，应尽量使用small存储模式。Keil C尽量使用内部寄存器组进行参数传递，在寄存器组中可以传递参数的数量和压缩存储模式一样，再入函数的模拟栈将在xdata中，由于对xdata区数据的访问最慢，所以要仔细考虑变量应存储的位置，使数据的存储速度得到优化。

② 也可以使用混合存储模式。Keil允许使用混合的存储模式，这点在大存储模式中是非常有用的。在大存储器模式下，有些过程对数据传递的速度要求很高，就把过程定义在小存储模式寄存器中，这使得编译器为该过程的局部变量在内部RAM中分配存储空间并保证所有参数都通过内部RAM进行传递。尽管采用混合模式后编译的代码长度不会有很大的改变，但这种努力是值得的，就像能在大模式下把过程声明为小模式一样。像能在小模式下把过程声明为压缩模式或大模式，这一般使用在需要大量存储空间的过程中，这种过程中的局部变量将被存储在外部存储区中。也可以通过过程中的变量声明，把变量分配在xdata段中。

5.5 C51中的函数

C51中的函数声明除了一般函数以外，还对标准的C作了扩展，具体包括中断函数和再入函数。

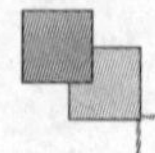

5.5.1 一般函数

一个C语言程序，总是从main()函数开始执行，而不论其在程序的什么位置。当主函数执行完毕时，亦即程序执行完毕。习惯上，将主函数main()放在最前头。包括主函数main()在内的任何函数，都是由函数说明和函数体两部分组成。其一般结构如下：

```
[函数类型] 函数名(函数参数表)/*函数说明部分*/
          {  说明语句部分;
                执行语句部分;/*函数体部分*/
          }
```

其中：

[…]　　表示可选项(即可以指定，也可以缺省)，类型与变量的数据类型相同，表示函数的返回值。

函数说明　由函数类型、函数名和函数参数表3部分组成，其中函数参数表的格式为：
数据类型 形参[,数据类型 形参2…]

函数体　在函数说明部分的下面、大括号(必须配对使用)内的部分，函数体一般由说明语句和执行体两部分构成。

1. 说明语句部分

说明语句部分由变量定义、自定义类型定义、自定义函数说明、局部变量说明等组成。

2. 执行体

执行体一般由若干条可执行语句构成。

还可以强行指定函数的存储模式，主要由small、compact及large来说明，例如：

```
void fun1(void)small{}
```

5.5.2 中断函数

程序设计中使用中断的思路编程，可以提高系统的运行效率。在汇编语言中只要按照中断源入口地址，写入中断程序就可以；在C语言中却不用指定中断程序的地址，但是要定义系统专用的特定函数，即中断函数。

中断函数在一般函数的基础上，增加了两项修订内容，具体的声明格式是：

函数类型　　函数名 interrupt　n　　[using　m]

其中，关键字interrupt后面的n是中断号，n的取值最大范围是0～31。编译器从$8n+3$处，正好是对应中断源的入口地址处产生中断向量，具体的中断号n和中断向量取决于不同的80C51系列单片机芯片。80C51的中断源和中断向量如表5-6所列。

表 5-6　常用的中断源和中断向量

n	中断源	中断向量 8n+3	n	中断源	中断向量 8n+3
0	外部中断源 0	0003H	3	定时器 T1 中断	001BH
1	定时器 T0 中断	000BH	4	串行口中断	0023H
2	外部中断源 1	0013H			

关键字 using 是专门用来选择不同的工作寄存器组。using 后面的 m 是 0～3 这 4 个常数之一，分别对应片内数据存储器的 4 个工作寄存器组。在定义函数时，如果这项省略，则由编译器为函数的运行，选择一个寄存器组。例如：

```
void  serial_ISR()interrupt 4    using 1    /*定义了一个名称是 serial_ISR 没有返回值的串行
                                              口中断函数，使用第二组工作寄存器组，作为函数
                                              运行的临时空间*/
    {
        /*具体的中断程序语句*/
    }
```


定义和使用中断函数，需要注意以下几点：

① 为提高代码的容错能力和系统的抗干扰能力，通常把没用到的中断源，写成下列形式的中断函数。

```
void  xtern0_ISR()interrupt    0{}    /*not used*/
void  timer0_ISR()interrupt    1{}    /*not used*/
void  extern1_ISR()interrupt   2{}    /*not used*/
void  timer1_ISR()interrupt    3{}    /*not used*/
void  serial_ISR()interrupt    4{}    /*not used*/
```

② 中断函数没有返回值，所以在定义中断函数时，将其定义成 void 类型，以明确说明它没有返回值。

③ 中断函数不能进行参数传递。

④ 中断函数在任何情况下，都不能被其他任何函数直接调用。中断函数会根据单片机对应的中断源，产生中断之后自动执行事先写好的这个特殊的函数。

⑤ 在中断函数中可以调用其他非中断函数。但要注意其他非中断函数和中断函数必须使用一个工作寄存器组。

【例 5.1】 已知系统的 $f_{osc}=6$ MHz，利用定时器 T0 定时 10 ms，产生周期是 20 ms 的方波，从 P1.7 输出，利用 C 程序编程控制 T0 以中断的方式实现。

```
#include <reg51.h>           //包含头文件,这样单片机中的特殊功能寄存器,才能直接出现在程序中,
                             //这样就可以实现软件和硬件的结合
main()
{
    TMOD = 0x01;             //定时器 T0 工作于非门控、定时、方式 1
    TH0 = 5000/256;          //根据要求延时 10 ms,计算定时器记录的机器周期数量为 5000 个,
                             //所以定时器高 8 位初值应取出 5000 除以 256 的整数部分
    Tl0 = 5000 % 256;        //定时器低 8 位初值应取出 5000 除以 256 的余数部分
    EA = 1;                  //允许 CPU 响应所有中断源的中断申请
    ET0 = 1;                 //允许 CPU 响应定时器 T0 溢出中断申请
    TR0 = 1;                 //启动定时器开始定时
    while(1);                //主程序死循环等待定时器的时间到中断
}
void timer0() interrupt 1 //定时器 T0 的中断函数,返回值为空,没有指定使用的工作寄存器组,
                             //系统默认选择
{
    TH0 = 5000/256;          //定时器 T0 的初值重新装入
    Tl0 = 5000 % 256;
    P1^7 = !P1^7;            //时间到把 P1.7 引脚原来的状态取反,以满足编程要求的 20 ms 周期
                             //信号输出
}
```


5.5.3　再入函数

再入函数是一种可以在函数体内直接或间接调用其自身的一种函数。多个进程可以同时使用一个再入函数。当一个再入函数被调用运行时,另外的一个进程可能中断此运行过程,然后再次调用此再入函数。通常情况下,C51 函数不能被递归调用,也不能应用导致递归调用的结构。产生这种限制是由于函数参数和局部变量是存储在固定的地址单元中。

在主程序和中断中都可调用的函数,容易产生问题。因为 80C51 单片机和 PC 机不同,PC 机使用堆栈传递参数,且静态变量以外的内部变量都在堆栈中;而 80C51 单片机一般使用寄存器传递参数,内部变量一般在 RAM 中,函数重入时会破坏上次调用的数据。为此可以用以下两种方法解决函数重入:

① 在相应的函数前使用前述"#pragma disable"声明,即只允许主程序或中断之一调用该函数。

Keil C51 编译后将生成一个可再入变量堆栈,然后就可以模拟通过堆栈传递变量的方法。由于一般可再入函数由主程序和中断调用,所以通常中断使用与主程序不同的工作寄存器组。另外,对可再入函数,在相应的函数前面加上开关"#pragma noaregs",以禁止编译器使用绝

对寄存器寻址，可生成不依赖于寄存器组的代码。

② 将该函数说明为可再入的。具体格式如下：

```
void func(param...)reentrant;
```

在 C51 中采用一个扩展的关键字 reentrant，作为定义某个函数的选项，需要将一个函数定义为再入函数时，只要在这个函数名后面加上关键字 reentrant 就可以。因为 80C51 单片机内部堆栈空间的限制，C51 没有像大系统那样使用调用堆栈。一般 C 语言中调用过程时，会把过程的参数和过程中使用的局部变量入栈。为了提高效率，C51 没有提供这种堆栈，而是提供一种压缩栈，即每个过程被给定一个空间，用于存放局部变量，过程中的每个变量都存放在这个空间的固定位置，当递归调用这个过程时，会导致变量被覆盖的后果，在某些实时应用中，非再入函数是不可取的，因为函数调用时，可能会被中断程序中断，而在中断程序中可能再次调用这个函数。所以 C51 允许将函数定义成再入函数，再入函数可被递归调用和多重调用而不用担心变量被覆盖，因为每次函数调用时的局部变量都会被单独保存，主要是这些堆栈是模拟的。再入函数一般都比较大，运行起来也比较慢。模拟栈不允许传递 bit 类型的变量，也不能定义局部位标量。

注意：

- 在一个基本函数的基础上添加 reentrant 说明，从而使它具有重入特性；
- 可以选择哪些必须的函数为再入函数，而不需将全部程序声明为再入函数；
- 把全部程序声明为再入函数将增加目标代码的长度并减慢运行速度。

5.6　C 程序和汇编语言程序的结合

用 C 来编程不是任何问题都能较方便地妥善处理。如处理 BCD 码、循环移位控制位信息连续变化、对时间要求很严格等问题的处理上，用汇编语言编程，就比用 C 语言编程更直接有效，但是又不愿意仅仅因为这么一小部分，就把整个程序都改用汇编来做，这时就必须学会把汇编语言编写的源程序与 C 语言编写的源程序结合起来。

可以用汇编语言编写的源程序段指定到 C 语言源程序中，这将使汇编程序段和 C 程序能够兼容。具体过程如下：

① 设置 Keil C51 中的选项。如果在 C 中嵌入汇编，那么应该在 Keil C51 的某个项目文件“选项”对话框中“Properties”的选项卡上，找到 Generate Assembler SRC File 和 Assemble SRC File 两项，检查是否设为有效。若无效，需要重新设置成有效并将其选中。

② 在 C51 的源程序中直接嵌入汇编代码，只要按照下列格式，将汇编语言源程序指令，嵌入到下列格式中，替换掉汉字部分即可：

```
#pragma   ASM
汇编语言的指令序列
#pragma   ENDASM
```

一定要注意这个格式中关键字的大小写，但是嵌入到这个格式中的汇编指令不用区分大小写。

下面给出一个关于 C 语言中嵌入汇编语言指令，在跑灯控制中的典型应用：

```
#include <reg51.h>          //包含头文件，这样单片机中的特殊功能寄存器，才能直接出现
                            //在程序中，这样就可以实现软件和硬件的结合
main()
{
int  i;
P1 = 0x80;
while(1)
   {
        #pragma    ASM          //从这里开始嵌入汇编
        MOV        A,P1
        RR         A            //用汇编语言逻辑移位指令实现跑灯的循环点亮
        MOV        P1,A
        #pragma    ENDASM       //到这里汇编嵌入结束
        for (i = 0;i<1000;i++); //延时
     }
}
```


5.7　典型设计要求的 C 语言实现方法

这里用一个电子日历的实际例子，来具体介绍怎样用 C51 程序，完成实际任务的设计。例子中用 4 位数码管显示日历中的月份和日期，分别由 4 片 74LS164 连接，受单片机的串行口控制。详细电路原理如图 5.2 所示。

下面是用 C 语言写的源程序：

```
#include <reg51.h>          //包含头文件，这样单片机中的特殊功能寄存器，才能直接出现
                            //在程序中
#include<stdio.h>
char  day,month;            //定义两个整型变量，用来存储日和月
char  tab[10] = {0x3f,0x06,0x5b,0x4f,0x66,0x6d,0x7d,0x07,0x7f,0x6f};  //共阴级数码管的代码
li()
```

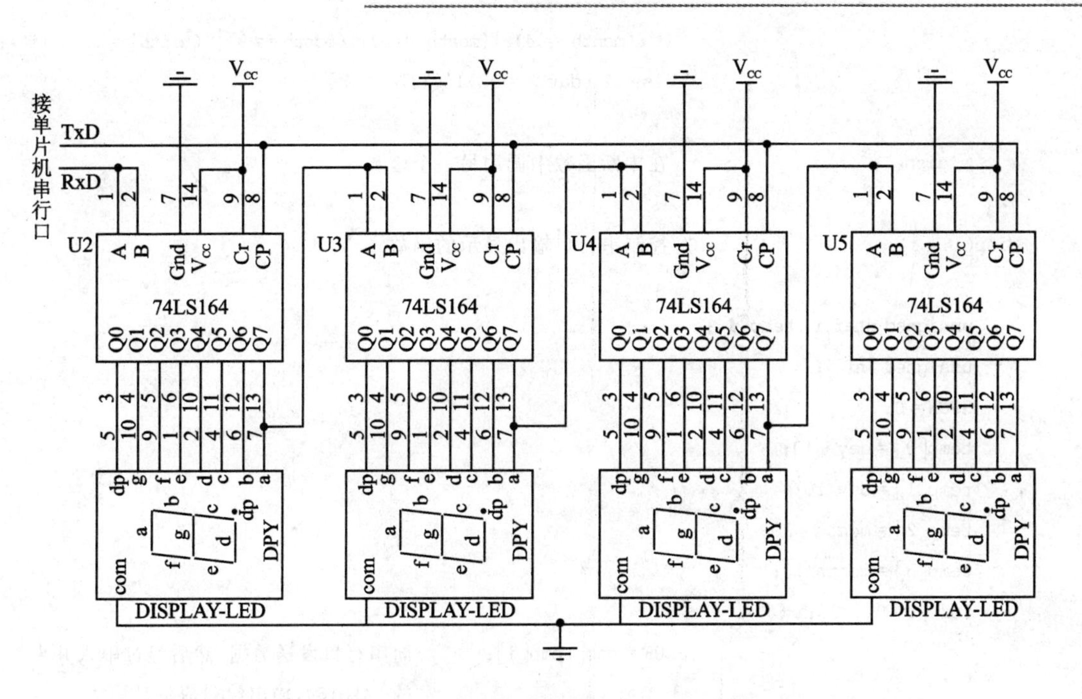

图 5.2　电子日历电路原理图


```
{
    day = 1;
    if(month<12)month = month + 1;
    else month = 1;
    disp();
}
void timer0()   interrupt   1  //定时器 T0 的中断函数,返回值为空,没有指定使用的工作寄存
                               //器组,系统默认选择
{
    TL0 = 0xEF;                //定时器 T0 的初值重新装入,这个初值为了做实验方便选了一个
                               //模拟的数,实际要根据系统主频大小来精确计算这个数
    TH0 = 0xD8;
    day = day + 1;             //假设定时器 T0 产生一次中断代表一天的时间
    if(day> = 29)
    {
      if(month= = 2) li();
        else  if(day> = 31){
```

```
                    if ((month == 4)||(month == 6)||(month == 9)||(month == 11)) li();
                    else if (day> = 32)li();}
                }
    disp();                     //在中断函数中调用另一个函数
}
disp()                          //控制串行口输出显示的函数
{
    unsigned char i, temp[4];
    unsigned int j;
    SCON = 0;
    temp[0] = day % 10;
    temp[1] = day/10;
    temp[2] = month % 10;
    temp[3] = month/10;
    for (i = 0;i<4;i ++){
                SBUF = tab[temp[i]];    //向串行口发送数据,然后经过串入并出
                                        //的 74LS164,输出给对应的数码管
                while (TI! = 1);        //等待串行口数据发送完成
                TI = 0;
            }
    for (j = 0;j<20000;j ++);
}
main()
{
    day = 1;
    month = 1;
    disp();                     //系统初始化时显示 01 月 01 日
    TMOD = 1;                   //设定定时器的工作方式
    TL0 = 0xEF;                 //定时器初始值
    TH0 = 0xD8;
    EA = 1;                     //中断总允许
    ET0 = 1;                    //允许定时器 0 溢出中断
    TR0 = 1;                    //启动定时器 0 开始定时
    while(1);                   //主程序死循环等待定时器溢出中断的产生
}
```

如果单步运行这个程序，可以观察到模拟的电子日历中月份和日期的变化情况。也可以看到中断的产生过程。

5.8　C51程序设计的几点注意事项

1. 在软件编程和调试时尽可能使用small模式编译

对比起large模式和compact模式，small模式能生成更为紧凑的代码。在small模式下，C51编译器将没有使用关键词，如idata、pdata、xdata特殊声明的变量都放在data区域中。

2. 在仿真前做好充分的准备

单片机硬件仿真器，给单片机开发者带来了极大的方便，同时也很容易造成一定的依赖性。很多时候，没有仿真器却能促使工程师写出更高质量的程序。也许在硬件仿真调试之前，下面准备工作将会很有实际意义：

① 程序编完后，对代码仔细逐行检查。检查代码的错误，建立代码检查表，对经常易错的地方进行检查。检查代码是否符合C51的编程规范。

② 对每个子函数进行单独测试。测试的方法：用程序测试程序，编制一个调用该子程序的代码，建立要测试子函数的入口条件，再看看它是否按预期的结果输出。

③ 如果代码有修改，再次对代码进行检查。

④ 如果有可能，进行软件仿真——Keil C的软件仿真功能十分强大。软件仿真可以防止因硬件的错误，如器件损坏、线路断路或短路，而引起调试的错误。

3. 使用库函数

重用代码，尤其是标准库的代码，而不是手工编写的代码。这样更快，更容易，也更安全。Keil C中提供了多个库函数，这些库函数的用法在Keil C的帮助文件中有详细的描述。

4. 使用const

在C语言中，const修饰符表示告诉编译器，此函数将不会改变被修饰变量所指向的任何值（除了强制类型转换）。当把指针作为参数传递时，总是合适地使用const，不仅可以防止，无意中错误的赋值，而且还可以防止，在作为参数将指针传递给函数时，可能会修改了本不想改变的指针所指向对象的值。例如：

```
const  int   num = 7;
num = 9;              /* 可能得到编译器的警告 */
const  char  *ptr;//则表示该指针所指向的内容不会被改变，如果在程序中发生对其赋值的操
                  //作，编译时将出错误提示
const  char  *ptr = "hello";
```

```
*ptr = 'H';           //错误,所指内容不可改变,也可将 const 放在星号后面来声明指针本身不可
                      //改变。如:
char  *const  ptr;
ptr++;                /*错误,指针本身不可改变*/
```

也可同时禁止改变指针和它所引用的内容,其形式如下:

```
const  char  *const  ptr;
```

5. 使用 static

static 是一个能够减少命名冲突的有用工具。将只在一个模块文件中的变量和函数使用 static 修饰,将不会和其他模块,可能具有相同名称的函数和变量,在模块连接时,产生名称冲突。一般来说,只要不是提供给其他模块使用的函数,和非全局变量,均应使用 static 修饰。将子程序中的变量使用 static 修饰时,表示这个变量在程序开始时分配内存,在程序结束时释放,在程序执行期间保持值不变。例如:


```
void func1(void)
{
static int time = 0;
time++
}
void func2(void)
{
static int time = 0;
time++;
}
```

两个子程序中的 time 变量使用 static 修饰,所以它们是静态变量,每调用一次 time 将进行加 1,并保持这个值。它们的功能与下面程序相似:

```
int time1 = 0;
int time2 = 0;
void func1(void)
{
time1++
}
void func2(void)
{
time2++;
}
```

由此可以看出，使用 static 修饰后，模块中的全局变量减少，使得程序更为简单。

6. 不要忽视编译器的警告

编译器给出的警告都是有的放矢，在没有查清引起警告的真正原因之前，不要忽视它。

7. 代码优化

使用 Keil C 编译器，能从 C 程序源代码中产生高度优化的代码，但也可以帮助编译器产生更好的代码，具体可以从以下几个方面考虑：

① 采用短变量。一个提高代码效率的最基本的方式就是，减小变量的长度。使用 C 编程时，习惯上对循环控制变量都愿意使用 int 类型。这对 8 位的单片机来说，是一种极大的浪费。所以应当仔细考虑所声明变量的值可能出现的范围，然后选择合适的变量类型。很明显，经常使用的变量应该是 unsigned char，把它定位在 data 区内，因为它只占用 1 字节，这样访问速度最快而且节省 80C51 片内有限的内存空间。

② 使用无符号类型。为什么要使用无符号类型呢？原因是 80C51 不支持符号运算。程序中也不要使用含有带符号变量的外部代码，除了根据变量长度来选择变量类型之外，还要考虑变量是否会用于负数的场合，如果程序中可以不需要负数，那么把变量都定义成无符号类型的变量可以节省存储空间。

③ 避免使用浮点指针。在 8 位操作系统上使用 32 位浮点数是得不偿失的，这样做会浪费大量的时间。除非迫不得已的时候，或者可以通过提高数值数量级和使用整型运算来消除浮点指针等情况下。

④ 使用位变量。对于某些标志位，应使用位变量而不是 unsigned char。这将节省内存，而不用多浪费 7 位位存储空间，而且位变量在 RAM 中，访问它们只需要一个机器周期。

⑤ 用局部变量代替全局变量。把变量定义成局部变量比全局变量更有效率，编译器为局部变量在内部存储区中分配存储空间，而为全局变量在外部存储区中分配存储空间，这会降低访问速度。另一个避免使用全局变量的原因是，必须在系统的处理过程中调节使用全局变量，因为在中断系统和多任务系统中，不止一个过程会使用全局变量。

⑥ 为变量分配内部存储区。局部变量和全局变量可以把它们定义在需要的存储区中。当把经常使用的变量放在内部 RAM 中时，可使程序的速度得到提高。除此之外，还缩短了代码，因为外部存储区寻址的指令相对要麻烦一些。考虑到存储速度，按下面的顺序使用存储器 data、idata、pdata、xdata，当然需要记得留出足够的堆栈空间。

⑦ 使用特定指针。在程序中使用指针时，应指定指针的类型，确定它们指向哪个区域，是 xdata 区还是 code 区。这样编译器就不必去确定指针所指向的存储区，从而使代码更加紧凑。

⑧ 使用调令。对于一些简单的操作，如变量循环位移，编译器提供了一些调令供用户使用，许多调令直接对应汇编指令。而另外一些比较复杂并兼容 ANSI，所有这些调令都是再入函数，可在任何地方安全地调用它们。只要在程序开始部分加入“＃include＜intrins. h＞”文

件包含语句即可。和单字节循环位移指令“RL A”和“RR A”相对应的调令是_crol_(循环左移)和_cror_(循环右移)。如果若对 int 或 long 类型的变量进行循环位移,指令将更加复杂而且执行的时间会更长。对于 int 类型调令为_irol_,_iror_;对于 long 类型调令为_lrol_,_lror_。在C中也提供了像汇编中 JBC 指令那样的条件跳转指令_testbit_,如果参数位已经置1,则这个函数的返回值是1,否则将返回0。这条指令在检查标志位时十分有用,而且使C的代码更具有可读性,这条指令将在编译之后直接转换成 JBC 指令。

⑨ 使用宏替代函数。对于小段代码,如使能某些电路或从锁存器中读取数据,可通过使用宏来替代函数,使得程序有更好的可读性。可把代码定义在宏中,这样看上去更像函数,编译器在碰到宏时,按照事先定义的代码去替代宏,宏的名字应能够描述宏的操作,当需要改变宏时,只要修改宏定义就可以了。宏能够使得访问多层结构和数组更加容易,可以用宏来替代程序中经常使用的复杂语句,以减少程序录入的工作量,且使程序有更好的可读性和可维护性。

⑩ 合理选择存储器类型。变量数量少、对速度要求高时,使用 data 存储器类型;变量数量多、对速度无特别要求时,使用 xdata 存储器类型;要求变量内容在关机后不丢失、只引用不修改时,使用 code 存储器类型。

⑪ 充分利用运行库。运行库中提供了很多短小精悍的函数,可以很方便地使用它们。值得注意的是,库中有些函数不是再入函数。如果在执行这些函数时被中断,而在中断程序中又调用了该函数,将得到意想不到的结果,而且这种错误很难找出来。表 5-7 列出了非再入型的库函数。使用这些函数时,最好禁止使用这些函数的中断。

表 5-7 非再入型的库函数

gets	atof	atan2	strncat	srand	malloc
printf	atol	cosh	strncmp	cos	realloc
sprinf	atoi	sinh	strncpy	sin	ceil
scanf	exp	tanh	strspn	tan	floor
sscanf	log	calloc	strcspn	acos	modf
memccpy	log10	free	strpbrk	asin	pow
strcat	sqrt	init_mempool	strrpbrk	atan	

有关C语言中的语法结构等知识,可以参考C语言有关的书籍。

本章小结

这一章主要介绍了用 C51 编程的一些基础知识,意在使读者在开发实际任务时能掌握高级语言C51的编程方法。通过C51程序设计的基本知识介绍,使读者了解到这里的C语言和标准的C之间的联系和区别,以便能快速地在原来C语言的知识结构的基础之上灵活运用C51开发嵌入式系统的实际项目。

C51的编译器在ANSI标准的32个关键字(如表5-1)的基础之上,又扩展了如表5-2所列13个特殊关键字。

C51中有data区、bdata区、idata区、xdata区和code区,对应5种存储类型,配合3个存储模式small、compact和large,最后决定变量的存储位置。

这里的中断函数是C51所特有的函数,是C51的一个重点。具体格式是:

函数类型　　函数名(函数参数表)[interrupt　n]　　[using　n]

本章习题

5.1　在C51中,有几种存储类型?分别是什么?有什么作用?它们的名称是什么?什么又是存储模式?有何意义?可以分成哪些模式?

5.2　80C51单片机对应的5个中断源的中断函数应该怎样定义?

5.3　中断函数可否定义成再入函数?

5.4　在定义函数时能否强行指定存储模式?如果能,应怎样把某个函数指定成压缩的存储模式?

5.5　在汇编语言中:

```
MOV     DPTR,#4000H
MOVX    @DPTR,A
```

两条语句想实现什么功能?如果用C语言语句编程也实现同样的功能,应如何编程?

5.6　请把下面这段汇编语言的程序要完成的功能用C语言的程序写出相同的功能。

```
MOV     TL0,#0CEH
MOV     TH0,#0CEH
MOV     TMOD,#02H
SETB    EA
SETB    ET0
SETB    TR0
SJMP    $
```

5.7　在C语言中能不能嵌入汇编语言的语句?如果能,应该怎样实现?

5.8　如果想把单片机片外数据存储器中以地址3000H单元开始的10字节的数据移动到片内30H开始的数据存储器中,试写出C语言的核心程序。

第6章

80C51单片机的程序开发

主要内容 80C51程序的开发流程、源程序的建立、源程序的仿真与调试以及目标程序的ISP写入与运行等。

教学建议 结合前面学过的内容进行实验验证。暂无实验条件的,可采用软件仿真的方式进行。

教学目的 通过本章学习,使学生:

- 了解80C51程序的开发流程;
- 熟悉80C51程序的调试方法。

6.1 80C51单片机的程序开发流程

80C51程序的一般开发流程为:明确设计任务→画出程序流程图→编写程序→汇编或编译成目标程序→仿真调试→写入程序→运行。在前面的内容中我们已讨论了一些程序的设计方法,具备了编写一些不太复杂程序的能力;但要实现程序的真正运行,需要将其从人们的思维中或稿纸上输入到80C51当中。

6.2 80C51单片机程序开发的软硬件平台

要实现上述目的,需要借助一些软件平台和硬件设备。下面就以Keil C51软件以及支持该软件的USB接口仿真器HK-Keil C为例来介绍。

6.2.1 Keil C51软件及其安装

Keil C51是Keil公司开发的、基于Windows的80C51单片机集成开发环境,具有广泛的用户基础,较适合初学者学习使用。它集项目管理、源程序编辑、程序调试于一体,是一个强大的集成开发软件平台。Keil C51的μVision2及以上版本(为方便起见,下文统称为μVisionX)支持Keil的各种80C51工具,包括:C编译器、宏汇编译器、连接/定位器及Object-Hex转换程序,可以帮助用户快速有效地实现嵌入式系统的设计与调试。

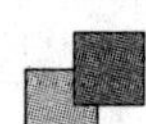

1. Keil C51 对用户的软硬件环境要求

为了取得比较好的运行效果，最低的硬件和软件配置必须满足：

➢ 具有奔腾 II 或兼容的处理器的 PC 机；
➢ 中文 Wondows 2000 或 Windows XP 操作系统；
➢ 内存大于 16 MB；
➢ 20 MB 的硬盘空余空间；
➢ 分辨率为 800×600 以上的显示器。

2. Keil C51 的安装

你可以选择随机赠送的软盘/光盘安装。

① 将带有 Keil 安装软件的光盘放入光驱里，打开 Keil 安装软件的文件夹，双击 Setup 文件夹中 Setup 即开始安装。如果你的微机上已经安装了 Keil 的软件，会提示是否要先把以前的软件卸载，如图 6.1 所示。此时你最好是先卸载掉原有软件，然后再安装本软件。

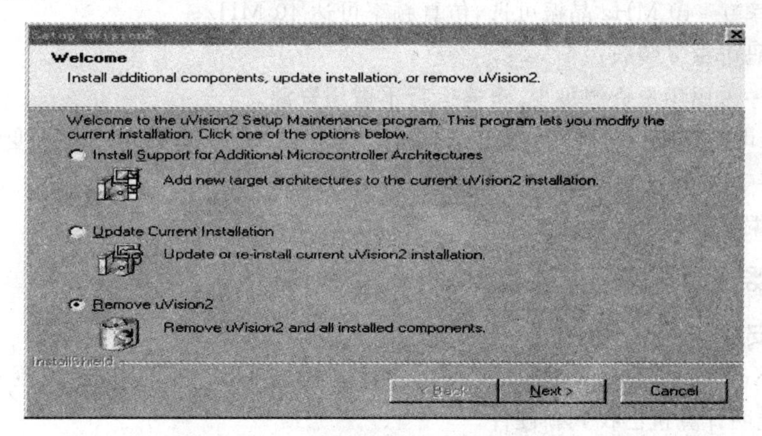

图 6.1　Keil C51 软件安装提示

② 如果你需要把软件安装在 C 盘以外的其他盘上，安装完毕后需要运行一个补丁文件。方法是：先指定一个盘符或路径并进行安装，然后找到已安装目录中的\keil\uv2 文件夹并直接打开，双击其中的 Crackdir 文件或图标，单击“确定”即完成补丁的安装，如图 6.2 所示。

图 6.2　补丁程序的安装

③ 配套实验中所用实验例程在 C：\keil\uv2 中，文件名为“3000TB51 配套实验程序”都是工程文件，直接打开就可以进入调试界面。

需要指出的是，该软件可以独立于仿真器使用；但为了实现硬件调试，往往需要与仿真器配合使用。接下来介绍武汉恒科电教公司生产的 HK－Keil C 仿真器及其应用。

6.2.2　HK－Keil C 仿真器及其安装

1. HK－Keil C 仿真器的特点

支持 Keil C 软件的 HK－Keil C 超级仿真器具有以下特点：

- 采用 USB 接口，连接简单，性价比高；
- 仿真 80C51 内核的单片机；
- 支持 Keil C51 的集成开发仿真环境，63 KB 用户程序空间；
- 完全保留单片机特性，避免仿真正常而实际烧录芯片不正常的问题；
- 仿真频率 0～40 MHz 晶振可选，仿真频率可达 40 MHz；
- 程序代码可重复装载；
- 监控程序占用用户资源极少，全速运行不占用资源。
- 可在 Keil μVisionX 下单步、断点、全速运行，提供可参考变量、RAM 变量、结构变量等，支持 10 个硬件断点；
- 支持汇编、C 语言、混合调试。

2. 仿真器驱动程序的安装步骤

(1) 硬件安装

将 HK－Keil C 仿真器的 USB 接口插入计算机的 USB 接口中，会出现一个界面，如图 6.3 所示，说明计算机已找到新硬件。

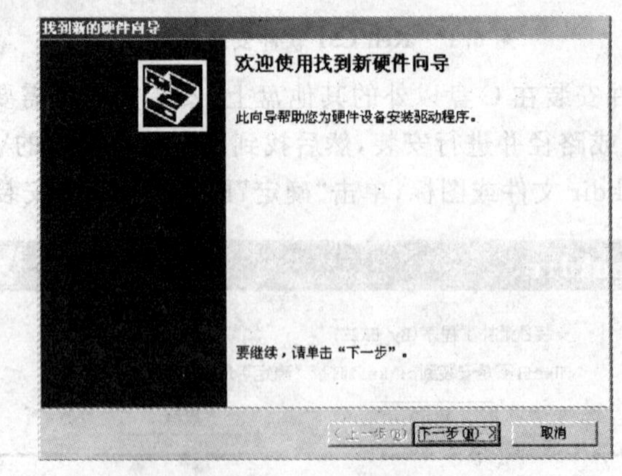

图 6.3　开始安装

(2) 为驱动程序指定位置

单击“下一步”，在弹出的界面中选择“搜索适于我的设备的驱动程序(推荐)”，再单击“下一步”，出现如图 6.4(a)所示的界面。选择“指定一个位置”，单击“下一步”，出现如图 6.4(b)所示的界面。

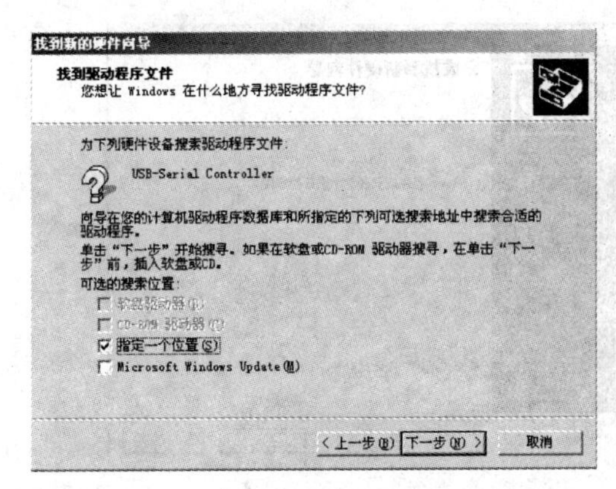

(a) 搜索设备驱动程序

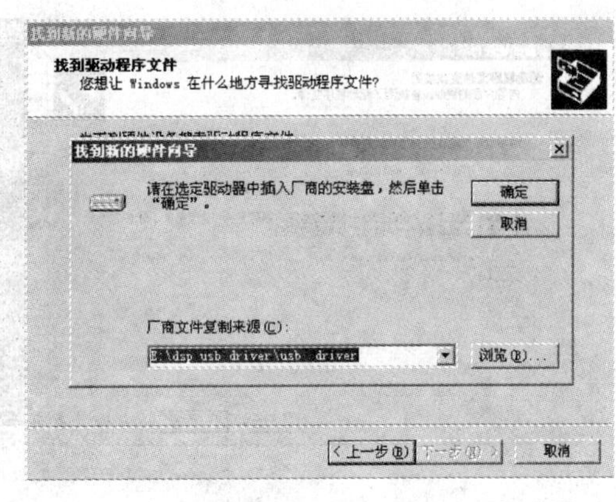

(b) 指定一个位置

图 6.4　寻找驱动程序(1)

单击“浏览”，选定驱动程序的位置(根据驱动程序放的位置不同而选择不同的路径)。如果F盘为光驱，将与实验箱配套的光盘放入光驱，指定路径为 F:\usb 驱动\window，如图 6.5(a)所示。选定路径后单击“确定”，出现如图 6.5(b)所示的界面。单击“打开”，完成驱动程序的指定。

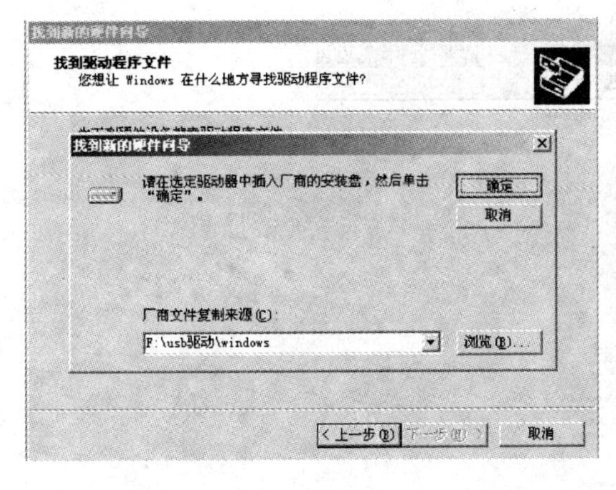

(a) 选择路径

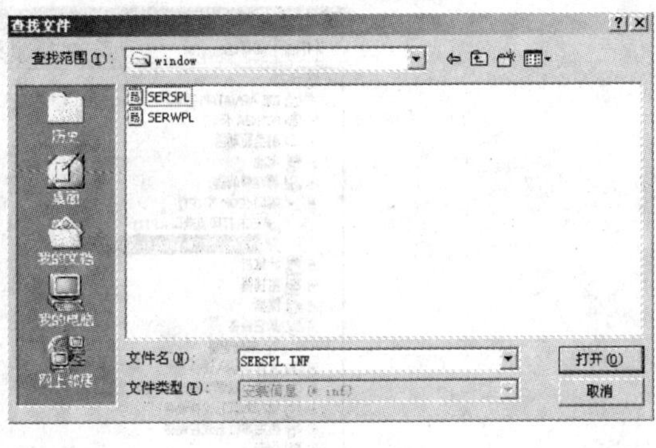

(b) 寻找文件

图 6.5　寻找驱动程序(2)

(3) 完成安装

在图 6.5(b)中单击“打开”后出现如图 6.6(a)所示的界面，表明已找到最新的 USB 设备的驱动程序，开始安装驱动程序所需的信息和文件，单击“下一步”，出现如图 6.6(b)所示的界面；单击“完成”后，USB 设备驱动程序已全部安装完成。

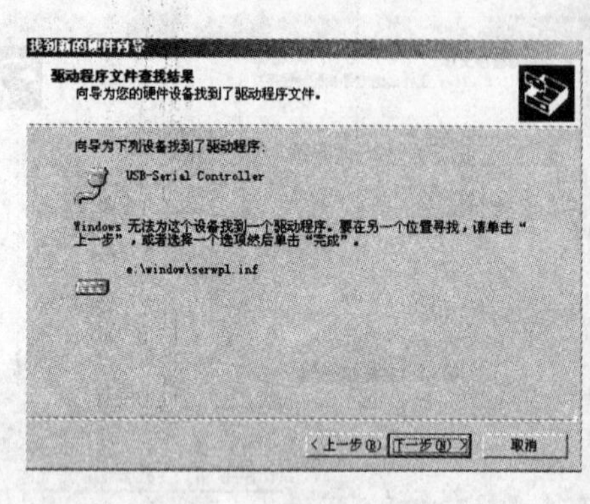

(a) 找到文件

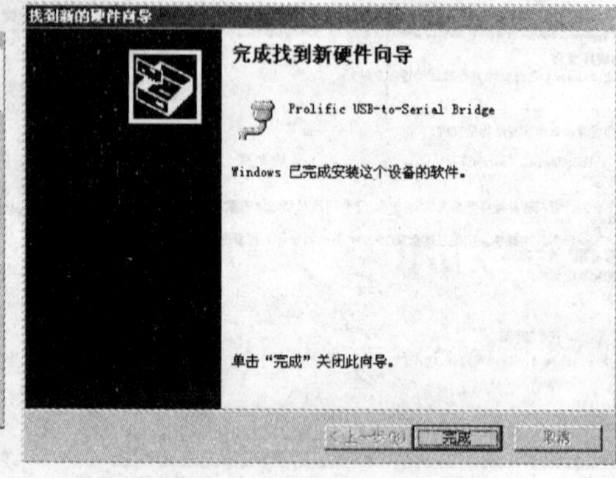

(b) 完成安装

图 6.6　安装驱动程序

3. 查看设备的信息

在桌面上右击“我的电脑”，在弹出的快捷菜单中选择“属性”就出现“系统属性”界面。

在该界面的“硬件”选项卡中，选择“设备管理器”，弹出如图 6.7 所示的窗口。选择“查看”→“依类型排序设备”。再双击“端口(COM 和 LPT)”，可以看到“Prolific USB - to - Serial Bridge (COM3)”(桥控制器)。

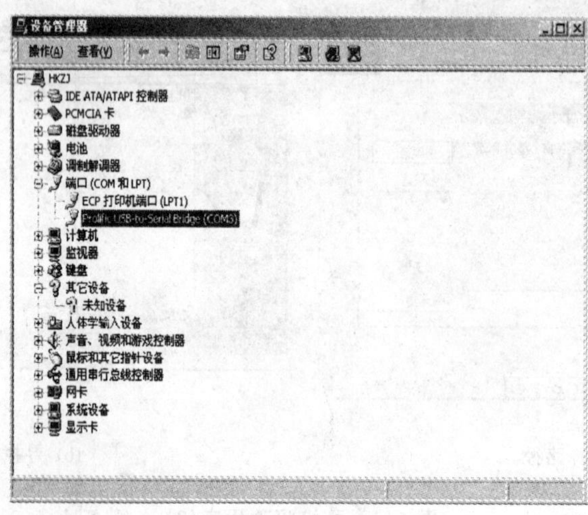

图 6.7　桥控制器

注意：

(1) 其中的"COM3"在通信过程中要与 USB 接口设备的上位机软件中通信口设置一样，否则会出问题。

(2) 不要直接在驱动程序文件夹中单击 setup 来直接安装 USB 设备的驱动程序。

(3) 这是在 Windows2000 系统中的安装过程，与在 Windows 98 和 Windows XP 中的安装步骤差不多。

6.3　80C51 程序的开发

Keil C51 集成开发环境是使用工程方法来管理文件的，而不是单一文件的模式。所有的文件包括源程序(C 程序、汇编程序)、头文件、甚至说明性的技术文档都可以放在工程项目文件里面统一管理。在使用 Keil C51 之前，你应该习惯这种工程的管理方式，对于刚刚使用 Keil C51 的用户来讲，一般可以按照下面的步骤来创建一个自己的 Keil C51 应用程序。

- 建一个项目文件；
- 选择一个目标器件；
- 创建源程序文件并输入程序代码，然后保存；
- 把源文件添加到项目中；
- 为工程项目设置软硬件调试环境；
- 编译项目文件；
- 硬件或者软件调试。

6.3.1　Keil μVisionX 的启动

可以采用以下方式启动：在桌面上选择"开始"→"程序"→"Keil μVisionX"，或者直接在桌面上双击 Keil C 的快捷方式图标，出现如图 6.8 所示界面。

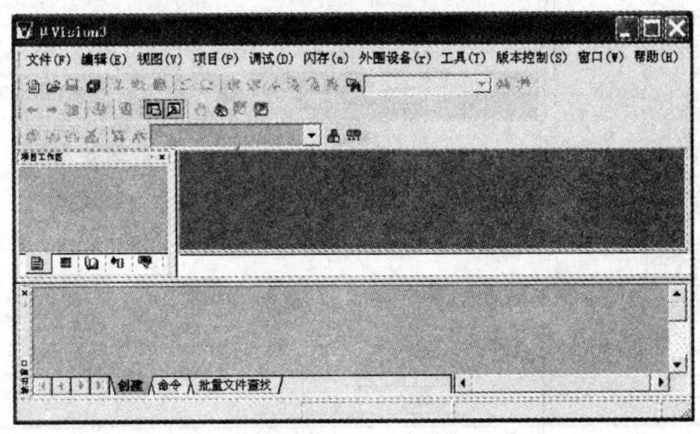

图 6.8　Keil μVision 启动后的窗口

从上到下依次为：标题栏、菜单栏、工具栏以及工作区等。工作区包括左上角的项目工作区、左下角的输出窗口以及文本编辑区。此时，可以建立并调试程序了。

6.3.2　建立并调试用户程序

1. 新建一个项目文件

在 Keil μVision 主界面中，单击菜单栏“项目”→“新项目”，打开如图 6.9 所示对话框，准备开始建立自己的项目。

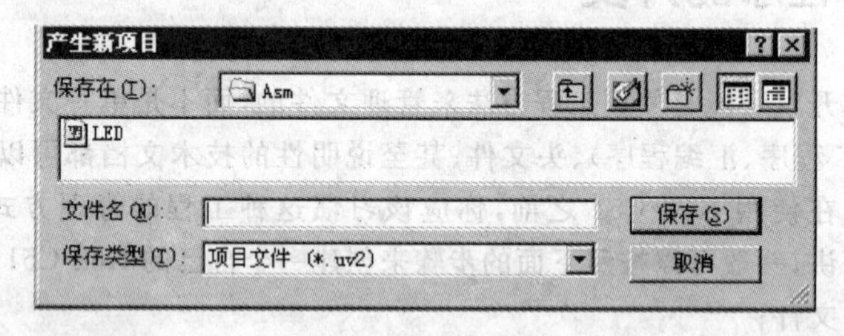

图 6.9　保存工程文件

在该对话框中输入工程文件名称，扩展名为 *.uv2，并选择保存工程文件的目录。

2. 选择一个目标器件

接下来弹出如图 6.10 所示的对话框，用来为项目文件选择一个目标器件，例如选定 AT89C51(Atmel 公司生产的 80C51 兼容器件)。

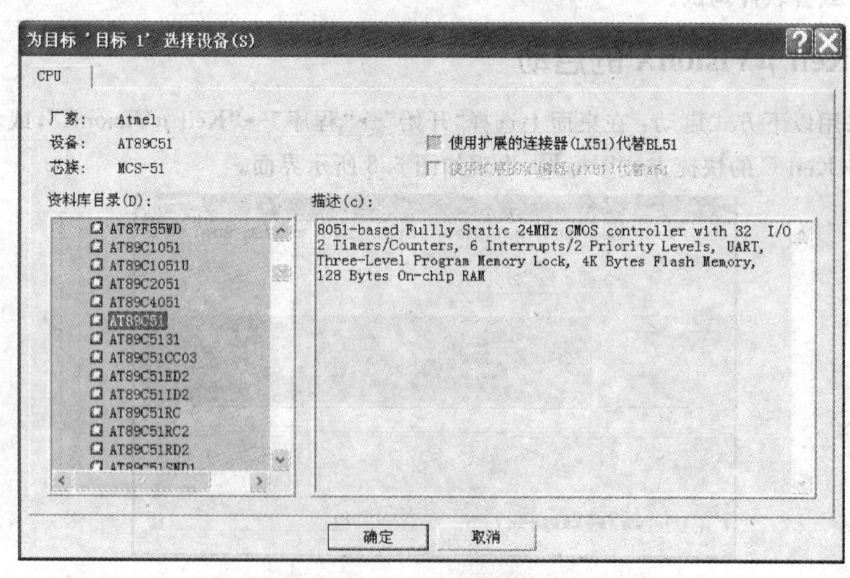

图 6.10　选择目标器件

单击“确定”,弹出一提示界面,如图 6.11 所示。单击“否”即可。

图 6.11　单击“否”按钮

3. 创建源程序文件

选择“文件”→“新建”,可以创建源程序文件。

在文本窗口中输入源程序,如图 6.12 所示。可以是汇编语言源程序,也可以是 C 语言源程序。

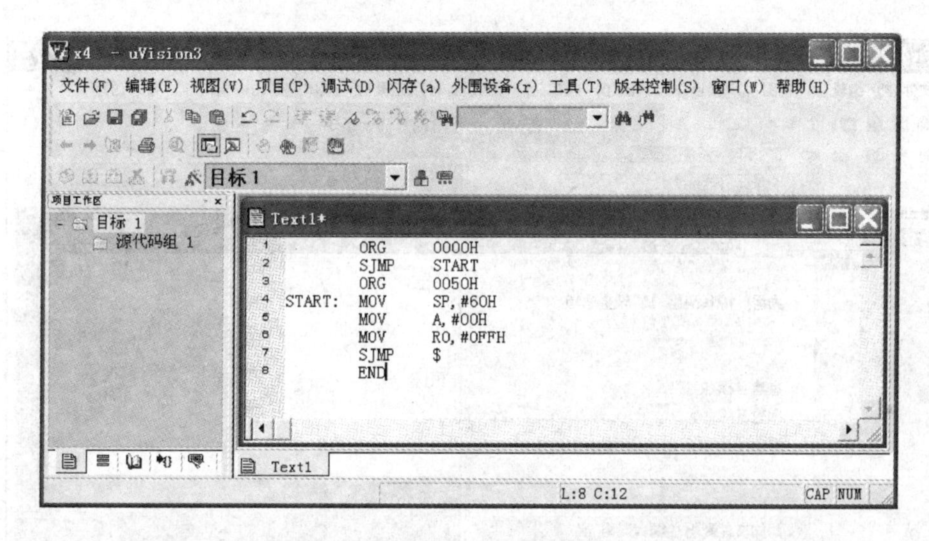

图 6.12　文本窗口

选择“文件”→“保存”,出现如图 6.13 所示的对话框,可以对程序进行保存。注意扩展名的选取,汇编语言为 ＊.A(或＊.a),C 语言为 ＊.c。

4. 添加到项目中

在项目工作区中选择“目标 1”→“源代码组 1”,单击右键,在弹出的快捷菜单中选择“添加文件到源代码组 1”,如图 6.14 所示。

在弹出的“添加文件到组‘源代码组 1’”对话框中,选择需要添加到项目中的文件 L1.A,如图 6.15 所示,然后单击“添加”即可。

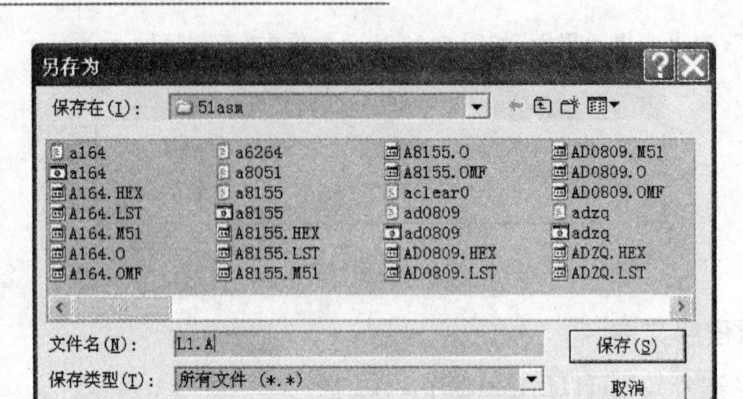

图 6.13　保存程序

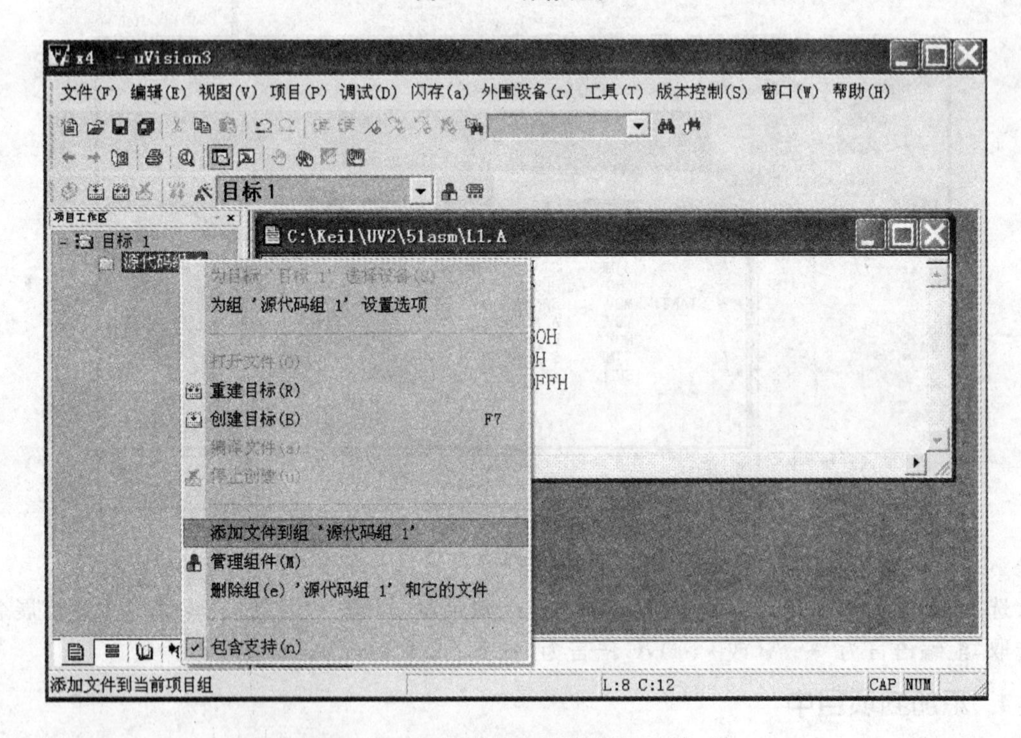

图 6.14　选定"添加文件到'源代码组 1'"

5. 编译连接项目文件

单击编译连接按钮，或"项目"→"重建所有目标文件"，如图 6.16 所示，对项目文件进行编译连接，以生成目标文件。

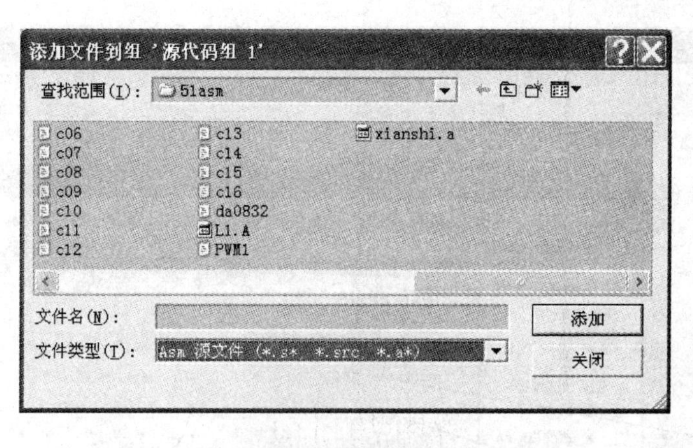

图6.15 “添加文件到‘源代码组1’”对话框

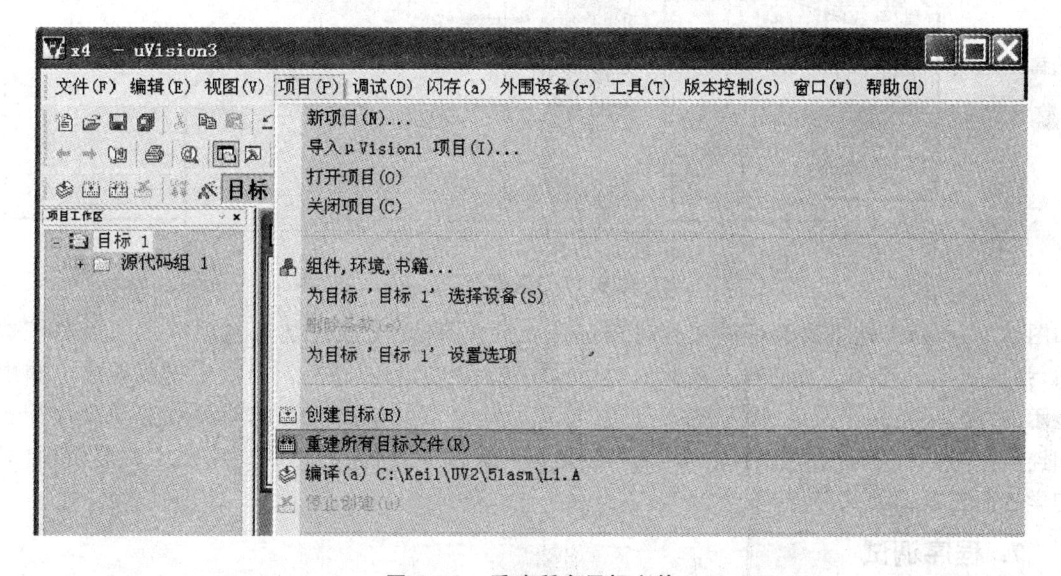

图6.16 重建所有目标文件

6. 设置调试环境

如果在前面的操作中已经设置了调试环境(如在选择一个目标器件时),设置调试环境这一步可以省略。

设置调试环境主要用来选择软件仿真/硬件仿真,选择串行口以及设置波特率等。

在项目工作区中右击“目标1”,在弹出的快捷菜单中选择“为目标‘目标1’设置选项”,弹出“为目标‘Target1’设置选项”对话框,如图6.17所示。

在该对话框中,选择“调试”选项卡,在此选项卡中可选择是使用硬件仿真,还是软件仿真,

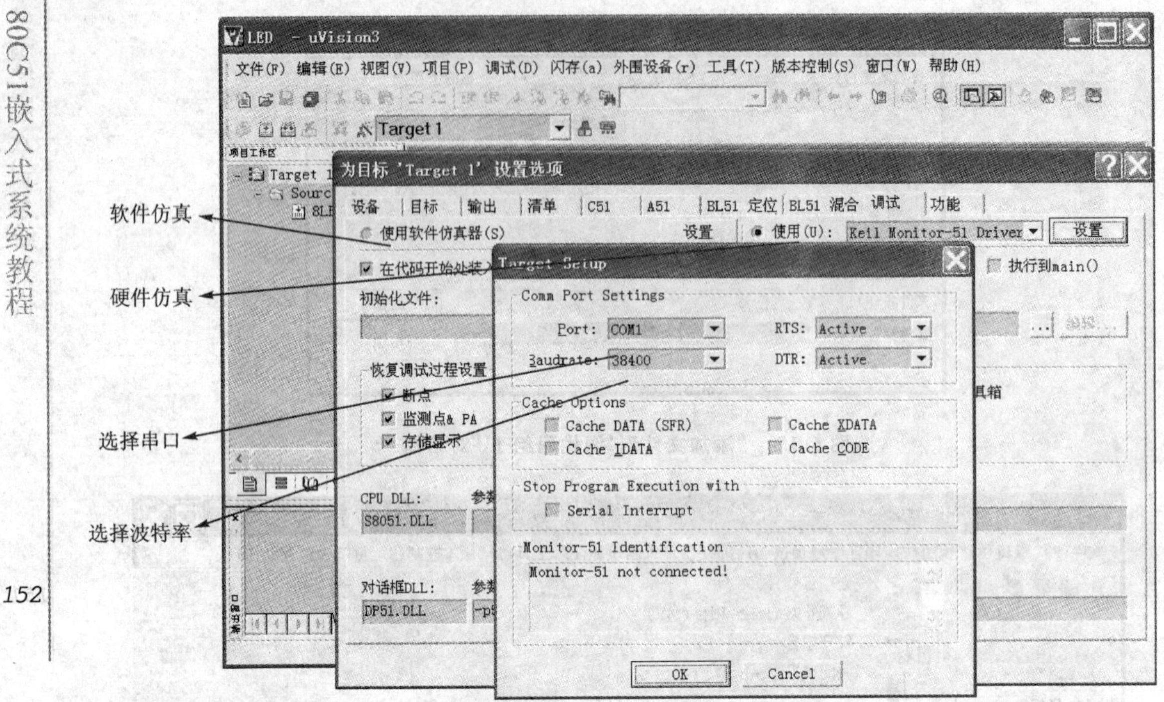

图 6.17　调试窗口

如图 6.17 所示。连接实验箱做实验时应选择硬件仿真，单击硬件仿真选项后面的"设置"选项，弹出 Target Setup 对话框。在此对对话框中选择串口和波特率。串口根据所连接电脑中显示的"端口"信息来决定(参见图 6.7)，波特率可选 38400。"硬件仿真"状态是指系统应配备和连接好与软件配套的仿真器；"模拟仿真"是指纯粹的软件仿真，可脱离实际仿真器使用，对初学者而言既简便又经济、安全。

7. 程序调试

选择"调试"→"启动/停止调试"，进入调试界面。

在调试界面中，可以对程序进行单步、全速运行以及断点方式等调试。

(1) 仿真调试的有关命令

与仿真调试有关的几个主要命令如表 6－1 所列。各命令的按钮在工具栏里可以找到。

(2) 断点功能

断点功能一般包括以下几个方面。

① 设置断点：设置断点是一种调试程序的重要手段。例如你想知道程序是否运行到延时子程序 DELAY 处，方法是：只需在该行设置一个断点，然后"运行"。若程序指针 PC 能指到该行(断点处)，就说明验证成功；反之，不成功。设置断点有两种方法，一种是在该行任意位

表 6-1　仿真调试的主要命令

命　令	含　义	快捷键	按　钮
启动/停止调试	用于重新启动或终止调试过程	Ctrl＋F5	
运行	运行程序命令，碰到断点停止	F5	
步进	逐条运行程序，用于跟踪观测程序运行状态	F11	
步越	逐条运行程序，用于跟踪观测程序运行状态。与"步进"不同的是，该命令碰到程序调用或函数会跳过，即将子程序当作一条指令处理	F10	
运行到光标处	控制程序运行到光标所在的行处	Ctrl＋F10	
插入/删除断点	用于在指定位置插入或删除断点		
使能/禁止断点	用于使能断点或停止断点功能		
禁止所有断点	停止所有断点功能		
停止运行	在连续运行状态下停止运行状态	Esc	
复位 CPU	复位至 0000H		RST

置双击鼠标；另一种是：选择需要设置断点的指令行，然后选择"调试"→"插入/删除断点"。断点设置成功的标志为该指令行左侧灰色状态栏的标记点处出现断点标志——红色方块，如图 6.18 所示。

② 删除断点：一种是在断点上单击鼠标左键或在该行其他位置双击鼠标左键；另一种是：选择需要设置断点的指令行，然后选择"调试"→"插入/删除断点"。若要清除所有断点，则选择"调试"菜单→"删除所有断点"。

③ 执行到断点处："运行"命令或按钮都是将程序执行到断点处停下。用户此时可通过左侧的寄存器窗口或"视图"菜单来观测程序运行的阶段结果，以确定某程序段是否正确。

(3) 查看功能

若要查看内存中的数据，打开"视图"菜单，如图 6.19 所示。

在存储器窗口的"地址"文本框中，可输入不同的指令查看内部数据，如图 6.20 所示。

其中，c：0x 地址　显示程序存储区数据；

　　x：0x 地址　显示数据存储区中数据；

　　d：0x 地址　显示 CPU 内部存储区中数据。

8. 程序建立与调试举例

编程实现用 80C51 控制一行七段码显示器，让它循环显示一组数字。

(1) 建立名为 xianshi.a 的程序

新建一个项目：选择"项目"→"新项目"→指定位置并输入新建项目名称→"保存"→"为

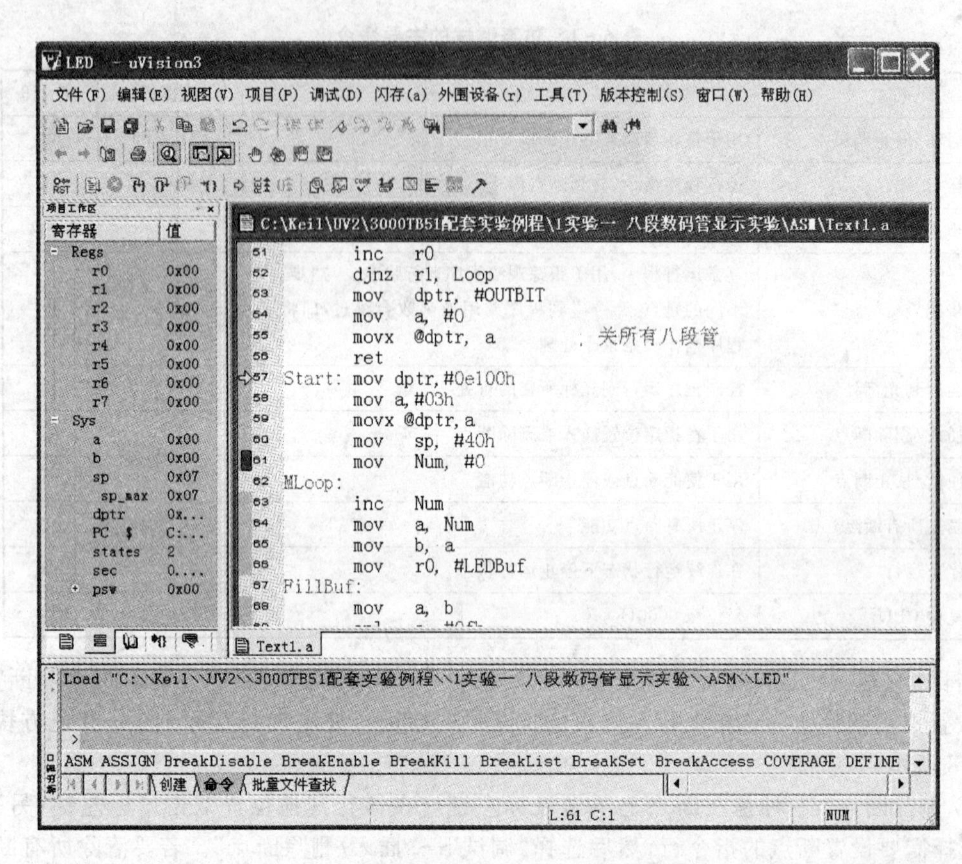

图 6.18　断点设置

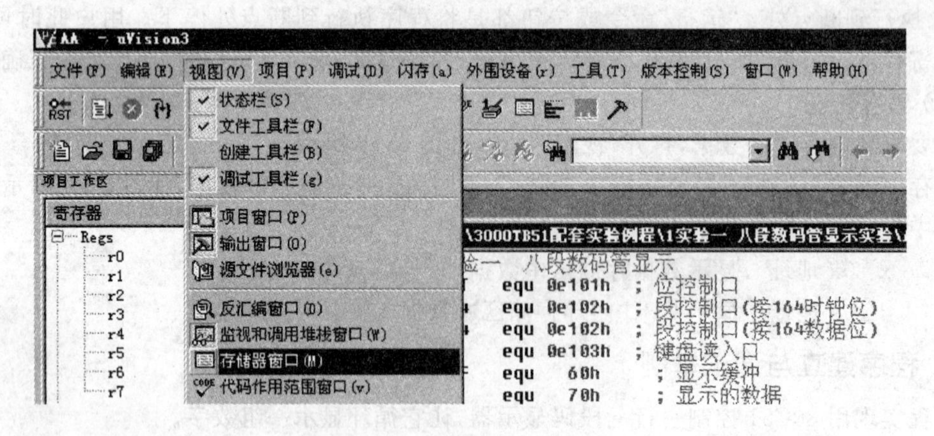

图 6.19　打开“视图”菜单

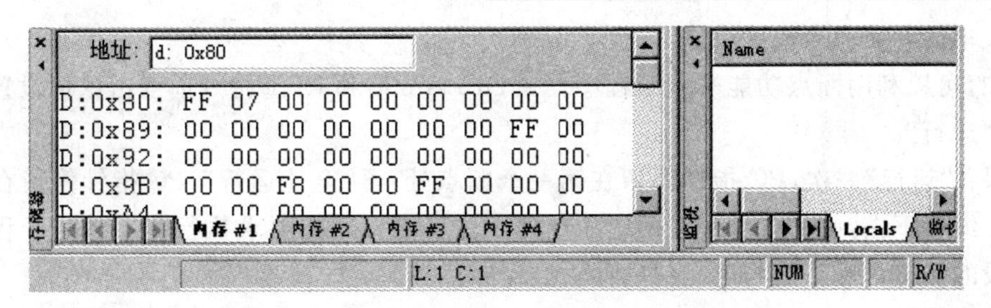

图 6.20 查看内存中的数据

目标'目标 1'选择设备"→"Atmel"→"AT89C51"→"确定"。

新建一个文件：选择"文件"→"新建"→在文本框输入、编辑、修改(诸如标点符号方面的错误)源程序→"保存"→指定位置并输入新建文件名称 xianshi. a(注意扩展名的选取)→"保存"。

文件添加到项目：在"项目工作区"中选择"源代码组 1"→单击右键→"添加文件到组'源代码组 1'"→找到要添加的文件 xianshi. a→"添加"→"关闭"，结果如图 6.21 所示。

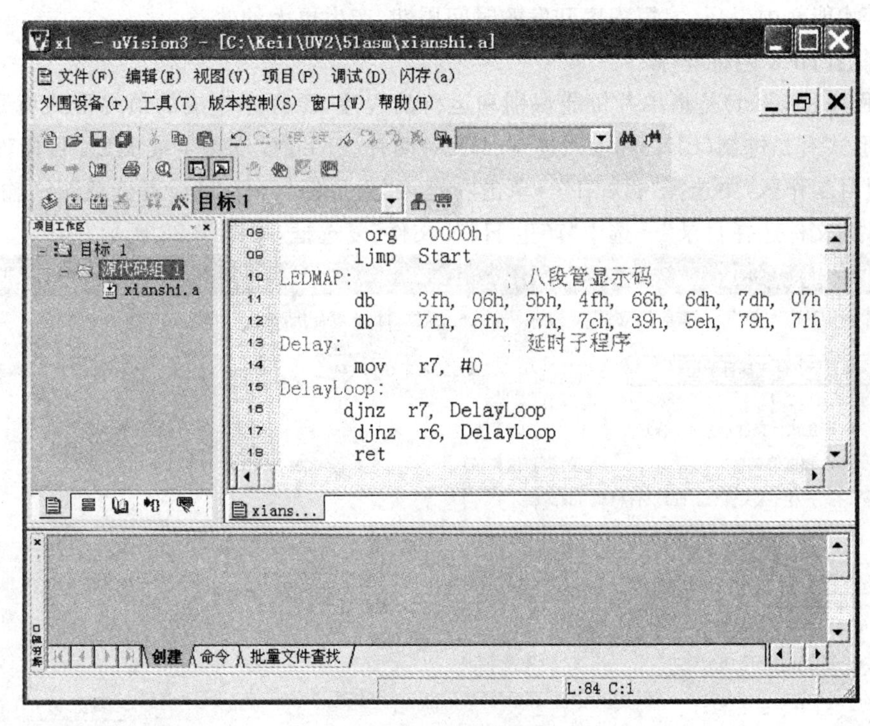

图 6.21 创建的程序

(2) 调 试

选择"项目"→"编译"→"创建目标"，生成目标文件就可以调试了；单击工具栏中的"重建所有目标文件"按钮也可以一步到位，生成目标文件。

此时，利用"调试"菜单的命令或工具栏中的相应按钮可以对程序进行调试，也可以利用

"视图"菜单的有关命令辅助调试。

例如,可以利用断点功能来调试程序。在DELAY前和RET指令前双击鼠标设置两个断点,然后"运行"。

结果:"运行"一次,PC指针停留在第一个断点处;再"全速运行",PC指针停留在第二个断点处。继续下去,则交替停留在两个断点处。这表明程序按要求执行到了延时子程序。其他程序段的调试也可采用与此相似的办法。

如果你的手头有一台与HK-Keil C配套的仿真器,最好选择"仿真器"调试。将仿真器与计算机USB口连接好并将仿真器与实验仪或用户板(开发好的硬件电路)用仿真插头连接好;这就相当于用户的程序通过仿真器(内有单片机)作用到了用户板上了。这样,调试程序时,程序就会真正在硬件系统中运行,其运行状况正确与否一目了然。再借助前面介绍的各种调试手段,肯定会很快发现问题、解决问题的。

当然,程序调试的方法有很多,并且不同的情况会有不同的调试手段;唯有在实战中不断积累经验,才能熟中生巧,缩短程序开发的时间周期,产生更大的效益。

(3) 输出HEX目标程序

目标程序(Object)是指单片机能识别和运行的程序,源程序生成的最终形式就是目标程序。它的形式有二进制(BIN)和十六进制(HEX)两种。Keil C支持生成HEX目标程序。

在"项目工作区"中选择"目标1"→单击右键→"为目标'目标1'设置选项"→"输出"选项卡→"为目标文件选择目录"→选中"产生HEX文件"复选框,如图6.22所示。

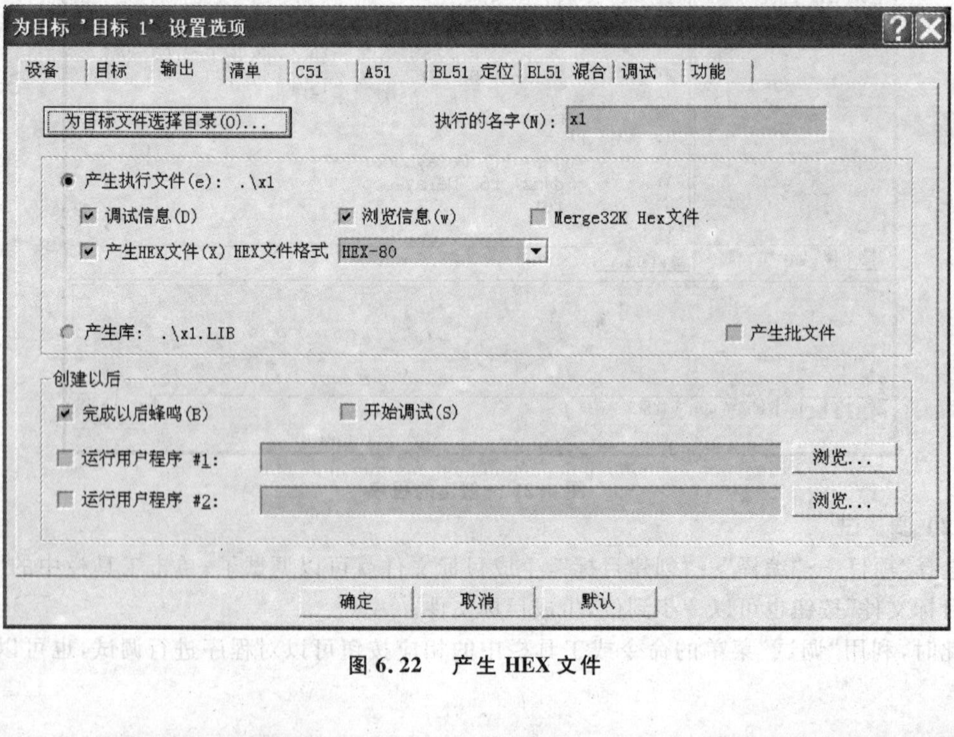

图6.22 产生HEX文件

此时，在指定目录生成了一个.HEX文件，其文件名与项目名相同。该文件可供将来向单片机的程序存储器写入时使用。可以在指定目录下打开该文件，会发现它是十六进制的代码，如图6.23所示。

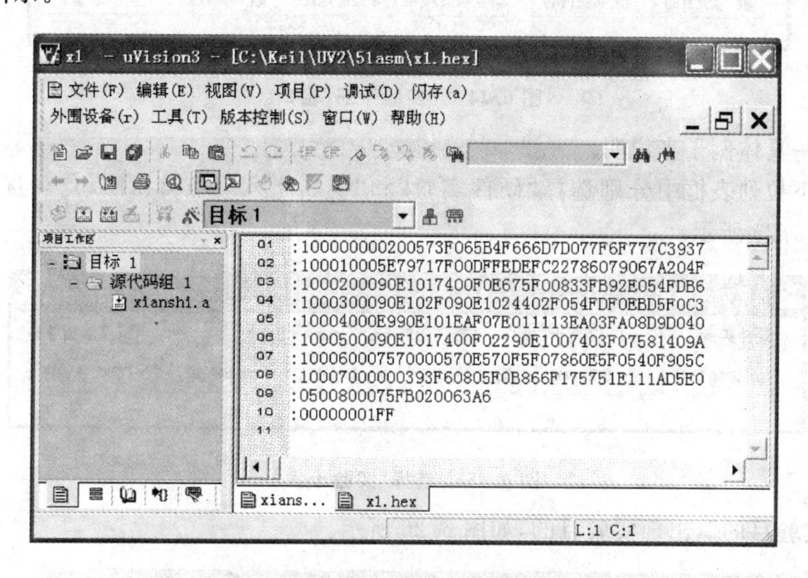

图6.23 HEX文件内容

仿真器使用时应注意：Keil C仿真器用户程序在全速运行时，如果需暂停运行，请按实验仪键盘“RST”，此时仿真器存储器数据清零。如果你要再次运行所编写的程序，就必须重新装载运行。

6.3.3 HK-Keil C51综合实验系统的应用

为真正地完成80C51嵌入式系统的实验，恒科电教除了配备Keil C仿真器外，还开发了基于Keil C51软件的综合实验仪。Keil C软件中集成的HK系列实验的“实验手册”，体现了其便于教学的特点。当你打开或创建了一个项目文件后，打开“帮助”菜单，会出现“实验手册”选项。

通过它，可以帮助你快捷、直观地进行单片机实验。该实验系统最具特色的地方是其实验过程的可视化，例如，“实验连线”可以把一个实验当中的连线步骤清晰地演示出来，非常适合初学者。

单击“实验手册”选项，出现如图6.24所示窗口。

在左侧的下拉列表框中可选择“软件实验”、“硬件实验”以及“芯片查询”等功能；右侧的下拉列表框用来选择实验项目。单击“实验目的”、“实验内容”、“实验流程”、“实验电路”、“实验连线”、“实验程序”和“实验指导书”等按钮，可查看与实验有关的信息。

图 6.24 "实验手册"窗口

下面举一具体例子来说明。

在两个下拉列表框中分别选择"硬件实验"和"实验十六 点阵 LED 广告屏实验(bled.asm)",如图 6.25 所示。

图 6.25 选择"实验十六"

单击"实验目的",出现实验目的,如图 6.26 所示。

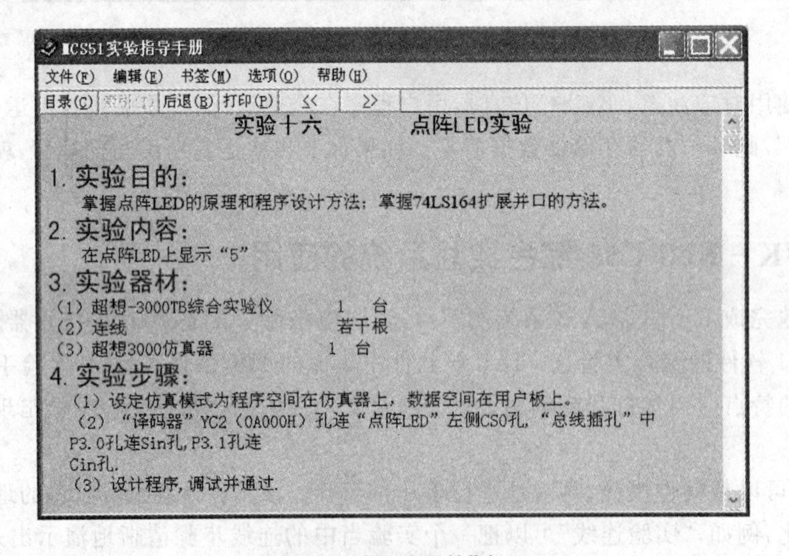

图 6.26 "实验目的"窗口

单击"实验内容",会出现实验内容窗口。

单击"实验流程",出现实验流程窗口,如图 6.27 所示。

单击"实验电路",出现实验电路窗口,如图 6.28 所示。

单击"实验连线",出现在综合实验板上连线的窗口,如图 6.29 所示。

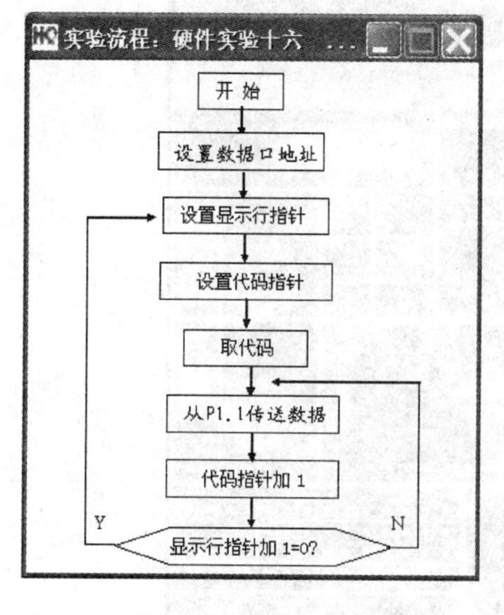

图 6.27 “实验流程”窗口

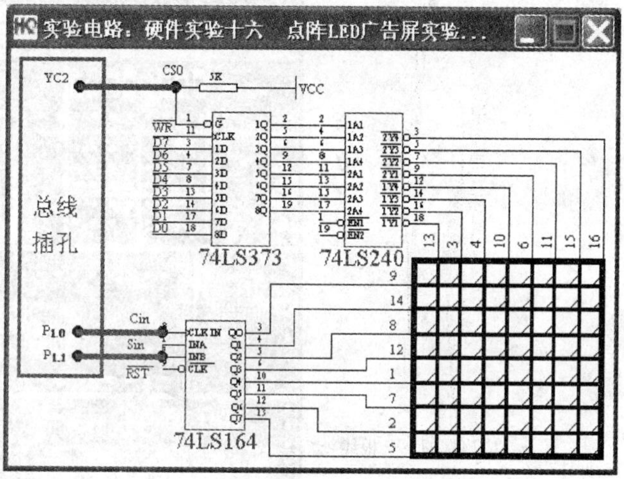

图 6.28 “实验电路”窗口

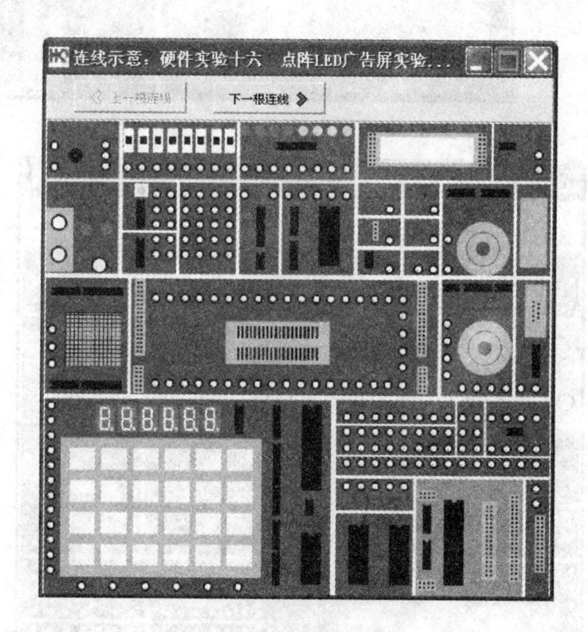

图 6.29 “实验连线”窗口

单击图中的“下一根连线”，会指示学生下一根线在实验板上该怎样连接，如图 6.30 所示。图中显示的线就是应连接的下一根线。

再次单击“下一根连线”，会继续指示学生接下来的一根线该怎样连接。此时，“上一根连线”按钮激活，如图 6.31 所示。如果想看一看上一根线是怎样连接的，可单击“上一根连线”。

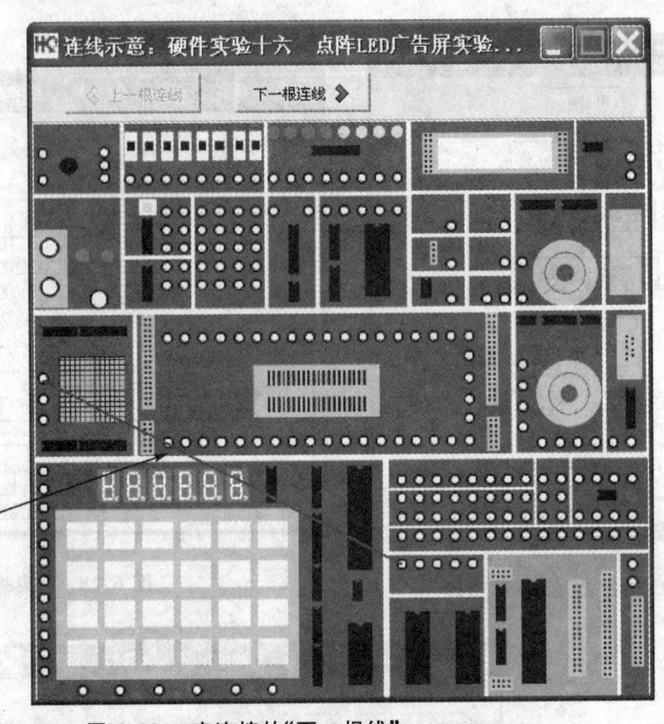

图 6.30　应连接的"下一根线"

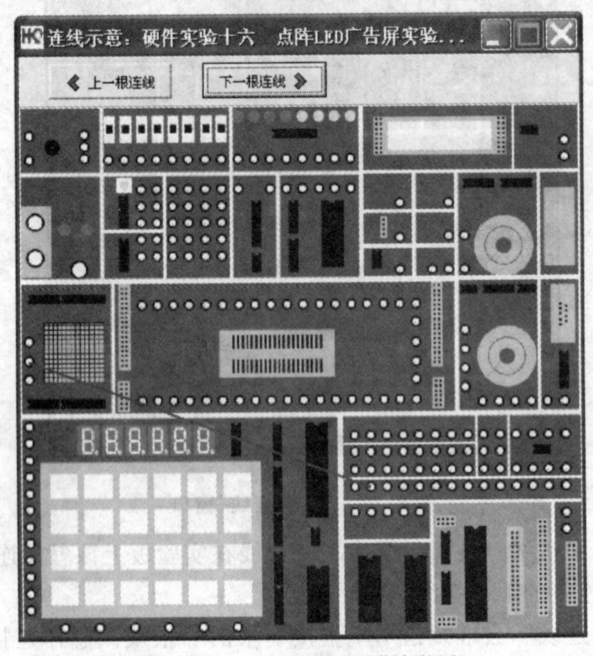

图 6.31　"上一根连线"被激活

单击图 6.25 中的“实验程序”，出现实验参考程序窗口，如图 6.32 所示。此程序只是提供给读者的一个参考程序；读者应自己动脑、动手，不受其束缚。

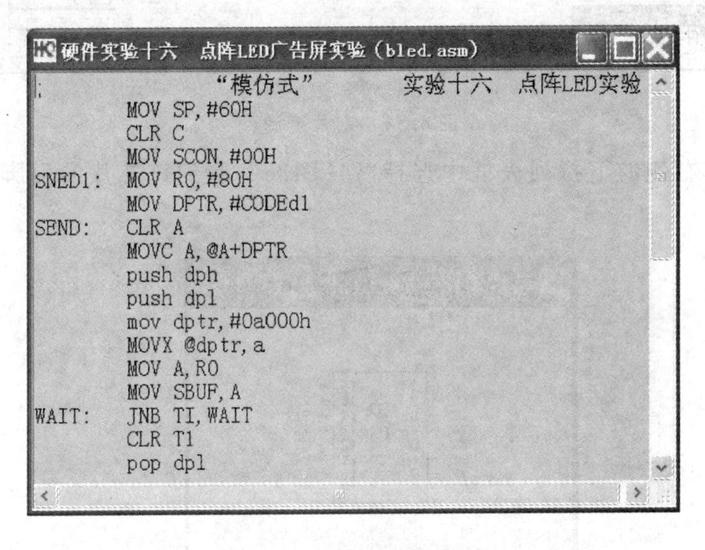

图 6.32　“参考程序”窗口

单击图 6.25 右侧的“实验指导书”按钮，出现一个全面的实验指导手册，供用户查阅所有实验项目的参考信息，如图 6.33 所示。

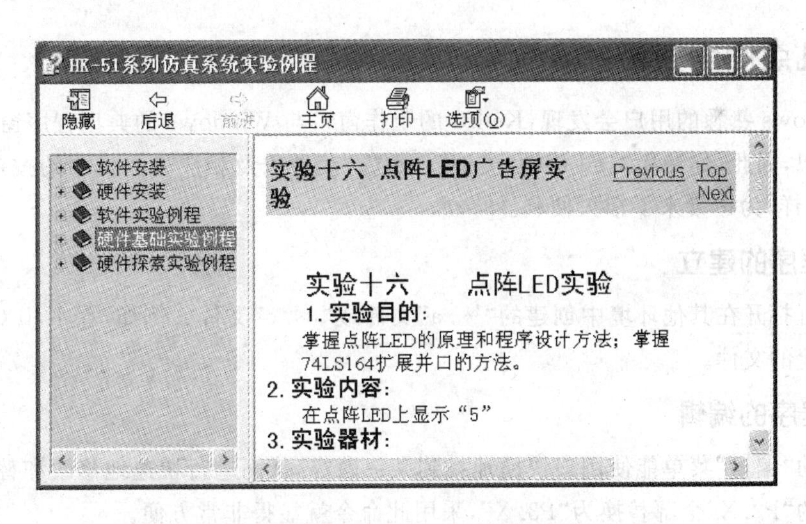

图 6.33　实验指导手册

另外，在图 6.25 左侧的下拉列表框中，选择“芯片查询”，可查阅实验中所用芯片的引脚定义，如图 6.34 所示。

图6.34　芯片查询

例如,此时在右侧的下拉列表框中选择"74LS138",看到该芯片的引脚信息如图6.35所示。

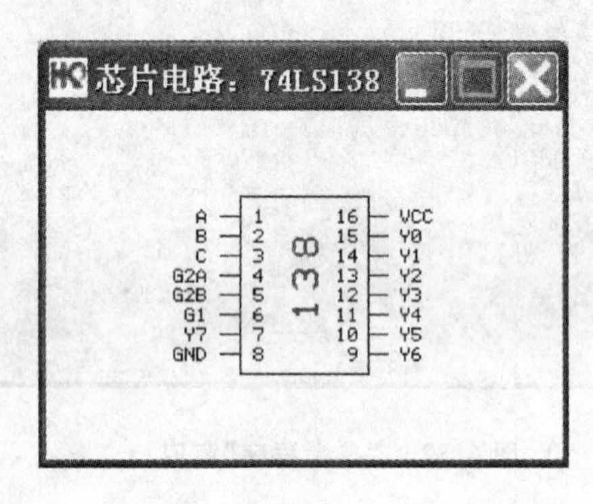

图6.35　芯片的引脚信息

6.3.4　几点使用技巧

对 Windows 熟悉的用户会发现,Keil C 的工作窗口与 Windows 的典型程序窗口如 Word 窗口非常相似,因此,你使用 Keil C 的"文件"、"编辑"菜单以及相应工具栏中的按钮就像使用 Word 中的一样,为你带来了很大便利。

1. 源程序的建立

Keil C 可打开在其他环境中创建的"*.a"文件或"*.c"文件。例如,在 Keil C 中可打开"记事本"创建的文件。

2. 源程序的编辑

Keil C 的"编辑"菜单能使用户快捷地找到某一内容,从而进行快速地修改和替换。例如,将某程序中的"P2.X"全部替换为"P3.X",采用此命令就显得非常方便。

选择"编辑"→"替换",进入如图6.36所示对话框。

在"查找什么"框中键入"P2.X",在"替换为"框中键入"P3.X",选择"替换所有",替换完成,关闭对话框。

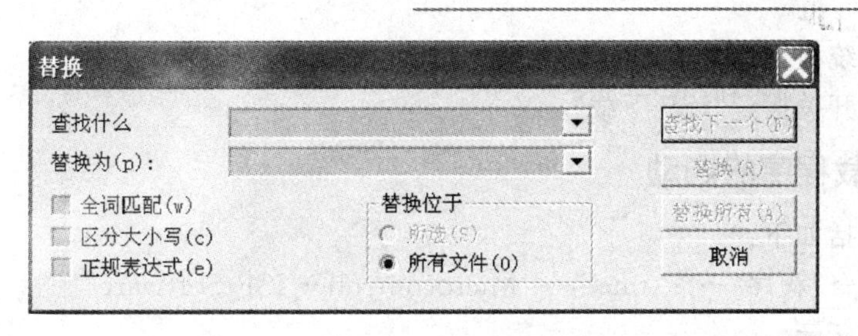

图 6.36　"替换"对话框

选择"编辑"→"复制"→"粘贴"功能，用户可方便地进行程序段的复制和移动，甚至可以在不同软件间进行程序的编辑。

例如，将 Word 中的一段程序移至到 Keil C 窗口：打开 Word 中的文件→选中程序段→"复制"→转到 Keil C51 窗口→将光标定位到粘贴位置→"粘贴"。

注意：这种操作有时候会带来一些意想不到的"副作用"，如会把一些中文的标点符号复制过来，而 Keil C51 集成环境不支持中文标点符号。这点往往容易被忽视。

6.4　80C51 目标程序的 ISP 下载

当用户的程序经过编辑→汇编→仿真器调试等几个环节，最终证明程序正确无误后，接下来的工作是将"仿真"变为现实，即将程序实实在在地放到单片机芯片（如廉价型的 89S51）内部的程序存储器当中去，脱离计算机和仿真器，使程序在设计好的硬件环境中真正运行。下面以安装在实验板上的 AT89S5x ISP 下载器为例来介绍目标程序的 ISP 下载。

6.4.1　AT89S5X ISP 下载器简介

AT89S5x 下载器按照 Atmel 公司的标准制作；与之配合的在线编程软件 Microcontroller ISP Software 可在 Atmel 公司的网上下载。下载后，运行 Setup 程序，按步骤安装后便可使用。

使用 AT89S5x 下载器可对 Atmel 公司的 89S5x 系列 ISP 单片机 AT89S51、AT89S52、AT89S53、AT89LS53、AT89S8252、AT89LS8252 进行编程操作。编程前，需将 AT89S5x 下载器 DB25 端接至 PC 机的打印口（并行口），另一端接至 AT89S5x 的 P1.7、P1.6、P1.5 和复位脚。

6.4.2　ISP 下载操作流程

1. 下载前的准备工作

➢ 保证 ISP 下载器与 PC 机的打印口以及与单片机之间的连线正确；

➢ 在实验系统板上选择芯片类型如 89S53；

➢ 下载选择开关拨到“ISP 下载”。

2. ISP 下载程序的启动

启动过程概括如下：

选择“开始”→“程序”→“Atmel”→“Microcontroller ISP Software”→进入 ISP 下载程序窗口，如图 6.37 所示。

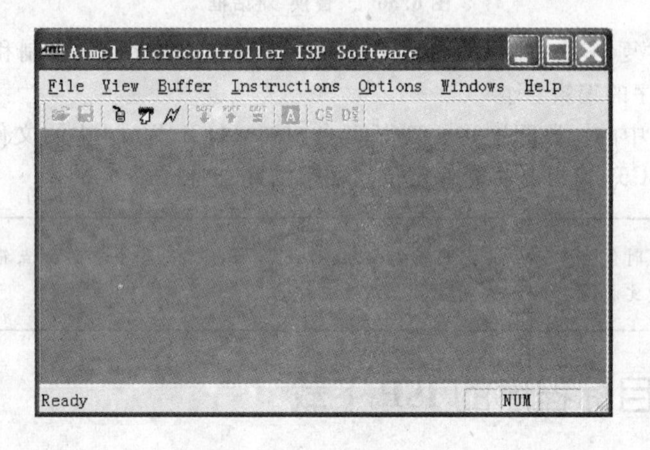

图 6.37　ISP 下载程序窗口

3. ISP 下载操作选项设置

选择 Options→Select Device，出现如图 6.38 所示对话框。

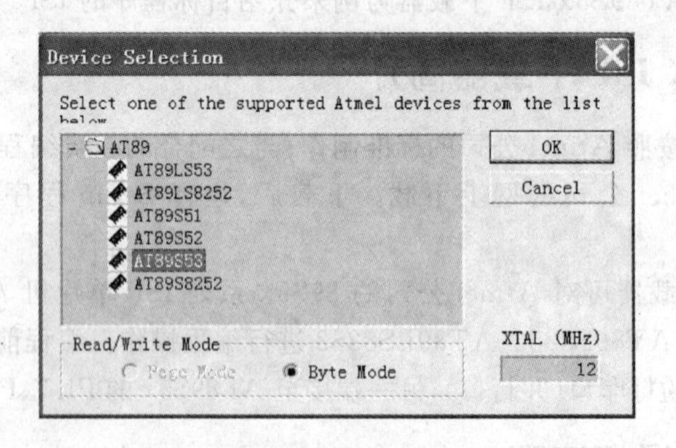

图 6.38　设备选项

此时，选择芯片型号以及晶振，然后单击 OK 按钮，出现如图 6.39 所示窗口，显示目前程序存储器的情况。FF(全“1”)表示未写入任何信息。

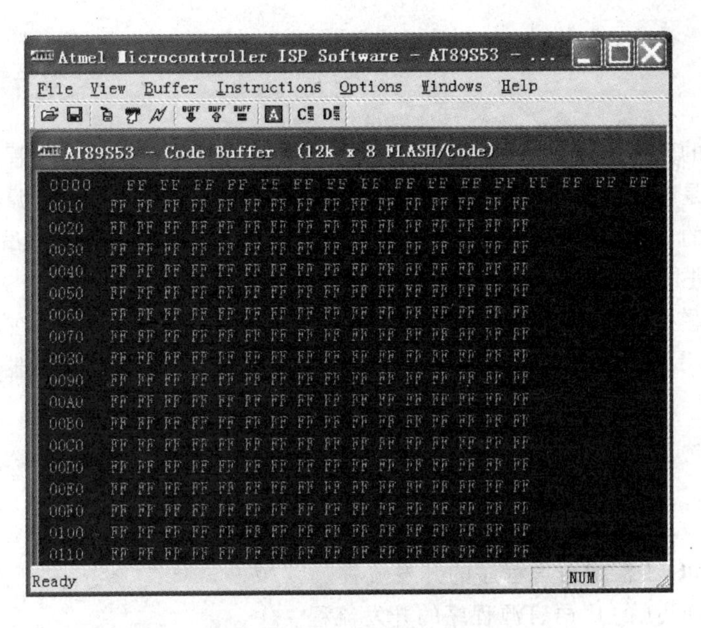

图 6.39　程序存储器的情况

选择 Options→Initialize Target,对目标进行写入前的初始化。

4. ISP 写入

所谓目标程序的写入,是指将调试好的程序(以目标程序的形式)"写入"到单片机的程序存储器当中去。写入程序实际上是一个物理过程。目前写入的方式有在线写入和非在线写入方式;ISP 写入即在系统编程方式,是一种在线写入方式,可以直接对嵌入式应用系统中的 MCU 进行写入,而不必将其从应用系统中取出。ISP 写入步骤如下:

① 装入 HEX 文件:选择 File→Load Buffer,将需要写入的程序调入。

② 写入操作:选择 Instructions→Auto Program,进行程序的写入操作过程。这个过程会持续几秒钟,直至结束。然后,单击 OK 按钮。

5. 程序脱离仿真器的运行

程序运行前,需将实验板上的下载开关拨到"运行"。

照理说,按照上述一番操作,当用户将写好的芯片插入到自己的系统时,工作应算大功告成了。如果真是这样,是值得祝贺的;而事实上,结果可能会和仿真时的状况不一样。这时,不应该着急,而是应静下心来分析问题所在。常见的问题有时钟是否与程序一致,复位电路是否正常以及芯片写入是否出错等。只有将软硬件结合起来考虑,才能真正设计出好的嵌入式系统来。

本章小结

本章从实战的角度出发，介绍了基于Keil C的集成调试环境的80C51程序设计与实现的一般步骤。首先是根据任务建立项目、编写程序并添加到项目中；然后，将源程序汇编或编译成单片机可识别的目标程序；接下来，用Keil C51的μVisionX进行仿真调试；最后，采用Atmel的ISP程序进行目标程序的写入并运行之。

需要借助一些必要的软件平台和硬件设备才能完成上述工作。为此，在其中穿插介绍了国际上通用的Keil C51软件、支持该软件的USB接口的HK-Keil C仿真器以及相关的综合实验系统。

本章习题

6.1 简述80C51汇编语言程序的开发流程。

6.2 简述80C51的C语言源程序的开发流程。

第7章

80C51单片机的中断与定时系统

主要内容 中断的有关概念和80C51单片机的中断系统,80C51单片机定时/计数器的组成、工作模式、工作方式及编程控制等。

教学建议 7.2节和7.3节部分作为重点内容介绍,其他部分作为一般性内容介绍。

教学目的 通过本章学习,使学生:

- 了解中断的基本概念、中断源及入口地址;
- 了解定时器的基本功能及特点;
- 熟悉中断的处理过程;
- 掌握中断和定时器编程的思路和编程方法。

中断系统是衡量一个微机很重要的性能指标,一个微机控制系统的运行效率高低,很大程度上取决于其中断系统。80C51单片机的中断系统包含多个不同的中断类型,可以满足内外、软硬件的设计要求,而且其中断过程简单明了,容易理解,可以使读者充分理解中断的真正过程和中断的实质。虽然程序引入中断的设计思路之后,程序的执行过程不易于理解,但是可以大大加快CPU的运行效率,真正实现用单片机控制实时系统的目的。

7.1 中断的概念

若某个事件想打断CPU正在执行的程序,而让其转去执行另外一段特殊的事先已经写好的程序,执行完这段特定程序之后能返回到原来的程序上继续运行,则这个过程称之为中断,如图7.1所示。

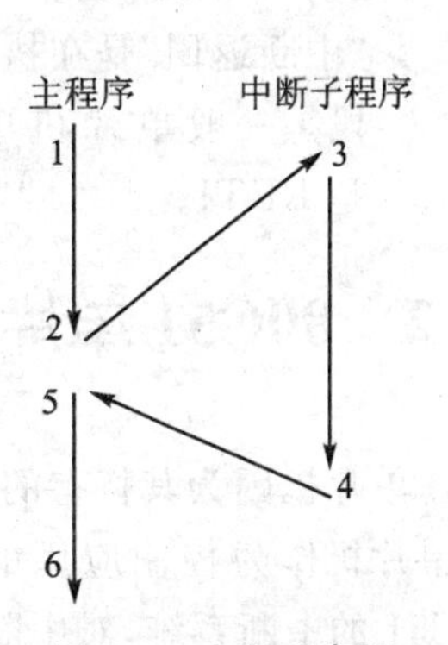

图7.1 中断示意图

最开始被中断的程序称之为主程序。在主程序中被中断的地方叫断点,是主程序中当前指令(执行完之后进入中断)下面一条指令的存放地址。引起中断的程序称为中断子程序,引发中断产生的某个事件就是中断源。在单片机中,中断源可以是内部的定时器溢出事件,也可以是一个外部设备发给CPU的请求,或者是串行口的数据传送已完成等。

7.1.1　中断功能

中断的主要功能可以概括为以下 3 点：

① 同步工作。采用中断后，使得 CPU 与外部设备之间不再是串行工作，而是并行操作。CPU 启动外设后，仍然继续执行主程序，此时 CPU 和启动的外设处于同步工作状态下。而外设要与 CPU 进行数据交换时，就发出中断请求信号；当 CPU 响应中断后，就会离开主程序，转去执行中断子程序；中断子程序执行完后，CPU 继续执行原来的主程序，这样使 CPU 和外设可以同步工作。

② 提高 CPU 的工作效率。采用中断后，CPU 既可以同时与多种外设打交道，又能同时处理内部数据，从而大大提高了 CPU 的工作效率。

③ 实时处理。在实时控制中，计算机的故障检测、自动处理、人机联系、客户机系统、多道程序分时操作和实时信息处理等均要求 CPU 具有中断功能，能够立即响应并及时加以处理。这样的及时处理在查询工作方式下是做不到的。

7.1.2　中断过程

一个完整的中断过程包括 5 个阶段：中断申请、中断优先级判别、中断响应、中断处理、中断返回。

- "中断申请"是中断源向 CPU 发出中断请求的阶段，这是产生中断过程的前提条件；
- "中断优先级判别"是在有多个中断源发出中断申请时，需要通过适当的办法（软件的，硬件的，软、硬件结合的）决定究竟先处理哪个中断申请；
- "中断响应"是指 CPU 中止现行程序转至中断服务程序的阶段，这个阶段包括判断响应条件（现行指令是否执行完、是否允许中断）、把断点处 PC 的内容自动压入堆栈保护。
- "中断处理"是指 CPU 执行中断服务子程序的阶段；
- "中断返回"是在执行完中断服务程序后，返回到原来被中断的主程序上，继续运行的阶段。一般单片机中有专门的指令对应这个环节。如 80C51 单片机对应的指令是 RETI。

7.2　80C51 单片机的中断系统

单片机因为其特有的精简硬件结构，所以中断系统不是特别复杂，很容易理解和掌握，但从单片机作为控制应用的实际需要出发，其中断系统已经完全可以满足设计要求。学习 80C51 的中断系统，对中断系统的理解很有实际意义。

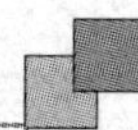

7.2.1 中断源及其入口地址

1. 中断源的名称

80C51 是一个多中断源的单片机，共有 3 类 5 个中断源，分别是外部中断 2 个、定时器中断 2 个和串行中断 1 个，这 5 个中断源的详细情况如下：

外部中断源 0　由 P3.2 引脚的第 2 功能提供外部事件的中断 0 申请输入端；
T0 中断　由片内定时/计数器 T0 引发中断；
外部中断源 1　由 P3.3 引脚的第 2 功能提供外部事件的中断 1 申请输入端；
T1 中断　由片内定时/计数器 T1 引发中断；
串行口中断　由片内串行通信接口在收/发数据结束时引发中断。

2. 中断源的分类和特点

按照不同的分类标准，可以把 80C51 单片机的中断源分成多种。根据中断源产生的位置可以分成片内中断（像定时器 T0 和 T1 中断、串行口中断都属于片内中断）和片外中断（如外部中断 0 和外部中断 1）。如果根据中断源的引发是由硬件产生还是软件运行结果影响的，可以把 80C51 单片机的中断分成软件中断（如定时器 T0、T1 中断）和硬件中断（如外部中断 0、外部中断 1、串行口中断）。还可以根据中断源的性质可以把中断系统分成以下 3 类中断：

(1) 外部中断类

外部中断是由外部引脚上的电平变化引起的，共有两个中断源，即外部中断源 0 和外部中断源 1。它们的中断申请信号分别由引脚$\overline{\text{INT0}}$(P3.2)和$\overline{\text{INT1}}$(P3.3)引入一个外部变化事件产生。

外部中断源的中断申请有两种触发方式，即电平触发方式和边沿触发方式。可通过特殊功能寄存器 TCON 的 IT0 位和 IT1 位，进行编程自定义选择合适的触发方式。

电平触发方式是低电平有效。只要单片机在中断申请引入端（$\overline{\text{INT0}}$或$\overline{\text{INT1}}$）上采样到有效的低电平，就激活外部中断。

边沿触发方式则是脉冲的下降沿有效。这种触发方式下，在相邻两个周期对中断申请引入端进行的采样中，如前一次为高，后一次为低，即为有效中断申请。因此，在这种中断申请信号方式下，中断申请信号的高电平状态和低电平的状态都应至少维持一个机器周期，以确保电平变化能被单片机采样到。

(2) 定时器中断类

定时器中断是为满足定时或计数的需要而设置的。为此，在 80C51 的单片机芯片内部有两个具有定时和计数功能的部件，通常称之为定时器 T0 和定时器 T1。通过对定时器方式选择寄存器 TMOD 的软件编程，可以选择定时或计数功能。实质上定时和计数都是记录脉冲的个数，不同的是计数的脉冲来自于单片机片外 T0(P3.4)和 T1(P3.5)引脚上的输入信号，而定时则是记录内部机器周期的数量。这样无论是计数还是定时，只要当它们的硬件结构发生计数溢出，单片机的硬件就会自动将这种变化在软件的标志位 TF0 和 TF1 上用"1"体现出来，即表明计数器已满，以此向 CPU 提出中断申请。

(3) 串行口中断类

串行口中断源是为单片机利用串行口数据传送而设计的。每当串行口接收或发送完一帧串行数据时，就产生一个中断申请。如果此时用户通过编程设定开放这个类型的中断源申请，且 CPU 满足响应中断的条件，则无论接收完一帧数据还是发送完一帧数据，都要转入同一个入口地址 0023H，开始执行那里开始的中断服务程序。因此从这个意义上说，80C51 单片机的串行口实质上不是真正意义的全双工，即收/发无法在同一时刻进行。

3. 中断源的入口地址

单片机的中断为固定入口式中断，一旦单片机的 CPU 响应中断就转入固定的入口地址，去执行那里的中断服务程序，所以使得其中断系统编程变得很容易，只要将写好的中断程序存入对应中断源的固定入口地址即可被单片机识别。具体可以利用 ORG 这样的伪指令定位中断程序，使之存入表 7-1 中对应中断源的固定入口地址中。当 5 个中断源产生中断之后，会自动转入表 7-1 中对应中断源的固定入口地址。

从表 7-1 中可以看出，每两个相邻中断源的入口地址都只相隔了 8 个存储单元，空间很小，根本不能放下根据实际任务编写的中断服务程序对应的指令机器码。因此通常情况下，在这些单元中往往放置一些无条件跳转指令，使中断一旦产生之后，马上执行这些跳转指令，使程序转移到真正的中断服务程序上去执行，以避免中断服务程序与下一个中断源的入口地址发生冲突。而且有时在软件编程时，即使没有采用中断程序设计，也要在这些入口地址中编写一个简单的中断子程序返回语句，目的是为了防止系统因外来干扰，而乱跳到这些入口地址中，产生程序的跑飞现象。

表 7-1　中断源的入口地址

中断源名称	固定的入口地址
外部中断源 0	0003H
定时器 T0 中断	000BH
外部中断源 1	0013H
定时器 T1 中断	001BH
串行口中断	0023H

在这些入口开始的位置有无程序，是判断程序设计是否采用了中断方式编程的衡量标志之一。

7.2.2　80C51 单片机的中断系统结构和中断控制

1. 中断系统结构

80C51 的单片机中断系统的结构如图 7.2 所示。

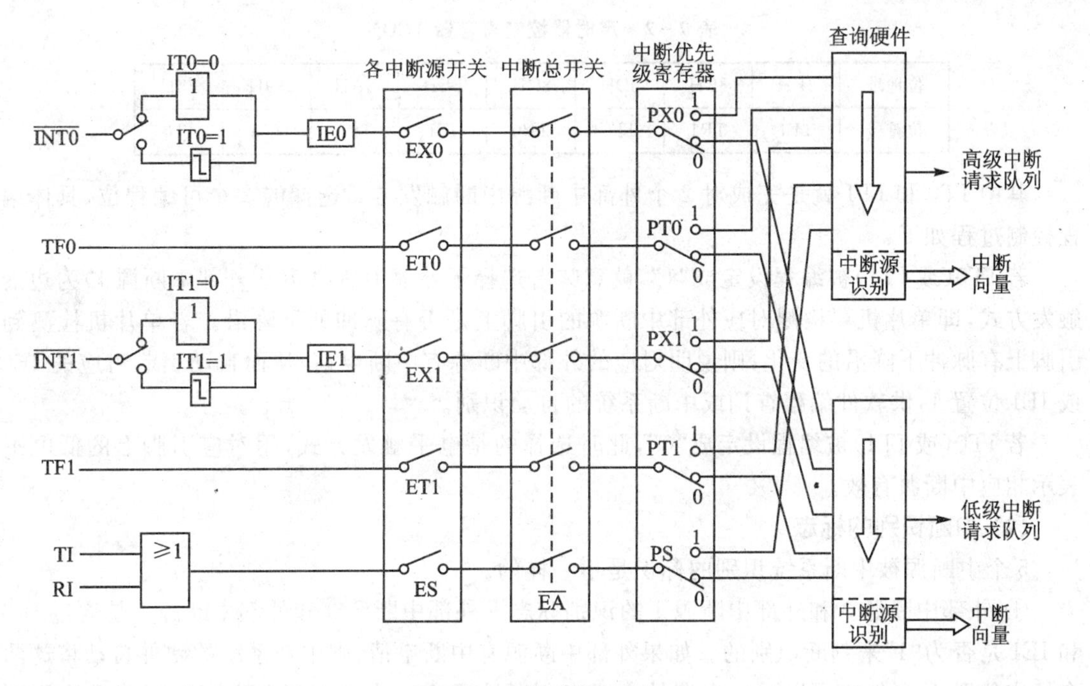

图7.2 中断系统示意图

由图7.2可以看到,80C51单片机的5个中断源主要通过23个编程位,完成对触发方式的设定和中断开/关的使能控制,以及对优先级别的选择等。这些可编程的位分别位于IE、IP、TCON、SCON 4个用于中断控制的寄存器中。从图7.2还可以看到,这5个中断源可以有二级中断嵌套。下面介绍如何通过4个特殊功能寄存器,对80C51单片机的中断系统进行编程控制。

2. 中断控制

中断控制是指提供给用户使用的中断控制手段。具体地说,就是用户通过控制寄存器来使用中断系统。为此,80C51设置了一些控制寄存器。与中断控制有关的控制寄存器有4个,即定时控制寄存器TCON、中断允许控制寄存器IE、中断优先级控制寄存器IP以及串行口控制寄存器SCON。这4个控制寄存器都属于专用寄存器之列,是单片机软件和硬件的紧密结合点,所构成的中断系统如图7.2所示。

(1) 中断源触发方式选择

对于外部中断源0和1,各自都有两种中断触发方式。可以利用定时器控制寄存器中的IT0和IT1这两个可编程位,进行编程控制。定时器控制寄存器TCON既有定时器/计数器的控制功能,又有中断控制功能,这里与中断有关的位有6个,字节地址是88H,可以进行位寻址,位地址是8FH~88H。寄存器中各位的位地址及位名称如表7-2所列。

表 7-2 定时器控制寄存器 TCON

位地址	8FH	8EH	8DH	8CH	8BH	8AH	89H	88H
位符号	TF1	TR1	TF0	TR0	IE1	IT1	IE0	IT0

其中IT0和IT1就是完成对2个外部中断源中断触发方式选择的2个可编程位,具体编程控制过程如下:

若IT0(或IT1)被编程设定成"1",就意味着选择了外部中断源0(或外部中断源1)为边沿触发方式,即单片机要检测对应外部中断源的引脚上是否有脉冲的下降沿。若单片机检测到引脚上有脉冲下降沿的变化,则说明对应的外部中断源有中断申请,从而自动引起对应的IE0或IE1位置1,供软件编程查询或中断系统的自动识别。

若IT0(或IT1)被编程设定成"0",此时选择的是电平触发方式,用对应引脚上的低电平表示相应中断源有效。

(2) 中断识别的标志

5个中断源被中断系统识别的标识是不一样的。

① 外部中断源0和外部中断源1的识别标志。外部中断源0和外部中断源1是通过IE0和IE1是否为"1"来判断识别的。如果外部中断源有中断申请,则中断系统的硬件自动将这两个标志位置1,当然也可以通过查询的方式来判断这两个标志位的当前内容。但是无论用哪种方式,如果对应中断源的申请得到CPU的响应,IE0和IE1会自动由硬件清零。

② 定时器T0和定时器T1中断的识别标志。在TCON中的TF0和TF1两个标志位就是定时器计数满溢出的标志位。当计数器产生计数溢出时,此位由硬件自动置1。当转向中断服务时,再由硬件自动清0。计数溢出位的使用有两种情况:采用中断方式编程时,作中断请求识别的标志位来使用;采用查询方式编程时,作查询状态位使用。一般用"JNB TF0,$"的指令格式进行非中断的查询方式编程。但是如果不采用中断方式编程,而采用查询方式处理计数满的结果,这两个标志位要手动清0。

③ 串行口中断的识别标志。当串行口中一帧数据收/发完成之后,硬件分别自动将串行口控制寄存器SCON的RI和TI置1。这两个标志位无论用中断方式处理,还是用查询方式处理,都要用单独的指令手动将RI和TI清0。RI和TI在串行口控制寄存器SCON中的位置如表7-3所列。

表 7-3 串行口控制寄存器 SCON

位地址	9FH	9EH	9DH	9CH	9BH	9AH	99H	98H
符　号	SM0	SM1	SM2	REN	TB8	RB8	TI	RI

TI　串行口发送中断请求标志位。当发送完一帧串行数据后,由硬件置1;在转向中断服务程序后,用软件清0。

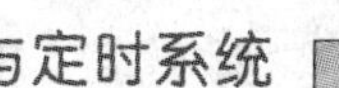

RI　串行口接收中断请求标志位。当接收完一帧串行数据后，由硬件置1；在转向中断服务程序后，用软件清0。

串行中断请求由TI和RI的逻辑"或"得到。就是说，无论是发送完一帧串行数据还是接收完一帧串行数据，都会产生串行中断请求。

(3) 中断允许控制

在中断允许控制寄存器IE中，有1位总的中断允许控制的相关位，以及5个中断源单独允许控制的相关位。中断允许控制寄存器的地址为A8H，位地址为AFH～A8H，具体格式如表7-4所列。

表7-4　中断允许控制寄存器IE

位地址	AFH	AEH	ADH	ACH	ABH	AAH	A9H	A8H
符　号	EA	—	—	ES	ET1	EX1	ET0	EX0

与中断有关的6个控制位具体内容是：

EA　中断允许总控制位。该位相当于所有中断源的软件"总开关"。
EA=0，禁止CPU响应所有中断源的中断申请，相当于关断管理中断系统的"总开关"。
EA=1，允许CPU响应所有中断源的中断申请，某个中断源的中断申请能通过这个"总开关"。

EX0(EX1)　外部中断允许控制位
EX0(EX1)=0，禁止CPU响应外部中断源0(1)的中断申请。
EX0(EX1)=1，允许CPU响应外部中断源0(1)的中断申请。

ET0(ET1)　定时/计数中断允许控制位
ET0(ET1)=0，禁止CPU响应定时/计数器0(1)的中断申请。
ET0(ET1)=1，允许CPU响应定时/计数器0(1)的中断申请。

ES　串行中断允许控制位
ES=0，禁止CPU响应串行中断申请。
ES=1，允许CPU响应串行中断申请。

注意： 因为IE寄存器在单片机复位之后为全零状态，所以这些位在复位之后都是零，即复位之后单片机禁止CPU响应所有中断源的中断申请。

EX*i*、ET*i*、ES相当于每个中断源的软件"分级开关"。这些软件"开关"也是判断程序设计是否采用了中断方式编程的必不可少的衡量标志。通常可以通过字节操作和位操作两种方法实现"开关"的动作。具体指令格式如下：

```
MOV   IE,#XXH            ;字节操作
SETB  EA                 ;位操作
SETB  EXi/ETi/ES
```

不难看出字节操作指令只有一条,但允许 CPU 响应哪个中断源的中断申请不直观。而位操作虽然指令至少要用两条,但一目了然。

可见,80C51 通过中断允许控制寄存器对中断的允许实行两级控制。以 EA 位作为总控制位,以各中断源的中断允许位作为分控制位。当总控制位禁止时,不管分控制位状态如何,整个中断系统为禁止状态;当总控制位允许时,才能由各中断源的分控制位设置各自的中断允许与禁止。80C51 复位后,(IE)=00H,因此,整个系统处于禁止状态。

这里所说的中断允许与禁止,实际上是中断的开放与关闭,中断允许就是开放中断,中断禁止就是关闭中断。单片机在中断响应后不会自动关闭中断。因此,在转向中断服务程序后,应使用有关指令禁止中断,即用软件方式关闭中断。

(4) 中断优先级控制

在 80C51 的单片机中,5 个中断源默认的优先级是表 7-1 中由上到下的顺序。单片机中断系统的中断优先级控制比较简单,只有高低两个优先级。各中断源的优先级由优先级控制寄存器 IP 进行设定(软件设置)。IP 寄存器地址为 B8H,位地址为 BFH~B8H,具体格式如表 7-5 所列。

表 7-5 中断优先级控制寄存器 IP

位地址	BFH	BEH	BDH	BCH	BBH	BAH	B9H	B8H
符 号	—	—	—	PS	PT1	PX1	PT0	PX0

PX0 外部中断源 0 优先级设定位;

PT0 定时器中断源 0 优先级设定位;

PX1 外部中断源 1 优先级设定位;

PT1 定时器中断源 1 优先级设定位;

PS 串行口中断源的优先级设定位。

某位=0 时,为默认的低优先级;某位=1 时,为高优先级,即优先级不是原来的默认优先级队列了。

中断优先级是为中断嵌套服务的,80C51 中断优先级的控制原则是:

① 低优先级中断请求不能打断高优先级的中断服务,反之则可以,从而实现中断嵌套;

② 如果一个中断请求已被响应,则同级的其他中断响应禁止;

③ 如果同级的多个中断请求同时出现,则按 CPU 查询次序确定哪个中断请求被响应。

高优先级队列中每个中断源的优先级先后顺序同默认状态一样,只不过每次要先查高优先级中是否有中断源申请中断,如果没有,再到低优先级队列中查看。

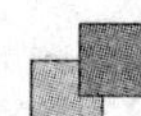

(5) 中断控制的编程方法

采用中断方式编程要注意两个关键的环节,一是入口地址要有程序,二是主程序中要设置允许中断的"开关"。这里总结出了关于中断编程的框架结构,以供参考。

```
        ORG     0000H
        LJMP    MAIN
        ORG     0003H
        LJMP    EX0_INT             ;外部中断源0的中断子程序,这里为了让开定时器T0的中断子程序入
                                    ;口,所以把外部中断源0的中断子程序放到了主程序的最后。当外部
                                    ;中断源0有中断申请之后,单片机就自动跳到这个地址中执行程序,
                                    ;如果这里没有安排程序指令,单片机就会出现程序跑飞现象
        ORG     000BH
        RETI                        ;虽然这个中断源未用,为了不使程序跑飞,这里加一条这样的指令,
                                    ;使程序非法进入后立即返回
        ORG     0013H
        RETI
        ORG     001BH
        RETI
        ORG     0023H
        RETI
        ORG     0030H               ;避开5个中断源的5个入口地址,从该地址开始存放主程序指令的
                                    ;机器码
        SETB    IT0                 ;设置外部中断源0的中断触发方式为边沿触发方式
        SETB    PX0                 ;设置外部中断源0的优先级最高
        SETB    EA                  ;设置中断允许位
        SETB    EX0
        SJMP    $                   ;等待中断的产生。如果外部中断不产生,则CPU在此反复执行本条指令,
                                    ;除非有外部中断源引发中断之后,会离开转入中断服务程序去执行
EX0_INT:                            ;从这里开始即为中断源0产生中断的子程序
        ⋮
        RETI                        ;中断子程序返回
```

例如:单个按键的中断编程控制如下:

K1和K2分别连接$\overline{\text{INT0}}$和$\overline{\text{INT1}}$引脚,利用下面的程序可以得知这两个外部中断源的优先级高低。

```
        ORG     0000H
        LJMP    MIAN
        ORG     0003H
        CPL     P1.0                ;若K1键按下产生低电平,则产生外部中断源0中断,此时P1.0引脚原
```

```
                        ;来的状态取反
        RETI
        ORG     0013H
        CPL     P1.1    ;若 K1 键按下不松开,K2 就不能实现 P1.1 引脚的状态取反。因为外部
                        ;中断源 1 的优先级低于外部中断源 0 的中断优先级
        RETI
        ORG     0030H
MAIN:   CLR     IT0
        CLR     IT1
        SETB    EA
        SETB    EX0
        SETB    EX1
        SJMP    $
```

7.2.3　中断过程

中断过程主要包括中断申请、中断优先级判别、中断响应、中断处理、中断返回 5 个主要阶段。中断申请就是各中断源按照自己的触发方式,影响标志位的过程,这个过程能用外部事件的变化或计数满以及串口数据收/发完成等突发事件,打断 CPU 正在进行的操作,申请 CPU 拿出一部分时间为之服务。中断优先级判别是在有多个中断源发出中断申请时,需要通过适当的办法(软件的,硬件的,软、硬件结合的)决定究竟先处理哪个中断申请。中断响应就是单片机 CPU 对中断源提出中断申请的接受。中断申请被响应后,再经过一系列的操作,而后转向中断服务程序,完成中断所要求的处理任务,最后返回断点处继续运行主程序。下面对 80C51 单片机的整个中断过程,重点介绍以下几个方面。

1. 外部中断申请的采样

中断响应过程的第一步是中断申请采样。所谓中断申请采样,其实质就是如何识别外部中断请求信号,并把它锁定在 IE0 和 IE1 标志位中。只有外部中断源申请才有采样的问题。

单片机 CPU 在每个机器周期的 S5P2(第 5 状态第 2 拍节)对外部中断源申请引脚 $\overline{\text{INT0}}$ (P3.2)和 $\overline{\text{INT1}}$ (P3.3)进行采样。外部中断源的中断申请有电平触发和边沿触发两种方式。

对于电平触发方式的外部中断源中断申请,若采样到高电平,表明没有中断请求,TCON 的 IE0 或 IE1 继续为 0;若为低电平,则中断申请有效,硬件自动将 IE0 或 IE1 置 1。这实际上相当于把中断申请信号反相后锁定在相应的标志位中。

对于边沿触发方式的外部中断申请,若在两个相邻机器周期采样到的是先高电平后低电平,则中断申请有效,IE0 或 IE1 置 1;否则 IE0 或 IE1 继续为 0。可见,在边沿触发方式下,为保证中断申请有效,中断申请的高低电平的持续时间应在 1 个机器周期以上。

除外部中断方式之外,其他中断源的中断申请都发生在单片机芯片的内部,可以直接置位

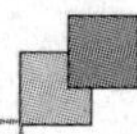

相应的中断申请标志位，因此不存在采样问题，但同样存在从中断申请信号发生到中断申请标志位置位的过程。

2. 中断查询与响应

(1) 中断查询

采样解决的是中断申请的锁定问题，即把有效的外部中断申请信号锁定在中断申请标志位中。紧接着的问题是：CPU 如何知道中断申请的发生？通过 CPU 对中断申请标志位的查询即可知道。通常把这种查询称之为中断查询，为此，80C51 在每一个机器周期的最后一个状态(S6)，按前述优先级顺序对中断申请标志位进行查询。如果查询到有标志位为 1，则表明有中断申请发生，CPU 就从紧接着的下一个机器周期的 S1 状态开始中断响应。

(2) 响应条件

当查询到有中断申请后，CPU 要响应中断还要有下列条件：

① 无同级或高级中断正在服务；

② 当前指令周期结束，如果查询中断申请的机器周期不是当前指令的最后一个周期，则 CPU 不响应中断申请；

③ 若现行指令是 RETI、RET 或访问 IE、IP 指令，则需要执行到当前指令的下一条指令方可响应。

如果同时满足上述条件，就在下一个机器周期响应中断；否则，丢失中断查询结果。

(3) 响应过程

80C51 单片机响应中断后，自动执行下列操作：

① 置位中断优先级有效触发器，即关闭同级和低级中断；

② 自动转入相应的中断子程序入口地址，断点处 PC 内容自动入栈，相当于 LCALL 指令；

③ 进入中断服务程序。

(4) 中断响应时间

所谓中断响应时间，是指从查询中断申请标志位到转向中断服务入口地址所需的机器周期数。

① 最快响应时间。以外部中断的电平触发为最快。从查询中断申请信号到中断服务程序需要 3 个机器周期：

1 个周期(查询)＋2 个周期(长调用 LCALL)

② 最慢响应时间。若当前指令是 RET、RETI 和访问 IP、IE 指令，紧接着下一条指令是乘除指令，则最慢响应时间为 8 个周期：

2 个周期(执行当前指令，其中含有 1 个周期查询)＋4 个周期(乘除指令)＋2 个周期(长调用)＝8 个周期

当然,如果系统不是一个中断源,有高级别的中断正在执行,那等待时间又另当别论了。

3. 中断返回

在中断服务程序的最末尾要用 RETI 指令完成下面的具体操作:

① 恢复中断逻辑,打开同级和低级中断;

② 从堆栈的栈顶取出 2 字节的地址还给 PC;

③ 返回主程序。

RETI 指令将清除"优先级激活"触发器(响应时置位),然后由堆栈弹出的 2 字节地址装入到 PC 中。

7.3 80C51 单片机的定时/计数器

80C51 单片机内部有 2 个 16 位、具有定时和计数功能的定时器,一个叫定时器 T0,另一个叫定时器 T1,它们在单片机内部是由两个加 1 计数器构成的硬件。其中 T0 由 2 个 8 位特殊功能寄存器 TH0(高 8 位)和 TL0(低 8 位)组成,这两个寄存器用来存储计数器的当前结果。T1 也由 2 个 8 位特殊功能寄存器 TH1(高 8 位)和 TL1(低 8 位)组成。每个定时器都有不同的工作方式,可以工作在定时或计数的模式之下,只要对特殊功能寄存器 TMOD 和 TCON 编程就可以。在很多实际的单片机系统中,经常使用定时器完成处理时间有关的问题和外部脉冲数量等问题,这样可以达到事半功倍的效果。

7.3.1 定时的方法

目前常用的定时方法有软件定时、硬件定时、软件和硬件结合定时 3 种。其中软件定时的优点是方便,只要让一些执行时间固定的指令重复执行若干次,就可以产生在时间上的延迟,进而实现定时,但是它定时不精确、误差大,而且因占用 CPU 的执行时间,从而使 CPU 的工作效率大大降低;硬件定时最常采用的是用 555 定时器构成振荡电路,虽然可以在一定程度上满足用户的精度要求,但是无法适应用户变化的定时要求,如果用户的定时时间改变,不改硬件就无法继续工作了。为兼顾以上两种方法的优缺点,我们建议最好采用软件和硬件相结合的定时方法,这样既能满足一定的精度要求,又能根据用户的实际定时要求,方便地调整定时时间,而不用重新修改硬件电路,并且硬件定时器的电路可以与 CPU 同步工作,从而提高了 CPU 的工作效率,使设计方便、灵活、高效。在 80C51 的单片机内部正好有这样可以用软件编程控制的 2 个硬件定时器,能方便地实现软件和硬件结合的定时方法。

7.3.2 定时器的两种工作模式

在 80C51 的单片机中,有 2 个 16 位定时器 T0 和 T1。它们既可工作于定时模式,也可工作于计数模式，通过 TMOD 特殊功能寄存器的 C/$\overline{\text{T}}$ 可以编程选择定时器的工作模式。

1. 定时模式

当编程设定 C/$\overline{\text{T}}$ 位为“0”时，定时器工作于定时的工作模式。此时，单片机内部的硬件计数器，记录机器周期的个数，每个机器周期使计数器的值加 1。因为系统的时钟周期固定，所以每个机器周期的时间间隔也是固定的，这样也就意味着，单片机每记录一个数的时间是固定的。如果想利用单片机定时，那么让定时器记录指定数量的立即数即可。根据单片机振荡周期和机器周期的关系，这里定时器计数频率是振荡频率的 1/12。例如，单片机晶振频率为 12 MHz 时，则计数脉冲频率为 1 MHz，所以单片机记录一个数的时间间隔是 1 μs。如果想让单片机的定时器定时 1 ms，则此时让定时器记录 1000 个数即可。

2. 计数模式

通过 TMOD 特殊功能寄存器的 C/$\overline{\text{T}}$ 位编程设定为“1”，可以将定时器设定成计数的模式，这时内部的计数器硬件记录的脉冲，是来自相应的外部输入引脚，定时器 T0 为 P3.4 引脚，定时器 T1 为 P3.5 引脚。当输入信号每次产生由“1”到“0”的负跳变时，计数寄存器(TH0、TL0 或 TH1、TL1)都在原来值的基础上加 1。

计数模式下，单片机在每个机器周期的 S5P2 期间对外部输入进行采样。如在第一个周期中采得的值为 1，而在下一个周期中采得的值为 0，则在紧跟着的下一个周期的 S3P1 期间，计数值就加 1。由于确认一次下跳变化需要 2 个机器周期，即 24 个振荡周期，因此，外部输入的计数脉冲的最高频率不能高于振荡频率的 1/24，否则单片机的定时器就监测不到电平的变化。对信号占空比的要求为：只要高、低电平持续时间不小于 1 个机器周期即可。

3. 定时和计数的联系与区别

① 联系。其实无论定时的模式还是计数的模式，单片机内部对应的都是一个计数器，都是在记录脉冲数的变化，然后在原来计数值的基础上进行加 1 操作，最后将计数结果保存在 2 个 8 位寄存器内。

② 区别。这两种工作模式的区别在于其记录脉冲数的来源不同。

定时工作模式记录的脉冲数是周期固定的机器周期的数量；而计数的工作模式，信号是来自外部引脚的脉冲，代表外部事件变化规律的脉冲信号，这个脉冲的周期不一定有规律，有可能是一个周期不定的信号。比如，记录一个会场入口处进来的人数，假定通过相应的传感器将人数变化变成了对应的脉冲变化，这个脉冲信号就是一个非周期的信号，定时器此时记录这个信号，至于什么时候在原来值的基础上加 1，要取决于入口是否来人，产生对应的脉冲信号。所以计数跟外部事件有关，而定时和外部事件无关。

7.3.3 定时器的控制

定时器是一个可以用软件编程控制的硬件，与定时器/计数器有关的控制寄存器有定时器控制寄存器和工作方式控制寄存器。

1. 定时器控制寄存器 TCON

TCON 既参与中断控制，又参与定时器/计数器控制，其格式参见表 7.2。此处只介绍与定时器/计数器有关的控制位。

TF0(TF1)——计数溢出标志位。当计数器计数溢出(计满)时，该位由硬件自动置 1。使用查询方式时，此位作状态位。但应注意：查询有效后应以软件方式手动及时将该位清除。而使用中断方式处理溢出时，该位作中断标志位，在转向中断服务程序之后，由硬件自动清 0。

TR0(TR1)——定时器的运行控制位，相当于一个启停定时器的软件“开关”，很方便地控制定时器的启停。该位需软件置 1 或清 0。

TR0(TR1)=0，停止定时器工作。

TR0(TR1)=1，启动定时器开始工作。如“SETB　TR0”就可以让定时器 T0 从这个时刻开始工作。

2. 工作方式控制寄存器 TMOD

TMOD 寄存器是一个定时器专用寄存器，主要用于控制 T0 和 T1 的工作方式。但 TMOD 寄存器不能位寻址，意味着它的所有位不能进行位操作，只能以整字节传送指令设置其内容。各位的定义如图 7.3 所示。

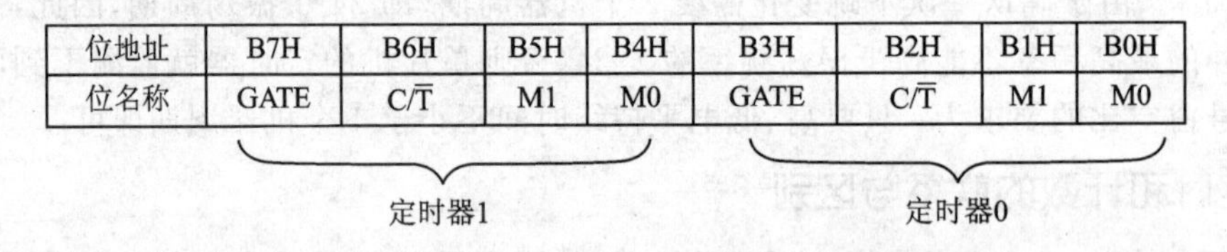

位地址	B7H	B6H	B5H	B4H	B3H	B2H	B1H	B0H
位名称	GATE	$C/\overline{T}$	M1	M0	GATE	$C/\overline{T}$	M1	M0

图 7.3　TMOD 寄存器各位的定义

从 TMOD 寄存器的格式中可以看出，其低半字节用于定义定时/计数器 0，高半字节用于定义定时/计数器 1，其中：

① GATE 是门控位，主要是通过编程设定定时器的运行是否受到门控信号 $\overline{\text{INT0}}$(或 $\overline{\text{INT1}}$)的影响。

GATE=0，定时器的运行不受门控信号 $\overline{\text{INT0}}$(或 $\overline{\text{IHT1}}$)的控制，只由 TR0(或 TR1)控制启停即可。

GATE=1，定时器的运行要受到来自 $\overline{\text{INT0}}$(或 $\overline{\text{INT1}}$)引脚的输入电平和 TR0(或 TR1)双重控制，仅当 $\overline{\text{INT0}}$(或 $\overline{\text{INT1}}$)引脚的输入电平为高且 TR0=1(或 TR1=1)时定时器才可以运行。如果 $\overline{\text{INT0}}$(或 $\overline{\text{INT1}}$)引脚电平从高变到低，那么定时器立刻停止计数，利用这一特性可以用来测量在 $\overline{\text{INT0}}$(或 $\overline{\text{INT1}}$)引脚上的正脉冲的宽度。

② $C/\overline{T}$ 是定时器的工作模式选择位。

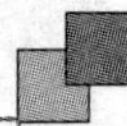

C/$\overline{T}$=0,选择定时模式;C/$\overline{T}$=1,选择计数模式。

③ M1M0 是定时器工作方式选择位。有 4 种工作方式,如表 7-6 所列。

表 7-6　M1、M0 控制的定时器 4 种工作方式

M1	M0	工作方式	功能描述
0	0	方式 0	13 位计数器
0	1	方式 1	16 位计数器
1	0	方式 2	初值自动重装 8 位计数器
1	1	方式 3	T0 分成 2 个独立的 8 位;T1 对外部停止计数,但此时可以用作串行口波特率发生器

7.3.4　定时器的工作方式

80C51 单片机的定时器 T0 有 4 种工作方式,而 T1 只有 3 种。不同的方式有不同的功能,不同的要求须选择合适的工作方式去适应。下面分别予以介绍。

1. 方式 0

当通过对 TMOD 的 M1、M0 编程设为"0、0"时,即可将定时器设定成为方式 0,T0 或 T1 都可以工作在这种方式之下,且其内部结构也一样,是 13 位计数器,其中,TH 为 8 位,TL 为 5 位。这里以定时器 T0 为例,介绍方式 0。

(1) 电路结构

图 7.4 是定时器 T0 的内部逻辑结构。T1 与 T0 完全相同。

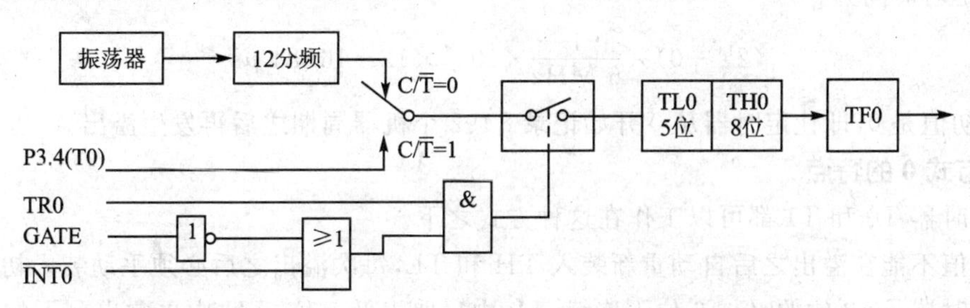

图 7.4　定时器 T0 方式 0 的内部逻辑结构图

从图 7.4 中看出,计数器由 TH0 的全部 8 位和 TL0 的低 5 位构成。TL0 的高 3 位弃之不用。如图 7.4 所示,当 C/$\overline{T}$=0 时,多路开关接通振荡脉冲的 12 分频输出,13 位计数器以此脉冲进行计数,这就是定时方式;C/$\overline{T}$=1 时,多路开关接通计数引脚 P3.4(T0 的外部脉冲输入端),当计数脉冲发生负跳变时,计数器在原来值的基础上加 1,结果存到 TH0 和 TL0 中。这就是计数方式。

不管是定时还是计数方式，当 TL0 的低 5 位计数溢出时，向 TH0 进位；而全部 13 位计数溢出时，则向计数溢出标志位 TF0 进位（置位）。

这里，需说明一下工作方式寄存器 TMOD 中门控位 GATE 的功能。当 GATE＝0 时，由于 GATE 信号取反封锁了“或”门，使引脚$\overline{\text{INT0}}$信号无效。而这时，“或”门输出端的高电平状态却打开了“与”门。因此，可由 TR0 的状态来控制计数脉冲的接通与断开。这时，如 TR0＝1，则接通模拟开关，使计数器进行加 1 计数，即定时器工作；如 TR0＝0，则断开，停止计数，T0 不能工作。因此，在单片机的定时器应用中，如果不使用门控信号，应注意使 GATE 位清 0。

当 GATE＝1，同时 TR0＝1 时，这个电路的“或”门和“与”门全部打开，计数脉冲的接通与断开由外部引脚$\overline{\text{INT0}}$信号控制。当该信号为高电平时，计数器工作；当该信号为低电平时，计数器停止工作。这种情况可用于测量外部信号的脉冲宽度。

(2) 方式 0 下的应用

在方式 0 的计数模式下，计数值的范围是：$1\sim2^{13}$(8192)。

当为定时模式时，定时时间为：

$$(2^{13}-\text{计数初值})\times\text{振荡周期}\times12$$

或

$$(2^{13}-\text{计数初值})\times\text{机器周期}$$

若晶振频率为 6 MHz，则最小定时时间为：

$$[2^{13}-(2^{13}-1)]\times\frac{1}{6\ \text{MHz}}\times10^{-6}\times12=2\ \mu\text{s}$$

此时初值是 8191，即只让定时器记录一个机器周期就发生溢出。

最大定时时间为：

$$(2^{13}-0)\times\frac{1}{6\ \text{MHz}}\times10^{-6}\times12=16\,384\ \mu\text{s}$$

此时初值是 0，即让定时器从 0 开始记录 8192 个机器周期之后再发生溢出。

(3) 方式 0 的特点

① 定时器 T0 和 T1 都可以工作在这种方式之下。

② 初值不能在溢出之后自动重新装入 TH 和 TL，每次溢出之后必须手动装入初值。

③ 定时器是 13 位的，但 13 位不连续，TL 中只取出低 5 位，TH 中再拿出剩下的 8 位，这样初值如果设定成 8190，因为 8190＝1FFEH，把 1FFEH 变成 1111111111110B，取出它的低 5 位装入 TL0＝1EH，然后再取出剩下的 8 位装入 TH0＝FFH，这一点给初值的装入带来了很大的不方便。但是如果我们能注意这个特点，也可以灵活运用方式 0。

④ 2 个定时器 T0 和 T1 此时完全独立，每个定时器都有自己的控制位和标志位。

(4) 方式 0 的应用举例

【例 7.1】 设单片机的晶振频率 $f_{osc}=6$ MHz，使用定时器 T1 工作在方式 0 下，产生周期

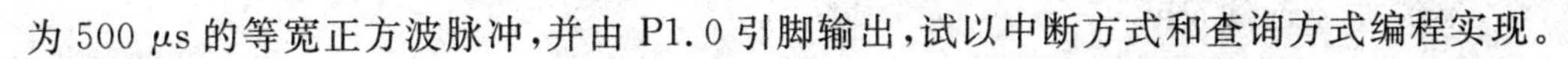

为 500 μs 的等宽正方波脉冲，并由 P1.0 引脚输出，试以中断方式和查询方式编程实现。

解

① 计算计数初值：要产生 500 μs 的等宽正方波脉冲，实质就是要在 P1.0 引脚以 250 μs 为间隔，交替输出高低电平。为此，定时间应为 250 μs。因为系统的 $f_{osc}=6$ MHz，所以一个机器周期为 2 μs，设待求计数初值为 X，则：

$$(2^{13}-X)\times 2\times 10^{-6}=250\times 10^{-6}$$

求得 $X=8067$，转换为二进制数，为 11111100 00011B。按照方式 0 的特点 3，取出这个数的低 5 位 00011B 为 03H 放入低 8 位寄存器 TL1，所以 TL1 = 03H；然后再取出 1111110000011B 的剩余 8 位 11111100B，即 0FCH，装入高 8 位寄存器 TH1 中，所以 TH1=0FCH。

② TMOD 初始化：为把定时/计数器 1 设定为方式 0，应使 M1M0=00；为实现定时功能，应使 $C/\overline{T}=0$；为实现 T1 的运行不受门控而只由 TR1 控制，应使 GATE=0；将定时/计数器 1 其他不用的有关位设定为 0。因此，TMOD 应初始化为 00H。

③ 由定时器控制寄存器 TCON 中的 TR1 位控制定时器的启动和停止。TR1=1，启动；TR1=0，停止。

④ 程序设计：中断方式源程序如下。

```
;主程序
        ORG     0000H
        LJMP    MAIN
        ORG     001BH
        LJMP    LT1
MAIN:   MOV     TMOD,#00H       ;T1 为方式 0,非门控定时
        MOV     TH1,#0FCH       ;定时器的初值高 8 位装入 TH1
        MOV     TL1,#03H        ;定时器的初值低 5 位装入 TL1
        SETB    EA              ;允许 CPU 处理所有中断源的中断申请,这是打开总中断的“开关”
        SETB    ET1             ;允许定时器 T1 溢出中断,这相当于打开定时器 T1 的分级“开关”
        SETB    TR1             ;启动定时器 T1 开始定时,从这个时刻开始定时器才开始记录机器
                                ;周期的个数
        SJMP    $               ;CPU 原地踏步,等待中断的产生
;中断程序
LT1:    MOV     TH1,#0FCH       ;重新手动装入初值
        MOV     TL1,#03H
        CPL     P1.0            ;将 P1.0 引脚的电平取反之后输出
        RETI                    ;中断子程序结束,返回主程序
```

若改用查询方式，则源程序改为：

```
        MOV     TMOD,#00H
        MOV     TH1,# 0FCH
        MOV     TL1,#03H
        MOV     IE,#00H           ;禁止中断
        SETB    TR1
LOOP:   JB      TF1,LOOP1         ;查询计数溢出标志,判断定时的时间是否到
        AJMP    LOOP              ;未到则继续重新查询标志位 TF1
LOOP1:  MOV     TH1,#0FCH         ;定时时间到,重新装入初值
        MOV     TL1,#03H
        CLR     TF1               ;因为用了软件查询方式,所以这里要用 CLR TF1 这样的软件指令手
                                  ;动清 0
        CPL     P1.0              ;引脚状态取反
        AJMP    LOOP              ;处理完成定时时间到的任务之后,再返回 LOOP 处继续判断下一次
                                  溢出情况
```

2. 方式 1

方式1与方式0几乎完全相同,唯一差别是方式1是16位而方式0是13位。此时定时器寄存器TH0(或TH1)和TL0(或TL1)是以全16位参与操作的。

举例:还是上例,考虑到以全16位参与操作,则有:

$$(2^{16}-X)\times 2\times 10^{-6}=250\times 10^{-6}$$

求得:$X=65\,411=0FF83H$,所以,初值为:TH1=0FFH,TL1=83H。其余与方式0相同。

3. 方式 2

方式0和1的最大特点是计数溢出后,计数器为全0。因此,循环定时或计数时就要反复设置计数初值,这非常不便。方式2就是针对此情况而设计的,它具有自动重新加载功能,即可以自动加载计数初值。可以说,方式2是自动重新加载工作方式。该方式下,把16位计数器分为两部分,TL作计数器,TH作预置寄存器,初始化时,把计数初值同时放入TL和TH中(二者内容完全相同)。当计数溢出后,预置寄存器TH以硬件方式自动给TL重新加载。记住,这里是8位计数器。

(1) 电路结构

图7.5是定时/计数器0在工作方式2下的逻辑结构。

初始化时,8位的计数初值同时装入TL0和TH0中。当TL0溢出时,置位TF0,同时把TH0中的计数初值自动加载到TL0。TL0重新计数,如此重复不止,这不但省去了初值重装指令,而且还提高了定时精度。但这种方式是8位计数方式,所以计数的最大值只能为256个。

这种初值自动重新加载的方式别适用于循环定时或计数应用,如产生固定宽度脉冲。此

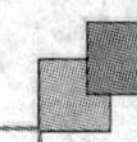

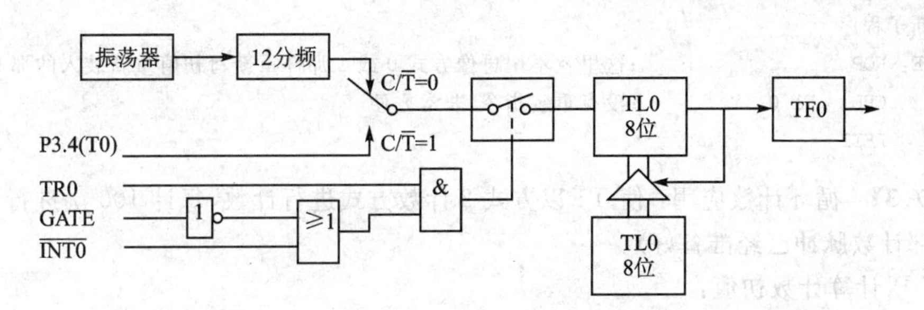

图 7.5 定时器方式 2 的逻辑结构

外,定时器 T1 工作于这种工作方式可以作串行口数据通信的波特率发生器使用。

(2) 方式 2 的特点

- 定时器 T0 和 T1 都可以工作在这种方式之下。
- 初值能在溢出之后自动由 TH1(或 TH0)中取出,然后由硬件自动重新装入 TL1(或 TL0)中。
- 定时器是 8 位的,所以记录数的范围小,只能是 256 范围内。
- 每个定时器的高 8 位 TH1(或 TH0)和低 8 位 TL1(或 TL0)单独完成各自不同的功能。低 8 位 TL1(或 TL0)作为计数器的计数结果存储寄存器,高 8 位 TH1(或 TH0)作为预置寄存器,存储预置的初值。

(3) 方式 2 的应用

【例 7.2】 循环定时应用:用 T0 以方式 2 产生 100 μs 定时,在 P1.0 输出周期为 200 μs 的连续方波,设晶振频率为 6 MHz。

解 ① 计算初值 X:

$$(2^8-X)\times 2\times 10^{-6}=100\times 10^{-6}$$

求解得:$X=206=$0CEH,所以 TL0=0CEH,TH0=0CEH。

② TMOD 初始化:

M1=1,M0=0,GATE=0,C/$\overline{T}$=0,T1 不用,所以 TMOD=02H。

③ 程序设计(中断方式):

```
;主程序
MAIN:  MOV   TL0,#0CEH
       MOV   TH0,#0CEH
       MOV   TMOD,#02H
       SETB  EA
       SETB  ET0
       SETB  TR0
       SJMP  $
```

```
      ;中断子程序
SERVE: NOP                    ;这里就不用再像方式 0 或 1 那样重新写初值重新装入的那 2 条语句了
       CPL   P1.0             ;没有重装指令,非常方便
       RETI
```

【例 7.3】 循环计数应用:使 T1 以方式 2 计数方式进行计数,每计 100 次进行 A 的加 1 操作(外部计数脉冲已经准备好)。

解 ① 计算计数初值:

$2^8-100=156D=9CH$,所以 TH1=9CH,TL1=9CH。

② TMOD 初始化:

GATE=0,$C/\overline{T}=1$,M1=1,M0=0,所以 TMOD=60H。

③ 程序设计(查询方式):

```
       MOV   IE,#00H
       MOV   TMOD,#60H
       MOV   TH1,#9CH
       MOV   TL1,#9CH
       SETB  TR1
DELY:  JBC   TF1,LOOP         ;判断溢出标志位为"1"跳转,同时清 0 标志位 TF1
       SJMP  DELY
LOOP:  INC   A                ;这里是够了 100 次之后的操作,可以看出也不用重新装入初值
       SJMP  DELY
```


4. 方式 3

上述 3 种方式下,对 T0 和 T1 的设置和作用是完全相同的;但在方式 3 下,T0 和 T1 的设置及作用是不同的。

对于定时器 T1,设置为方式 3 将使它保持原有的计数值,其作用如同使 TR1=0,即停止计数,所以确切的说是定时器没有工作方式 3,它只有前 3 种工作方式。

对于定时器 T0,设置为方式 3,将使 TL0 和 TH0 成为两个互相独立的 8 位计数器,逻辑结构如图 7.6 所示。

其中,TL0 用了 T0 本身的一些控制位:$C/\overline{T}$,GATE、TR0 和 TF0。它的操作情况与方式 0、1 类同。但 TH0 被规定只能工作在定时模式,对机器周期计数,用到了定时器 T1 的控制位:TR1 和 TF1,所以,这时 TH0 占用了 T1 的标志位和控制位,此时定时器 T1 不能工作在中断方式下了。

方式 3 适用于要求增加一个额外的 8 位定时器的场合,把 T0 设为方式 3,TH0 占用了 T1 的标志位和控制位;而 T1 还可以设为方式 0~2,用在任何不需要中断的场合,如此时可以让定时器 T1 工作于方式 1,通常作为波特率发生器使用。

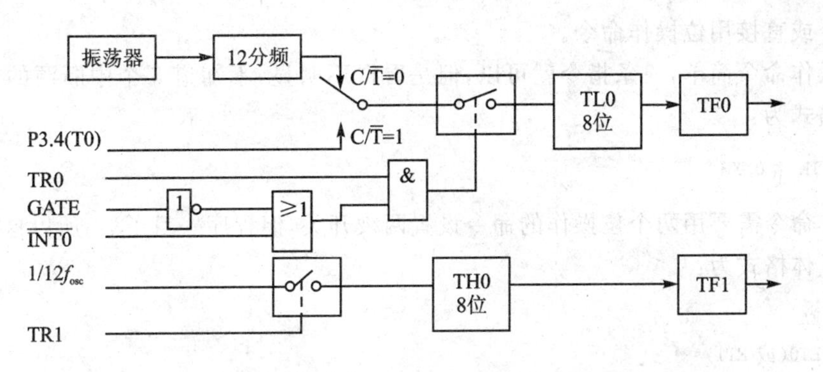

图 7.6 定时器 T0 方式 3 的逻辑结构

7.4 80C51 单片机的定时器与中断联合应用举例

在利用定时器完成实际任务时,经常采用的方法有查询和中断两种方法。查询方法程序设计思路简单,只要用 JNB 或 JB 这样的条件转移指令判断溢出的标志位就可以了,但是这样的程序设计出来之后,CPU 的执行效率通常不高,故希望能采用中断的方式编程控制定时器的应用。定时器采用中断方式编程可以提高 CPU 的运行效率,节省系统开销。用下面介绍中断的程序设计思路,可以使定时器的中断编程变得容易掌握。

(1) 定时器初始化

主要包括定时器的方式选择、工作模式、门控情况、初始值设定、定时器启动等几个环节,具体可以用下面的程序模块来完成定时器的初始化设定。

```
MOV    TMOD,#0xXH
MOV    TH0,#0xXH
MOV    TL0,#0xXH
SETB   TR0
```

其中初值设定可以采用预置末数法和预置初数法两种方法实现。预置末数法就是让定时器的初值从 0 开始计数,到了预置的结果结束计数,但是这种方法必须人为判断计数是不是到了预置的末数,而且也不能自动产生标志 TF0(或 TF1)位置 1 的结果,故不能将这种方法应用于中断的编程方式中。预置初数法是我们普遍采用的一种方法,让定时器计数从某个预置的初值开始,向上加 1 计数,等到了最大值之后定时器相应的硬件自动将标志 TF0(或 TF1)位置 1,以供程序查询或直接产生中断。

(2) 中断初始化

主要是在主程序中使能两级中断开关,一个是总的中断开关 EA,另一个是定时器中断开关 ET0(或 ET1),这是判断程序设计是否采用中断方式的标志所在。具体程序设计可以用字节操作命令或直接用位操作命令。

字节操作命令简单，一条指令就可以，但是看得不明显，不知道 5 个中断源的使能情况怎样。具体格式为：

```
MOV   IE,#0XXH
```

位操作命令需要用两个位操作的命令设置两级开关，但程序一目了然，所以这种形式被普遍采用。具体格式为：

```
SETB  EA
SETB  ET0(或 ET1)
```

(3) 定时器中断程序设计

除了主程序中，要对定时器和中断进行初始化之外，为了避免定时器中断程序占用其他中断源的程序入口地址，所以也要采用下面的格式，进行规格化定时器的中断子程序设计框架：

```
ORG   0000H          ;单片机的复位地址
LJMP  MAIN           ;转主程序
ORG   0003H
RETI                 ;虽然这个中断源没有使用，为了不使程序跑飞，在这里加一个这样的指令，
                     ;使程序非法进入后立即返回
ORG   000BH
LJMP  ET0_INT        ;转到真正的定时器 T0 的中断服务子程序上
ORG   0013H
RETI
ORG   001BH
RETI
ORG   0023H
RETI
ORG   0030H
;主程序部分
END
```


【例 7.4】 由单片机模拟“嘀、滴、…”的报警声。

① 设计任务分析：生活中，我们常常能听到各种各样的报警声，例如“嘀、嘀、…”就是常见的一种声音报警声，但对于这种报警声，嘀 0.2 s，然后断 0.2 s，如此循环下去。假设嘀声的频率为 1 kHz，则报警声时序图如图 7.7 所示。

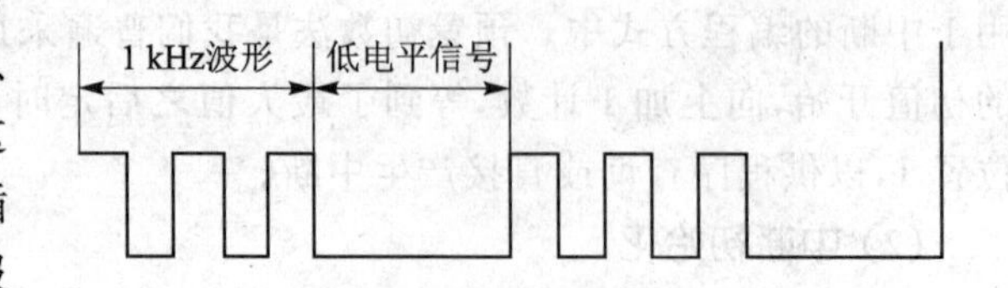

图 7.7 “嘀、滴、…”的报警声音波形图

这里，用AT89C51单片机产生"嘀、嘀、…"报警声，从P1.0端口输出，产生滴声频率为1 kHz波形。根据图7.7可知：1 kHz方波从P1.0输出0.2 s，接着0.2 s从P1.0输出低电平信号，如此循环下去，就形成我们所需的报警声了。这样把上面的信号分成两部分，一部分为1 kHz方波，占用时间为0.2 s；另一部分为低电平信号，也是占用0.2 s；因此，利用单片机的定时/计数器T0作为定时器，可以定时0.2 s；同时，也要用单片机产生1 kHz的方波，对于1 kHz的方波信号周期为1 ms，高电平占用0.5 ms，低电平占用0.5 ms，因此也采用定时器T0来完成0.5 ms的定时；最后，可以选定定时/计数器T0的定时时间为0.5 ms，而要定时0.2 s则是0.5 ms的400倍，也就是说以0.5 ms定时400次就达到0.2 s的定时时间了。

定时(0.5 ms)溢出中断×软件计数器计数(400次)＝0.2 s

② 主程序流程：主程序流程如图7.8所示。

③ 中断程序：中断程序流程图如图7.9所示。

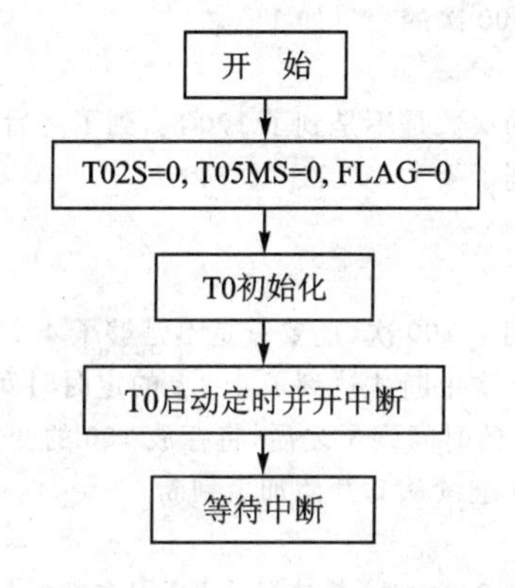

图7.8 "嘀、滴、…"报警主程序流程图

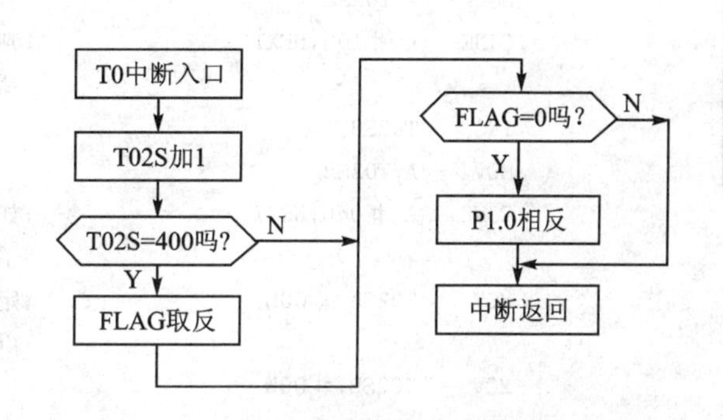

图7.9 "嘀、滴、…"报警中断程序流程图

汇编语言源程序如下：

```
        T02SA   EQU     30H             ;定义一个标号 T02SA，代表内存单元 30H，用来存
                                        ;储 100 次
        T02SB   EQU     31H             ;定义一个标号 T02SB，代表内存单元 31H，4 次，
                                        ;这样 100 × 4 = 400 次
        FLAG    BIT     00H             ;定一个标志位 FLAG 用来判断是不是到了 0.2 s，
                                        ;每隔一个 0.2 s 产生一个 1 kHz 的方波
        ORG     0000H
        LJMP    START
        ORG     000BH                   ;定时器 T0 的中断入口地址
        LJMP    T0_INT                  ;转入定时器 T0 的中断服务程序
START:  MOV     T02SA，# 00H
        MOV     T02SB，# 00H
        CLR     FLAG                    ;标志位清零，以便复位之后先开始产生 1 kHz 的方波，
```

```
                                   ;先发出“嘀嗒”的声音
          MOV   TMOD,#01H          ;设定定时器工作在方式1、非门控定时状态
          MOV   TH0,#(65536-500)/256  ;计算出0.5 ms定时时间,所对应的T0初值的高16位,
                                   ;装入定时器的TH0寄存器
          MOV   TL0,#(65536-500) MOD 256  ;算出低16位的值,装入TL0
          SETB  EA                 ;设置中断总开关
          SETB  ET0                ;允许定时器T0溢出中断
          SETB  TR0                ;启动定时器T0,定时从这时开始
          SJMP  $                  ;等待定时器溢出中断
T0_INT:   MOV   TH0,#(65536-500)/256  ;因为定时器T0的方式1,初值不能重新装入,所以每次
                                   ;中断之后要手动再次重新装入,这样才能连续地产生
                                   ;连续相同的延迟时间
          MOV   TL0,#(65536-500) MOD 256
          INC   T02SA              ;记录中断100次的变量加1
          MOV   A,T02SA
          CJNE  A,#100,NEXT        ;判读中断的次数是不是到了100次,到了之后还有判
                                   ;断是不是到了4个100次
          INC   T02SB
          MOV   A,T02SB
          CJNE  A,#04H,NEXT        ;如果中断到了100次,还要看是不是够了4个100,够
                                   ;了4个100次中断才达到了0.2 s的定时时间
          MOV   T02SA,#00H         ;定时0.2 s的时间到了之后,将存放100的变量清0,
                                   ;以便下一次继续从0开始加1判断
          MOV   T02SB,#00H
          CPL   FLAG               ;定时到了0.2 s之后,标志位取反,用来判断是应该输
                                   ;出“嘀嗒”的声音,还是保持低电平,停止发声音
NEXT:     JB    FLAG,DONE          ;如果标志位等于0,则每次中断之后都要把P1.0的引
                                   ;脚状态取反,构成1 kHz的方波输出,如果标志位等于
                                   ;1,则不改变P1.0引脚的状态,而是一直保持0.2 s的
                                   ;低电平输出不变
          CPL   P1.0
DONE:     RETI                     ;中断返回指令,回到主程序断点处,继续等待下一次定
                                   ;时器溢出中断的产生
          END
```


本章小结

单片机的中断系统是系统结构中一个重要组成部分,能有效解决慢速工作的外围设备与快速工作的CPU之间的矛盾,从而提高CPU工作效率,提高实时处理功能。中断处理的过

程大致可分为中断申请、中断优先级判别、中断响应、中断处理和中断返回 5 个步骤。

定时/计数器可以实现定时控制、延时、脉冲计数、脉宽测量、频率测量、信号发生等功能，在串行通信中，也可作为波特率发生器。80C51 单片机有 2 个定时/计数器，定时器采用的是对内部脉冲的计数；计数器采用的是对外部脉冲计数。每个定时器的计数信号来自片内振荡器的 12 分频，即每过一个机器周期，计数器加 1，直至计数器溢出。计数方式的外部脉冲是从 T0 或 T1 引脚输入的，外部脉冲的下降沿触发计数器计数，直至计数器溢出。通过对定时/计数器初值（TH0、TH1、TH1、TL1）的设置可以改变计数器的溢出时间，从而实现不同的定时时间。80C51 单片机定时/计数器有 4 种工作方式，工作方式不同，其最大计数值也不相同。

本章习题

7.1　什么是中断？在单片机中中断能实现哪些功能？

7.2　80C51 单片机共有哪些中断源？可分为哪几类？

7.3　简述 80C51 单片机的中断源各自的入口地址。

7.4　外部中断源的触发方式有几种？分别是什么？

7.5　比较采用查询方式和中断方式的优缺点。

7.6　什么叫中断优先级？同一级别中哪一个中断源的优先级别最高？

7.7　简述 80C51 响应中断的条件。

7.8　定时和计数的区别与联系是什么？

7.9　定时的 3 种方法分别是（　　）、（　　）和（　　）。单片机的定时器 T0 有（　　）种工作方式。

7.10　试用单片机的定时方式产生频率为 100 kHz 的等宽矩形方波，假设单片机的时钟频率为 12 MHz，试编程实现之。

7.11　以定时/计数器的方式 1 进行外部时钟脉冲的计数。要求计 1 000 次后，使定时器 0 输出周期为 20 ms 的等宽方波。假设单片机的时钟频率为 6 MHz，试编程实现之。

7.12　80C51 定时器 T0 的 4 种工作方式中，在主频 $f_{osc}=12$ MHz 的情况下，最长的延时时间是多少？如何实现较长时间的延时？

7.13　简述用定时器扩展外部中断的原理及过程。

7.14　试用单片机的定时方式产生周期为 2 ms 的方波，要求其高、低电平的占空比为 1:2。假设单片机的时钟频率为 12 MHz，试编程实现之。

7.15　分析例 7.4 中是如何保证每次停止发声音时，都是低电平的，这和那些因素有关？

7.16　如何知道单片机的汇编语言程序设计是否采用了中断方式编程？

第 8 章

80C51 嵌入式系统接口技术

主要内容 嵌入式系统接口技术的概念、串行接口技术及其与外设连接，以及人机交互接口技术。

教学建议 本章作为嵌入式系统重点内容，是构建真正意义上的嵌入式系统的关键。串行接口扩展外设是嵌入式系统应提倡的理念。需要指出的是，这些接口知识具有普遍意义，在其他类型的嵌入式系统里同样有用。

教学目的 通过本章学习，使学生：

- 了解嵌入式系统接口技术的概念；
- 熟悉和掌握串行接口扩展外设的思想和方法；
- 熟悉用高性价比的器件设计人机交互接口的方法。

8.1 嵌入式系统接口技术概述

8.1.1 接口概念

1. 什么是接口

接口是 CPU 与外设之间传递信息的电路。其作用是实现信息的输入/输出，又称为输入/输出接口，简称 I/O 接口。因此，接口是 CPU 与外设之间传送信息的一个中间环节、一个连接部件。一个基本的接口如图 8.1 所示。

不难看出，接口一方面通过 CPU 的数据总线、地址总线和控制总线同 CPU 连接；另一方面通过 3 种信息——数据信息、控制信息和状态信息同外设连接。接口在嵌入式系统中所起的作用就像现实社会中的中介机构一样，为彼此双方的信息交流架起桥梁。

2. 接口与端口

数据信息、状态信息和控制信息分别存放在外设接口的不同类型的寄存器中。CPU 同外设之间的信息传送实质上是对这些寄存器进行“读”或“写”操作。“接口”中这些可以由 CPU 进行读或写的寄存器称为端口(Port)。这些端口可分为“数据口”、“状态口”与“控制口”。它

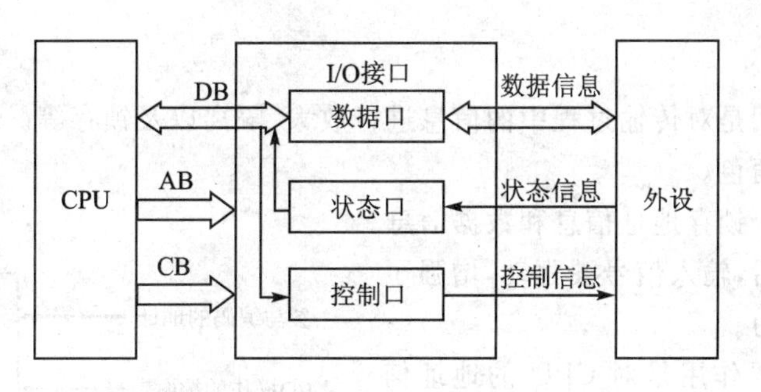

图 8.1 接口示意图

们都有相应的地址供 CPU 访问。一个接口可以有多个端口。

在 80C51 嵌入式系统中，存储器和 I/O 端口统一编址，即 CPU 对存储器单元和 I/O 端口不加区分，共用统一的地址空间。访问 I/O 端口和访问外部存储器都用 MOVX 指令，X 表示外部的意思。I/O 端口位于 CPU 的外部，相当于外部存储器。

3. 接口的工作方式

以 80C51 为核心，CPU 通过接口与外设传送信息的方式有无条件传送、查询传送和中断传送 3 种。为便于学习和比较，现将三者列于表 8-1 中。

表 8-1 通过接口传送信息的方式

方 式	特 点	应用场合
无条件传送	· 传送简单； · CPU 无需知道外设状态，掌握传送主动权，又称同步方式	· 外设速度特别快，可与 CPU 匹配； · 外设速度特别慢，CPU 可认为不变； · 外设工作时间(或时序)已知
查询传送	· 需要查询的硬件和软件，较为复杂，CPU 必须先对外设进行状态检测以决定下一步的传送； · 无法与 CPU 同步，又称“异步传送方式”； · 需要 CPU 的参与，效率较低	用于外设工作时间(或时序)未知的场合
中断传送	· 需要支持中断的硬件和软件，较为复杂； · 无需 CPU 专门查询，提高了效率	对时效性要求高的地方

8.1.2 接口类型

按照数据的传送机制，接口可以分为串行接口和并行接口两种基本类型。串行接口是指从发送数据线上一位一位地发送数据(“0”或“1”)，从接收数据线上一位一位地接收数据；并行接口传送数据是并行的，即多位数据同时发送，同时接收。

按照接口应用的编程特性，分为简单接口与可编程接口。

1. 简单接口

接口电路的作用是对传输过程中的信息进行放大、隔离以及锁存等。显然,缓冲器和锁存器可以胜任接口的角色。

锁存器主要用于锁存地址信息和数据信息。

经缓冲器缓冲后,输入信号被驱动,增强了输出信号的驱动能力。

接口的一个重要作用是对CPU的地址信息进行译码,从而访问到接口电路中的不同端口,如图8.2所示。

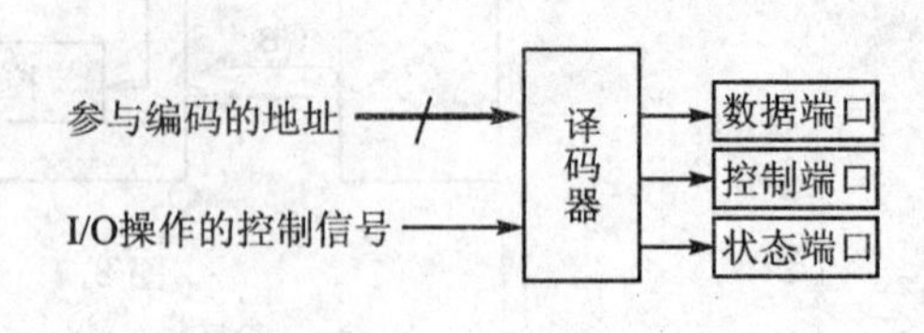

图8.2 译码功能

2. 可编程接口

接口电路中除了具有数据寄存器、控制寄存器和状态寄存器之外,往往还包括地址译码器、读/写控制逻辑和中断控制逻辑等。由于简单接口无法满足应用要求,出现了可编程的大规模集成电路为主的接口芯片。接口电路的工作性能或状态可由计算机指令来控制的接口芯片称为可编程序接口芯片。可编程接口的含义和功能如下:

- 片选功能。必须要有一个信号选中接口芯片后,才能使该接口芯片进入工作状态,实现数据的输入/输出。如片选端$\overline{CS}$(Chip Select)或选通端$\overline{CE}$(Chip Enable)。芯片内的各个端口都有自己相应的地址,其地址编码与存储器单元的编码方式相同。
- 读/写功能。通过$\overline{RD}$(读)和$\overline{WR}$(写)信号,CPU可以对指定端口进行读/写。
- 多通道。多通道是指一个接口芯片可与多于一个的外设连接。多通道有时也指一个外设内部的多个信息通道。
- 多功能。多功能是指一个接口芯片能实现多种接口功能,或不同的电路工作状态。
- 灵活性。在接口芯片中,各硬件单元不是固定的,可由用户在使用中选择,即通过"编程控制",由CPU的指令来选择不同的通道和不同的电路功能。

8.2 80C51单片机的通信接口技术

8.2.1 串行通信的基本知识

在计算机系统中,CPU和外部通信有两种方式:并行通信和串行通信。并行通信,即数据的各位同时传送;串行通信,即数据一位一位顺序传送。图8.3为这两种通信方式的示意图。

在并行通信中,一个数据占多少位,就需要多少根传输线。并行通信传输方式的特点是传送速度快,但传输线数量多,成本高,适合近距离传输。在前面章节所涉及的数据传送多为并

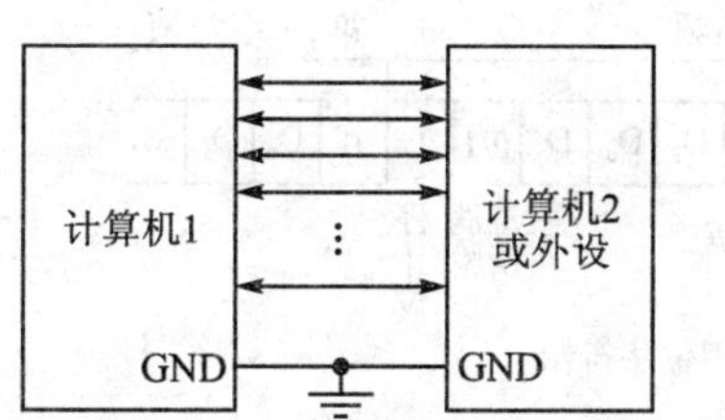

(a) 并行通信

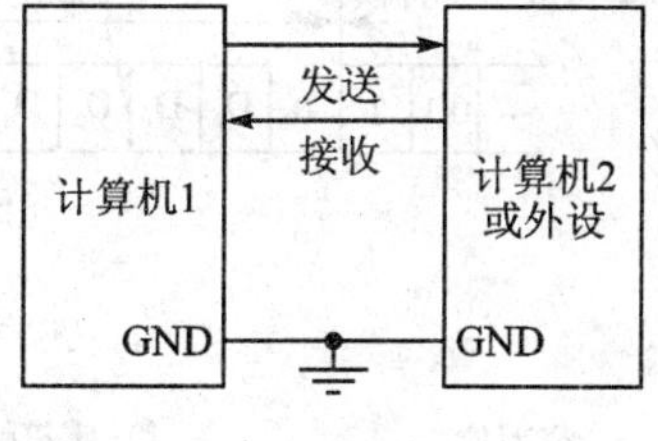

(b) 串行通信

图 8.3　两种通信方式的示意图

行方式，如主机与存储器、主机与键盘等。与并行通信方式相比，串行通信传送数据的各位在一条传输线上传送，能够节省传输线，在数据位数很多且远距离数据传送时，比较经济；缺点是传送速度比并行通信要慢。

1. 串行通信的分类

按照串行数据的时钟控制方式，串行通信可分为同步通信（Synchronous Communicalion）和异步通信（Asynchronous Communication）两类。

(1) 异步通信

在异步通信中，数据通常是以字符为单位组成字符帧传送的。字符帧由发送端一帧一帧地发送，每一帧数据低位在前，高位在后，通过传输线被接收端一帧一帧地接收。发送端和接收端可以由各自独立的时钟来控制数据的发送和接收，这两个时钟彼此独立，互不同步。

在异步通信中，接收端依靠字符帧格式来判断发送端是何时开始发送，何时结束发送。字符帧格式是异步通信的一个重要指标。

① 字符帧（Character Frame）

字符帧也叫数据帧，由起始位、数据位、奇偶校验位和停止位 4 部分组成，如图 8.4 所示。

- 起始位：位于字符帧开头，只占一位，低电平，用于向接收设备表示发送端开始发送一帧信息。
- 数据位：紧跟起始位之后，用户根据情况可取 5 位、6 位、7 位或 8 位，低位在前，高位在后。
- 奇偶校验位：位于数据位之后，仅占一位，用来表征串行通信中是采用奇校验还是偶校验，由用户编程决定。
- 停止位：位于字符帧最后，高电平。通常可取 1 位、1.5 位或 2 位，用于向接收端表示一帧字符信息已经发送完，也为发送下一帧做准备。

在串行通信中，两相邻字符帧之间可以没有空闲位，也可以有若干空闲位，这由用户来决定。图 8.4(b)表示有 3 个空闲位的字符帧格式。

② 波特率（Baud Rate）

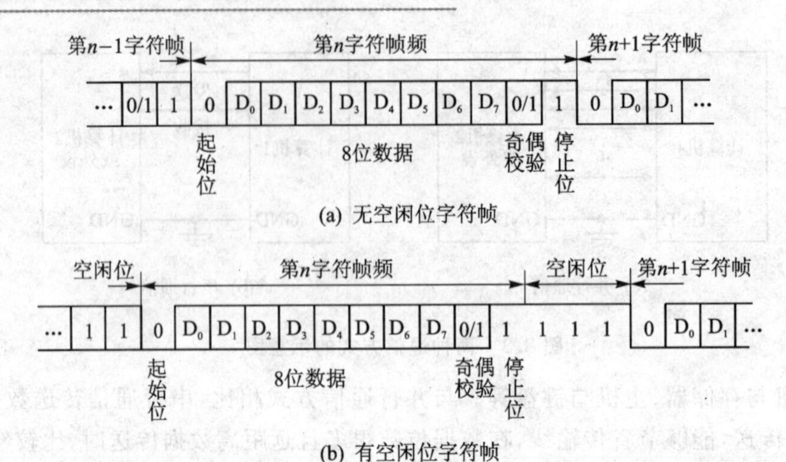

图 8.4　异步通信的字符帧格式

异步通信的另一个重要指标是波特率。波特率在通信领域中有着更为准确的定义，在计算机通信中可以将波特率理解为比特率。在这里，波特率（比特率）就是每秒钟传送二进制数码的位数，也叫比特数，单位为 bit/s，即位/秒。波特率用于表征数据传输的速度，波特率越高，数据传输速度越快；但波特率和字符的实际传输速率不同，字符的实际传输速率是每秒内所传字符帧的帧数，和字符帧格式有关。通常，异步通信的波特率为 50～9600 bit/s。

异步通信的优点是不需要传送同步时钟，字符帧长度不受限制，故设备简单。缺点是字符帧中因包含起始位和停止位而降低了有效数据的传输速率。

(2) 同步通信

同步通信是一种连续串行传送数据的通信方式，一次通信只传输一帧信息。这里的信息帧与异步通信的字符帧不同，通常有若干个数据字符，如图 8.5 所示。图 8.5(a)为单同步字符帧结构，图 8.5(b)为双同步字符帧结构，均由同步字符、数据字符和校验字符 CRC 三部分组成。在同步通信中，同步字符可以采用统一的标准格式，也可以由用户约定。

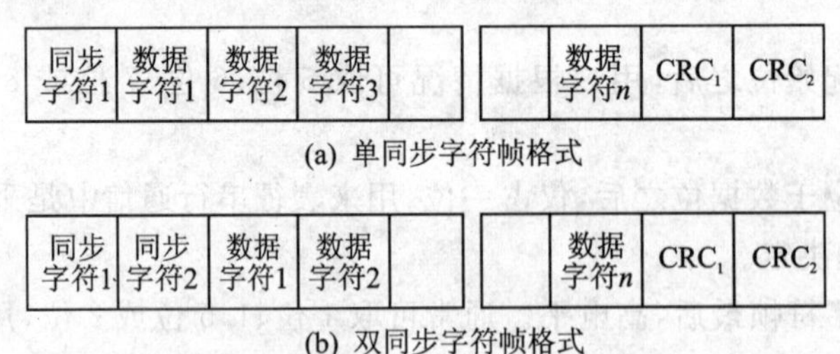

图 8.5　同步通信的字符帧格式

同步通信的数据传输速率较高，通常可达 56 000 bit/s 或更高；其缺点是要求发送时钟和接收时钟必须保持严格同步。

2. 串行通信的制式

在串行通信中数据是在两个站之间进行传送的，按照数据传送方向，串行通信可分为单工(Simplex)、半双工(Half Duplex)和全双工(Full Duplex)3 种制式。图 8.6 为 3 种制式的示意图。

在单工制式下，通信线的一端接发送器，另一端接接收器，数据只能按照一个固定的方向传送，如图 8.6(a)所示。

在半双工制式下，系统的每个通信设备都由一个发送器和一个接收器组成，如图 8.6(b)所示。在这种制式下，数据能从 A 站传送到 B 站，也可以从 B 站传送到 A 站；但是不能同时在两个方向上传送，即只能一端发送，一端接收。其收发开关一般是由软件控制的电子开关。

全双工通信系统的每端都有发送器和接收器，可以同时发送和接收，即数据可以在两个方向上同时传送，如图 8.6(c)所示。

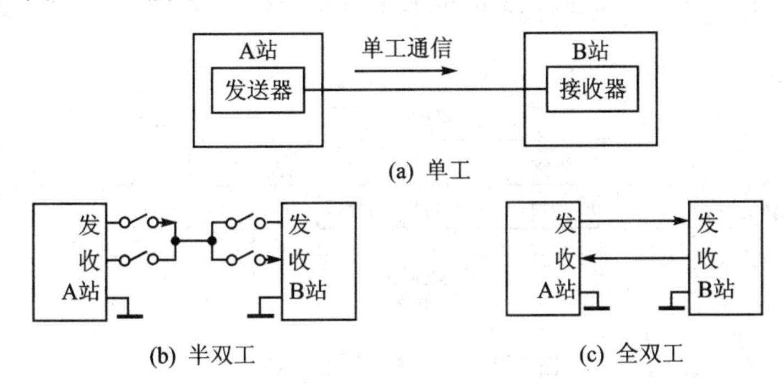

图 8.6 单工、半双工和全双工 3 种制式示意图

3. 串行通信的接口电路

串行接口电路的种类和型号很多。能够完成异步通信的硬件电路称为 UART，即通用异步接收器/发送器(Universal Asynchronous Receiver/Transmitter)；能够完成同步通信的硬件电路称为 USRT(Universal Synchronous Receiver/Transmitter)；既能够异步又能同步通信的硬件电路称为 USART(Universal Synchronous Asynchronous Receiver/Transmitter)。

4. 串行通信总线标准及其接口

在 80C51 嵌入式系统中，数据通信主要采用异步串行通信。在设计通信接口时，必须根据需要选择标准接口，并考虑传输介质、电平转换等问题。采用标准接口后，能够方便地把单片机和外设、测量仪器等有机地连接起来，从而构成一个测控系统。例如当需要单片机和 PC 机通信时，通常采用 RS－232 接口电路。

异步串行通信接口主要有 3 类：RS－232 接口，RS－4xx 接口，以及 20 mA 电流环。这里主要介绍 RS－232 接口标准。

RS-232C是使用最早、应用最多的一种异步串行通信总线标准，由美国电子工业协会(EIA)1962年公布，1969年最后修定而成。其中RS表示Recommended Standard，232是该标准的标识号，C表示最后一次修定。

RS-232C主要用来定义计算机系统的一些数据终端设备(DTE)和数据电路终接设备(DCE)之间的电气性能。例如CRT、打印机与CPU的通信大都采用RS-232C接口，80C51单片机与PC机的通信也是采用该种类型的接口。由于80C51系列单片机本身有一个全双工的串行接口，因此该系列单片机用RS-232C串行接口总线非常方便。

RS-232C串行接口总线适用于设备之间的通信距离不大于15 m，传输速率最大为20 kbit/s。

(1) RS-232C信息格式标准

RS-232C采用串行格式，如图8.7所示。该标准规定：信息的开始为起始位，信息的结束为停止位；信息本身可以是5、6、7、8位再加1位奇偶位。如果两个信息之间无信息，则写"1"，表示空。

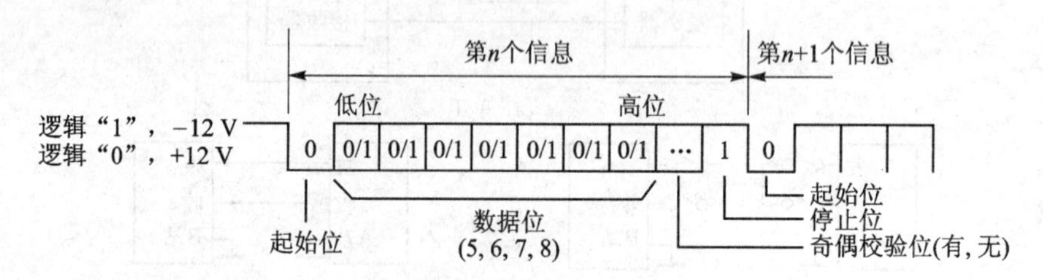

图8.7　RS-232C信息格式

(2) RS-232C电平转换器

RS-232C规定了自己的电气标准，由于它是在TTL电路之前研制的，所以其电平不是+5 V和地，而是采用负逻辑，即：

逻辑"0"：+5～+15 V；

逻辑"1"：-5～-15 V。

因此，RS-232C不能与TTL电平直接相连，使用时必须进行电平转换，否则将使TTL电路烧坏。常用的电平转换集成电路是传输线驱动器MC1488和传输线接收器MC1489。

MC1488内部有3个"与非"门和一个反相器，供电电压为±12 V，输入为TTL电平，输出为RS-232C电平；MC1489内部有4个反相器，供电电压为±5 V，输入为RS-232C电平，输出为TTL电平。

另一种常用的集成电平转换电路是MAX232。图8.8为MAX232的引脚图。

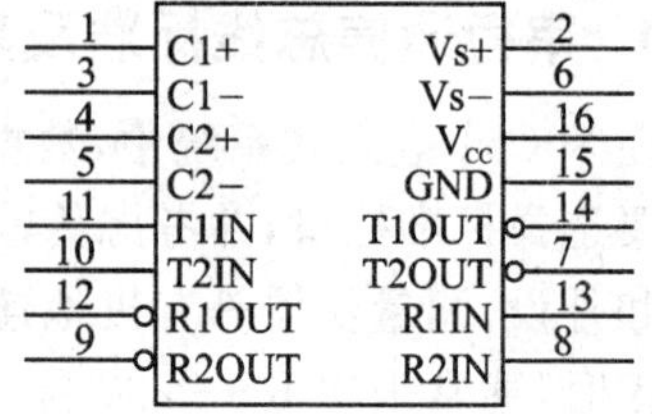

图8.8　MAX232引脚图

(3) RS－232C 总线规定

RS－232C 标准总线为 25 根，采用标准 D 型 25 芯插头座。各引脚排列如图 8.9 所示。

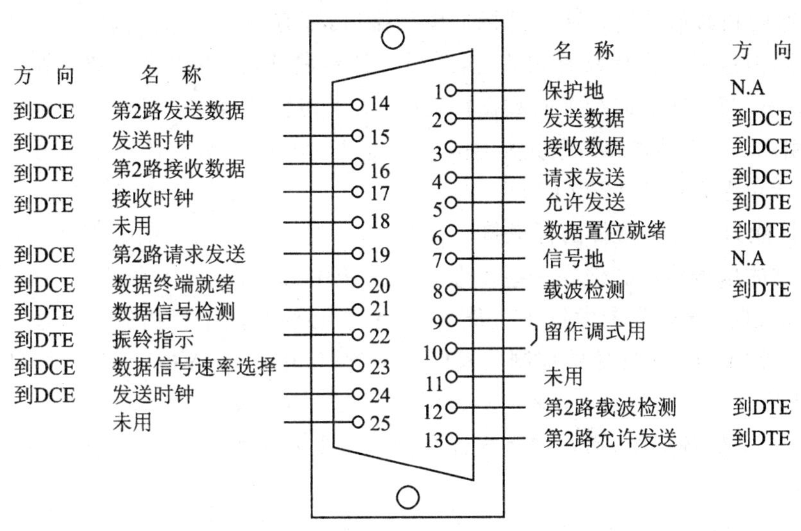

图 8.9　RS－232C 引脚图

与 PC 机联机通信时一般采用 9 针接插件将串行口的信号送出。接插件的引脚信号如表 8－2 所列。

表 8－2　接插件的引脚信号

DB－9	信号名称	方　向	含　义
3	TXD	输出	数据发送端
2	RXD	输入	数据接收端
7	RTS	输出	请求发送(计算机要求发送数据)
8	CTS	输入	清除发送(MODEM 准备接收数据)
6	DSR	输入	数据设备准备就绪
5	SG	—	信号地
1	DCD	输入	数据载波检测
4	DTR	输出	数据终端准备就绪(计算机)
9	RI	输入	响铃指示

在最简单的全双工系统中，仅用发送数据、接收数据和信号地 3 根线。对于 80C51 单片机，利用其 RxD(串行数据接收端)线、TxD(串行数据发送端)线和一根地线，就可以构成符合

RS-232C接口标准的全双工通信口。

在计算机进行串行通信时，选择接口标准必须注意以下两点：

① 通信速度和通信距离。通常的标准串行接口，都有满足可靠传输时的最大通信速度和传送距离指标，但这两个指标具有相关性，适当降低传输速度，可以提高通信距离，反之亦然。例如，采用RS-232C标准进行单向数据传输时，最大传输速度为20 kbit/s，最大传输距离为15 m。而采用RS-422标准时，最大传输速度可达10 Mbit/s，最大传输距离为300 m，适当降低传输速度，传输距离可达1 200 m。

② 抗干扰能力。通常选择的标准接口，在保证不超过其使用范围时都有一定的抗干扰能力，以保证可靠的信号传输。但在一些工业测控系统中，通信环境十分恶劣，因此在选择通信介质和接口标准时，要充分考虑抗干扰能力，并采取必要的抗干扰措施。例如在长距离传输时，使用RS-422标准，能有效地抑制共模信号干扰；使用20 mA电流环技术，能大大降低对噪声的敏感程度。

在高噪声污染的环境中，通过使用光纤介质可减少噪声的干扰，通过光电隔离可以提高通信系统的安全性。

8.2.2 80C51单片机的串行接口

80C51内部有一个可编程全双工串行通信接口，具有UART的全部功能。该接口不仅可以同时进行数据的接收和发送，也可做同步移位寄存器使用。该串行口有4种工作方式，帧格式有8位、10位和11位，波特率可由软件设置，由片内的定时/计数器产生。

1. 80C51单片机串行口结构

80C51内部有两个独立的接收、发送缓冲器SBUF，SBUF属于特殊功能寄存器。发送缓冲器只能写入不能读出，接收缓冲器只能读出不能写入，二者共用一个字节地址(99H)。串行口的结构如图8.10所示。

与80C51串行口有关的特殊功能寄存器有SBUF、SCON、PCON。

(1) 串行口数据缓冲器SBUF

特殊功能寄存器SBUF是两个在物理上独立的接收、发送寄存器，一个用于存放接收到的数据，另一个用于存放要发送的数据，可同时发送和接收数据。两个缓冲器共用一个地址99H，通过SBUF的读/写指令来区别是对接收缓冲器还是发送缓冲器进行操作。CPU在写SBUF时，是修改发送缓冲器的内容；读SBUF时，是读接收缓冲器的内容。接收或发送数据是通过串行口对外的两条独立收发信号线RxD(P3.0)、TxD(P3.1)来实现的，因此可以同时发送、接收数据，为全双工制式。

(2) 串行口控制寄存器SCON

特殊功能寄存器SCON用来控制串行口的工作方式和状态，由软件设置其内容来决定单

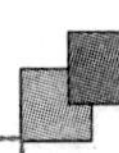

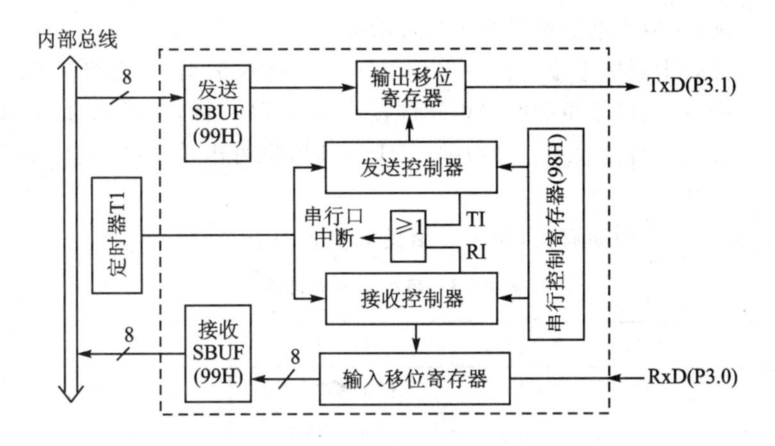

图 8.10　串行口结构示意图

片机用何种工作方式。该寄存器字节地址为 98H，可以位寻址。单片机复位时，其所有位全为 0。其格式如图 8.11 所示。

SCON	9FH	9EH	9DH	9CH	9BH	9AH	99H	98H
	SM0	SM1	SM2	REN	TB8	RB8	TI	RI

图 8.11　SCON 的各位定义

SCON 各位的说明如下：

SM0、SM1　串行方式选择位。其定义如表 8-3 所列。

SM2　多机通信控制位，用于方式 2 和方式 3 中。在方式 2 和方式 3 处于接收时，若 SM2=1，且接收到的第 9 位数据 RB8 为 0，不激活 RI；若 SM2=1，且 RB8=1，则置 RI=1。在方式 2、3 处于接收或发送方式，若 SM2=0，不论接收到第 9 位 RB8 为 0 还是为 1，TI、RI 都以正常方式激活。在方式 1 处于接收时，若 SM2=1，则只有收到有效的停止位后，RI 才置 1。在方式 0 中，SM2 应为 0。

REN　允许串行接收位，由软件置位或清零。REN=1 时，允许接收；REN=0 时，禁止接收。

TB8　发送数据的第 9 位。在方式 2 和方式 3 中，由软件置位或复位，可做奇偶校验位。在多机通信中，可作为区别地址帧或数据帧的标识位。一般约定：地址帧时 TB8 为 1，数据帧时 TB8 为 0。

RB8　接收数据的第 9 位，与 TB8 相对应。

TI　发送中断标志位。在方式 0 中，发送完 8 位数据后，由硬件置位；在其他方式中，发送停止位之后由硬件置位。因此，TI 是发送完一帧数据的标志，可以用指令“JBC TI,rel”来查询发送是否结束。TI=1 时，也可向 CPU 申请中断，响应中断后都必须由软件清除 TI。

RI　　接收中断标志位。在方式 0 中，接收完 8 位数据后，由硬件置位；在其他方式中，接收停止位的中间由硬件置位。同 TI 一样，也可以通过"JBC RI，rel"来查询是否接收完一帧数据。RI＝1 时，也可申请中断，响应中断后都必须由软件清除 RI。

SCON 中的低 2 位与中断有关，相关介绍见 7.2.2 小节。

表 8－3　串行口方式选择

SM0	SM1	工作方式	功　能	波特率
0	0	方式 0	8 位同步移位寄存器	$f_{osc}/12$
0	1	方式 1	10 位 UART	可变
1	0	方式 2	11 位 UART	$f_{osc}/64$ 或 $f_{osc}/32$
1	1	方式 3	11 位 UART	可变

(3) 电源及波特率选择寄存器 PCON

特殊功能寄存器 PCON 主要是为 CHMOS 型单片机的电源控制而设置的专用寄存器，不可位寻址，字节地址为 87H。在 HMOS 的 8051 单片机中，除了最高位以外 PCON 的大多数位都未做定义。其格式如图 8.12 所示。

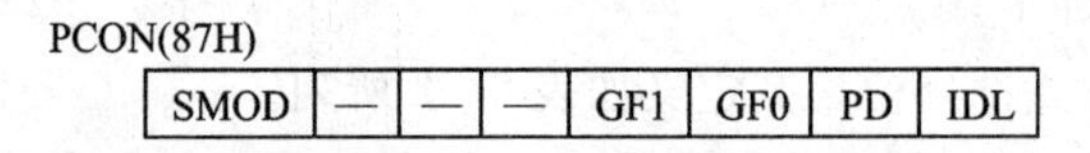

图 8.12　PCON 的各位定义

与串行通信有关的只有 SMOD 位。SMOD 为波特率系数选择位，可由软件设置为"0"或"1"，波特率系数为 2^{SMOD}。当 SMOD＝1 时，通信波特率系数为 2；当 SMOD＝0 时，波特率不变。

2. 80C51 串行的工作方式

80C51 的串行口有 4 种工作方式，由 SCON 中的 SM1、SM0 位来决定。

(1) 方式 0

串行口工作方式 0 为同步移位寄存器方式，其波特率固定为 $f_{osc}/12$。串行数据从 RxD(P3.0)端移位输入或输出，同步移位脉冲由 TxD(P3.1)送出。发送和接收的只是 8 位数据，低位在前。这种方式常用于扩展 I/O 口。

① 发送操作。当一个数据写入串行口发送缓冲器 SBUF 时，串行口将 8 位数据以 $f_{osc}/12$ 的波特率从 RxD 引脚输出(低位在前)。发送完 8 位数据后，置中断标志 TI 为 1，请求中断。在再次发送数据之前，必须由软件将 TI 清 0。具体接线如图 8.13 所示。其中 74LS164 为串

入并出移位寄存器。

② 接收操作。在满足 REN=1 和 RI=0 的条件下，串行口即开始从 RxD 端以 $f_{osc}/12$ 的波特率输入数据（低位在前），当接收完 8 位数据后，置中断标志 RI 为 1，请求中断。在再次接收数据之前，必须由软件将 RI 清 0。具体接线图如图 8.14 所示。其中 74LS165 为并入串出移位寄存器。

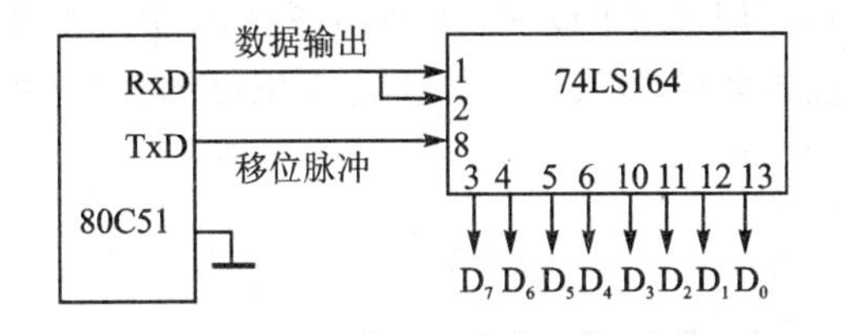

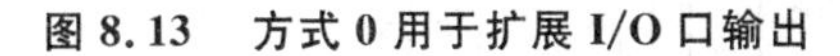
图 8.13　方式 0 用于扩展 I/O 口输出

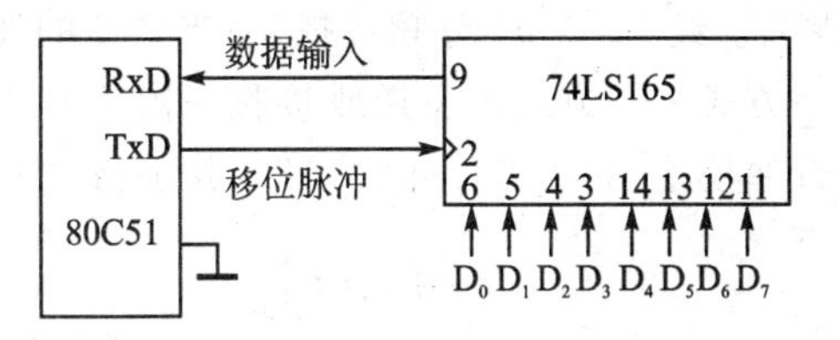

图 8.14　方式 0 用于扩展 I/O 口输入

串行控制寄存器 SCON 中的 TB8 和 RB8 在方式 0 中未用。值得注意的是，每当发送或接收完 8 位数据后，硬件都会自动将 TI 或 RI 置 1，CPU 响应 TI 或 RI 中断后，必须由用户用软件清 0。方式 0 时，SM2 必须为 0。

(2) 方式 1

方式 1 是串行口为波特率可调的 10 位通用异步通信方式，发送或接收字符帧信息包括 1 位起始位“0”、8 位数据位和 1 位停止位“1”。其帧格式如图 8.15 所示。

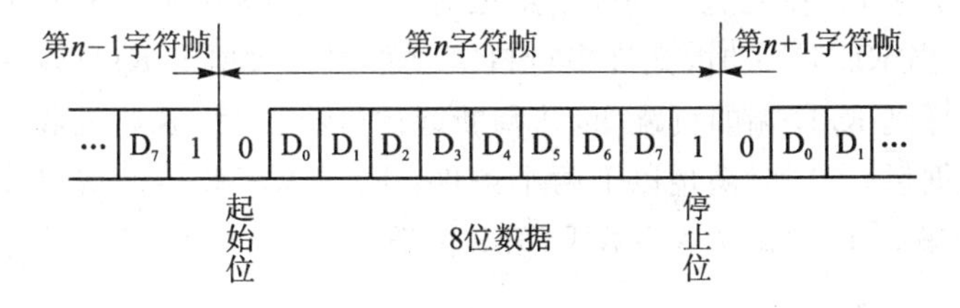

图 8.15　10 位的帧格式

① 发送操作。发送操作在 TI=0 时，执行“MOV SBUF,A”指令后开始，发送电路会自动在 8 位发送字符前后分别添加 1 位起始位和停止位，并在移位脉冲作用下在 TxD 线上依次发送一帧信息；发送完后，自动维持 TxD 线为高电平，并置中断标志 TI 为 1。TI 须由软件复位。

② 接收操作。接收时，由 REN 置 1 允许接收，接收器以所选用波特率的 16 倍的速率对 RxD 引脚进行采样。当采样到“1”到“0”的跳变时，再连续采样 8 次。如果采样值都为 0，表示接收到有效起始位；否则起始位无效，重新启动接收过程。确认接收到起始位后，就开始接收本帧的其余数据，在每一位信息的中间时刻采样 3 次，取其中两次以上相同的值为该位信息的接收值，以保证可靠接收。在接收到停止位时，接收电路必须满足 RI=0 且接收到的停止位为 1 或者 SM2=0 时，才能把接收到的 8 位数据存入 SBUF（接收）中，把停止位送入 RB8 中，

同时置中断标志 RI 发出串口中断请求。若不满足上述条件，接收到的信息将丢失。因此，方式 1 接收时，应先用软件清除 RI 或 SM2 标志。

(3) 方式 2 和方式 3

方式 2 和方式 3 都是串行口为 11 位 UART 方式，由 SCON 中的 SM0、SM1 两位编码确定。方式 2 和方式 3 的发送和接收过程完全一致，只是波特率有所不同。方式 2 的波特率由主频 f_{osc} 经 32 或 64 分频后提供；方式 3 的波特率由定时器 T1 或 T2 的溢出率经 32 分频后提供。方式 2 和方式 3 发送或接收一帧数据包括 1 位起始位"0"、8 位数据位、1 位可编程位(用于奇偶校验)和 1 位停止位"1"。其帧格式如图 8.16 所示。

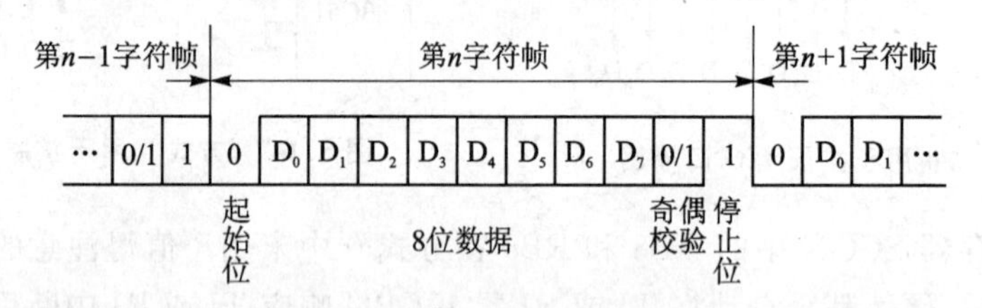

图 8.16　11 位的帧格式

① 发送操作。发送时，先根据通信协议由软件设置 TB8，然后用指令将要发送的数据写入 SBUF，启动发送器。写 SBUF 的指令，除了将 8 位数据送入 SBUF 外，同时还将 TB8 装入发送移位寄存器的第 9 位，并通知发送控制器进行一次发送；一帧信息就从 TxD 发送，在送完一帧信息后，TI 自动置 1。在发送下一帧信息之前，TI 必须由中断服务程序或查询程序清 0。

② 接收操作。当 REN＝1 时，允许串行口接收数据。数据由 RxD 端输入，接收 11 位的信息。当接收器采样到 RxD 端的负跳变，并判断起始位有效后，开始接收一帧信息。当接收器接收到第 9 位数据后，若同时满足以下两个条件：RI＝0，SM2＝0，或接收到的第 9 位数据为 1，则接收数据有效，8 位数据送入 SBUF，第 9 位送入 RB8，并置 RI＝1。若不满足上述两个条件，则信息丢失。

3. 80C51 单片机串行口的波特率

在串行通信中，收/发双方对传送的数据速率即波特率要有一定的约定。通过上面的讨论，我们已经知道，80C51 单片机的串行口通过编程可以有 4 种工作方式。其中，方式 0 和方式 2 的波特率是固定的，方式 1 和方式 3 的波特率可变，由定时器 T1 的溢出率决定，下面加以分析。

(1) 方式 0

在方式 0 中，波特率为时钟频率的 1/12，即串行口方式 0 波特率＝$f_{osc}/12$，固定不变。

(2) 方式 2

在方式 2 中，波特率由波特率系数和系统时钟频率 f_{osc} 决定。当 SMOD＝0 时，波特率为

$f_{osc}/64$；当 SMOD=1 时，波特率为 $f_{osc}/32$，即波特率$=\frac{2^{SMOD}}{64}\cdot f_{osc}$。

(3) 方式 1 和方式 3

在方式 1 和方式 3 下，波特率由定时器 T1 的溢出率和波特率系数共同决定。即：

$$方式1和方式3的波特率=\frac{2^{SMOD}}{32}\times T_1溢出率$$

其中，T1 的溢出率取决于单片机定时器 T1 的计数速率和定时器的预置值。计数速率与 TMOD 寄存器中的 $C/\overline{T}$ 位有关。当 $C/\overline{T}=0$ 时，计数速率为 $f_{osc}/12$；当 $C/\overline{T}=1$ 时，计数速率为外部输入时钟频率。

实际上，当定时器 T1 做波特率发生器使用时，通常工作在模式 2，即自动重装载的 8 位定时器，此时 TL1 作计数用，自动重装载的值在 TH1 内。假设数的预置值(初始值)为 X，那么每过 $256-X$ 个机器周期，定时器溢出一次。为了避免溢出而产生不必要的中断，此时应禁止 T1 中断。溢出周期为：$\frac{12}{f_{osc}}\cdot(256-X)$。

溢出率为溢出周期的倒数，所以

$$波特率=\frac{2^{SMOD}}{32}\cdot\frac{f_{osc}}{12\times(256-X)}$$

表 8-4 列出了各种常用的波特率及获得办法。

表 8-4　定时器 T1 产生的常用波特率

波特率/(bit/s)		f_{osc}/MHz	SMOD	定时器 T1		
				$C/\overline{T}$	模　式	初始值
方式 0：1 M		12	×	×	×	×
方式 2：375k		12	1	×	×	×
方式 1、3：	62.5k	12	1	0	2	FFH
	19.2k	11.059	1	0	2	FDH
	9.6k	11.059	0	0	2	FDH
	4.8k	11.059	0	0	2	FAH
	2.4k	11.059	0	0	2	F4H
	1.2k	11.059	0	0	2	E8H
	137.5k	11.986	0	0	2	1DH
	110	6	0	0	2	72H
	110	12	0	0	1	FEEBH

【例 8.1】 若 $f_{osc}=6$ MHz,波特率为 2400 bit/s,设 SMOD = 1,则定时/计数器 T1 的计数初值为多少？并进行初始化编程。

解 $$y=256-2^{SMOD}\times f_{osc}/(2400\times 32\times 12)=242.98\approx 243=F3H$$

同理,$f_{osc}=11.0592$ MHz,波特率为 2400 bit/s,设 SMOD = 0,则

$$y = F4H$$

初始化编程：

```
MOV   TMOD,#20H
MOV   PCON,#80H
MOV   TH1,#0F3H
MOV   TL1,#0F3H
SETB  TR1
MOV   SCON,#50H
```

4. 80C51 单片机串行通信应用

80C51 单片机之间的串行通信主要可分为双机通信和多机通信。这里主要介绍双机通信的应用。

(1) 串口方式 0 应用

80C51 单片机串行口方式 0 为移位寄存器方式,外接一个串入并出的移位寄存器,就可以扩展一个并行口。如方式 0 的应用。

发送：74LS164 为串入并出移位寄存器,如图 8.17 所示。

```
        MOV   SCON,#00H        ;选方式 0
        SETB  P1.0             ;选通 74LS164
        MOV   A,#DATA          ;置要发送的数据
        MOV   SBUF,A           ;数据写入 SBUF 并启动发送
WAIT:   JNB   TI,WAIT          ;一字节数据发送完毕？
        CLR   TI
        CLR   P1.0             ;关闭 74LS164 选通
```

接收：74LS165 为 8 位并入串出移位寄存器,如图 8.18 所示。

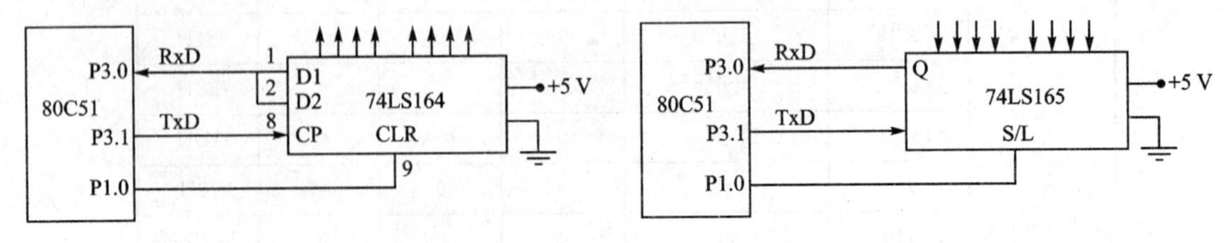

图 8.17　串入并出移位寄存器

图 8.18　并入串出移位寄存器

```
        MOV     R0,#50H             ;R0 作片内 RAM 地址指针
        MOV     R7,#02H             ;接收字节计数
RQ:     CLR     P1.0                ;允许置入并行数据
        SETB    P1.0                ;允许串行移位
        MOV     SCON,#10H           ;串口方式 0,并置接收允许
        JNB     RI,$                ;等待接收一帧数据
        CLR     RI
        MOV     A,SBUF
        MOV     @R0,A               ;存入片内 RAM
        INC     R0
        DJNZ    R7,RQ
```

(2) 双机通信

如果两个单片机系统距离较近，就可以将其串行口直接相连，实现双机通信，如图 8.19 所示。

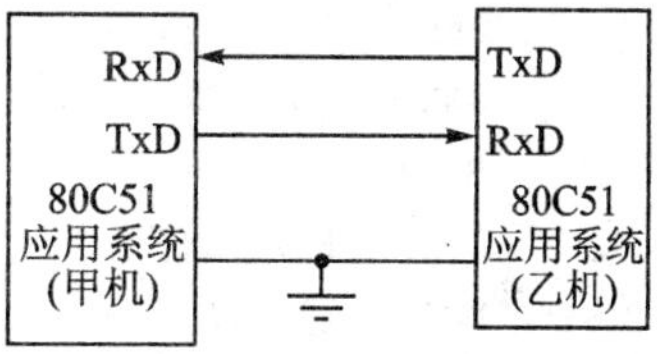

图 8.19 双机异步通信接口电路

双机异步通信的程序通常采用两种方法：查询方式和中断方式。下面通过程序示例介绍这两种方法。

(1) 查询方式

① 甲机发送

编程将甲机片外 1000H～101FH 单元的数据块从串行口输出。定义方式 2 发送，TB8 为奇偶校验位。发送波特率为 375 kbit/s，晶振频率为 12MHz，所以 SMOD=1。

发送子程序参考如下：

```
        MOV     SCON,#80H           ;设置串行口为方式 2
        MOV     PCON,#80H           ;SMOD = 1
        MOV     DPTR,#1000H         ;设数据块指针
        MOV     R7,#20H             ;设数据块长度
START:  MOVX    A,@DPTR             ;取数据给 A
        MOV     C,P
        MOV     TB8,C               ;奇偶位 P 给 TB8
        MOV     SBUF,A              ;数据送 SBUF,启动发送
WAIT:   JBC     TI,CONT             ;判断一帧是否发送完毕。若发送完毕,清 TI,取下一个数据
        AJMP    WAIT                ;未完则等待
CONT:   INC     DPTR                ;更新数据单元
        DJNZ    R7,START            ;循环发送至结束
        RET
```

② 乙机接收

编程使乙机接收甲机发送过来的数据块，并存入片内 50H～6FH 单元。接收过程要求判

断 RB8,若出错则置 F0 标志为 1,若正确则置 F0 标志为 0,然后返回。

在进行双机通信时,两机应采用相同的工作方式和波特率。

接收子程序参考如下:

```
        MOV     SCON,#80H       ;设置串行口为方式 2
        MOV     PCON,#80H       ;SMOD = 1
        MOV     R0,#50H         ;设置数据块指针
        MOV     R7,#20H         ;设置数据块长度
        SETB    REN             ;启动接收
WAIT:   JBC     RI,READ         ;判断是否接收完一帧。若接收完,清 RI,读入数据
        SJMP    WAIT            ;未接收完则等待
READ:   MOV     A,SBUF          ;读入一帧数据
        JNB     PSW.0,PZ        ;奇偶位为 0 则转
        JNB     RB8,ERR         ;P = 1,RB8 = 0,则出错
        SJMP    RIGHT           ;二者全为 1,则正确
PZ:     JB      RB8,ERR         ;P = 0,RB8 = 1,则出错
RIGHT:  MOV     @R0,A           ;正确,存放数据
        INC     R0              ;更新地址指针
        DJNZ    R7,WAIT         ;判断数据块是否接收完毕
        CLR     PSW.5           ;接收正确,且接收完毕清 F0 标志
        RET                     ;返回
ERR:    SETB    PSW.5           ;出错,置 F0 标志为 1
        RET                     ;返回
```


在上述查询方式的双机通信中,因为发送双方单片机的串行口均按方式 2 工作,所以帧格式是 11 位的,收发双方采用奇偶位 TB8 来进行校验。传送数据的波特率与定时器无关,所以程序中没有涉及定时器的编程。

(2) 中断方式

在很多应用中,双机通信的接收方都采用中断方式来接收数据,以提高 CPU 的工作效率;发送方仍然采用查询方式发送。

① 甲机发送

上面的通信程序,收发双方是采用奇偶位 TB8 来进行校验的,这里介绍一种用累加和进行校验的方法。

编程将甲机片内 60H～6FH 单元的数据块从串行口发送,在发送之前将数据块长度发送给乙机,当发送完 16 字节后,再发送一个累加校验和。定义双机串行口方式 1 工作,晶振频率为 11.059 MHz,波特率为 2400 bit/s,定时器 T1 按方式 2 工作,经计算或查表 8-4 得到定时器预置值为 0F4H,SMOD=0。

发送子程序参考如下:

```
        MOV     TMOD,#20H           ;设置定时器 1 为方式 2
        MOV     TL1,#0F4H           ;设置预置值
        MOV     TH1,#0F4H
        SETB    TR1                 ;启动定时器 1
        MOV     SCON,#50H           ;设置串行口为方式 1,允许接收
START:  MOV     R0,#60H             ;设置数据指针
        MOV     R5,#10H             ;设置数据长度
        MOV     R4,#00H             ;累加校验和初始化
        MOV     SBUF,R5             ;发送数据长度
WAIT1:  JBC     TI,TRS              ;等待发送
        AJMP    WAIT1
TRS:    MOV     A,@R0               ;读取数据
        MOV     SBUF,A              ;发送数据
        ADD     A,R4
        MOV     R4,A                ;形成累加和
        INC     R0                  ;修改数据指针
WAIT2:  JBC     TI,CONT             ;等待发送一帧数据
        AJMP    WAIT2
CONT:   DJNZ    R5,TRS              ;判断数据块是否发送完毕
        MOV     SBUF,R4             ;发送累加校验和
WAIT3:  JBC     TI,WAIT4            ;等待发送
        AJMP    WAIT3
WAIT4:  JBC     RI,READ             ;等待乙机回答
        AJMP    WAIT4
READ:   MOV     A,SBUF              ;接收乙机数据
        JZ      RIGHT               ;00H,发送正确,返回
        AJMP    START               ;发送出错,重发
RIGHT:  RET
```

② 乙机接收

乙机接收甲机发送的数据,并存入以 2000H 开始的片外数据存储器中。首先接收数据长度,接着接收数据,当接收完 16 字节后,接收累加和校验码,进行校验。数据传送结束后,根据校验结果向甲机发送一个状态字,00H 表示正确,0FFH 表示出错,出错则甲机重发。

接收采用中断方式。设置两个标志位(7FH,7EH 位)来判断接收到的信息是数据块长度、数据还是累加校验和。

接收程序参考如下:

```
        ORG     0000H
        LJMP    CSH                 ;转初始化程序
```

```
        ORG     0023H
        LJMP    INTS                    ;转串行口中断程序
        ORG     0100H
CSH:    MOV     TMOD,#20H               ;设置定时器1为方式2
        MOV     TL1,#0F4H               ;设置预置值
        MOV     TH1,#0F4H
        SETB    TR1                     ;启动定时器1
        MOV     SCON #50H               ;串行口初始化
        SETB    7FH                     ;置长度标志位为1
        SETB    7EH                     ;置数据块标志位为1
        MOV     31H,#20H                ;规定外部RAM的起始地址
        MOV     30H,#00H
        MOV     40H,#00H                ;清累加和寄存器
        SETB    EA                      ;允许串行口中断
        SETB    ES
        LJMP    MAIN                    ;MAIN为主程序,根据用户要求编写
         ⋮
INTS:   CLR     EA                      ;关中断
        JNB     RI,back
        CLR     RI                      ;清中断标志
        PUSH    ACC                     ;保护现场
        PUSH    DPH
        PUSH    DPL
        JB      7FH,CHANG               ;判断是数据块长度吗?
        JB      7EH,DATA                ;判断是数据块吗?
SUM:    MOV     A,SBUF                  ;接收校验和
        CJNZ    A,40H,ERR               ;判断接收是否正确
        MOV     A,#00H                  ;二者相等,正确,向甲机发送00H
        MOV     SBUF,A
WAIT1:  JNB     TI,WAIT1
        CLR     TI
        SJMP    RETURN                  ;发送完,转到返回
ERR:    MOV     A,#0FFH                 ;二者不相等,错误,向甲机发送FFH
        MOV     SBUF,A
WAIT2:  JNB     TI,WAIT2
        CLR     TI
        SJMP    AGAIN                   ;发送完,转重新开始
CHANG:  MOV     A,SBUF                  ;接收长度
        MOV     41H,A                   ;长度存入41H单元
        CLR     7FH                     ;清长度标志位
```

```
        SJMP    RETURN              ;转返回
DATA:   MOV     A,SBUF              ;接收数据
        MOV     DPH,31H             ;存入片外 RAM
        MOV     DPL,30H
        MOVX    @DPTR,A
        INC     DPTR                ;修改片外 RAM 的地址
        MOV     31H,DPH
        MOV     30H,DPL
        ADD     A,40H               ;形成累加和,放在 40H 单元
        MOV     40H,A
        DJNZ    41H,RETURN          ;判断数据块是否接收完
        CLR     7EH                 ;接收完,清数据块标志位
        SJMP    RETURN
AGAIN:  SETB    7FH                 ;接收出错,恢复标志位,重新开始接收
        SETB    7EH
        MOV     31H,#20H            ;恢复片外 RAM 起始地址
        MOV     30H,#00H
        MOV     40H,#00H            ;累加和寄存器清零
RETURN: POP     DPL                 ;恢复现场
        POP     DPH
        POP     ACC
        SETB    EA                  ;开中断
back:   RETI                        ;返回
```

在上述应用中,收发双方串行口均按方式 1 即 10 位的帧格式进行通信,在一帧信息中,没有可编程的奇偶校验位,因此收发双方采用传送数据的累加和进行校验。在方式 1 中,传送数据的波特率与定时器 T1 的溢出率有关,定时器的初始值可以查表 8-4 得到。

(3) 多机通信

80C51 串行口的方式 2 和方式 3 有一个专门的应用领域,即多机通信。这一功能通常采用主从式多机通信方式。在这种方式中,采用一台主机和多台从机。主机发送的信息可以传送到各个从机或指定的从机,各从机发送的信息只能被主机接收,从机与从机之间不能进行通信。图 8.20 是多机通信的一种连接示意图。

多机通信的实现主要依靠主、从机之间正确地设置与判断多机通信位 SM2 和发送或接收的第 9 位数据来(TB8 或 RB8)完成,二者的作用如下:

在单片机串行口以方式 2 或方式 3 接收时,一方面,若 SM2=1,表示置多机通信功能位,这时有两种情况:

① 接收到第 9 位数据为 1,此时数据装入 SBUF,并置 RI=1,向 CPU 发中断请求;

② 接收到第 9 位数据为 0,此时不产生中断,信息将丢失,不能接收。

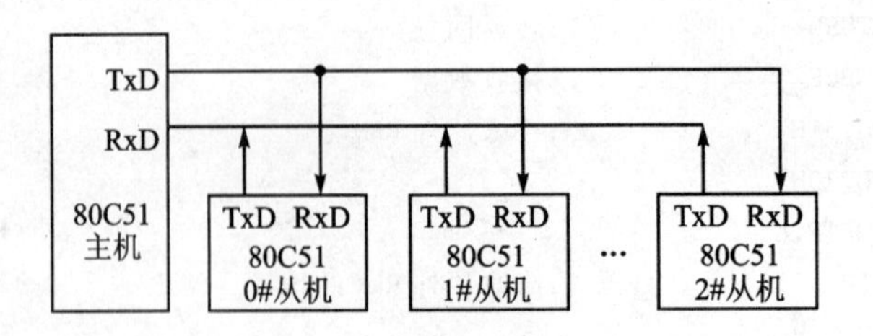

图8.20　多机通信连接示意图

另一方面，若 SM2＝0，则接收到的第 9 位信息无论是 1 还是 0，都产生 RI＝1 的中断标志，接收的数据装入 SBUF。根据这个功能，就可以实现多机通信。

在编程前，首先要给各从机定义地址编号，如分别为 00H、01H、02H 等。在主机想发送一个数据块给某个从机时，必须先送出一个地址字节，以辨认从机。编程实现多机通信的过程如下：

① 主机发送一帧地址信息，与所需的从机联络。主机应置 TB8 为 1，表示发送的是地址帧。例如：


```
MOV   SCON,＃0D8H      ;设串行口为方式 3,TB8 = 1,允许接收
```

② 所有从机初始化设置 SM2＝1，处于准备接收一帧地址信息的状态。例如：

```
MOV   SCON,＃0F0H      ;设串行口为方式 3,SM2 = 1,允许接收
```

③ 各从机接收到地址信息，因为 RB8＝1，则置中断标志 RI。中断后，首先判断主机送过来的地址信息与自己的地址是否相符。对于地址相符的从机，置 SM2＝0，以接收主机随后发来的所有信息。对于地址不相符的从机，保持 SM2＝1 的状态，对主机随后发来的信息不理睬，直到发送新的一帧地址信息。

④ 主机发送控制指令和数据信息给被寻址的从机。其中主机置 TB8 为 0，表示发送的是数据或控制指令。对于没选中的从机，因为 SM2＝1，RB8＝0，所以不会产生中断，对主机发送的信息不接收。

同双机通信一样，主从式多机通信亦存在通信协议问题。一般通信协议都有通用标准，协议较完善，但很复杂。这里仅规定几条基本的协议：

① 80C51 单片机构成的多机通信系统最多允许 255 台从机（因为主机通常把从机地址作为 8 位数据发送），其地址分别为 00H～FEH。

② “地址”FFH 是对所有从机都起作用的一条控制命令，该命令使被寻址从机恢复 SM2 ＝1 的状态。

③ 主机首先发送地址帧，被寻址的从机返回本机地址给主机，再判断地址相符后，主机给被寻址从机发送控制命令；被寻址从机根据其命令向主机回送自己的状态，若主机判断状态正常，主机开始发送或接收的第一字节是数据块的长度。

④ 假定主机发送的控制命令代码为：

00H：主机发送，从机接收；

01H：从机发送，主机接收；

其他：非法命令。

⑤ 从机状态字格式为：

D7	D6	D5	D4	D3	D2	D1	D0
ERR	0	0	0	0	0	TRDY	RRDY

其中：ERR＝1，从机接收到非法命令；

　　TRDY＝1，从机发送准备就绪；

　　RRDY＝1，从机接收准备就绪。

通信程序包括主机程序和从机程序两部分。下面分别加以介绍。

1）主机程序

主机程序由主机主程序和主机通信子程序组成。主机主程序用于初始化定时器 T1 和串行口以及传递主机通信子程序所需入口参数。主机通信子程序用于主机和从机间一个数据块的传送。程序流程如图 8.21 所示。

程序中所用寄存器分配如下：

R0——存放主机发送数据块起始地址；

R1——存放主机接收数据块起始地址；

R2——存放被寻址从机地址；

R3——存放主机发出命令；

R4——存放发送数据块长度；

R5——存放接收数据块长度。

主机参考主程序如下：

```
START:   MOV   TMOD,#20H      ;定时器 T1 方式 2
         MOV   TH1,#0F4H      ;定时器 T1 初值
         MOV   TL1,#0F4H      ;波特率为 1200 bit/s
         SETB  TR1            ;启动 T1 工作
         MOV   SCON,#0D8H     ;串行口方式 3,允许接收,SM2 = 0, TB8 = 1
         MOV   PCON,00H
         MOV   R0,#40H        ;发送数据块首址送 R0
         MOV   R1,#20H        ;接收数据块首址送 R1
         MOV   R2,#SLAVE      ;被寻址从机地址送 R2
         MOV   R3,#00H        ;主机发从机收命令
         MOV   R4,#20         ;发送数据块长度送 R4
         MOV   R5,#20         ;接收数据块长度送 R5
         ACALL COMMUT         ;调用主机通信子程序
          ⋮
         SJMP  $
```

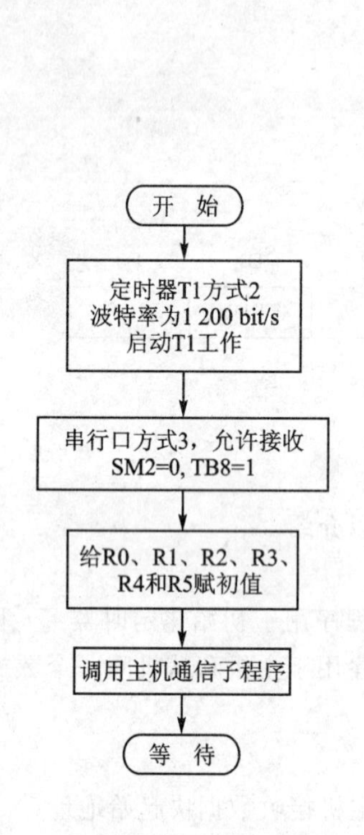

(a) 主机主程序流程

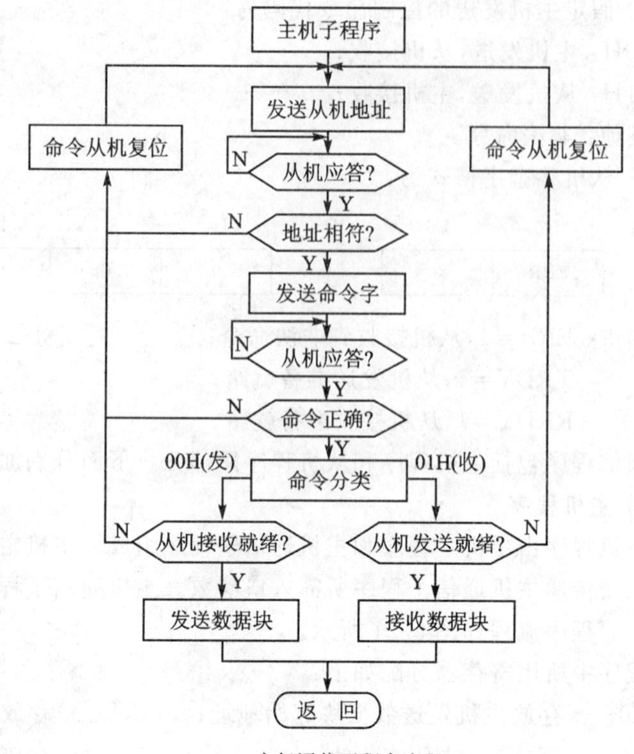

(b) 主机通信子程序流程

图 8.21　主程序流程图

主机通信参考子程序如下：

```
            ORG     0200H
COMMUT:     MOV     A,R2            ;从机地址送 A
            MOV     SBUF,A          ;发送从机地址
            JNB     RI,$            ;等待接收从机应答地址
            CLR     RI              ;从机应答后清 RI
            CLR     TI
            MOV     A,SBUF          ;从机应答地址送 A
            XRL     A,R2            ;核对两个地址
            JZ      COMMTXD2        ;相符,则转 COMMTXD2
COMMTXD1:   MOV     SBUF,#0FFH      ;发送从机复位信号
            SETB    TB8             ;地址帧标志送 TB8
            SJMP    COMMUT          ;重发从机地址
COMMTXD2:   CLR     TB8             ;准备发送命令
            MOV     SBUF,R3         ;送出命令
```

```
            JNB    RI,$                 ;等待从机应答
            CLR    RI                   ;从机应答后清 RI
            CLR    TI
            MOV    A,SBUF               ;从机应答命令送 A
            JNB    ACC.7,COMMTXD3       ;核对命令后无错,命令分类
            SJMP   COMMTXD1             ;若命令收错,则重新联络
COMMTXD3:   CJNE   R3,#00H,COMMURXD     ;若为从机发送主机接收,转 COMMURXD
            JNB    ACC.0,COMMUTXD1      ;若从机接收来就绪,则重新联络
COMMTXD4:   MOV    SBUF,@R0             ;若从机接收就绪,则开始发送
            JNB    TI,$                 ;等待发送结束
            CLR    TI                   ;发送结束后清 TI
            INC    R0                   ;R0 指向下一发送数据
            DINZ   R4,COMMTXD4          ;若数据块未发完,则继续
            RET
COMMRXD:    JNB    ACC.1,COMMTXD1       ;若从机发送未就绪,则重新联络
COMMRXD1:   JNB    RI,$                 ;等待接收完毕
            CLR    RI                   ;接收到一帧后清 RI
            MOV    A,SBUF               ;收到的数据送 A
            MOV    @R1,A                ;存入内存
            INC    R1                   ;接收数据区指针加 1
            DJNZ   R5,COMMRXD1          ;若未接收完,则继续
            RET
            END
```


2) 从机程序

从机程序由从机主程序和从机中断服务程序组成。从机主程序用于定时器 T1 初始化、串行口初始化和中断初始化。从机中断服务程序用于对主机的通信。

从机主程序流程图如图 8.22(a)所示。相应程序如下:

```
START:      MOV    TMOD,#20H            ;定时器 T1 方式 2
            MOV    TH1,#0F4H
            MOV    TL1,#0F4H            ;波特率为 1200 bit/s
            SETB   TR1                  ;启动 T1 工作
            MOV    SCON,#0F8H           ;串行口方式 3,允许接收,SM2 = 1, TB8 = 1
            MOV    PCON,00H
            MOV    R0,#40H              ;R0 指向发送数据块首址
            MOV    R1,#20H              ;R1 指向接收数据块首址
            MOV    R2,#20               ;发送数据块长度送 R2
            MOV    R3,#20               ;接收数据块长度送 R3
            SETB   EA                   ;开 CPU 中断
```

```
SETB  ES          ;允许串行口中断
CLR   RI          ;清 RI
 ⋮
SJMP  $           ;等待
```

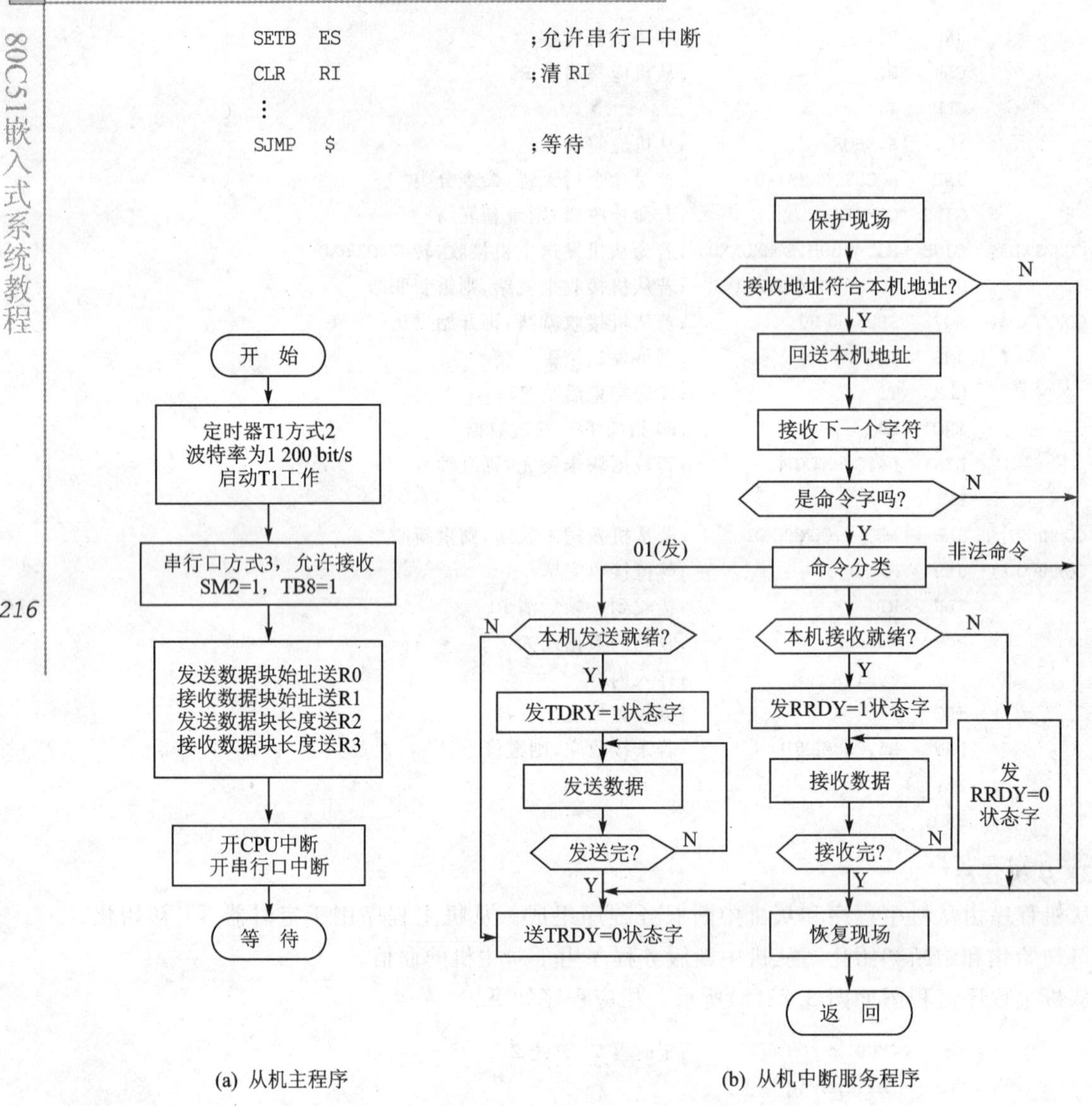

图 8.22　从机程序流程图

需要注意的是，主机程序中的发送数据块及接收数据块长度要同从机程序中的保持一致(程序中假设皆为 20)。即主机的发送数据块长度应等于被寻址从机的接收数据块长度，主机的接收数据块长度应等于从机的发送数据块长度。

由于从机串行口设定为方式 3，SM2＝1 和 RI＝0，且串行口中断已经开放，因此从机的接收中断总能被响应(主机发送地址时)。在中断服务程序中，SLAVE 是从机的本机地址，F0(即 PSW.5)为本机发送就绪位地址(即：PSW.5 ＝1 表示从机发送准备就绪)，F1 为本机接收就绪状态位(即：PSW.1 = 1 为本机已准备好接收)。从机中断服务程序流程如图 8.22(b)所示。寄存器分配为：

R0　存放发送数据块起始地址　　　R2　存放发送数据块长度

R1　存放接收数据块起始地址　　　R3　存放接收数据块长度

从机中断服务程序如下：

```
         ORG   0023H
         SJMP  SINTSBV          ;转入从机中断服务程序
         ORG   0200H
SINTSBV: JNB   RI,back
         CLR   RI               ;接收到地址后清 RI
         PUSH  ACC              ;保护 A
         PUSH  PSW              ;保护 PSW
         MOV   A,SBUF           ;接收的从机地址送 A
         XRL   A,#SLAVE         ;与本机地址核对
         JZ    SRXD1            ;若是呼叫本机,则继续
         CLR   TI
RETURN:  POP   PSW              ;若不是呼叫本机,则恢复 PSW
         POP   ACC              ;恢复 ACC
back:    RETI                   ;中断返回
SRXD1:   CLR   SM2              ;准备接收数据命令
         MOV   SBUF,#SLAVE      ;发回本机地址,供核对
         JNB   RI,$             ;等待接收主机发来的数据/命令
         CLR   RI               ;接收到后清 RI
         JNB   RB8,SRXD2        ;若是数据/命令,则继续
         SETB  SM2              ;若是复位信号,则令 SM2 = 1
         SJMP  RETURN           ;返主程序
SRXD2:   MOV   A,SBUF           ;接收命令送 A
         CJNE  A,#02,NEXT       ;判断命令是否合法
NEXT:    JC    SRXD3            ;若命令合法,则继续
         CLR   TI               ;若命令不合法,则清 TI
         MOV   SBUF,#80H        ;发送 ERR = 1 的状态字
         SETB  SM2              ;令 SM = 1
         SJMP  RETURN           ;返回
SRXD3:   JZ    SCHRX            ;若为接收命令,则转 SCHRX
         JB    F0,STXD          ;若本机发送就绪,则转 STXD
         MOV   SBUF,#00H        ;若本机发送未就绪,则发 TRDY = 0
         SETB  SM2
         SJMP  RETURN           ;返主程序
STXD:    MOV   SBUF,#02H        ;发送 TRDY = 1 的状态字
```

```
        JNB   TI,$             ;等待发送完毕
        CLR   TI               ;接收到后清 TI
LOOP1:  MOV   SBUF,@R0         ;发送一个字符数据
        JNB   TI,$             ;等待发送完毕
        CLR   TI               ;发送完毕后清 TI
        INC   R0               ;发送数据块起始地址加 1
        DJNZ  R2,LOOP1         ;字符未发完,则继续
        SETB  SM2              ;令 SM2 = 1
        SJMP  RETURN
SCHRX:  JB    PSW.1,SRXD       ;本机接收就绪则转 SRXD
        MOV   SBUF,#00H        ;若本机接收未就绪,则发 RRDY = 0
        SETB  SM2
        SJMP  RETURN
SRXD:   MOV   SBUF,#01H        ;发出 RRDY= 1 状态字
LOOP2:  JNB   RI,$             ;接收一个字符
        CLR   RI               ;接收一帧字符后后清 RI
        MOV   @R1,SBUF         ;存入内存
        INC   R1               ;接收数据块指针加 1
        DJNZ  R2,LOOP2         ;若未接收完,则继续
        SETB  SM2
        SJMP  RETURN
        END
```

5. PC 机和单片机之间的通信

在数据处理和过程控制应用领域,通常需要一台 PC 机来管理一台或若干台以单片机为核心的智能测量控制仪表。这时,须实现 PC 机与单片机之间的通信。这里介绍 PC 机与单片机的通信接口设计和下位机的软件编程。

(1) 接口设计

PC 机与单片机之间可以由 RS－232C、RS－422 或 RS－423 等接口相连,其中 RS－232C 接口已经在前面介绍过。

在 PC 机系统内都装有异步通信接口,利用它可以实现异步串行通信。该接口的核心元件是可编程的 Intel 8250 芯片,它使 PC 机有能力与其他具有标准 RS－232C 接口的计算机或设备进行通信。而 80C51 单片机本身具有一个全双工的串行口,因此只要配以电平转换的驱动电路、隔离电路即可组成一个简单可行的通信接口。同样,PC 机和单片机之间的通信也分为双机通信和多机通信。

PC 机与单片机最简单的连接是零调制三线经济型。这是进行全双工通信所必须的最少线路。因为 80C51 单片机输入、输出电平为 TTL 电平,而 PC 机配置的是 RS－232C 标准接

口，二者的电气规范不同，所以要加电平转换电路。常用的转换电路有 MC1488、MC1489 和 MAX232，图 8.23 给出了采用 MAX232 芯片的 PC 机和单片机串行通信接口电路，与 PC 机相连采用 9 芯标准插座。

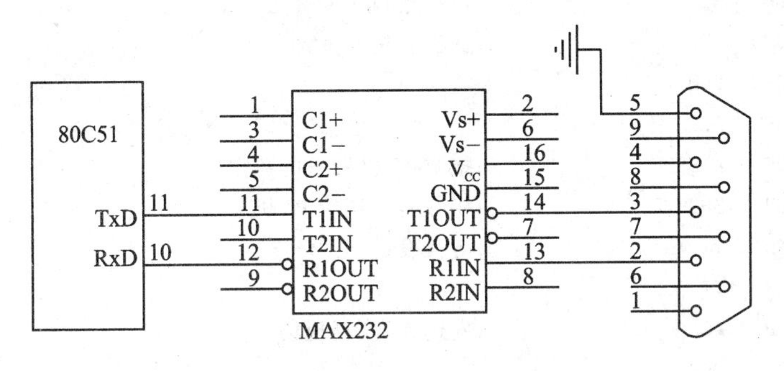

图 8.23　PC 机和单片机串行通信接口

(2) 软件编程

这里列举一个实用的通信测试软件，其功能为：将 PC 机键盘的输入发送给单片机，单片机收到 PC 机发来的数据后，回送同一数据给 PC 机，并在屏幕上显示出来。只要屏幕上显示的字符与所键入的字符相同，说明二者之间的通信正常。

通信双方约定：波特率为 2 400 bit/s；信息格式为 8 个数据位，1 个停止位，无奇偶校验位。

① 单片机通信软件

80C51 通过中断方式接收 PC 机发送的数据，并回送。单片机串行口工作在方式 1，晶振频率为 6 MHz，波特率 2 400 bit/s，定时器 T1 按方式 2 工作，经计算定时器预置值为 0F3H，SMOD=1。参考程序如下：

```
        ORG    0000H
        LJMP   CSH                ;转初始化程序
        ORG    0023H
        LJMP   INTS               ;转串行口中断程序
        ORG    0050H
CSH:    MOV    TMOD,＃20H         ;设置定时器 1 为方式 2
        MOV    TL1,＃0F3H         ;设置预置值
        MOV    TH1,＃0F3H
        SETB   TR1                ;启动定时器 1
        MOV    SCON, ＃50H        ;串行口初始化
        MOV    PCON ＃80H
        SETB   EA                 ;允许串行口中断
        SETB   ES
```

```
        LJMP  MAIN          ;转主程序(主程序略)
         ⋮
INTS:   CLR   EA            ;关中断
        CLR   RI            ;清串行口中断标志
        PUSH  DPL           ;保护现场
        PUSH  DPH
        PUSH  ACC
        MOV   A,SBUF        ;接收 PC 机发送的数据
        MOV   SBUF,A        ;将数据回送给 PC 机
WAIT:   JNB   TI,WAIT       ;等待发送
        CLR   TI
        POP   ACC           ;发送完,恢复现场
        POP   DPH
        POP   DPL
        SETB  EA            ;开中断
        RETI                ;返回
```


② PC 机通信软件

PC 机方面的通信程序可以用汇编语言编写,也可以用其他高级语言例如 VC、VB 来编写。这里不再列出,有兴趣的读者可自行编写。

8.2.3　80C51 单片机与外设的通信总线

80C51 单片机与外设或其他设备联系的通信总线有:单总线(1 - Wire)、SPI、I^2C、CAN 和 USB 等。下面介绍其中常见的总线。

1. 单总线

(1) 单总线的概念

单总线(1 - Wire Bus)技术是美国 DALLAS 公司(现并入美信公司 MAXIM)推出的总线技术。采用单根信号线,既传输时钟,又传输数据,而且数据传输是双向的。具有线路简单、硬件开销少、成本低廉、便于总线扩展和维护等优点。我们把挂在单总线上的器件称之为单总线器件,器件内具有控制、收/发、储存等电路。

单总线适用于单个主机系统,能够控制一个或多个从机设备。主机可以是单片机,从机可以是单总线器件,它们之间的数据交换只通过一条数据线。

单总线只有一根数据线,系统中的数据交换、控制都通过这根线完成。设备(主机或从机)通过一个漏极开路或三态端口连至该数据线,这样允许设备不发送数据时释放总线,以便其他设备使用总线。

单总线要求外接一个约 4.7 Ω 的上拉电阻;这样,当总线闲置时,状态为高电平。主机和

从机之间的通信通过以下3个步骤完成：初始化1－Wire器件，识别1－Wire器件，交换数据。由于二者是主从结构，只有主机呼叫从机时从机才能应答，因此主机访问1－Wire器件都必须严格遵循单总线命令序列：初始化、ROM命令、功能命令。如果出现序列混乱，1－Wire器件不会响应主机（搜索ROM命令，报警搜索命令除外）。

(2) 单总线协议

所谓协议，就是共同遵守的规范。协议往往通过严格的时序来体现。所有单总线器件遵循严格的通信协议，以保证数据的完整性。实际上就是用较为复杂的软件来换取简单的硬件接口。1－Wire协议定义了几种信号类型：复位脉冲、应答脉冲、写0、写1、读0和读1时序等。所有的单总线命令序列（初始化、ROM命令、功能命令）都是由这些基本的信号类型组成。这些信号，除了应答脉冲外，都是由主机发出同步信号，并且发出的所有命令和数据都是字节的低位在前。

① 初始化时序

初始化时序包括主机发送的复位脉冲和从机发出的应答脉冲。如图8.24所示。主机通过拉低单总线至少480 μs以产生发送复位脉冲，然后主机释放总线，并进入接收模式。当主机释放总线时，总线由低电平跳变为高电平时产生一上升沿；单总线器件检测到这个上升沿后，延时15～60 μs，接着单总线器件通过拉低总线60～240 μs，以产生应答脉冲。主机接收到应答脉冲后，说明有单总线器件在线，主机就开始对从机（单总线器件）进行ROM命令和功能命令等的操作。

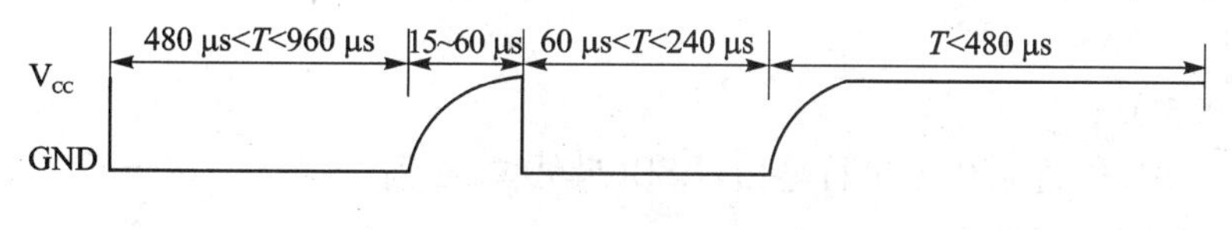

图8.24　初始化时序

② 读/写时序

在每一个时序中，单总线只能传输一位数据。所有的读/写时序至少需要60 μs，且每两个独立的时序之间至少需要1 μs的恢复时间。如图8.25所示。读/写时序均从主机拉低总线开始。在写时序中，向单总线器件写0时，主机拉低总线后需保持至少60 μs的低电平；写1时，要先使单总线变低（＞1 μs），然后在15 μs内释放单总线器件。只有在主机发出读时序时才向主机传送数据，所以当主机向单总线器件发出读数据的命令后，必须马上产生读时序，以便单总线能传输数据。在主机发出读时序之后，单总线器件才开始在总线上发送0或1。若单总线器件发送1，则保持总线高电平；若发送0，则拉低总线。单总线器件发送数据之后，应保持有效时间（15 μs）；因而，主机在读时序期间必须释放总线，并且必须在15 μs之中采样总线状态，从而保证接收到单总线器件发送的数据。

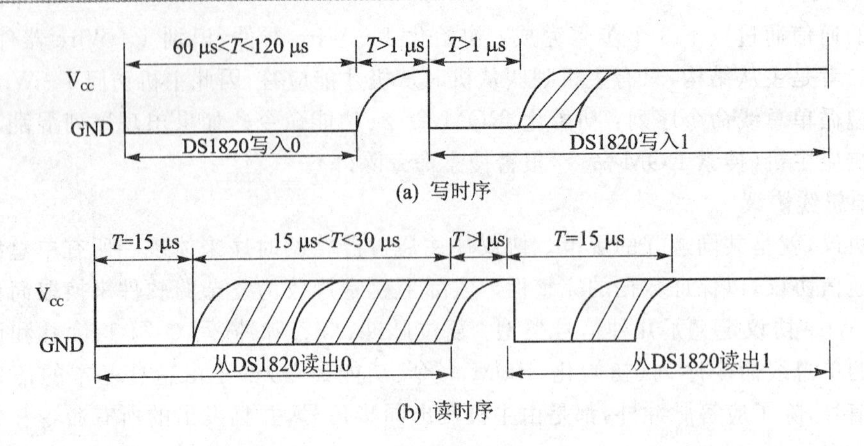

图 8.25 读/写时序

(3) 单总线器件举例

单总线广泛应用于 DALLAS 公司生产的产品中。目前常用的单总线器件有数字温度传感器等。下面以 DS1820/DS18B20 数字温度传感器为例来介绍单总线芯片。

DS1820/DS18B20 就像三极管一样，有一根地线、一根信号线 DQ（单总线）和一根电源线，DS1820 的引脚如图 8.26 所示。通过 DQ 线与单片机的一根 I/O 口线相连，就能实现单片机对 DS1820 的模式控制、温度值读取等操作。

DS1820 的主要性能指标如下：

测温范围：−50～+125 ℃；

分辨率：0.5 ℃；

温度输出：9 位二进制数据串行输出，LSB（最低位）在前，最高位为符号位；

典型温度转换时间：200 ms。

DS1820 的主要命令如表 8−5 所列。

表 8−5 DS1820 的主要命令

ROM 命令		RAM 命令	
名 称	作 用	名 称	作 用
读 ROM(33H)	读 DS1820 的序列号	温度转换命令(44H)	启动温度转换
匹配 ROM(55H)	用于多 DS1820 的定位	读数据命令(BEH)	读取温度数据
跳过 ROM(CCH)	针对在线 DS1820 使用	写数据命令(4EH)	写数据/命令

80C51 与单总线芯片 DS1820 的连接如图 8.27 所示。

为了对 DS1820 进行读/写操作，80C51 模拟的单总线基本时序如下：

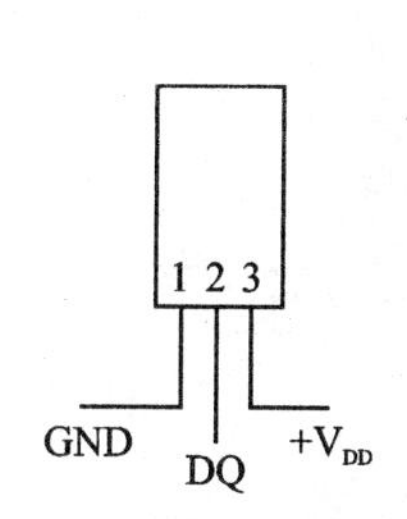

图 8.26　DS1820 的引脚

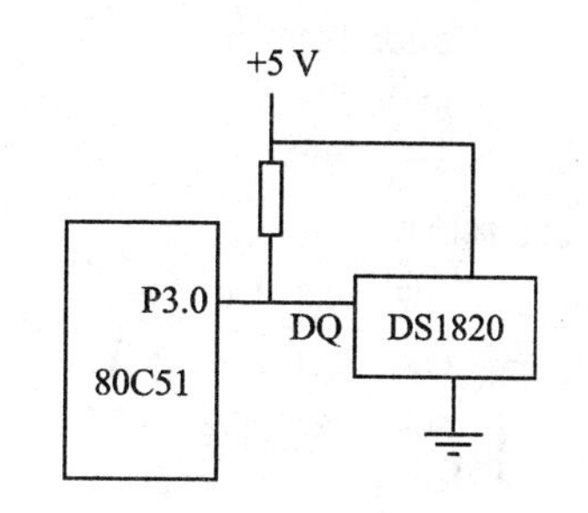

图 8.27　DS1820 与 80C51 的接口


```
;DS1820 的初始化程序
INI:      CLR     P3.0                    ;P3.0 连接单总线
          MOV     R2,#100
I1:       CLR     P3.0
          DJNZ    R2,I1
          SETB    P3.0
          MOV     R2,#15
I2:       DJNZ    R2,I2
          CLR     C
          ORL     C, P3.0
          JC      INI
          MOV     R6,#40
I3:       ORL     C,P3.0
          JC      I4
          DJNZ    R6,I3
          SJMP    INI
I4:       MOV     R2,#120
I5:       DJNZ    R2,I5
          RET
; DS1820 写时序
WRITE:    MOV     R3,#8                   ;C 中存放要写的内容
WR1:      SETB    P3.0
          MOV     R4,#4
          RRC     A
          CLR     P3.0
WR2:      DJNZ    R4,WR2
          MOV     P3.0,C
          MOV     R4,#40
WR3:      DJNZ    R4,WR3
```

```
        DJNZ  R3,WR1
        SETB  P3.0
        RET
;DS1820读时序
READ:   MOV   R6,#8          ;读取的结果存放在C中
RE1:    CLR   P3.0
        MOV   R4, #2
        SETB  P3.0
RE2:    DJNZ  R4, RE2
        MOV   C, P3.0
        RRC   A
        MOV   R5,#15
RE3:    DJNZ  R5,RE3
        DJNZ  R6,RE1
RE5:    SETB  P3.0
        RET
```


2. I²C总线

(1) I²C总线的概念

I²C总线(Inter IC Bus)是实现IC之间联系和控制的一种简单的双向两线总线。因此,该总线称为Inter IC总线或I²C总线。I²C总线是由全球瞩目的半导体公司Philips开发的,现在有包括Philips在内的很多公司的IC支持I²C总线。所有符合I²C总线的器件通过一个片上接口,使器件之间直接通过I²C总线通信。

I²C总线通过两线——串行数据线SDA和串行时钟线SCL,在连接到总线的器件间传递信息。每个器件都有一个唯一的地址识别,而且都可以作为一个发送器或接收器。除了发送器和接收器外,器件在执行数据传输时也可以被看作是主机或从机。主机是初始化总线的数据传输并产生允许传输的时钟信号的器件,此时任何被寻址的器件都被认为是从机。为了更好地理解I²C总线,现将有关术语的含义归纳如下:

- 主机——初始化、发送产生时钟信号和终止发送的器件;
- 从机——被主机寻址的器件;
- 发送器——发送数据到总线的器件;
- 接收器——从总线接收数据的器件。

SDA和SCL都是双向线路,都通过一个电流源或上拉电阻连接到正的电源电压上,当总线空闲时,这两条线路都是高电平,如图8.28所示。

该图表明了I²C总线的关系。假设器件1(单片机)要发送信息到器件2(单片机),传输数据的过程如下:

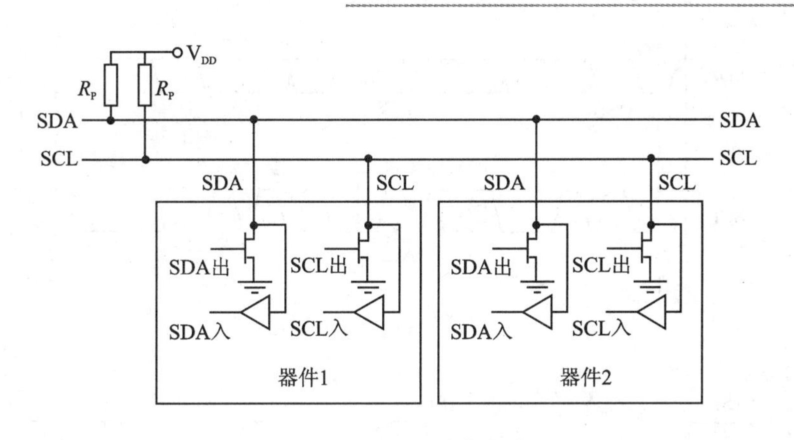

图 8.28 I²C 总线的电路

- 器件 1(主机——发送器)寻址器件 2(作为从机——接收器);
- 器件 1 发送数据到器件 2;
- 器件 1 终止传输。

应当注意,这些关系(主机、从机,接收器、发送器)不是持久的,只是由当时数据传输的方向决定。

I²C 总线是一个多主机的总线,这就是说可以连接多于一个能控制总线的器件到总线。由于主机通常是单片机,连接多于一个的单片机到 I²C 总线的可能性,意味着超过一个主机可以同时尝试初始化传输数据。为了避免由此产生混乱,产生一个仲裁过程,它依靠"线与"连接所有 I²C 总线接口到 I²C 总线。如果两个或多个主机尝试发送信息到总线,在其他主机都产生"0"的情况下,首先产生一个"1"的主机将丢失仲裁。仲裁时的时钟信号是用"线与"连接到 SCL 线的主机产生的时钟的同步结合。所以,连接到总线的器件输出级必须是漏极开路或集电极开路,只有这样才能执行"线与"的功能。

在 I²C 总线上产生时钟信号通常是主机器件的责任。当在总线上传输数据时,每个主机产生自己的时钟信号。主机发出的总线时钟信号只有在慢速的从机器件控制时钟线并延长时钟信号时或者在发生仲裁被另一个主机改变时才被改变。

由于连接到 I²C 总线的器件有不同的工艺(CMOS、NMOS、双极性),逻辑 0(低)和 1(高)的电平不是固定的,它可由 V_{DD}的相关电平决定。

(2) I²C 总线协议

I²C 总线协议概括为:从机在接收到"启动"信号后需要含有本器件地址的控制字,以确定该器件是否选通、是读操作还是写操作。I²C 总线必须以字节为单位进行发送,接收器收到一字节的数据后,发出应答,主机产生应答响应脉冲。I²C 总线协议及其相关信号的时效性(有效时间)如图 8.29 所示。

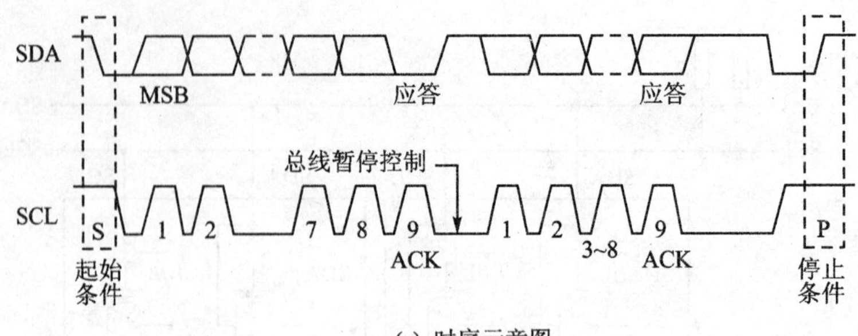

(a) 时序示意图

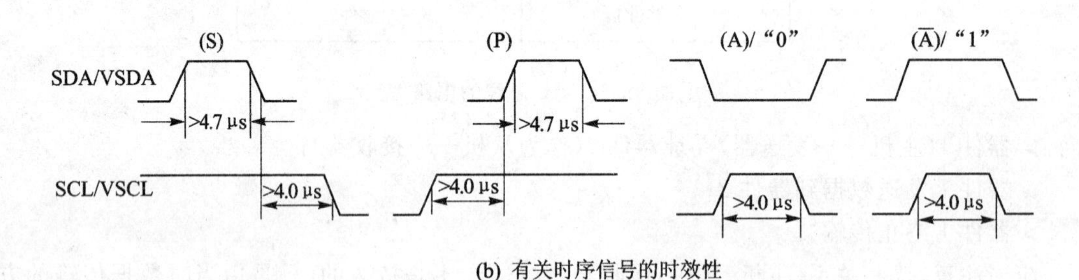

(b) 有关时序信号的时效性

图 8.29　I^2C 总线信号

1）基本时序信号

I^2C 总线每传输一个数据位就产生一个时钟脉冲。I^2C 总线协议定义了几种基本信号类型：起始信号、停止信号、数据位传输和应答信号等。下面分别予以介绍。

① 起始信号 S。起始信号是指在 SCL 线是高电平时，SDA 线由高电平向低电平切换（即下降沿），简称 S。如图 8.30 所示。如果产生重复起始信号 Sr 而不产生停止信号，总线会一直处于忙的状态，此时起始信号 S 和重复起始 Sr 信号在功能上是一样的。因此在后文中，除非有特别声明的 Sr，S 既表示起始信号又表示重复起始信号。起始信号一般由主机产生，总线在起始信号后被认为处于忙的状态。

② 停止信号 P。停止信号是指当 SCL 是高电平时，SDA 线由低电平向高电平切换（即上升沿），简称 P。如图 8.30 所示。停止信号一般由主机产生，总线在停止信号的某段时间后被认为再次处于空闲状态。

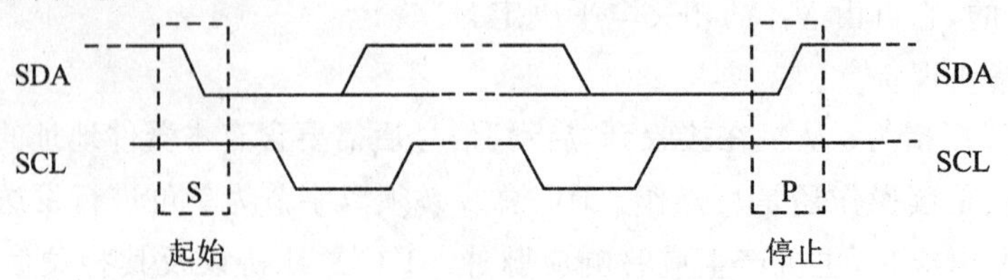

图 8.30　起始信号与停止信号

如果连接到总线的器件包含了 I^2C 总线接口硬件，那么用它们检测起始和停止信号十分简便。没有这种接口的单片机，在每个时钟周期至少要采样 SDA 线两次来判别有没有发生电平切换。

③ 数据位传输。在进行数据位传输时，SDA 线上的数据必须在时钟的高电平周期保持稳定。数据线的高或低电平状态只有在 SCL 线的时钟信号是低电平时才能改变，如图 8.31 所示。实际上，数据的传输是以字节为单位的，发送到 SDA 线上的每个字节必须为 8 位，数据的最高位 MSB 在先，每次传输可以发送的字节数量不受限制，每个字节后必须跟一个应答位。

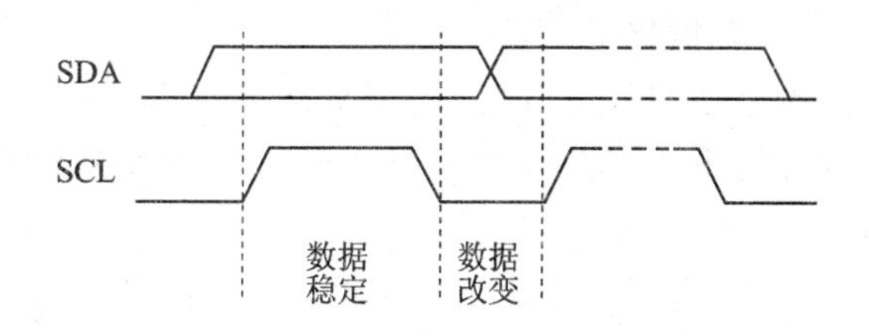

图 8.31　数据位的传输时序

如果从机要完成一些其他功能后，例如一个内部中断服务程序，才能接收或发送下一个完整的数据字节，可以使时钟线 SCL 保持低电平迫使主机进入等待状态，当从机准备好接收下一个数据字节并释放时钟线 SCL 后数据传输继续。

④ 应答信号 ACK(或 A)。数据传输必须附带应答位 ACK(或 A)。响应时钟脉冲由主机产生。在应答的时钟脉冲期间，发送器释放 SDA 线(高电平)；在此期间，接收器必须将 SDA 线拉低，使它在这个时钟脉冲的高电平期间保持稳定的低电平，如图 8.32 所示。当由于某种原因不能产生应答位时，为便于理解，我们用产生非应答位 $\overline{\text{ACK}}$(或 $\overline{\text{A}}$)来表示。

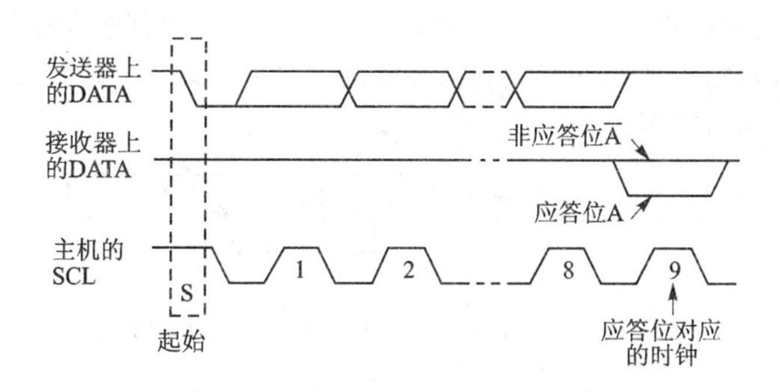

图 8.32　应答位 ACK 与非应答位 $\overline{\text{ACK}}$

通常被寻址的接收器在接收到的每个字节后必须产生一个应答位；当从机不能响应从机地址时，例如它正在执行一些实时函数，不能接收或发送，从机必须使数据线保持高电平($\overline{\text{ACK}}$)，主机然后产生一个停止信号，终止传输或者产生重复起始信号开始新的传输。

如果从机接收器响应了从机地址，但是在传输了一段时间后不能接收更多数据字节，则从机用在第一个字节后不产生应答位($\overline{\text{ACK}}$)来表示，使数据线保持高电平；主机产生一个停止信号来终止传输或产生重复起始信号。

如果传输中有主机接收器，它必须通过在最后一个字节不产生一个应答位($\overline{ACK}$)来向从机发送器通知数据结束；从机发送器此时必须释放数据线，允许主机产生一个停止或重复起始信号。

2）数据格式

前面介绍过，数据的传输是以字节为单位的，I^2C 传输的数据遵循图 8.33 所示的格式。在起始信号 S 后发送了一个从机地址，这个地址共有 7 位，紧接着的第 8 位是数据方向位。

其中，$R/\overline{W}=0$ 表示发送——写；

$R/\overline{W}=1$ 表示请求数据——读。

数据传输一般由主机产生的停止位 P 终止；但是如果主机仍希望在总线上通信，它可以产生重复起始信号 Sr 和寻址另一个从机，而不是首先产生一个停止信号。

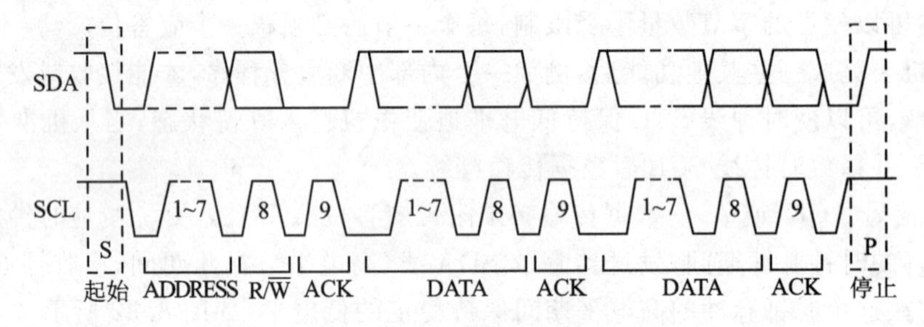

图 8.33　I^2C 传输的数据格式

在具体的数据传输过程中可能有不同的读/写格式相结合的数据传输格式：

① 主机(发送器)发送到从机(接收器)，传输的方向不会改变。如图 8.34 所示，主机用 7 位地址寻址从机，传输方向不变。

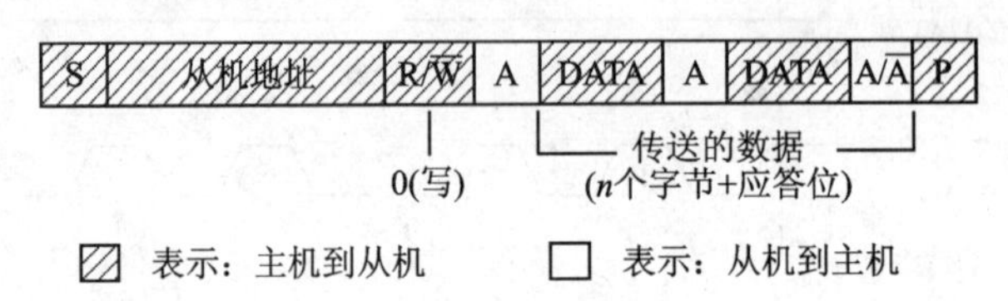

图 8.34　数据传输方向不变的格式

② 在第一个字节后，主机立即读从机。该数据格式如图 8.35 所示。在第一次响应时，主机发送器变成主机接收器，从机接收器变成从机发送器，第一次响应仍由从机产生。之前发送

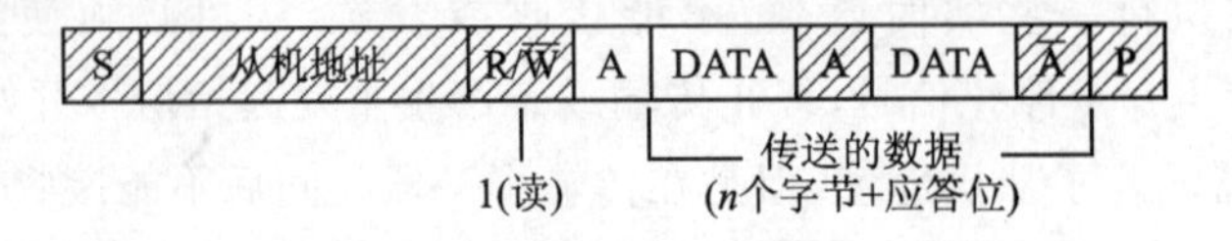

图 8.35　数据传输方向改变的格式

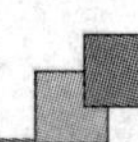

了一个非应答信号 $\overline{A}$ 的主机产生停止信号。

③ 复合格式。如图 8.36 所示。传输改变方向时，起始信号和从机地址都会被重复，但 $R/\overline{W}$ 位相反。如果主机接收器发送一个重复起始信号，它之前应该发送了一个非应答信号/$\overline{A}$。

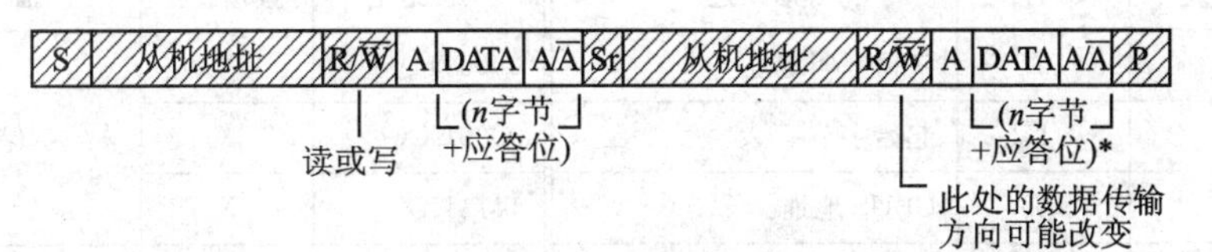

* 该处未加阴影是由于数据传输的方向由$R/\overline{W}$决定。

图 8.36　复合格式

注意：每个字节都跟着一个应答位，用 A 或 $\overline{A}$ 模块表示。

---

3) I^2C 总线的寻址

I^2C 总线的寻址过程是指在起始信号之后的第一个字节所确定的寻址对象，它决定了主机选择哪一个从机进行下一步的通信。

① 寻址字节的位定义。第一个字节的头 7 位组成了从机地址，如图 8.37 所示。最低位 LSB 是第 8 位，决定了传输的方向。第一个字节的最低位为 0，表示主机会写信息到被选中的从机；为 1 表示主机会向从机读信息。当发送了一个地址后，系统中的每个器件都在起始信号后将头 7 位与自己的地址比较，如果一样，器件会认为它被主机寻址；至于是从机接收器还是从机发送器，都由读/写位决定。从机地址由一个固定和一个可编程的部分构成。由于很可能在一个系统中有几个同样的器件，从机地址的可编程部分使最大数量的这些器件可以连接到 I^2C 总线上。例如，如果器件有 4 个固定的和 3 个可编程的地址位，那么相同的总线上共可以连接 8 个相同的器件。

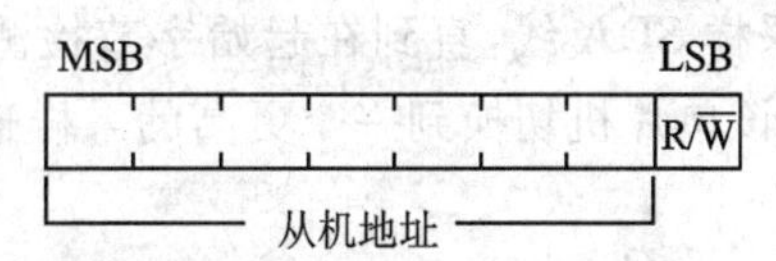

图 8.37　从机地址

② 特殊地址。在 I^2C 总线的寻址过程中有一些特殊的地址，如可以寻址所有器件的“广播呼叫”地址。使用这个地址时，理论上所有器件都会发出一个响应，但是也可以使器件忽略这个地址。“广播呼叫”地址的第二个字节定义了要采取的行动。有关 0000XXX 和 1111XXX 的用途，由 I^2C 委员会定义，如表 8-6 所列。

广播呼叫地址是用来寻址连接到 I^2C 总线上的每个器件，但是如果器件在广播呼叫结构中不需要任何数据，它可以通过不发出响应来忽略这个地址，如果器件要求从广播呼叫地址得到数据，它会响应这个地址并作为从机接收器工作，第二个和接下来的字节会被能处理这些数据的每个从机接收器响应。有关广播呼叫地址的含意以及第二个字节的说明,可参考有关文献,在此不再赘述。

表8-6 I²C总线定义的地址

从机地址	读/写位	描　述	从机地址	读/写位	描　述
0000000	0	广播呼叫地址	0000011	X	保留
0000000	1	起始字节	00001XX	X	
0000001	X	CBUS地址	11111XX	X	
0000010	X	保留给不同的总线格式	11110XX	X	10位从机寻址

③ 起始字节。单片机可以用两种方法连接到I²C总线上。有片上I²C总线接口的单片机,可被编程为只由I²C总线的请求中断的模式;当器件没有这种接口时,它必须经常通过软件监控总线。很显然,无I²C接口的单片机监控或查询总线的次数越多,用于执行自己功能的时间越少,因此快速I²C器件和依靠查询的慢速单片机有速度差别。此时,数据传输前应有一个比正常时间长的起始过程,即起始字节。如图8.38所示。起始过程包括起始信号S,起始字节0000 0001,响应时钟脉冲ACK和重复起始信号Sr。在请求总线访问的主机发送起始信号S后,发送起始字节0000 0001,因此另一个单片机(可能无I²C总线接口)可以以低采样速率采样SDA线,直到在起始字节检测到7个0中的一个为止;在SDA线检测到这个低电平后,该单片机切换到一个更高的采样速率,寻找用于同步的重复起始信号Sr。

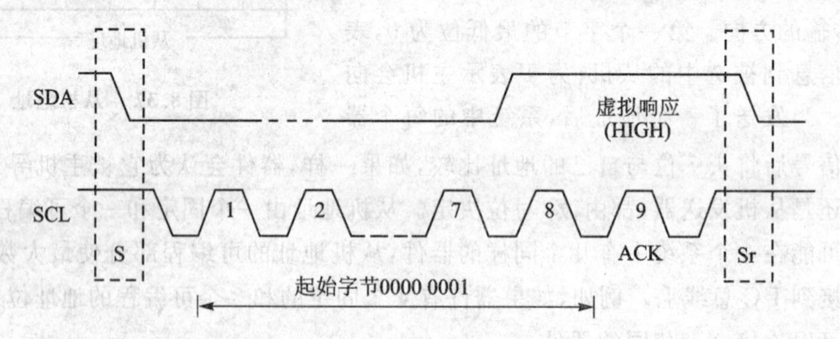

图8.38 起始字节

(3) I²C总线器件举例

根据I²C总线协议,每个从器件都有一个器件地址,从器件地址的最低位作为读/写控制位,"1"表示对从器件进行读操作,"0"表示对从器件进行写操作。在CPU发出起始信号和从器件的地址字节后,从器件监视总线的地址与发送的地址相符合时响应一个应答信号(通过SDA线)。然后根据读/写控制位(R/$\overline{W}$)的状态进行读或写操作,最后由主控器产生停止条件结束操作。数据传输的典型过程为:

主器件(CPU)发送起始条件→主控器发送 1 字节寻址从器件的地址信息→主器件接收从器件发出的确认信号→主器件发送(片内单元的)字节地址→主器件接收从器件发出的另一个确认信号→若为写操作，主器件发送数据到被寻址的单元，从器件向主器件发送确认信号→若为读操作，主器件重新发送起始条件和从器件地址，此时 $R/\overline{W}$ 位是"1"，从器件发出确认信号后，输出 1 字节数据→主器件发送结束条件。

目前有很多半导体集成电路上都集成了 I^2C 总线接口。带有 I^2C 接口的单片机有 Silions Labs 公司的 C8051F0XX 系列、Philips 的 P87LPC7XX 系列、Microchip 的 PIC16C6XX 系列等。很多外围器件，如存储器、监控芯片等也提供 I^2C 总线接口。例如，24C 系列串行 EEPROM 带有 I^2C 总线接口，是目前串行 EEPROM 中用量最大的一类，下面就以 24C02 为例介绍 I^2C 总线器件在 80C51 嵌入式系统中的应用。连接电路如图 8.39 所示。

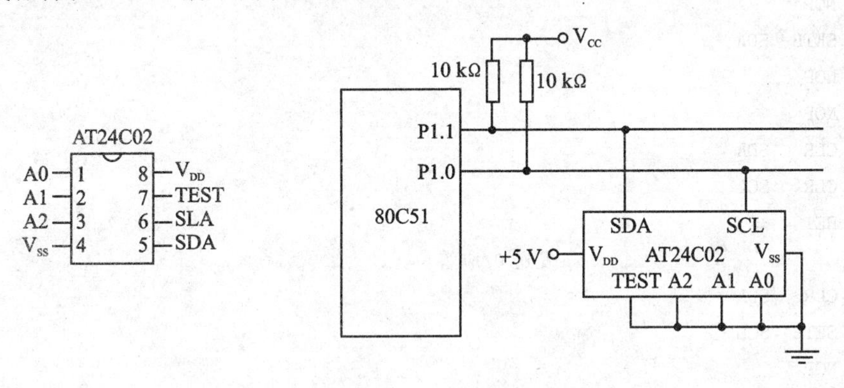

图 8.39　24C02 及其与 80C51 的接口

图中，因 P1 口线内部带上拉电阻，可以不外加上拉电阻，A2、A1、A0 均接地，表示器件的地址为 000B。其工作过程为：主器件 80C51 发送起始信号 S，占据串行总线，随后发送 7 位从器件地址和 1 位读/写方向位。从器件 24C02 接收到主器件发送的器件寻址信号后，将在 SDA 总线上返回主器件一个响应信号 A(低电平有效)，表示作好读/写准备。主器件在收到从器件的响应信号后，向从器件发送要访问的数据地址(即片内地址)，从器件收到后又向主器件返回一个响应信号 A，至此 EEPROM 的读/写准备工作完成。若为写 EEPROM，则主器件向从器件发送所写数据；若是读 EEPROM，则由主器件接收从器件发送的指定单元的 8 位数据。数据读/写操作结束，主器件将发送停止信号 P。

用于对 I^2C 总线器件 24C02 的操作，80C51 模拟的 I^2C 总线基本程序如下：

```
        SDA   EQU  P1.1           ;SDA 为 I²C 总线数据线 SDA
        SCL   EQU  P1.0           ;SCL 为 I²C 总线时钟线 SCL
STAR:                             ;启动 I²C 总线
        SETB  SDA
        SETB  SCL
```

```
        NOP
        NOP
        CLR   SDA
        NOP
        NOP
        CLR   SCL
        RET
STOP:                           ;停止 I²C 总线数据传送
        CLR   SDA
        SETB  SCL
        NOP
        NOP
        SETB  SDA
        NOP
        NOP
        CLR   SDA
        CLR   SCL
        RET
MACK:                           ;发送 0/应答位
        CLR   SDA
        SETB  SCL
        NOP
        NOP
        CLR   SCL
        SETB  SDA
        RET
MNACK:                          ;发送 1/非应答位
        SETB  SDA
        SETB  SCL
        NOP
        NOP
        CLR   SCL
        CLR   SDA
        RET
CACK:                           ;检查应答位
        SETB  SDA
        SETB  SCL
        CLR   F0                ;F0 存放读取的应答位/非应答位(0/1)
        MOV   C,SDA
```

```
        JNC   CEND
        SETB  F0
CEND：  CLR   SCL
        RET
```

说明：上述时序是基于 6 MHz 时钟而设计的；在高速时钟下，应参照时序的时效要求，适当增加时序子程序中的 NOP 空操作指令数。

3. USB 总线协议

(1) USB 系统概述

通用串行总线 USB 实现了即插即用与热插拔的特性，用户可以迅速方便地将各种外围设备与 PC 主机连接。USB 的另一特点是在连接 PC 主机时，对所有 USB 接口设备，提供了一种“全球通用”的标准连接器。这些连接器将取代所有的传统外围端口，如串行端口、并行端口以及游戏接口等。

USB 提供了在一台主机和若干台附属的 USB 设备之间的通信功能。从终端用户的角度看，一个基本的 USB 系统包含两类硬件设备：USB 主机（USB Host）、USB 设备（USB Device），可简单地用图 8.40 表示。

USB 主机是整个总线的主控者，掌握所有的控制权，负责对各个外围设备发出各种命令与配置，而各个外围设备仅能被动地接受命令，再对应地给予回复。USB 采用以各种封包为主的通信协议，并以令牌封包为起始。从硬件连接来看，USB 总线仅含有 4 条线：2 条电源线（VCC 与 GND）和 2 条以差动方式产生的信号线（D+与 D−）。其中电源线可用于主机向不带电源的 USB 设备提供电源，信号线用于 USB 主机与设备之间的数据通信。

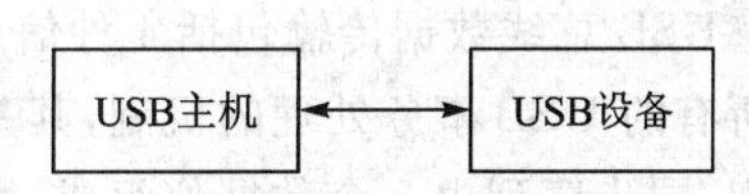

图 8.40　USB 通信系统

与传统的外围接口相比，USB 设备主要有以下一些优点：

- 数据传输速度快。USB 1.1 规范所允许的最大数据传输速率为 12 Mbit/s，而 USB 2.0 规范允许的最大数据传输速率则达到了 480 Mbit/s。
- 易于扩展。USB 总线采用的是一种易于扩展的树状结构，通过使用 USB Hub 扩展，可连接多达 127 个外设。
- 支持热插拔和即插即用。在 USB 系统中，所有的 USB 设备可以随时接入或拔离系统，USB 主机能够动态地识别设备的状态，并自动给接入的设备分配地址和配置参数。
- USB 提供了总线供电和自供电两种供电方式。
- 可支持多个外设同时工作，使用十分灵活。在主机和 USB 外设之间可以同时传输多个数据和信息流。

(2) USB 的机械特性与电气特性

集线器或功能块与另一个集线器、功能块或主机的连接构成一个 USB 通道的物理拓扑结构,它们之间通过电缆和连接器相连,如图 8.41 所示。USB 电缆包含有 4 根导线,电缆中导线颜色的区分见表 8-7。

图 8.41 USB 的串行总线图标

USB 外围设备可以直接从总线取得电源,而不必自备电源。USB 协议规定了 USB 设备允许的高电压与低电压,以及设备从总线取得的电流。

表 8-7 电缆中导线颜色

引脚编号	信号名称	缆线颜色	缆线型号	引脚编号	信号名称	缆线颜色	缆线型号
1	V_{CC}	红	20～28 AWG	3	Data+(D+)	绿	28 AWG
2	Data-(D-)	白	28 AWG	4	Ground	黑	20～28 AWG

(3) USB 的数据传输

USB 总线是一种串行总线,即它的数据是逐位传送的。在 USB 系统中,数据是通过 USB 线缆,采用 USB 数据包,从主机传送到外设或是从外设传送到主机的。

① 传输的基本单元——包

包(Packet)是 USB 系统中信息传输的基本单元,所有数据都是经过打包后在总线上传输的。USB 总线数据传输包括 4 种信息包:令牌包、数据包、握手包和专用包。信息包是用来执行所有的 USB 事务处理的机制,其基本格式如图 8.42 所示。在每个信息包之前有一段同步序列,同步序列由 8 个数据位组成,由 7 个连续的逻辑 0 开始,逻辑 1 结束。

同步字段(SYNC)	PID字段(PID)	数据字段	CRC字段	包结尾字段

图 8.42 USB 数据总线传输的信息包格式

信息包的具体类型由包 ID 指定,包 ID 包含 8 位二进制码(其中前 4 位用于指定包类型,后 4 位用于数据校验)。在包 ID 之后是关于这个信息包的具体内容,其内容根据包 ID 的不同而各不相同,它们既可以是地址也可以是数据。每个信息包以循环冗余校验码(CRC)序列结束,被用来验证包中的具体信息是否被正确地发送。每个包的结束都由一个包结束状态来标识。下面分别叙述信息包主要包括的同步字段、包标识符(PID,Pocket Identifier)字段、数据字段、循环冗余校验、信息包的结束等部分。

② 包的类型

根据 PID 类型,USB1.1 规范支持 4 类不同的包:标记包、帧开始包、数据包和握手包。其中:

- 标记包由 PID、ADDR 和 ENDP 构成,用于确定包的类型:输入、输出或者建立类型。
- 帧开始(SOF,Start-of-Frame)包由主机在全速下以 1.00 ms±0.0005 ms 或在高速下以 125 μs±0.0625 μs 的速率发出的。

- 数据包由PID、数据域和CRC构成，数据包有两种类型：DATA0和DATA1，是为了支持数据切换同步(Data Toggle Synchronization)定义的。
- 握手包仅由PID构成，用来报告数据事务的状态，握手包有3种类型：ACK用来表示被接收的数据包没有位填充或数据字段上的CRC错，并且数据PID被正确收到；NAK用来表示功能部件不会从主机接收数据(OUT)或功能部件没有传输数据到主机(IN)；STALL作为输入标记的回应或在输出事务的数据时相之后由功能部件返回。

③ 数据传输类型

USB协议提供了种类不同的数据传输类型，包括控制传输、批量传输、实时传输和中断传输。

- 控制传输：可靠的、非周期性的、由主机软件发起的请求或者回应的传输，通常用于命令事务和状态事务。
- 同步传输：在主机与设备之间的周期性的、连续的通信，一般用于传输与时间相关的信息。这种类型保留了将时间概念包含于数据中的能力。但这并不意味着，传输这样数据的时间总是很重要的，即传输并不一定很紧急。
- 中断传输：小规模数据的、低速的、固定延迟的传输。
- 批传输：非周期性的、大包的、可靠的传送。典型地用于传送那些可以利用任何带宽的数据，而且当没有可用带宽时，这些数据可以容忍等待。

其中控制传输用来对设备进行初始化和配置管理，且所有的USB设备都要求支持控制传输；批量传输用于打印机或扫描仪等传输大块数据的设备；中断传输用于类似PCI或ISA总线中的中断信号的数据；实时传输用于传输音频或视频的数据。

(4) USB设备应用举例

USB控制器一般有两种类型：一种是MCU集成在芯片里面的，如Intel、CYPRESS、Siemens、Freescale等公司的产品；另一种就是纯粹的USB接口芯片，仅处理USB通信，必须有一个外部微处理器来进行协议处理和数据交换，如Philips公司的PDIUSBD 11、PDIUSBP11A、PDIUSBD 12(并行接口)等。

① PDIUSBD 12概述

PDIUSBD 12是一款性能价格比很高的USB器件，通常用于微控制器系统中，通过高速通用并行接口实现与微控制器的通信，还支持本地的DMA传输。

PDIUSBD 12完全符合USB 2.0版的规范，还适应大多数器件的分类规格——成像类、大容量存储器件、通信器件、打印设备以及人机接口设备。同样，PDIUSBDI2适用于许多外设，例如打印机、扫描仪、外部的存储设备和数码相机等，使得应用SCSI的系统可以立即降低成本。

PDIUSBD 12特点如下：

- 符合通用串行总线USB 1.1版规范；
- 高性能USB接口器件集成了SIE、FIFO、存储器、收发器以及电压调整器；

> 符合大多数器件的分类规格；
> 可连接任何外部微控制器/微处理的高速并行接口(12 Mbit/s)；
> 完全自治的直接内存存取(DMA)操作；
> 集成320字节多配置FIFO存储器；
> 主端点的双缓冲结构增加了吞吐量，并且容易实现实时数据传输；
> 数据传输速率在批量模式下1 Mbit/s，同步模式下1 Mbit/s；
> 具有良好EMI特性的总线供电能力；
> 在挂起时可控制LazyClock输出；
> 到USB总线的软件控制连接；
> USB连接指示器，在通信时闪烁；
> 可编程的时钟频率输出；
> 符合ACPI、OnNOW和USB电源管理的要求；
> 内部上电复位和低电压复位电路；
> 高错误恢复率(>99%)的全扫描设计确保了高品质；
> 双电源操作(3.3±0.3) V或扩展的5 V电源，范围为3.6～5.5 V；
> 多中断模式实现批量和同步传输。

② PDIUSBD 12引脚

PDIUSBD 12采用SO28和TSSOP28封装，其引脚分布如图8.43所示，引脚功能见附录B。

③ PDIUSBD 12的内部结构

PDIUSBD 12的内部框图如图8.44所示。

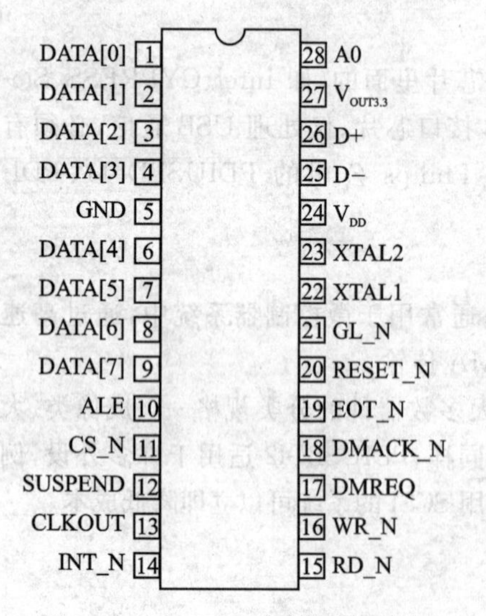

图8.43　PDIUSBD 12的引脚分布

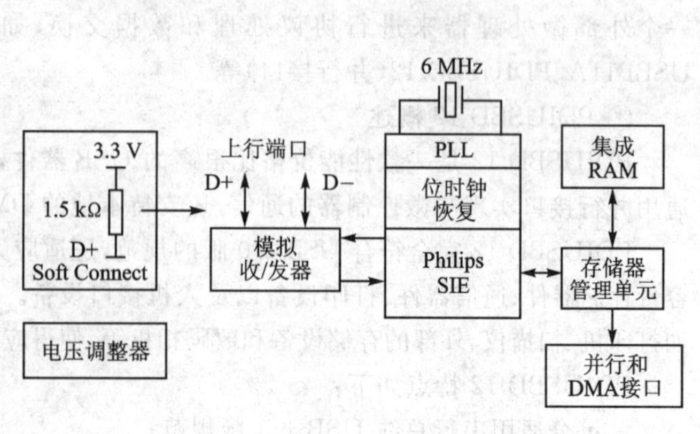

图8.44　PDIUSBD 12的内部框图

下面分别对 PDIUSBD 12 内部的各个部分进行介绍。

- 模拟收/发器：集成的收发器接口可通过终端电阻直接与 USB 电缆相连。
- 电压调整器：片内集成了一个 3.3 V 的调节器用于向模拟收/发器供电，外部 1.5 kΩ 的上拉电阻，也可选择 PDIUSBD 12 提供的带 1.5 kΩ 内部上拉电阻的软件连接技术。
- PLL：片内集成了一个 6～48 MHz 时钟乘法器 PLL(锁相环)，可以使用低成本的 6 MHz 晶振，EMI 也随之降低，PLL 的操作不需要外部元件。
- 位时钟恢复：位时钟恢复电路通过使用过采样规则从进入的 USB 数据流中恢复时钟，它能跟踪 USB 规定范围内的抖动和频漂。
- Philips 串行接口引擎(PSIE)：Philips SIE 本身实现了完全的 USB 协议层，而不需要外部固件的投入。该模块的功能包括：同步模式识别、并行/串行转换、位填充/解除填充、CRC 校验/产生、PID 校验/产生、地址识别和握手评估/产生。
- SoftConnect：与 USB 的连接是通过 1.5 kΩ 上拉电阻将 D+(用于高速 USB 器件)置为高实现的，1.5 kΩ 上拉电阻集成在 PDIUSBD 12 片内，默认状态下不与 V_{CC} 相连。
- GoodLink：提供良好的 USB 连接指示。在枚举中，LED 指示器根据通信的状况间歇闪烁，当 PDIUSBD 12 成功地枚举和配置后 LED 指示器将一直点亮，随后与 PDIUSBD 12 之间成功的传输(带应答)将关闭 LED，当挂起时 LED 将会关闭。
- 存储器管理单元(MMU)和集成 RAM：存储器管理单元 MMU 和集成 RAM 能缓冲 USB(工作在 12 Mbit/s)数据传输和单片机之间并行接口之间的速度差异，允许单片机以自己的速度读/写 USB 包。
- 并行和 DMA 接口：一个通用的并行接口定义为易于使用、快速而且可以与主流的单片机直接连接。

④ PDIUSBD 12 的端点描述

PDIUSBD 12 的端点可被不同类型的设备(如图像打印机、海量存储器和通信设备等)使用。端点可通过 Set Mode 命令设置为 4 种不同的模式，分别为：

- 模式 0：非同步传输(Non-ISO 模式)；
- 模式 1：同步输出传输(ISO-OUT 模式)；
- 模式 2：同步输入传输(ISO-IN 模式)；
- 模式 3：同步输入/输出传输(ISO-IO 模式)。

各种模式的详细描述如附录 C 所示。

⑤ PDIUSBD 12 的命令

单片机与 PDIUSBD 12 的通信主要是靠单片机给 PDIUSBD 12 发命令和数据来实现的。PDIUSBD 12 给出了各种命令的代码和地址。单片机先给 PDIUSBD 12 的命令地址发命令，根据不同命令的要求再发送或读出不同的数据。因此，可以将每种命令做成函数，用函数实现各个命令，以后直接调用函数即可。

PDIUSBD 12 有 3 种基本类型的命令：初始化、数据流和普通命令，如附录 D 所示。

⑥ 与 80C51 的接口

PDIUSBD 12 与 80C51 并行接口如图 8.45 所示。图中 ALE 固定接为低电平，表示系统为一个独立的地址和数据总线配置，PDIUSBD 12 的 A0 脚与 80C51 的 I/O 口任意一个脚相连。该端口控制 PDIUSBD 12 的命令和数据状态，80C51 复用的地址和数据总线可直接与 PDIUSBD 12 的数据总线相连，80C51 的频率输入（XTAL1）可由 PDIUSBD 12 的 CLKOUT 提供。

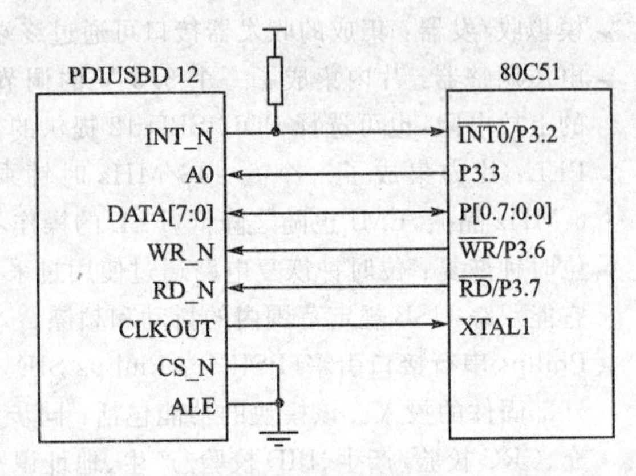

图 8.45　PDIUSBD 12 与 80C51 的硬件连接

(5) USB 设备的软件设计

USB 设备的软件设计主要包括两部分：一是 USB 设备端的单片机软件，协助 PDIUSBD 12 完成 USB 传输协议的解释、实现 USB 数据包传输（多数情况下是一个中断子程序）以及其他应用功能程序；二是 PC 端的程序，由 USB 通信程序和用户服务程序两部分组成，用户服务程序通过 USB 通信程序与系统 USBDI（USB Device Interface）通信，由系统完成 USB 协议的处理与数据传输。

单片机控制程序中，USB 部分通常由中断服务程序完成，初始化单片机和所有的外围电路（包括 PDIUSBD 12）后，程序执行主循环部分，其任务是可以被 USB 中断服务程序中断的。根据 USB 协议，任何传输都是由主机（Host）开始的，这样，单片机做前台工作，等待中断。主机首先要发令牌包给 USB 设备（这里是 PDIUSBD 12），PDIUSBD 12 接收到令牌包后就给单片机发送中断，单片机进入中断服务程序，首先读 PDIUSBD 12 的中断寄存器，判断 USB 令牌包的类型，然后执行相应的操作。因此，USB 单片机程序主要就是中断服务程序的编写。单片机与 PDIUSBD 12 的通信主要是靠单片机给 PDIUSBD 12 发送命令和数据来实现的。PDIUSBD 12 给出了各种命令的代码和地址。单片机先给 PDIUSBD 12 的命令地址发送命令，根据不同命令的要求再发送或读出不同的数据。

```
//初始化和连接 USB 设备主程序(C 语言编写)
void main(void)
{
    P0 = 0xFF;                                      //初始化 I/O 口
    P1 = 0xFF;
    P2 = 0xFF;
    P3 = 0xFF;
    MCU_D12CS = 0x0;
```

```
    D12SUSPD = 0;
    IT0 = 0;                                        //初始化中断
    EX0 = 1;
    PX0 = 0;
    EA = 1;
    connect_USB();                                  //连接 USB 总线(子程序由库文件提供)
    usbserve();                                     //USB 服务数据处理
    }
}
//连接到 USB 总线
void connect_USB(void)
{
    DISABLE;
    bEPPflags.value = 0;
    ENABLE;
    D12_SetDMA(0x0);                                //设置 D12 工作模式
    D12_SetMode(D12_NOLAZYCLOCK|D12_SOFTCONNECT, D12_SETTOONE | D12_CLOCK_12M);
}
//断开 USB 总线连接
void disconnect_USB(void)
{
    D12_SetMode(D12_NOLAZYCLOCK, D12_SETTOONE | D12_CLOCK_12M);
}

//端点 1 输出中断操作
void ep1_txdone(void)
{
    D12_ReadLastTransactionStatus(3);               //复位中断寄存器
    //添加用户代码
}
//端点 1 输入中断操作
void ep1_rxdone(void)
{
    unsigned char len;
    D12_ReadLastTransactionStatus(2);               //复位中断寄存器
    len = D12_ReadEndpoint(2, 16, GenEpBuf);        //读取端点 1 接收数据
    if (len != 0)
        bEPPflags.bits.ep1_rxdone = 1;              //标志端点 1 接收到数据
}
```

```
//端点 2 输出中断操作
void ep2_txdone(void)
{
    D12_ReadLastTransactionStatus(5);              //复位中断寄存器
    //添加用户代码
}
//端点 2 输入中断操作
void ep2_rxdone(void)
{
    unsigned char len;
    D12_ReadLastTransactionStatus(4);              //复位中断寄存器
    len = D12_ReadEndpoint(4, 64, EpBuf);          //读取端点 2 接收数据
    if (len != 0)
        bEPPflags.bits.ep2_rxdone = 1;             //标志端点 2 接收到数据
}
```


8.3 80C51单片机的人机交互接口技术

8.3.1 键盘接口技术

1. 键盘的种类

键盘是嵌入式系统中常用的输入设备,用户可以通过键盘向 CPU 输入指令、地址和数据。可分为编码键盘和非编码键盘。

① 编码键盘。这种键盘都有固定的代码,一旦有键按下,其硬件电路自动向 CPU 输出该键的编码。CPU 根据该编码信息取得数据或命令,并产生相应操作。PC 机的键盘就属此类。此外,像一些专用的集成芯片如 Intel 8279、ZLG7290 等可实现编码键盘。

② 非编码键盘。在 80C51 嵌入式系统应用系统中使用较多的是非编码键盘,这主要是因为它具有结构简单,成本低廉,使用灵活等特点。所谓键实际上是一个机械或电子开关,被按下时其交叉点上的行线和列线接通。键盘是指多个按键按行、列构成的开关矩阵,在行列的交叉点上都对应着有一个按键。非编码键盘的关键问题是如何确定被按下按键的行列位置,并据此由软件产生键码,即键的识别问题。

2. 按键的识别

(1) 按键开关的抖动问题

组成键盘的按键有触点式和非触点式两种。低成本 80C51 嵌入式系统中应用的按键一般是由机械触点构成的,如图 8.46 所示。

在图中，当开关S(假设接到80C51的P1.0口线上)未被按下时，P1.0(外接上拉电阻)输入为高电平；S闭合后，P1.0输入为低电平。由于按键是机械触点，当机械触点断开、闭合时，会有抖动，P1.0输入端的波形如图8.46(b)所示。这种抖动对于人来说是感觉不到的，但对CPU来说，则是完全可以感应到的，因为计算机处理的速度是微秒级的，而机械抖动的时间至少是毫秒级，对CPU而言，这已是一个“漫长”的时间了；通常所说的按键有时灵，有时不灵，其实就是这个原因。

为使CPU能正确地读出P1口的状态，对每一次按键的按下只作一次响应，就必须考虑如何去除抖动。常用的去抖动的方法有硬件和软件两种方法。80C51嵌入式系统中常用软件法，因此，对于硬件方法在此不介绍。软件法其实很简单，就是在单片机获得P1.0口为低的信息后，不是立即认定S已被按下，而是延时10 ms或更长一些时间后再次检测P1.0口；如果仍为低，说明S的确按下了，这实际上是避开了按键按下时的抖动时间。而在检测到按键释放后(P1.0为高)再延时5～10 ms，消除后沿的抖动，然后再对键值处理。不过一般情况下，我们通常不对按键释放的后沿进行处理，实践证明，也能满足一定的要求。当然，实际应用中，对按键的要求也是千差万别，要根据不同的需要来编制处理程序，但以上是消除键抖动的原则。

(2) 扫描

行列矩阵键盘如图8.47所示(这里是4行×8列键盘)。假定A键被按下，称之为被按键或闭合键。这时，键盘矩阵中A(第2行、第2列)点处的行线和列线接通。

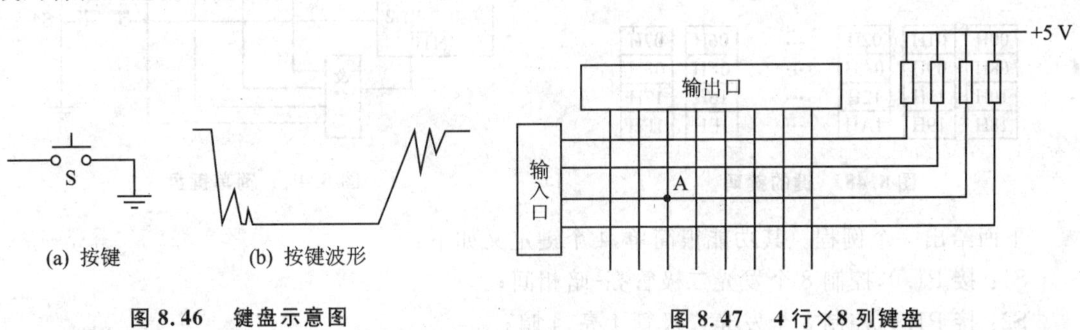

图8.46　键盘示意图　　　　图8.47　4行×8列键盘

行(列)扫描法的基本原理是这样的：使一条列线为低电平，如果这条列线上没有闭合键，则各行线的状态都为高电平；如果列线上有闭合键，则相应的那条行线即变为低电平。这样就可以根据按键的行线号和列线号求得闭合键的键码。

行(列)扫描的过程是：使输出口输出数据0FEH，然后输入行线状态，判断行线状态中是否有低电平；如果没有低电平，再使输出口输出0FDH，再判断行线状态。当输出口输出0FCH时，行线中有状态为低电平者，则闭合键A找到。如果是其他键被按下，过程也一样。

(3) 获取键码

键码(键号)往往是按从左到右，从上向下的顺序编排的，如图8.48所示。按这种编排规律，各行的首键号依次是 00H、08H、10H、18H；如列线按 0～7 顺序，则键码的计算公式为：

键码 ＝行首键号＋列号

不难计算出，键盘矩阵中 A(第 2 行、第 2 列)键的键码为 12H。

据此，各键的键码实际上代表落在键盘上的顺序位置。

(4) 键释放及键处理

经计算得到键码之后，再以延时和扫描的方法等待和判断键释放。键释放之后就可以根据键码，转入相应的键处理程序，进行具体的数据输入或命令的处理等功能。

3. 简单键盘在 80C51 系统中的应用

将每个按键的一端接到单片机的 I/O 口，另一端接地，这是最简单的方法。4 个按键分别接到 P1.0、P1.1、P1.2 和 P1.3，如图 8.49 所示。对于这种键，程序可以采用不断查询的方法：即检测是否有键闭合，如有键闭合，则去除键抖动，判断键号并转入相应的键处理。

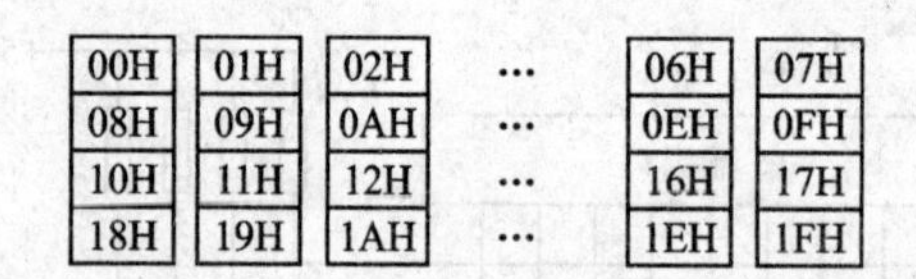

00H	01H	02H	…	06H	07H
08H	09H	0AH	…	0EH	0FH
10H	11H	12H	…	16H	17H
18H	19H	1AH	…	1EH	1FH

图 8.48　键的键码

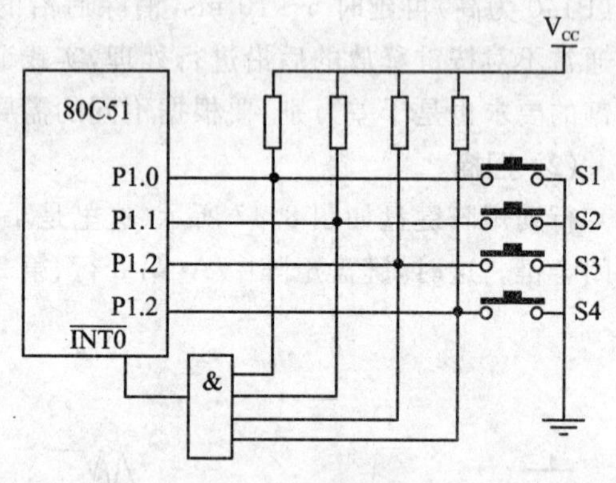

图 8.49　简单键盘

下面给出一个例程。其功能很简单，4 个键定义如下：

S1：接 P1.0，控制 8 个发光二极管亮-暗相间；

S2：接 P1.1，控制 8 个发光二极管 4 亮，4 暗；

S3：接 P1.2，控制 8 个发光二极管全亮；

S4：接 P1.3，控制 8 个发光二极管全暗。

其他键则不理会。

编程如下：

```
        ORG     0000H
        SJMP    MAIN
        ORG     0003H
        SJMP    INT0
        ORG     0030H
        SETB    IT0
```

```
        SETB    EA
        SETB    EX0
MAIN:   MOV     SP,#60H
        MOV     DPTR,#DISPLAYPORT       ;显示输出端口,接发光二极管
        MOV     P1,#00001111B           ;将P1口的接有键的4位置1
        SJMP    $                       ;等待中断
INT0:   MOV     A,P1                    ;取P1的值
KEYPRG: JB      ACC.0,Key1              ;分析键代码
        JB      ACC.1,Key2
        JB      ACC.2,Key3
        JB      ACC.3,Key 4
        SJMP    FANH
KEY1:   MOV     A,#01010101B
        MOVX    @DPTR,A
        SJMP    FANH
KEY2:   MOV     A,#0FH
        MOVX    @DPTR,A
        SJMP    FANH
KEY3:   MOV     A,#0FFH
        MOVX    @DPTR,A
        SJMP    FANH
KEY4:   MOV     A,#00H
        MOVX    @DPTR,A
FANH:   RETI
        END
```

以上程序功能虽然简单,但它演示了一个键盘处理程序的基本思路。

8.3.2 显示接口设计

1. LED显示接口

(1) LED的结构及工作原理

LED数字显示器是由7个发光二极管(a、b、c、d、e、f、g)组成,用来显示数字或字符,又称数码管。有时还要显示小数点(dp),由8个发光二极管组成。LED的排列形状和内部结构如图8.50所示。

其中,图8.50(a)为LED的形状,小数点也画了出来;图8.50(b)为共阳极,+5 V电源接在一起;图8.50(c)为共阴极,即接地端接在一起。

当某一段(或某一个二极管)导通时,该形状就发亮;其中的某几段同时发亮,就能构成数字字形或字符字形。与要显示的数字或字符所对应的LED的各段的亮暗(共阴极时亮为1,暗为0)编码就构成了LED显示的七段码。如果加上一个小数点位,共计八段,正好是一

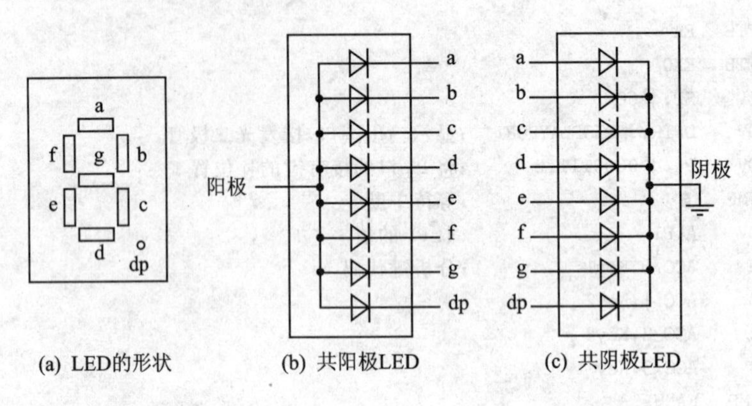

(a) LED的形状 (b) 共阳极LED (c) 共阴极LED

图 8.50 LED 的排列形状

字节。

七段码各代码位的对应关系如下：

代码位	D7	D6	D5	D4	D3	D2	D1	D0
显示符	dp	g	f	e	d	c	b	a

七段码如表 8-8 所列。

表 8-8 十六进制数字的七段码表

字 形	共阳极代码	共阴极代码	字 形	共阳极代码	共阴极代码
0	C0H	3FH	9	90H	6FH
1	F9H	06H	A	88H	77H
2	A4H	5BH	B	83H	7CH
3	B0H	4FH	C	C6H	39H
4	99H	66H	D	A1H	5EH
5	92H	6DH	E	86H	79H
6	82H	7DH	F	8EH	71H
7	F8H	07H	灭	FFH	00H
8	80H	7FH			

把待显示的数字、字符转换成七段码(简称译码)的方法共有两种：以硬件为主的方法和以软件为主的方法。

➢ 以硬件为主的方法。在数据总线和 LED 显示器之间，必须有锁存器或 I/O 电路，此外还要有专用的译码器，通过译码器把一位十六进制数译码成相应的字形代码，然后由驱

动器去驱动发光二极管。这种方法硬件复杂，但软件简单，只须一条输出指令。

- 以软件为主的方法。该方法是以软件查表来代替硬件译码，不但省去了译码器，而且还能显示更多的字符，实际上是软件＋硬件的方法。后面用到的都是这种方法，即以较少的硬件开销去实现较强的功能。

(2) 多位 LED 显示方式

当需要显示 n 位数字(字符时)，就需要 n 个数码管。根据单片机与 LED 接口方式的不同，可以实现两种显示方式。

- 静态方式。每一位独立显示，通过惟一地址(I/O 口)和单片机相连，即需要 n 个 I/O 来分别控制各位的显示，输出 n 个不同的代码。其特点是性能稳定，亮度高，但占用硬件资源多(I/O 口多)。
- 动态显示方式。当多位显示时，为了降低成本，将各位的段选线连在一起，由一个 I/O 口控制(段选)；而所有位的共阴(阳)极点，受一个 I/O 口的控制(位选)，即通过一个口地址来选中所有位的某几段(段码)。当两者同时选中时，只能在该时刻选中某位的几段。动态显示的特点是在某一时刻，只能有一位显示；要实现多位“同时”显示，只有连续地写入位选信号和段选信号，实现在不同位的显示。实际上，它并不是真正意义上的同时显示，而是 n 位轮流显示，有先后顺序，且每一时刻只有一位亮；可是由于视觉暂留的缘故，在视觉上被当成是“同时”显示的，这一点一定要注意。另外，在送位选和段选两个选择信号时，要循环地送出，才能保持长时间显示，否则就不能实现稳定地显示。

(3) LED 动态显示程序设计

LED 与 8155 连接实现的动态显示接口如图 8.51 所示。

其中，PB 口输出段选码，PA 口输出位选码，74LS244 为驱动器。PA 口地址是 7F01H，PB 口地址是 7F02H。

片内 RAM 的 78H～7FH 为显示缓冲区，即从低位到高位存放着 8 个要显示的数据，以分离 BCD 码的形式存放。参考程序如下：

```
DIS:  MOV   A,#00000011B
      MOV   DPTR,#7F00H
      MOVX  @DPTR,A
      MOV   R0,#78H             ;缓冲区首地址
      MOV   R3,#7FH             ;初扫描字
      MOV   A,R3
LD0:  MOV   DPTR,#7F01H         ;位选字
      MOVX  @DPTR,A
      INC   DPTR
      MOV   A,@R0
      ADD   A,#(DSEG - BASE)    ;送偏移量
      MOVC  A,@A+PC             ;查段码
```

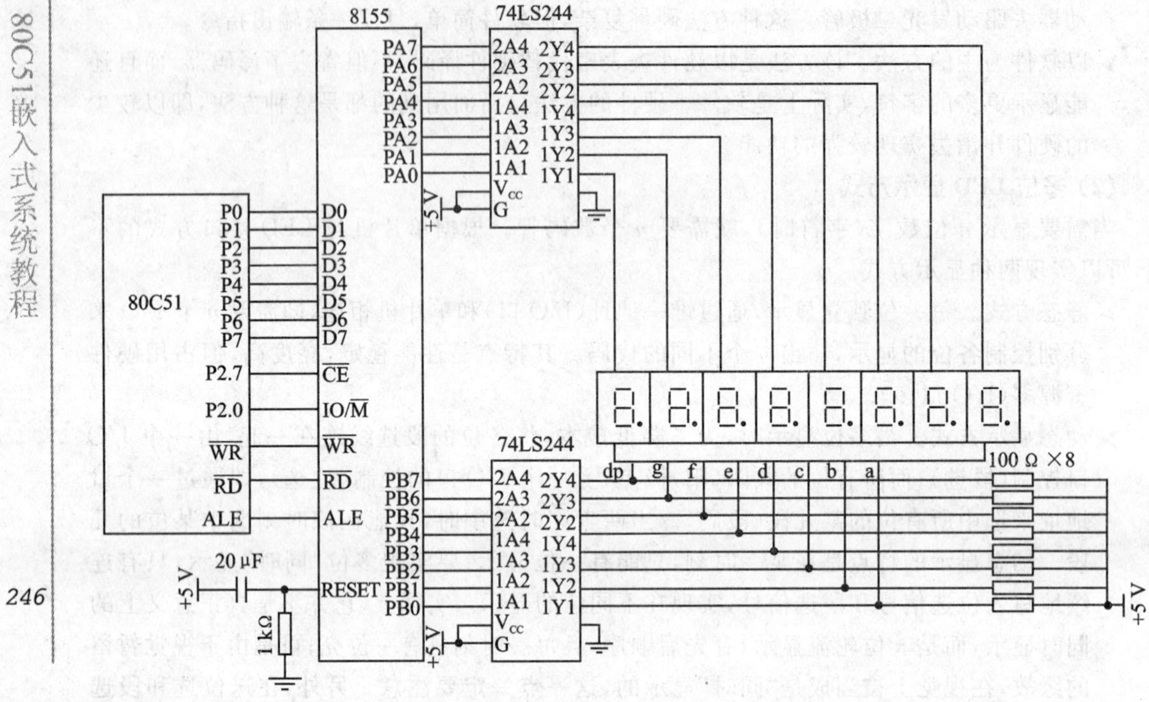

图 8.51 显示接口

```
BASE: MOVX  @DPTR,A             ;送显示
      LCALL DL1                 ;调延时 1 ms
      INC   R0
      MOV   A,R3
      JNB   ACC.0,LD1
      RR    A
      MOV   R3,A
      LJMP  LD0
LD1:  RET
DSEG: DB    3FH,06H,5BH,4FH,66H,6DH,7DH,07H,7FH,6FH,77H,7CH
            ;"0" "1" "2""3" "4" "5" "6" "7" "8""9" "A" "B"
      DB    39H,5EH,79H,71H
            ;"C""D" "E" "F"
DL1:  MOV   R7,#02H             ;延时 1 ms 子程序
DL:   MOV   R6,#0FFH
DL6:  DJNZ  R6,DL6
      DJNZ  R7,DL
      RET
```

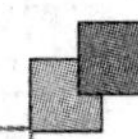

注意：

➢ 有时显示器的驱动器是反相驱动器，在设计程序时要注意所输出的位选码和段选码的不同。

➢ 调用延时1 ms的程序是为了让显示器稳定地亮一段时间，以保证眼睛能捕捉到。

2. LCD显示接口

(1) LCD的工作原理

液晶是一种具有规则性分子排列的有机化合物。当加电时导通，排列有秩序，使光线容易通过；不加电时排列混乱，阻止光线通过。所以，液晶像闸门般地阻隔或让光线穿透。这就是LCD液晶显示器的工作机理。

从技术上简单地说，液晶面板包含了两片精致的玻璃，中间夹着一层液晶。当光束通过这层液晶时，液晶本身会排排站立或扭转呈不规则状，因而阻隔或使光束顺利通过。由于液晶材料本身并不发光，所以在显示屏两边都设有作为光源的灯管，而在液晶显示屏背面有一块背光板(或称匀光板)和反光膜，背光板是由荧光物质组成的，可以发射光线，其作用主要是提供均匀的背景光源。背光板发出的光线在穿过第一层玻璃板(偏振过滤层)之后进入包含成千上万水晶液滴的液晶层。液晶层中的水晶液滴都被包含在细小的单元格结构中，一个或多个单元格构成屏幕上的一个像素。在玻璃板与液晶材料之间是透明的电极，电极分为行和列，在行与列的交叉点上，通过改变电压而改变液晶的旋光状态，所以液晶材料的作用类似于一个个小的光阀。在液晶材料周边是控制电路部分和驱动电路部分。当LCD中的电极产生电场时，液晶分子排列就会产生变化，从而将穿越其中的光线进行有规则的折射，然后经过第二层玻璃板的过滤在屏幕上显示出来。

LCD是一种本身不发光的被动显示器，具有功耗低，显示信息大，寿命长和抗干扰能力强等优点。

按显示类型，LCD分为笔段型、字符型和点阵图形型；按采光类型分为自然采光、背光源采光；按驱动类型分为静态驱动、动态驱动等。

LCD静态驱动方式中驱动某一段的驱动原理图和波形图如图8.52所示。从图中可看出，A端接交变的方波信号，B端接控制该段显示状态的信号。当该段两个电极上的电压相同时，电极间的压差为0，该段不显示；当LCD两极板上电压相位相反、有电压差时，光线可透过该部分液晶，从而可显示信息。

(2) 字符/图形式LCD显示模块

由LCD、PCB板以及控制驱动电路组成的单元称作液晶显示模块，记作LCM。以香港精电公司的内置HD61202U驱动控制器的图形液晶显示模块MGLS-19264(192×64点)为例介绍LCM。MGLS-19264的内部电路结构如图8.53所示。其内部集成了61202(行驱动)、61203(列驱动)等功能电路。

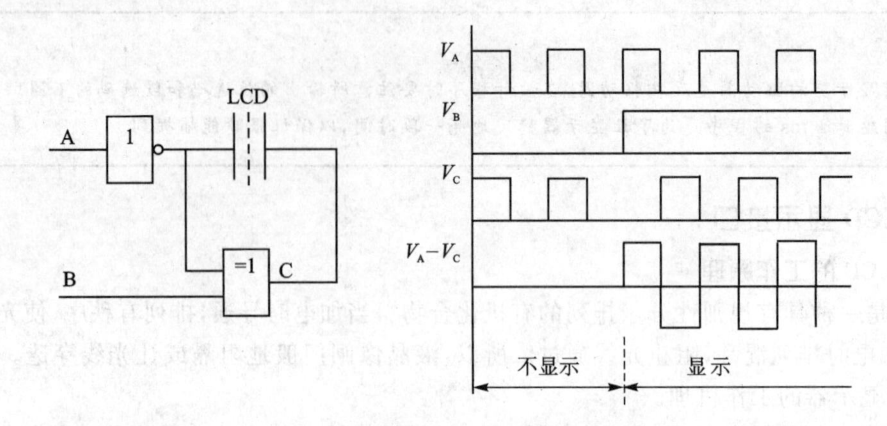

图 8.52 静态驱动的原理示意图

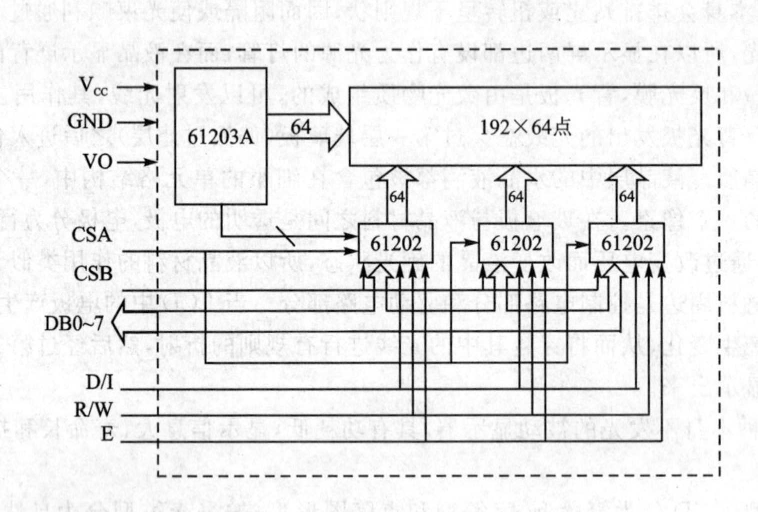

图 8.53 MGLS-19264 的内部结构

从应用的角度，我们只介绍其与 CPU 接口部分的引脚及功能。

V_{CC}	模块+5 V 电源输入端。
GND	地线输入端。
VO	显示亮度调节。
CSA、CSB	芯片选择控制。其值为 00B 时选通 HD61202(1)，即选择左屏有效；其值为 01B 时选通 HD61202(2)，即选择中屏有效；其值为 10B 时选通 HD61202(3)，对应的选择右屏有效。
D/I	数据、指令选择。D/I=1 时进行数据操作；D/I=0 时写指令或读状态。
R/W	读/写选择信号。R/W=1 为读选通；R/W=0 为写选通。

E　　　　读/写使能信号。在 E 的下降沿,数据被写入 HD61202;在 E 高电平期间,数据被读出。

DB0～DB7　数据总线。

HD61202 内含 64×64 显示 RAM,整个显示屏的 64 行分成 8 页。因 HD61202 模块中有 3 个列驱动器,因此该显示器分成了左、中、右 3 个显示屏。3 个显示屏惟一的不同就是每屏的有效地址不同。显示屏是按页(PAGE)显示的。每次从数据总线上送来的数据对应显示屏的 8 行、1 列,这种显示方式与微机上显示汉字的格式相差 90°,需要特别注意。其 RAM 地址结构如图 8.54 所示。

HD61202 的专用指令如表 8-9 所列。

表 8-9　HD61202 的专用指令

指　令	R/W	D/I	B7	B6	B5	B4	B3	B2	B1	B0	备　注
显示开/关指令	0	0	0	0	1	1	1	1	1	1/0	DB0=1,显示 RAM 内容 DB0=0,不显示
显示起始行设置	0	0	1	1	显示起始行(0～63)						
页设置指令	0	0	1	0	1	1	1	页　号			
列地址设置指令	0	0	0	1	显示列地址						
读状态指令	1	1	BUSY	0	ON/OFF	RESET	0	0	0	0	BUSY=1 表示忙 ON/OFF=1 显示关闭 RESET=1 复位状态
写数据指令	0	1	写数据								
读数据指令	1	1	显示数据								

MGLS-19264 与 80C51 的接口电路如图 8.55 所示。

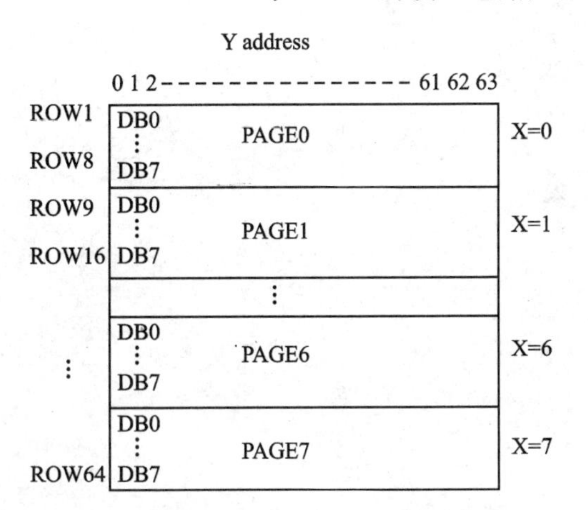

图 8.54　RAM 地址结构

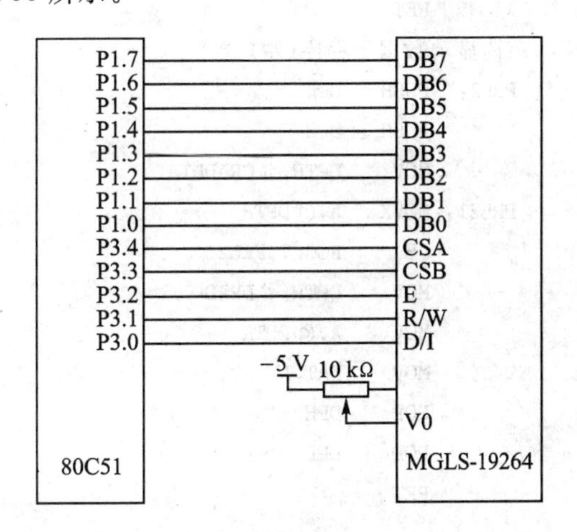

图 8.55　MGLS-19264 与 80C51 的接口电路

LCM 的基本驱动程序(以左屏显示为例)如下:

```
;写指令代码子程序(左)
PRL0:   PUSH    DPL
        PUSH    DPH
        MOV     DPTR,#CRADD1
PRL01:  MOVX    A,@DPTR
        JB      ACC.7,PRL01
        MOV     DPTR,#CWADD1
        MOV     A,COM
        MOVX    @DPTR,A
        POP     DPH
        POP     DPL
        RET
;写显示数据子程序(左)
PRL1:   PUSH    DPL
        PUSH    DPH
        MOV     DPTR,#CRADD1
PRL11:  MOVX    A,@DPTR
        JB      ACC.7,PRL11
        MOV     DPTR,#DWADD1
        MOV     A,DAT
        MOVX    @DPTR,A
        POP     DPH
        POP     DPL
        RET
;读显示数据子程序(左)
PRL2:   PUSH    DPL
        PUSH    DPH
        MOV     DPTR,#CRADD1
PRL21:  MOVX    A,@DPTR
        JB      ACC.7,PRL21
        MOV     DPTR,#DRADD1
        MOV     A,@DPTR
        MOV     DAT,A
        POP     DPH
        POP     DPL
        RET
```


其他更详细的程序可参考有关文献。

汉字的字库可由专门的字模提取软件生成，用户可将生成的汉字字库固化到 EEPROM 存储器中，以供使用。

8.3.3　键盘/LED 显示器接口 ZLG7290

1. ZLG7290 概述

ZLG7290 是一种 I^2C 接口的键盘及 LED 显示器驱动管理器件，能提供数据译码和循环、移位、段寻址等控制，可以采样 64 个按键或传感器，完成 LED 显示、键盘接口的全部功能。ZLG7290 的从地址为 70H，器件内部通过 I^2C 总线访问的寄存器地址范围为 00H～17H，任一寄存器都可按字节直接读/写，并支持自动增址功能和地址翻转功能。

使用 ZLG7290 驱动数码管显示有两种方法，第一种方法是向命令缓冲区(07H～08H)写入复合指令，即向 07H 写入命令并选通相应的数码管、向 08H 写入所要显示的数据，这种方法每次只能写入 1 字节数据，多字节数据的输出可在程序中用循环写入的方法实现；第二种方法是向显示缓存寄存器(10H～17H)写入所要显示的数据的段码，段码的编码规则从高位到低位为 a b c d e f g dp，这种方法每次可写入 1～8 字节数据。

ZLG7290 读普通键的入口地址和读功能键的入口地址不同，读普通按键的地址为 01H，读功能键的地址为 03H。读普通键返回按键的编号，读功能键返回的不是按键编号，需要程序对返回值进行翻译，转换成功能键的编号。

ZLG7290 的特点概括如下：

- I^2C 串行接口提供键盘中断信号，方便与处理器接口；
- 可驱动 8 位共阴极 LED 或 64 只独立 LED 和 64 个按键；
- 可控制扫描位数，可控制任一数码管闪烁；
- 提供数据译码和循环、移位、段寻址等控制；
- 8 个功能键，可检测任一键的连击次数；
- 无需外接元件即直接驱动 LED，可扩展驱动电流和驱动电压；
- 能提供工业级器件，有多种封装形式 PDIP24/SO24。

2. 外部引脚及功能

PDIP24 封装的引脚图如图 8.56 所示。

引脚说明如表 8-10 所列。

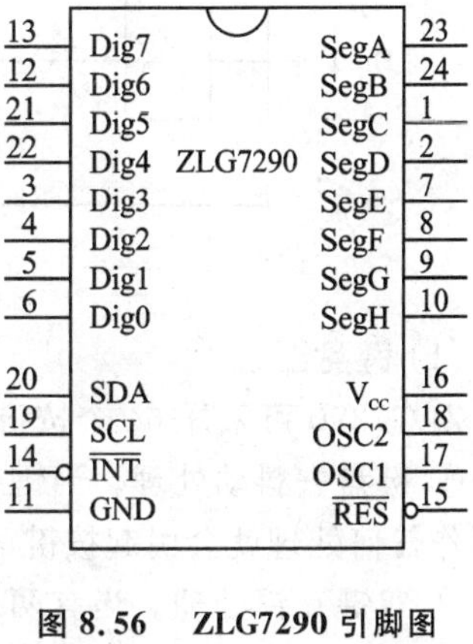

图 8.56　ZLG7290 引脚图

3. 内部组成

从功能上讲，ZLG7290 包括键盘部分、显示部分和通信接口等组成，如图 8.57 所示。下面分别予以介绍。

表 8-10　引脚说明

引脚号	引脚名称	引脚属性	引脚描述
13,12,21,22,3～6	Dig7～ Dig0	输入/输出	LED 显示位驱动及键盘扫描线
10～7,2,1,24,23	SegH～SegA	输入/输出	LED 显示段驱动及键盘扫描线
20	SDA	输入/输出	I^2C 总线接口数据/地址线
19	SCL	输入/输出	I^2C 总线接口时钟线
14	$\overline{INT}$	输出	中断输出端,低电平有效
15	$\overline{RES}$	输入	复位输入端,低电平有效
17	OSC1	输入	连接晶体以产生内部时钟
18	OSC2	输出	
16	VCC	电源	正电源 (3.3～5.5 V)
11	GND	电源	地线

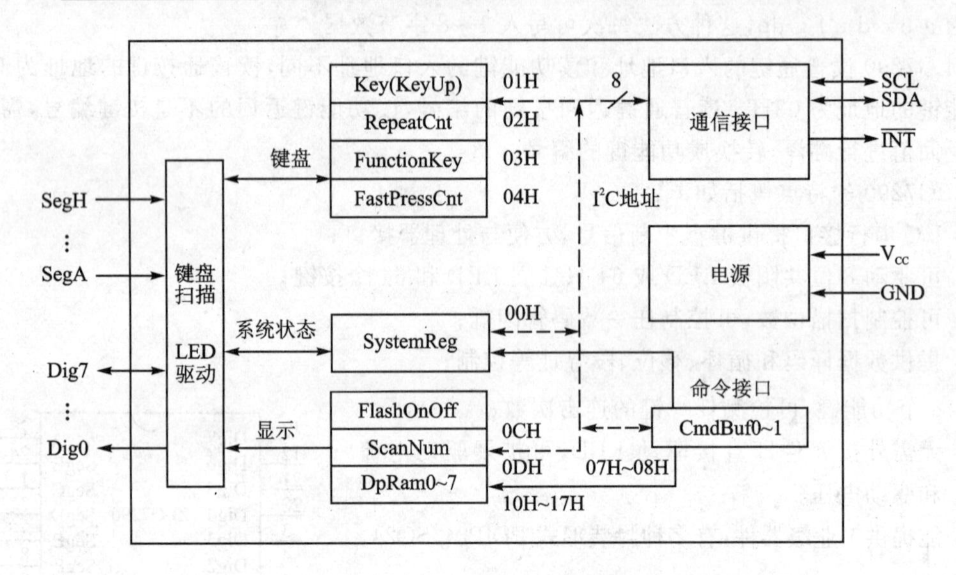

图 8.57　ZLG7290 的组成框图

(1) 键盘部分

ZLG7290 可采样 64 个按键或传感器,可检测每个按键的连击次数。其基本功能如下:

① 键盘去抖动处理。当键被按下和放开时,可能会出现电平状态反复变化,即键盘抖动。若不作任何处理就会引起按键命令错误,所以要进行去抖动处理,以读取稳定的键盘状态。

② 双键互锁处理。当有两个以上按键被同时按下时,ZLG7290 只采样优先级高的按键,优先顺序为 S1＞S2＞…＞S64,例如同时按下 S2 和 S18 时,采样到 S2。

③ 连击键处理。当某个按键按下时，输出一次键值后，如果该按键还未释放，该键值连续有效，就像连续按下该键一样，这种功能称为连击。连击次数计数器 RepeatCnt 可区别出单击/连击(某些功能键不允许连击如开关键)。根据连击次数可以检测出被按时间，以防止某些功能误操作(如连续按 5 s 进入参数设置状态)。

④ 功能键处理。功能键能实现 2 个以上按键同时按下时来扩展按键的数目或实现特殊功能的目的，类似于 PC 机的 Shift、Ctrl 和 Alt 键。

(2) 显示部分

在每个显示刷新周期，ZLG7290 按照扫描位数寄存器 ScanNum 指定的显示位数 N，把显示缓存 DpRam0～DpRam N 的内容按先后顺序送入 LED 驱动器，实现动态显示；减少 N 值可提高每位显示扫描时间的占空比，以提高 LED 亮度，显示缓存中的内容不受影响。修改闪烁控制寄存器 FlashOnOff 可改变闪烁频率和占空比(亮和灭的时间)。

(3) 控制部分

通过控制逻辑，ZLG7290 提供寄存器映像控制和命令解释控制两种控制方式。

寄存器映像控制是指直接访问底层寄存器，实现基本控制功能。这些寄存器须字节操作，例如上述对显示部分的控制。

命令解释控制是指通过解释命令缓冲区 CmdBuf0～CmdBuf1 中的指令，间接访问底层寄存器，实现扩展控制功能。如实现寄存器的位操作，对显示缓存循环、移位，对操作数译码等操作。详见专用指令介绍。

(4) 通信接口部分

ZLG7290 的从地址(Slave Address)为 70H (01110000B)。ZLG7290 的 I^2C 接口传输速率可达 32 kbit/s，易与处理器接口，并提供键盘中断信号，提高主处理器时间效率。

ZLG7290 内可通过 I^2C 总线访问的寄存器地址范围为 00H～17H，任一寄存器都可按字节直接读/写，也可以通过命令接口间接读/写或按位读/写；支持自动增址功能(访问一寄存器后寄存器子地址 Sub Address 自动加 1)和地址翻转功能(访问最后一寄存器子地址 17H 后，寄存器子地址翻转为 00H)。

4. 编程结构

下面从编程的角度介绍 ZLG7290，便于读者理解和应用它。

(1) 有关寄存器

- 系统寄存器 SystemReg。地址 00H，复位值 11110000B。系统寄存器用于保存 ZLG7290 的系统状态，并可对系统运行状态进行配置。其中的 KeyAvi 位(SystemReg. 0)的功能为：置 1 时表示有效的按键动作(普通键的单击、连击和功能键的状态变化)，$\overline{INT}$引脚信号有效(变为低电平)；清 0 时表示无按键动作，$\overline{INT}$引脚信号无效(变为高阻态)。有效的按键动作消失后或读键值寄存器 Key 后，KeyAvi 位自动清 0。

➢ 键值寄存器 Key。地址 01H,复位值 00H。Key 表示被按下键的键值。当 Key=0 时表示没有键被按下。

➢ 连击次数计数器 RepeatCnt。地址 02H,复位值 00H。RepeatCnt=0 时,表示单击键;RepeatCnt 大于 0 时,表示键的连击次数。它用于区别单击键或连击键,根据连击次数可以检测被按时间。

➢ 功能键寄存器 FunctionKey。地址 03H,复位值 0FFH。FunctionKey 对应位的值=0,表示对应的功能键被按下:FunctionKey.7～FunctionKey.0 对应 S64～S57。

➢ 命令缓冲区 CmdBuf0～CmdBuf1。地址 07H～08H,复位值 00H。用于传输指令。

➢ 闪烁控制寄存器 FlashOnOff。地址 0CH,复位值 0111B/0111B。高 4 位表示闪烁时亮的时间,低 4 位表示闪烁时灭的时间。改变其值的同时改变了闪烁频率,也能改变亮和灭的占空比。FlashOnOff 的 1 个单位相当于 150～250 ms(亮和灭的时间范围为:1～16,0000B 相当 1 个时间单位),所有像素的闪烁频率和占空比相同。

➢ 扫描位数寄存器 ScanNum。地址 0DH,复位值 07H。用于控制最大的扫描显示位数。有效范围为 0～7,对应的显示位数为 1～8。减少扫描位数可提高每位显示扫描时间的占空比,以提高 LED 亮度;不扫描显示的显示缓存寄存器内容则保持不变,例如 ScanNum =3 时,只显示 DpRam0～DpRam3 的内容。

➢ 显示缓存寄存器 DpRam0～DpRam7。地址 10H～17H,复位值 00H。缓存中某位置 1 表示该像素亮。DpRam7～DpRam0 的显示内容对应 Dig7～Dig0 引脚。

(2) 专门指令

前面说过,ZLG7290 提供寄存器映像控制和命令解释控制两种控制方式。寄存器映像控制是指直接访问底层寄存器(命令缓冲区寄存器除外)实现基本控制功能;命令解释控制是指通过解释命令缓冲区 CmdBuf0～CmdBuf1 中的指令来间接访问底层寄存器,实现扩展控制功能。

一个有效的指令由一字节操作码和数个操作数组成,只有操作码的指令称为纯指令,带操作数的指令称为复合指令。一个完整的指令须在一个 I^2C 帧中(起始信号和结束信号间)连续传输到命令缓冲区 CmdBuf0～CmdBuf1 中,否则会引起错误。

1) 纯指令

① 左移指令。该指令使与 ScanNum 相对应的显示数据和显示属性(闪烁)自右向左移动 N 位((N3～N0)+1)。移动后右边 N 位无显示。与 ScanNum 不相关的显示数据和显示属性则不受影响。

命令缓冲区	Bit7	Bit6	Bit5	Bit4	Bit3	Bit2	Bit1	Bit0
CmdBuf0	0	0	0	1	N3	N2	N1	N0

【例】 DpRam7～DpRam0＝87654321，其中 4 闪烁，ScanNum＝5，“87”不显示。执行指令 00010001B 后，DpRam7～DpRam0＝“　4321　”，“4”闪烁，高两位和低两位无显示。

② 右移指令。与左移指令类似，只是移动方向为自左向右。移动后，左边 *N* 位（(N3～N0)＋1）无显示。

命令缓冲区	Bit7	Bit6	Bit5	Bit4	Bit3	Bit2	Bit1	Bit0
CmdBuf0	0	0	1	0	N3	N2	N1	N0

【例】 DpRam7～DpRam0 ＝ 87654321，其中“3”闪烁，ScanNum ＝ 5，“87”不显示。执行指令 00100001B 后，DpRam7～DpRam0＝“　6543”，“3”闪烁，高四位无显示。

③ 循环左移指令。与左移指令类似，不同的是在每移动一位后，原最左位的显示数据和属性转移到最右位。

命令缓冲区	Bit7	Bit6	Bit5	Bit4	Bit3	Bit2	Bit1	Bit0
ComBuf0	0	0	1	1	N3	N2	N1	N0

【例】 DpRam7～ DpRam0＝87654321，其中“4”闪烁，ScanNum＝5，“87”不显示。执行指令 00110001B 后，DpRam7～DpRam0＝“　432165”，“4”闪烁，高两位无显示。

④ 循环右移指令。与循环左移指令类似，只是移动方向相反。

命令缓冲区	Bit7	Bit6	Bit5	Bit4	Bit3	Bit2	Bit1	Bit0
CmdBuf0	0	1	0	0	N3	N2	N1	N0

【例】 DpRam7～DpRam0＝ 87654321，其中“3”闪烁。ScanNum＝ 5，“87”不显示。执行指令 01000001B 后，DpRam7～DpRam0＝“ 216543”，“3”闪烁。

⑤ SystemReg 寄存器位寻址指令。

命令缓冲区	Bit7	Bit6	Bit5	Bit4	Bit3	Bit2	Bit1	Bit0
CmdBuf0	0	1	0	1	On	S2	S1	S0

当 On ＝ 1 时，第 S 位（S2～S0 确定）置 1；当 On ＝ 0 时，第 S 位清 0。

2）复合指令

① 显示像素寻址指令。

命令缓冲区	Bit7	Bit6	Bit5	Bit4	Bit3	Bit2	Bit1	Bit0
CmdBuf0	0	0	0	0	0	0	0	1
CmdBuf1	On	0	S5	S4	S3	S2	S1	S0

当On=1时，第S点(S5～S0确定)像素亮(置1)；当On=0时，第S点像素灭(清0)。该指令用于点亮/关闭LED中某一段或LED矩阵中某一特定的LED。该指令受ScanNum的内容影响。S5～S0为像素地址，有效范围从00H～3FH，无效的地址不会产生任何作用。像素位地址映像如下：

像素地址	Sa	Sb	Sc	Sd	Se	Sf	Sg	Sh
DpRam0	00H	01H	02H	03H	04H	05H	06H	07H
DpRam1	08H	09H	0AH	0BH	0CH	0DH	0EH	0FH
⋮	⋮	⋮	⋮	⋮	⋮	⋮	⋮	⋮
DpRam7	38H	39H	3AH	3BH	3CH	3DH	3EH	3FH

② 按位下载数据且译码指令。

命令缓冲区	Bit7	Bit6	Bit5	Bit4	Bit3	Bit2	Bit1	Bit0
CmdBuf0	0	1	1	0	A3	A2	A1	A0
CmdBuf1	dp	Flash	0	D4	D3	D2	D1	D0

其中A3～A0为显示缓存编号，范围为：0000B～0111B，对应DpRam0～DpRam7。无效的编号不会产生任何作用。dp=1时点亮该位小数点。Flash=1时该位闪烁显示；Flash=0时该位正常显示。D4～D0为要显示的数据，按表8-11中的规则进行译码。

表8-11　译码规则

D5	D4	D3	D2	D1	D0	十六进制	显示内容	D5	D4	D3	D2	D1	D0	十六进制	显示内容
0	0	0	0	0	0	00H	0	0	1	0	0	0	0	10H	G
0	0	0	0	0	1	01H	1	0	1	0	0	0	1	11H	H
0	0	0	0	1	0	02H	2	0	1	0	0	1	0	12H	i
0	0	0	0	1	1	03H	3	0	1	0	0	1	1	13H	J
0	0	0	1	0	0	04H	4	0	1	0	1	0	0	14H	L
0	0	0	1	0	1	05H	5	0	1	0	1	0	1	15H	o
0	0	0	1	1	0	06H	6	0	1	0	1	1	0	16H	P
0	0	0	1	1	1	07H	7	0	1	0	1	1	1	17H	q
0	0	1	0	0	0	08H	8	0	1	1	0	0	0	18H	r
0	0	1	0	0	1	09H	9	0	1	1	0	0	1	19H	t
0	0	1	0	1	0	0AH	A	0	1	1	0	1	0	1AH	U
0	0	1	0	1	1	0BH	b	0	1	1	0	1	1	1BH	y
0	0	1	1	0	0	0CH	C	0	1	1	1	0	0	1CH	c
0	0	1	1	0	1	0DH	d	0	1	1	1	0	1	1DH	h
0	0	1	1	1	0	0EH	E	0	1	1	1	1	0	1EH	T
0	0	1	1	1	1	0FH	F	0	1	1	1	1	1	1FH	无显示

③ 闪烁控制指令。

命令缓冲区	Bit7	Bit6	Bit5	Bit4	Bit3	Bit2	Bit1	Bit0
CmdBuf0	0	1	1	1	X	X	X	X
CmdBuf1	F7	F6	F5	F4	F3	F2	F1	F0

当 $Fn=1$ 时，该位闪烁（n 的范围为：0～7，对应 0～7 位）；当 $Fn=0$ 时，该位不闪烁。该指令可改变所有像素的闪烁属性。

【例】 执行指令 01110000B，00000000B 后，所有 LED 不闪烁。

5. ZLG7290 应用举例

ZLG7290 I²C 接口与 80C51 的连接很简单，如图 8.58 所示。

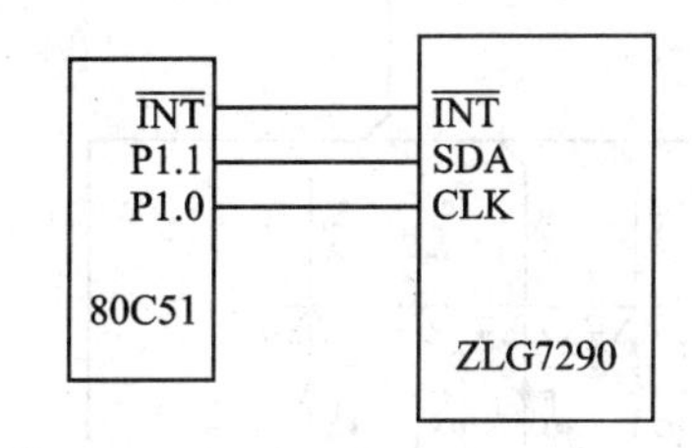

图 8.58　ZLG7290 与 80C51 的连接

ZLG7290 构成的人机交互接口电路如图 8.59 所示。该系统提供 64 个按键以及 8 个 LED 显示器的管理。

假设本系统实现数字的输入与修改功能。其中，K0～K9(S10、S1～S9)为数字键，对应数字 0、1～9，用于输入和修改数字，以上键都可连击，实现快速输入和修改；KRight(S11)为右移键，KLeft(S12)为左移键，在修改模式下，右移键或左移键用于选择要修改的位，可连击；KMode(S13)为模式键，实现进入/退出修改模式，不允许连击。

ZLG7290 有关的程序参见附录 E。

本章小结

通过本章介绍使读者了解到，80C51 如何与必要的外部设备连接，从而构建真正意义上的嵌入式系统。

首先，介绍了一般意义上的接口，它是连接 CPU 与外设之间的专门电路，有简单接口和可编程接口。

接下来，介绍了嵌入式系统的核心 80C51 以串行协议与其他外部设备通信。单片机与单片机之间以及单片机与 PC 机之间都可以进行通信。计算机之间的通信有并行通信和串行通

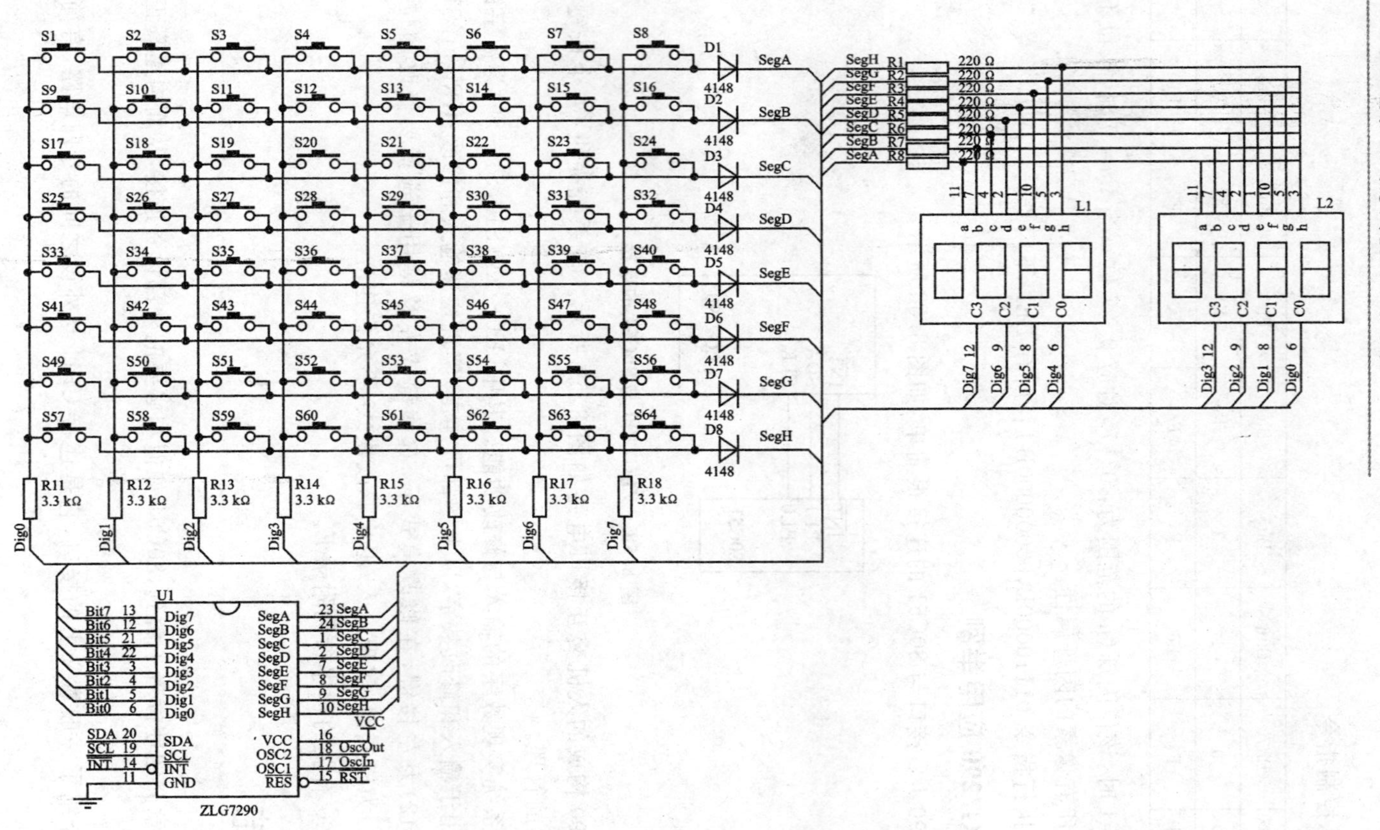

图 8.59　ZLG7290 构成的键盘/显示系统

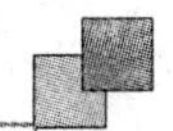

信两种方式,80C51 系列单片机内部具有一个全双工的异步串行通信 I/O 口,该串行口的波特率和帧格式可以编程设定;在此,还介绍了常用的串行总线协议：单总线、I^2C 和 USB 总线等。

最后,介绍了构成嵌入式系统必备的人机交互设备——键盘和显示器与 80C51 连接。

需要指出的是,这些知识具有普遍意义,在其他类型的嵌入式系统里同样有用。

本章习题

8.1　什么是接口？接口与端口的关系是什么？

8.2　什么是串行异步通信？有哪几种帧格式？

8.3　设计并编程,完成单片机的双机通信程序,将甲机片外 RAM1000H～100FH 的数据块通过串行口传送到乙机的 20H～2FH 单元。

8.4　简述单总线协议,并举例说明。简述 I^2C 总线协议以及 USB 总线协议。

8.5　人机接口的作用是什么？

8.6　利用 ZLG7290 设计键盘显示接口,并编写初始化程序。

第9章

80C51单片机的SoC化嵌入式系统

主要内容 集成模数转换器的ADμC8xx系列微转换器以及基于80C51内核的SoC单片机——C8051F。

教学建议 9.2.1小节具有CIP－51内核的单片机系统组成是这部分的重点内容，尤其是它的内核结构。其他部分作为一般性内容介绍。

教学目的 通过本章学习，使学生：

- 了解什么是SoC化的嵌入式系统；
- 了解SoC嵌入式系统的基本结构和基本原理。

随着一些高集成度、高性能的8位和16位RISC单片机的推出，基于80C51内核的单片机正面临着激烈的竞争环境，因此一些半导体公司开始对传统80C51进行改进，主要是提高速度和增加片内模拟和数字资源，以大幅度提高单片机的整体性能。美国著名的以生产模拟器件见长的ANALOG DEVICE公司(简称ADI)推出了集成A/D转换器的ADμC8xx系列单片机，可称得上是嵌入式的数据采集系统。Silicon Labs公司将传统的80C51内核经过重新设计之后，面向市场推出了CIP－51，即微控制器内核。具有CIP－51内核的单片机C8051F是SoC化嵌入式系统的典型代表，也是目前功能最全、速度最快的80C51单片机衍生产品。CIP－51与传统的80C51指令集完全兼容，所以使用80C51单片机的集成开发环境即可进行它的软件开发。这样，可以使原来熟悉80C51单片机的人方便、快速地熟悉并应用这个典型的嵌入式应用系统。

9.1 ADμC8xx嵌入式数据采集系统

为了更好地了解ADμC8xx的情况，首先来介绍A/D转换器和D/A转换器的基本知识。

9.1.1 A/D转换器

1. A/D转换器的原理

在A/D转换器(简称ADC)中，因为输入的模拟信号在时间上是连续的，而输出的数字信号是离散的，所以转换只能在一系列选定的瞬间对输入的模拟信号采样，然后再把这些采样值转换成输出的数字量。因此，A/D 转换的过程是首先对输入的模拟电压信号采样，采样结束后进入保持状态，在这段时间内将采样的电压量化为数字量，并按一定的编码形式给出转换结果。然后，再开始下一次采样。

2. A/D 转换器的主要技术指标

① 分辨率。ADC 的分辨率是指使输出数字量变化一个相邻数码所需输入模拟电压的变化量。常用二进制的位数表示。例如12位 ADC 的分辨率就是12位，或者说分辨率为满刻度 FS 的 $1/2^{12}$。一个 10 V 满刻度的 12 位 ADC 能分辨输入电压变化最小值是 $10\ V\times1/2^{12}=$ 24 mV。可见位数越高，分辨率的值越小。

② 量化误差。ADC 把模拟量变为数字量，用数字量近似表示模拟量，这个过程称为量化。量化误差是 ADC 的有限位数对模拟量进行量化而引起的误差。实际上，要准确表示模拟量，ADC 的位数须很大甚至无穷大。一个分辨率有限的 ADC，它的阶梯状转换特性曲线，与具有无限分辨率的 ADC 转换特性曲线之间的最大偏差即是量化误差。如图 9.1 所示。图中，量化误差为－1LSB(最低位)。由于在零刻度处偏移了 1/2LSB，故量化误差为±1/2LSB。A/D 芯片常用偏移的方法减小量化误差。

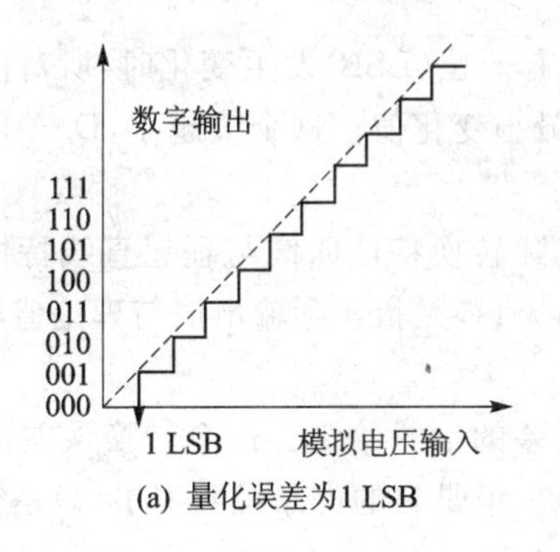

(a) 量化误差为1 LSB

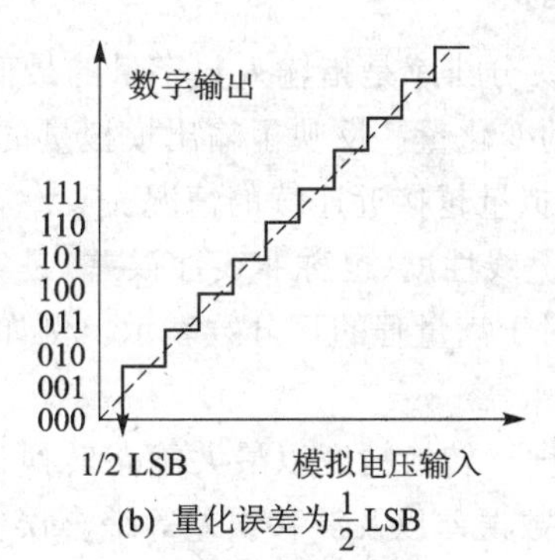

(b) 量化误差为$\frac{1}{2}$LSB

图 9.1　ADC 的转换特性

③ 偏移误差。偏移误差是指输入信号为零时，输出信号不为零的值，所以有时又称为零值误差。假定 A/D 没有非线性误差，则其转移曲线各阶梯中点的连接线必定是直线，这条直线与横轴相交点所对应的输入电压值就是偏移误差。

④ 满刻度误差。满刻度误差又称为增益误差。ADC 的满刻度误差是指满刻度输出数码所对应的实际输入电压与理想输入电压之差。

⑤ 线性度。线性度有时又称为非线性度，它是指转换器实际的转换特性与理想直线的最大偏差。

⑥ 绝对精度。在一个转换器中，任何数码所对应的实际模拟量输入与理论模拟量输入之

差的最大值，称为绝对精度。对于ADC而言，可以在每一个阶梯的水平中点进行测量，它包括了所有的误差。

⑦ 转换速率。ADC的转换速率是指能够重复进行数据转换的速度，即每秒转换的次数。

⑧ 转换时间。ADC完成一次模拟量输入、开始转换、到数字量由ADC转换器输出所经历的时间，这个参数直接影响到ADC转换的速度，是转换速率的倒数。例如，我们熟悉的ADC0809转换时间是100 μs。

9.1.2 D/A转换器

1. 工作原理

D/A转换器输入的是数字量，经转换后输出的是模拟量，为单片机在模拟环境中的应用提供了一个数据转换的接口。

为把数字量转换为模拟量，在D/A转换芯片中要有解码网络，常用的主要为二进制权电阻解码网络和T型电阻解码网络。转换过程是先将各位数码按其权的大小转换为相应的模拟分量，然后再以叠加方法把各模拟分量相加，其和就是D/A转换的结果。

2. 技术指标

① 分辨率。分辨率是指输入数字量的最低有效位(LSB)发生变化时，所对应的输出模拟量(常为电压)的变化量。反映了输出模拟量的最小变化值。这个值越小，D/A转换器的性能越好，输出的模拟量越接近连续的情况。

② 线性度。线性度(也称非线性误差)是实际转换特性曲线与理想直线特性之间的最大偏差。常用相对于满量程的百分数表示。例如，±1%是指实际输出值与理论值之差在满刻度的±1%以内。

③ 转换精度。转换精度以最大静态转换误差的形式给出。这个转换误差应该包含非线性误差、比例系数误差以及漂移误差等综合误差。但是有的产品说明书中，只是分别给出各项误差，而不给出综合误差。

应该注意，精度和分辨率是两个不同的概念。精度是指转换后所得的实际值对于理想值的接近程度，而分辨率是指能够对转换结果发生影响的最小输入量。对于分辨率很高的D/A转换器并不一定具有很高的精度。

④ 建立时间。对于一个理想的D/A转换器，其数字输入信号从一个二进制数变到另一个二进制数时，其输出模拟信号电压应立即从原来的输出电压跳变到与新的数字信号相对应的输出电压。但是在实际的D/A转换器中，电路中的电容、电感和开关电路会引起电路时间延迟。所谓建立时间，是指D/A转换器中的输入代码有满度值的变化时，其输出模拟信号电压(或模拟信号电流)达到满刻度值+1/2LSB(或与满刻度值差百分之几)时所需要的时间。不同型号的D/A转换器，其建立时间不同，一般从几个毫微秒到几个微秒。输出形式是电流

的D/A转换器,其建立时间很短;输出形式是电压的D/A转换器,其主要建立时间是其输出运算放大器所需的响应时间。

⑤ 温度系数。在满刻度输出的条件下,温度每升高1℃,输出变化的百分数定义为温度系数。

⑥ 输出电平。不同型号的D/A转换器的输出电平相差较大,一般为5～10 V,有的电压输出型的输出电平高达24～30 V。还有些电流输出型的D/A转换器,低的为几个mA到几十个mA,高的可达3 A。

⑦ 输入代码。有二进制码、BCD码(二、十进制编码)、双极性时的符号——数值码、补码、偏移二进制码等。

⑧ 输入数字电平。指输入数字信号分别为"1"和"0"时,所对应的输入高低电平的基准数值。

⑨ 工作温度范围。由于工作温度会对运算放大器和加权电阻网络等产生影响,所以只有在一定的温度范围内才能保证额定精度指标。较好的转换器工作温度范围在－40～85℃之间,较差的转换器工作温度范围在0～70℃之间。

9.1.3 ADμC812的主要特点

ADμC8xx系列是ADI公司新推出的高性能单片机。它在内部集成了高分辨率的A/D转换器,是目前片内资源最丰富的80C51单片机之一。它将80C51内核、A/D、D/A、FLASH存储器(闪速/电可擦除存储器)、看门狗定时器(WDT)、微处理器监控电路、温度传感器、串行外设通信接口SPI和I^2C总线接口等丰富资源集成于一体,体积小,功耗低,非常适合于各类智能仪表、智能传感器、变送器和便携式仪器等领域。

ADμC812是全集成的12位数据采集系统,它在单个芯片内包含了高性能的自校准多通道ADC、2个12位DAC以及可编程的8位MCU(与80C51兼容)。片内有8 KB的闪速/电擦除程序存储器、640字节的闪速/电擦除数据存储器、256字节数据SRAM(支持可编程)以及与80C51兼容的内核。

另外,MCU支持的功能包括看门狗定时器、电源监视器(PSM)以及ADC DMA功能。为多处理器接口和I/O扩展提供了32条可编程的I/O线、I^2C总线接口、SPI总线接口和标准UART串行接口。

MCU内核和模拟转换器二者均有正常、空闲以及掉电工作模式,它提供了适合于低功率应用的、灵活的电源管理方案。器件包括在工业温度范围内用3 V和5 V电压工作两种规格,有52引脚、塑料四方形扁平封装形式(PQTP)可供使用。

9.1.4 ADμC812的功能部件

ADμC812单片机是美国ADI公司推出的真正意义上的嵌入式数据采集芯片。其组成为：一个8通道5 μs转换时间且精度自校准的12位逐次逼近A/D转换器、2路12位D/A转换器、80C52 MCU内核、8 KB的闪速/电可擦除程序存储器、640字节的闪速/电可擦除数据存储器、看门狗定时器、电源监视器、I^2C总线接口、标准的UART串行I/O模块及灵活的电源管理方案等等，真正实现了嵌入式系统的单片化。

ADμC812优点之一是形成了一个完全可编程的、自校准、高精度的模拟数据采集系统。ADμC812另一个优点是它采用了闪速/电擦除存储器，辅之以内含的加载器和调试软件，使系统的设计、编程、调试简便。另外，它的静CPU操作以及空闲和掉电方式，对于电池供电的测控设备来说都是至关重要的性能。

(1) 模拟量输入/输出

➢ 8通道12位高精度ADC。

➢ 片内100 ppm/℃电压基准。

ADμC812的模拟输入端的电压有效输入范围与基准源有关。当采用内部基准源时，其有效输入范围为0～+2.5 V；当采用外部基准源时，外部基准源应从V_{REF}端引入，其合适的范围为+2.3～+5 V，相应的模拟输入端的电压范围为0 V～V_{REF}。无论如何不应使其输入电平为负或超过绝对最大允许值AV_{DD}+0.3 V。

➢ 高速ADC至RAM捕获的DMA控制器。

➢ 2个12位电压输出DAC。

➢ 片内温度传感器。

(2) 存储器

➢ 8 KB片内闪速/电擦除程序存储器；

➢ 640字节片内闪速/电擦除数据存储器；

➢ 片内充电泵(不需要外部提供擦除/写入电压V_{PP})；

➢ 256字节片内数据RAM；

➢ 16 MB外部数据地址空间；

➢ 64 KB外部程序地址空间。

(3) 与80C52兼容的内核

➢ 额定工作频率12 MHz(最大16 MHz)；

➢ 3个16位定时器/计数器；

➢ 32条可编程的I/O线；

➢ 高电流驱动能力的端口3个；

➢ 9个中断源，2个优先级。

(4) 电源

➢ 可选3 V和5 V电压工作模式；

➢ 正常、空闲和掉电模式。

(5) 片内外围设备

➢ UART 串行接口；

➢ I^2C 总线接口和 SPI 总线接口；

➢ 看门狗定时器；

➢ 电源监视器。

9.1.5　ADμC824 简介

1. 概　述

ADμC824 是 ADI 公司新推出的集成了 24 位 Σ－Δ 型 A/D 的高性能单片机。它将 80C51 内核、两路(24 位＋16 位)Σ－Δ 型 A/D、12 位 D/A、FLASH、看门狗定时器、电源监视器、温度传感器、SPI 和 I^2C 总线接口等资源全部集成在一个芯片内。

2. ADμC824 的性能特点

ADμC824 是一个片内资源非常丰富的单片机，各种片内资源都有其独自的特点。主要表现如下：

(1) 高分辨率 Σ－Δ 型 ADC

➢ 24 位高精度的双通道 Σ—Δ 型 ADC；

➢ 内含可编程增益放大器；

➢ 在 20 Hz/20 mV 范围内有 13 位有效分辨率；

➢ 在 20 Hz/2.56 mV 范围内有 18 位有效分辨率。

(2) 存储器

➢ 8 KB 片内 FLASH/EEPROM 程序存储器；

➢ 640 字节片内 FLASH/EEPROM 数据存储器；

➢ 256 字节片内 RAM。

(3) 80C52 内核

➢ 可与 80C51 指令系统兼容(最高时钟频率 12.58 MHz)；

➢ 具有 32 kHz 外部晶振和片内锁相环(PLL)；

➢ 有 3 个 16 位定时/计数器；

➢ 内含 12 个中断源、2 个优先级。

(4) 电　源

➢ 可用于 3 V 或 5 V 操作；

➢ 一般情况下为 3 mA/3 V(核心时钟频率为 1.5 MHz)；

➢ 掉电保持电流为 20 μA(32 kHz 的晶振振荡频率)。

(5) 内含的其他外围设备

- 片内温度传感器；
- 12位电压输出DAC；
- 双激励恒流源；
- 时间间隔计数；
- I^2C、SPI和标准UART串行接口；
- 看门狗定时器；
- 电源监视器。

3. ADμC824的结构

ADμC824的内部功能结构如图9.2所示。

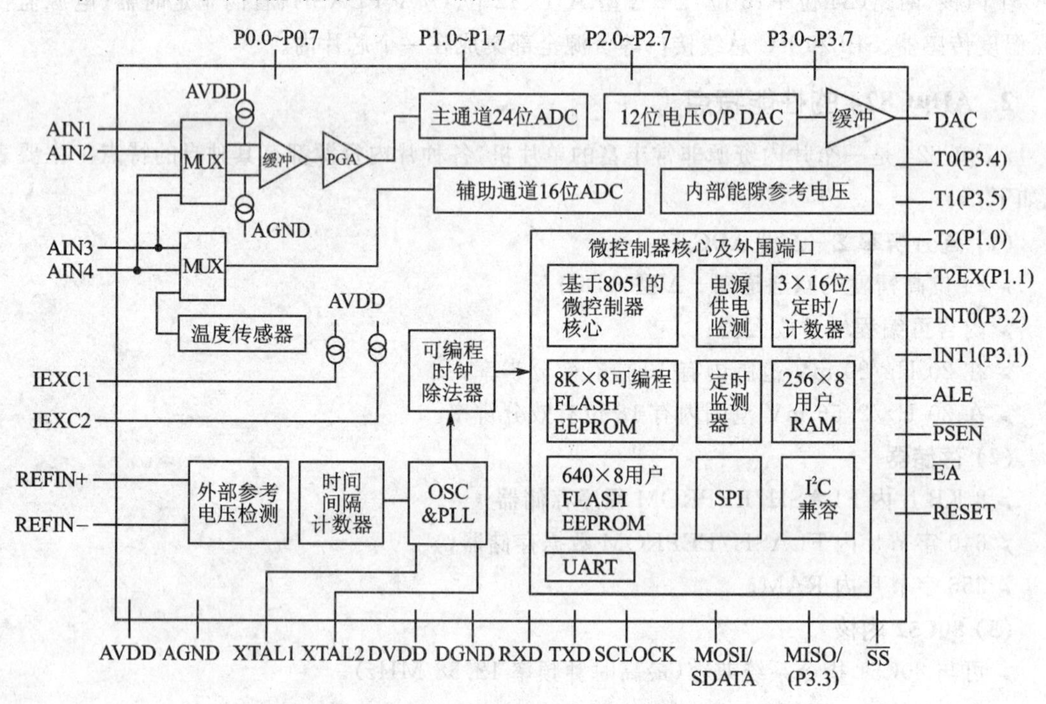

图9.2 ADμC824的内部功能结构

(1) 双通道Σ-Δ型ADC

ADμC824包括两个带有数字滤波器的Σ-Δ型ADC通道(主通道和辅助通道)。主通道用于测量主传感器的输入,这个通道具有缓冲器,可以接收来自输入引脚AIN1/2和AIN3/4的差分信号。有缓冲器意味着可处理较高内阻的信号源,而且可在输入通道前加入模拟滤波器。主通道可通过调节可编程放大器的增益而接收±20 mV、±40 mV、…、±2.56 V等8种量程的输入;辅助通道用于接收辅助信号的输入,例如冷端二极管或热敏电阻的输入。此通道无缓冲器,只有一个固定为±2.56 V的输入范围。ADC通道的设置和控制是通过专用寄存器块(SFR)中的一组寄存器来实现的。其名称以及在SFR中的地址和功能如下:

SDSTAT(D8H)	状态寄存器,包括数据准备就绪校准状态和一些出错信息。
ADμODE(D1H)	模式寄存器,控制主通道和辅助通道的操作模式。
AD0CON(D2H)	主通道控制寄存器。
AD0CON(D3H)	辅助通道控制寄存器。
SF(D4H)	数字滤波器寄存器,通过调节滤波器参数来控制主/辅通道数据的更新速率。
ICON(D5H)	恒流源控制寄存器,用于控制片内恒流源(片内有两个200 μA恒流源,可给外接变送器提供激励电流)。
AD0L/M/H(D9/DA/DBH)	3字节,用于存放主通道24位转换结果。
AD1L/H(DC/DDH)	2字节,用于存放辅助通道16位转换结果。
OF0L/M/H(E1/E2/E3H)	3字节,用于存放主通道偏移校准系数。
OF1L/H(E4/E5H)	2字节,用于存放辅助通道偏移校准系数。
GN0L/M/H(E9/EA/EBH)	3字节,用于存放主通道增益校准系数。
GN1LH(EC/EDH).	2字节,用于存放辅助通道增益校准系数。

(2) ADμC824的存储器结构

ADμC824的片内存储器包括8 KB片内FLASH/EEPROM程序存储器,640字节片内FLASH/EE数据存储器和256字节片内RAM。

ADμC824的程序和数据存储器有分开的寻址空间。如用户在$\overline{EA}$置0时上电或复位,则芯片执行外部程序空间的指令,而不能执行内部8 KB FLASH/EEPROM程序存储器空间的指令。若$\overline{EA}$置1,则从内部0000H地址开始执行程序。附加的640字节FLASH/EE数据存储器是通过专用寄存器块(SFR)中的一组控制寄存器来间接访问的。图9.3是内部数据存储器的配置图。

ADμC824的片内FLASH/EEPROM程序存储器可用两种模式进行编程。即在线串行下载和并行编程外,ADμC824还可通过标准的UART串行端口下载源代码。若引脚PSEN通过一个下拉电阻被下拉成低电平,芯片则自动进入串行下载模式。当设备连接正确时,源代码将自动载入到程序存储器,并可通过这种方式进行在线编程。

(3) 其他外设

① DAC:ADμC824上集成了一个12位电压输出的数/模转换器,它有一个轨对轨的电压输出缓冲,可驱动10 kΩ/100 pF的负载。它有两个输出范围:0~V_{REF}和0~AV_{DD},能以8位或12位模式工作。DAC有一个控制寄存器DACCON和两个数据寄存器DACL/H。

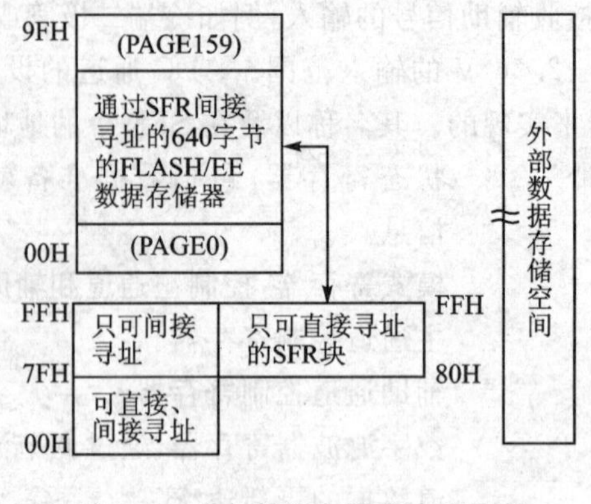

图 9.3　内部数据存储器的配置图

② 片内 PLL：一般 Σ－Δ 型 ADC 需外接一个晶振，CPU 工作也需要外部晶振。ADμC824 使用一个 32.768 kHz 的外部晶振，同时为 ADC 和 CPU 提供时钟信号。片内 PLL 以倍速锁存（32×16 倍）方式为系统提供稳定的 12.582 912 MHz 的时钟信号，CPU 内核可以用这个频率工作，也可以以该频率分频后的频率工作，以降低功耗，减少干扰。ADC 时钟来源于 PLL 时钟，其调制速度和晶振频率相同。以上的频率选择保证了 ADC 调制器和 CPU 核心的时钟同步。PLL 的控制寄存器是 PLLCON。

③ 时间间隔计数器（TIC）：时间间隔计数器可用于计量较长的时间间隔，而标准 80C51 的定时/计数器却不能。有 6 个 SFR 寄存器与 TIC 有关，T1MECON 是它的控制寄存器。INTVAL 是用户定时设置寄存器。当 TIC 的计时器达到 INTVAL 的设置值时，TIC 将有一个主动的输出。此输出可引发一个中断或使 TIMECON 中的 TII 位置位。HOUR、MIN、SEC、HTHSEC 分别是时、分、秒、1/128 秒的寄存器。

ADμC824 的外设还包括片内温度传感器、看门狗定时器、电源供电监视器、SPI 和 I^2C 总线接口等。

9.2　C8051F 系统级单片机

C8051F 系列单片机是 Silicon Labs 公司推出的完全集成混合信号系统级芯片（SoC），可以这样说，它是一个真正意义上的嵌入式系统级单片机。

9.2.1　系统组成

不同型号的 C8051F 系列单片机，除了具有标准 80C51 的数字外设部件之外，片内还集成了数据采集和控制系统中常用的模拟部件和其他数字外设及功能部件。这些扩展的外设和功能部件包括：

- 模拟多路选择器；
- 可编程增益放大器；
- A/D转换器；
- D/A转换器；
- 电压比较器；
- 电压基准；
- 温度传感器；
- SMBus(系统管理总线，I^2C总线的衍生总线类型)；
- I^2C总线接口；
- 串行外设通信接口SPI；
- 可编程计数器阵列PCA；
- 电源监视器；
- 看门狗定时器。

所有器件都有内置的FLASH程序存储器和256字节的内部RAM，有些器件内部还有位于外部数据存储器空间的RAM，即XRAM。CIP－51内核具有标准80C52的所有外设部件，包括4个16位计数器/定时器、一个全双工UART、256字节内部RAM空间、128字节特殊功能寄存器(SFR)地址空间及4个并行8位I/O端口P0、P1、P2、P3。

1. 系统的特点

CIP－51核采用流水线结构，机器周期由80C51的12个系统时钟周期压缩成为1个系统时钟周期，处理速度大大提高。在采用相同振荡器频率的情况下，C8051F单片机的峰值执行速度是标准80C51单片机的12倍。大部分C8051F单片机的峰值性能可达到25 MIPS，而8051F12X系列的峰值性能最高可达到100 MIPS，这些都归功于它的流水线结构。

C8051F系列单片机的中断系统最多可以支持23个中断源，允许大量的模拟和数字外设以中断的方式编程控制，这样提高了整个系统的运行效率。

与一般80C51单片机相比，C8051F系列单片机具有以下特点：

- 在硬件上与普通的80C51单片机结构基本一致。
- 在软件指令上与普通的80C51单片机完全兼容。给开发C8051F系列单片机的用户，提供了由80C51内核单片机设计到SoC化的嵌入式系统设计的最直接的依据。
- 具有CIP－51内核的单片机，其频率范围是0～48 MHz，典型的时钟频率为25 MHz时，最高执行速度是25 MIPS。
- 中断系统在原来5个中断源的基础上，增加到23个中断源。
- 增加了流水线结构。
- 增加了存储器接口和中断管理的接口。
- 增加了一个32位寄存器硬件，用来记录堆栈的操作情况。

2. C8051F00X的片内硬件结构

在C8051F系列单片机中，以C8051F000/1/2/5/6/7系列的单片机为例，说明它们的片内硬件结构，如图9.4所示。

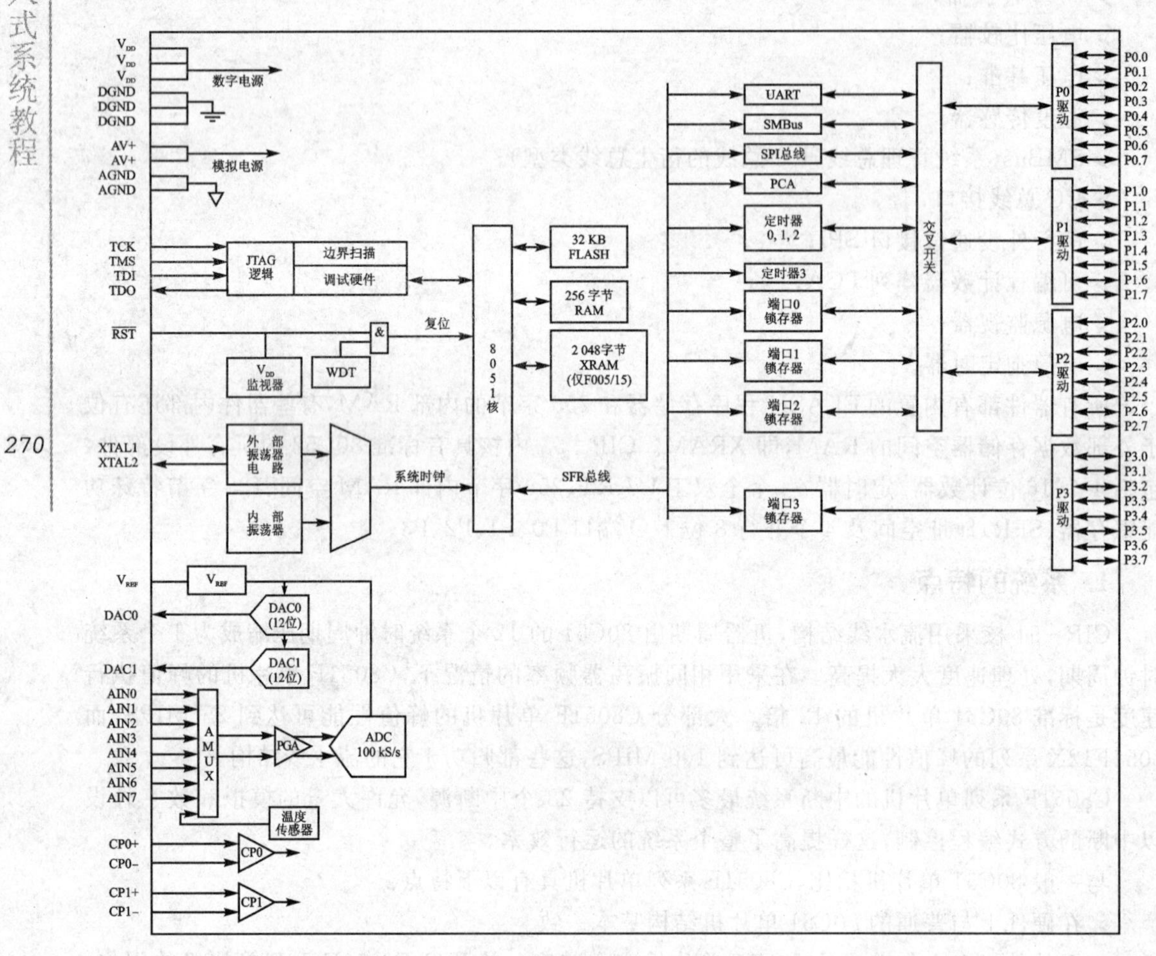

图9.4 C8051F000/1/2/5/6/7系列单片机片内硬件结构图

可以看到，C8051F000/1/2/5/6/7系列单片机的片内主要包括：模拟资源、数字资源、复位电路、系统时钟电路、可编程数字I/O和交叉开关、FLASH闪速存储器、支持系统在线调试的电路。

(1) 模拟资源

模拟资源主要包括ADC子系统、数/模转换器DAC和模拟电压比较器。

① ADC子系统，由逐次逼近型ADC、多通道模拟输入选择器和可编程增益放大器组成。

ADC可以有多种转换启动方式,10位或12位的ADC数字可以被编程为左对齐或右对齐方式。大部分器件中的ADC都可被编程为差分输入或单端输入。ADC子系统可以产生窗口比较中断,即当ADC数据位于一个规定的窗口之内或之外时向CPU申请中断,这一特性允许ADC以后台方式监视一个关键电压,当转换数据位于规定的窗口之内时,才向CPU申请中断。

② 数/模转换器DAC。大部分C8051F器件内部有一个或两个电压输出DAC子系统。C8051F02X的DAC还有灵活的输出更新机制,允许用软件命令和定时器2、定时器3及定时器4的溢出信号更新DAC输出。

③ 模拟电压比较器。大多数C8051F单片机内部都有两个模拟电压比较器。可以用软件设置比较器的回差电压。每个比较器都能在上升沿或下降沿产生中断,或在两个边沿都产生中断。比较器的输出状态可以用软件查询,通过设置交叉开关端11MUX,将比较器的输出接到端口I/O引脚。

(2) 数字资源

数字资源主要包括3部分。

① 具有标准8052单片机的所有数字资源。如3个16位定时/计数器,256字节内部RAM,1个UART等。

② 片内可编程计数器/定时器阵列(PCA)。PCA包括一个专用的16位计数器/定时器时间基准和3～6个可编程的捕捉/比较模块。PCA的时钟源可以是系统时钟分频、定时器溢出、外部时钟输入、外部振荡源分频等。每个捕捉/比较模块都有多种工作方式:边沿触发捕捉、软件定时器、高速输出、脉冲宽度调制器、频率输出等。

③ SPI总线接口和SMBus/I^2C总线接口。大部分C8051F单片机中集成了SPI总线接口和SMBus/I^2C总线接口。这些串行总线不共享定时器、中断或端口I/O,所以可以使用任何一个或全部同时使用。

(3) 复位电路

C8051F单片机的复位电路由多源电路组成,有的最多可达7个复位源:一个片内V_{DD}监视器、一个看门狗定时器、一个时钟丢失检测器、一个由比较器0提供的电压检测器、一个强制软件复位、CNVSTR引脚及外部复位引脚等都可以对其复位。外部复位引脚是双向的,可接受外部复位或将内部产生的上电复位信号输出到外部复位引脚。除了V_{DD}监视器复位和外部引脚复位以外,每个复位源都可以由用户用软件编程控制。

(4) 系统时钟电路

C8051F单片机内部有一个能独立工作的时钟发生器件,并具有外部振荡器驱动电路,所以它的系统时钟是双重的。在单片机被复位后,内部时钟发生器被默认为系统时钟。外部振荡器可以使用晶体、陶瓷谐振器、电容、RC电路或外部时钟源产生系统时钟。如果需要,时钟源运行期间可以在内部振荡器和外部振荡器之间切换。这种时钟切换功能在低功耗系统中是非常有用的,它允许单片机以一个低频率(外部晶体源)运行,当需要时再周期性地切换到高速的内部振荡器的高频率下运行。

(5) 可编程数字I/O和交叉开关

C8051F单片机中引入了数字交叉开关,改变了以往内部功能与外部引脚的固定对应关系。交叉开关是一个大的数字开关网络,允许将内部数字系统资源分配给端口I/O引脚。与具有标准复位数字I/O的单片机不同,这种结构可支持所有功能组合。可通过设置交叉开关控制寄存器,将片内的计数器/定时器、串行总线、硬件中断、ADC转换启动输入、比较器输出以及单片机内部的其他数字信号配置为相应的I/O引脚。这就允许用户根据自己的特定应用,选择通用端口I/O和所需要数字资源的组合。

(6) 闪速存储器FLASH相关的电路

C8051F单片机中具有可在系统和在应用编程的FLASH程序存储器。应用编程特性允许将FLASH存储器用于非易失性数据存储,并可以通过用户软件对FLASH编程,这就允许现场更新80C51固件,为产品的软件升级提供了极大的方便。FLASH存储器还具有安全机制,可以保护程序代码和数据,以防止程序或数据被读取或意外改写。C8051F单片机中独有的软件读限制安全功能,还可以防止用户软件对被锁定的FLASH存储块中的内容进行读/写,为OEM厂商在C8051F单片机中增加产权固件提供了可能。

(7) 支持系统在线调试的JTAG电路

JTAG(Joint Test Action Group,联合测试行动小组)是一种国际标准测试协议,主要用于芯片内部测试以及对系统进行仿真、调试;JTAG技术是一种嵌入式调试技术,它在芯片内部封装了专门的测试电路,通过专用的JTAG测试工具对内部进行测试。C8051F单片机具有片内JTAG调试电路,通过4脚的JTAG接口,并使用安装在最终应用系统中的器件就可以进行非侵入式、全速的在系统调试。Silicon Labs调试系统支持观察和修改存储器和寄存器、支持断点、观察点、堆栈指示器和单步执行。调试时不需要额外的目标RAM、程序存储器、定时器或通信通道,就可以使所有的模拟和数字外设都能正常工作。当单片机单步执行或遇到断点而停止运行时,所有的外设(ADC除外)都停止运行,以保持同步。对于开发和调试嵌入式应用来说,该系统的调试功能比采用标准单片机仿真器要优越得多。

9.2.2 外部引脚及功能

下面以C8051F000为例,介绍具有51内核的SoC化的单片机引脚。C8051F000是TQFP封装(薄四方扁平封装),64脚,同原来80C51单片机40脚有些变化,具体表现如下:

- 电源类引脚在原来80C51单片机基础上变得更具体。

数字电源:V_{DD}　　　　模拟电源:AV+

数字地:　DGND　　　　模拟地:　AGND

- 增加了JTAG接口的引脚。

TCK　　输入，带内部上拉的 JTAG 测试时钟；

TMS　　输入，带内部上拉的 JTAG 测试模式选择；

TDI　　输入，带内部上拉的 JTAG 测试数据输入。TDI 在 TCK 上升沿被锁存；

TDO　　输出，带内部上拉的 JTAG 测试数据输出。数据在 TCK 的下降沿从 TDO 引脚输出。TDO 输出是一个三态驱动器。

➢ 增加了 2 个电压比较器的 5 个比较输入端。

V_{REF}　　电压基准。当被配置为输入时，该引脚作为 MCU 的电压基准。否则，内部电压基准驱动该引脚；

CP0+　　比较器 0 的同相输入端；

CP0−　　比较器 0 的反相输入端；

CP1+　　比较器 1 的同相输入端；

CP1−　　比较器 1 的反相输入端。

➢ 增加了 ADC 通道的模拟信号输入对应的 8 个引脚。

AIN0、AIN1、AIN2、AIN3、AIN4、AIN5、AIN6、AIN7 这 8 路模拟通道输入。

➢ 增加了 2 个 D/A 转换器共 2 个电压输出端。

DAC0　　D/A 转换器输出口 0；DAC0 端以电压形式输出；

DAC1　　D/A 转换器输出口 1；DAC1 端以电压形式输出。

其他引脚和 80C51 引脚的名称和功能完全相同。

9.2.3　改进型 51 内核

C8051F000 系列单片机在 CIP－51 内核的内部和外部有几项关键性的改进，提高了整体性能，更易于普及和推广。

扩展的中断系统向 CIP－51 提供了多达 23 个中断源，而 80C51 单片机只有 5 个中断源。

有多达 7 个复位源：一个片内 V_{DD} 监视器、一个看门狗定时器、一个时钟丢失检测器、一个由比较器 0 提供的电压检测器、一个软件强制复位、CNVSTR 引脚及 $\overline{\text{RST}}$ 引脚。而 80C51 单片机只有用软件强行复位和 $\overline{\text{RST}}$ 引脚上的外电路复位这 2 个复位源。

$\overline{\text{RST}}$ 引脚是双向的，可接受外部复位或将内部产生的上电复位信号输出到 $\overline{\text{RST}}$ 引脚。除了 V_{DD} 监视器和复位输入引脚以外，每个复位源都可以由用户用软件禁止。在一次上电复位之后，接下来单片机的初始化期间，WDT 可以一直使能。

C8051F000 系列单片机内部有一个能独立工作的时钟发生器，在复位后被默认为系统时钟。如有需要，时钟源可以在运行时切换到外部振荡器，外部振荡器可以使用晶体、陶瓷谐振器、电容、RC 或外部时钟源产生系统时钟。这种时钟切换功能在低功耗系统中是非常有用的，它允许单片机从一个低频率的外部晶体源运行在节电状态，当需要恢复时再周期性地切换到高速的内部时钟振荡器上工作。

9.2.4　片内存储器

C8051F系列单片机内部有标准80C51的程序和数据地址配置。包括256字节的数据RAM，其中高128字节为两部分：一部分是用间接寻址访问通用RAM的高128字节，另一部分是用直接寻址访问128字节的SFR地址空间。数据RAM的低128字节可用直接或间接寻址方式访问。00H～1FH这32字节为4个通用工作寄存器区；20H～2FH的16字节，既可以按字节寻址又可以按位寻址。

C8051F系列单片机中的C8051F005/06/07/15/16/17还另有位于外部数据存储器地址空间的2048字节的RAM块。此RAM块可以在整个64 KB外部数据存储器地址空间中被寻址，MCU的程序存储器包含32 KB＋128字节的FLASH。该存储器以512字节为一个扇区，可以在系统编程，且不需在片外提供编程电压。0x7E00～0x7FFF的512字节保留，由工厂使用。还有一个位于地址0x8000～0x807F的128字节的扇区，该扇区可作为一个小的软件常数表或额外的程序空间。图9.5给出了C8051F系列单片机片内的存储器结构。

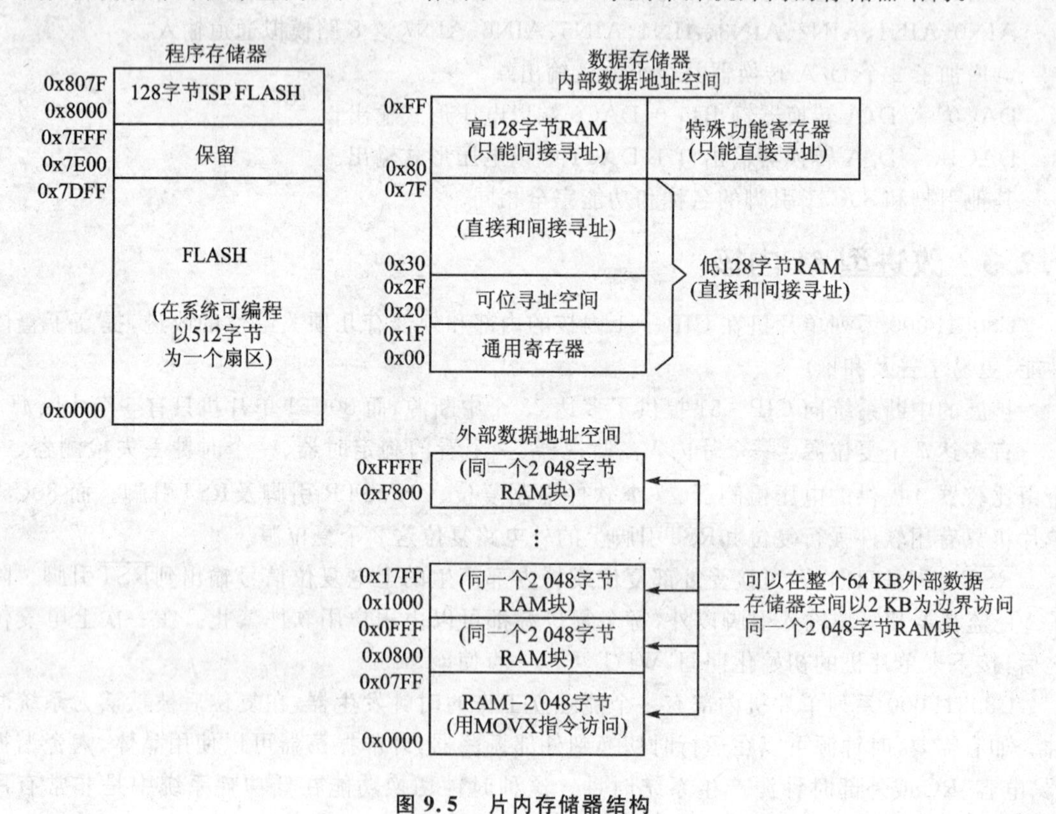

图9.5　片内存储器结构

9.2.5 可编程数字I/O和交叉开关

C8051F系列单片机具有标准80C51的4个端口P0、P1、P2和P3，在F000/05/10/15中，这4个端口都有引脚。它最突出的改进是引入了数字交叉开关，一个普通的I/O引脚既可当成普通的I/O使用，也可自定义编程为内部某个功能模块的输入/输出引脚，如图9.6所示。

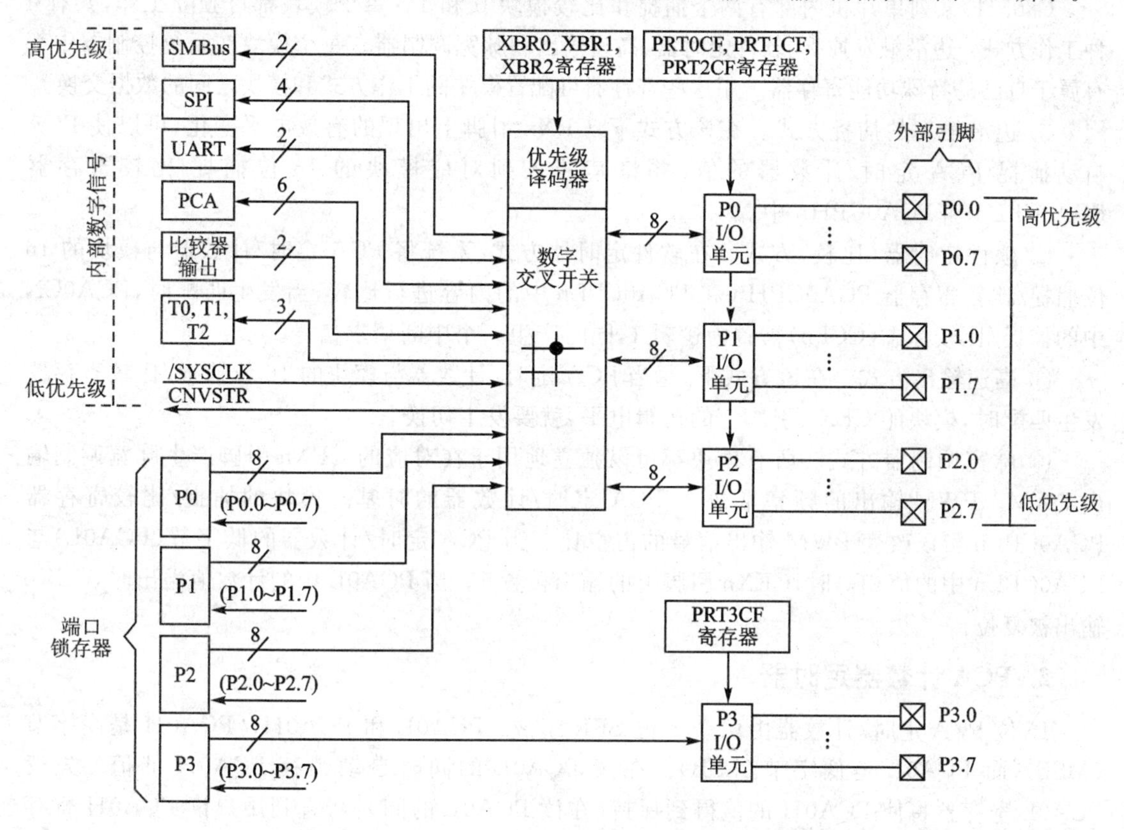

图9.6 数字交叉开关原理图

可通过设置交叉开关控制寄存器，将片内的定时/计数器、串行总线、硬件中断、ADC转换启动输入、比较器输出以及微控制器内部的其他数字信号，配置到对应端口的I/O引脚上。这就允许用户根据自己的特定应用选择通用端口I/O和所需数字资源的组合。

9.2.6 可编程计数器阵列

可编程计数器阵列(PCA)提供增强的定时器功能，与80C51单片机的计数器/定时器相比，它需要较少的CPU干预。PCA包含一个专用的16位定时/计数器和5个16位捕捉/比较模块。每个捕捉/比较模块有自己的I/O线CEXn。当被允许时，I/O线通过交叉开关连接到对应端口的I/O引脚上。定时/计数器由一个可配置的时基信号驱动，可以在系统时钟12分频、系统时钟4分频、定时器0溢出或ECI线上的外部时钟信号这4个输入源中，选择所需的时基信号。对PCA的配置和控制是通过系统控制器的特殊功能寄存器来实现的。

1. 捕捉/比较模块

C8051F系列单片机内部有两个捕捉和比较模块0和1。每个模块都可独立工作，共有4种工作方式：边沿触发捕捉、软件定时器、高速输出和脉宽调制器。每个模块在系统控制器中都有属于自己的特殊功能寄存器。用这些寄存器可配置模块的工作方式和模块之间的数据交换。

① 边沿触发的捕捉方式。在该方式下，CEXn引脚上出现的有效电平变化，可以使PCA自动捕捉PCA定时/计数器的值，并将其装入到对应模块的16位捕捉/比较寄存器PCA0CPLn和PCA0CPHn中。

② 软件定时器(比较)方式。在软件定时器方式，系统将PCA定时/计数器与模块的16位捕捉/比较寄存器PCA0CPHn和PCA0CPLn中的内容进行比较，当发生匹配时，PCA0CN中的捕捉/比较标志(CCFn)被置为逻辑1，同时产生一个中断请求信号。

③ 高速输出方式。在该方式下，每当PCA定时/计数器与模块的16位捕捉/比较寄存器发生匹配时，模块的CEXn引脚上的逻辑电平，就要发生切换。

④ 脉宽调制器方式。所有模块都可以独立地用于在对应的CEXn引脚产生脉宽调制输出PWM。PWM输出的频率取决于PCA定时/计数器的时基。模块的捕捉/比较寄存器PCA0CPLn可以改变PWM输出信号的占空比。当PCA定时/计数器的低字节(PCA0L)与PCA0CPLn中的值相等时，CEXn引脚上的输出被置1。当PCA0L中的计数值溢出时，CEXn输出被复位。

2. PCA计数器定时器

16位PCA定时/计数器由两个8位SFR组成：PCA0L和PCA0H。PCA0H是高字节(MSB)，而PCA0L是低字节(LSB)。在读PCA0L的同时自动锁存PCA0H的值。先读PCA0L寄存器将使PCA0H的值得到保持(在读PCA0L的同时)，直到用户读PCA0H寄存器为止。

3. PCA寄存器

系统器件可以实现一个或多个可编程计数器阵列。这主要通过PCA0CN(PCA控制寄存器)、PCA0MD(PCA方式选择寄存器)、PCA0CPMn(PCA捕捉/比较寄存器)、PCA0L(PCA定时/计数器低字节寄存器)、PCA0H(PCA定时/计数器高字节寄存器)、PCA0CPLn(PCA捕捉模块低字节)、PCA0CPHn(PCA捕捉模块高字节)等特殊功能寄存器编程实现。

9.2.7 串行端口

在C8051F000/1/2/5/6/7系列的单片机内部集成了一个串行外设接口SPI和一个串行

通信接口SCI,它们主要区别在于前者是同步串行通信,而后者是异步串行通信。

1. 串行外设接口(SPI)

SPI提供访问一个4线、全双工串行总线的能力。SPI支持在同一总线上将多个从器件连接到一个主器件的功能。一个独立的从选择信号(NSS)用于选择一个从器件并允许主器件和所选从器件之间进行数据传输。

(1) 信号说明

下面介绍SPI使用的4个信号MOSI、MISO、SCK、NSS。

① 主输出、从输入。主出从入(MOSI)信号是主器件的输出和从器件的输入。用于从主器件到从器件的串行数据传输。数据传输时最高位在先。

② 主输入、从输出。主入从出(MISO)信号是从器件的输出和主器件的输入。用于从器件到主器件的串行数据传输。数据传输时最高位在先。当SPI从器件未被选中时,它将MISO引脚置于高阻状态。

③ 串行时钟。串行时钟(SCK)信号是主器件的输出和从器件的输入。用于同步主器件和从器件之间在MOSI和MISO线上的串行数据传输。

④ 从选择。从选择(NSS)信号是一个输入信号,主器件用它来选择处于从方式的SPI模块,在主方式时用于禁止SPI模块。当处于从方式时,它被拉为低电平以启动一次数据传输,并在传输期间保持低电平。

(2) SPI特殊功能寄存器

对SPI的访问和控制是通过系统控制器中的4个特殊功能寄存器实现的:控制寄存器SPI0CN、数据寄存器SPI0DAT、配置寄存器SPI0CFG和时钟频率寄存器SPI0CKR。

2. 串行通信接口UART

UART是一个能进行异步传输的串行口。UART可以工作在全双工方式。在所有方式下,接收的数据被放入一个保持寄存器。这就允许在软件尚未读取刚接收数据字节的情况下开始接收第二个输入数据字节。UART在特殊功能寄存器中有一个相关的串行控制寄存器(SCON)和一个串行数据缓冲器(SBUF)。该串行接口控制过程和80C51一样,这里不再重述。

9.2.8 模/数转换器ADC

C8051F000/1/2/5/6/7有一个片内12位SAR ADC,一个9通道输入多路选择开关和可编程增益放大器。该ADC工作在100 kS/s的最大采样速率时可提供真正的12位精度,INL为±1LSB。C8051F010/1/2/5/6/7与C8051F000/1/2/5/6/7类似,但分辨率为10位。每个ADC的最大转换速率均为100 kS/s。C8051F00x可提供真正的12位精度,C8051F00x的ADC可提供真正的10位精度,每个ADC都具有±1LSB的INL。片内还有一个15 ppm的电压基准,也可以通过V_{REF}引脚使用外部基准。

ADC完全由CIP－51通过特殊功能寄存器控制。有一个输入通道被连到内部温度传感器,其他8个通道接外部输入。8个外部输入通道的每一对都可被配置为两个单端输入或一个差分输入。系统控制器可以关断ADC以节省功耗。

可编程增益放大器接在模拟多路选择器之后,增益可用软件设置,从0.5到16以2的整数次幂递增。当不同ADC输入通道之间输入的电压信号范围差距较大,或需要放大一个具有较大直流偏移的信号时(在差分方式,DAC可用于提供直流偏移),该放大环节非常有用。

A/D转换可以有4种启动方式:软件命令、定时器2溢出、定时器3溢出或外部信号输入。这种灵活性主要体现在允许用软件、硬件信号触发转换或进行连续转换。一次转换完成可以产生一个中断,或者用软件查询一个状态位来判断转换是否结束。在转换完成时,10或12位转换结果数据字被锁存到两个特殊功能寄存器中。在软件控制下,这些数据字可以是左对齐或右对齐。

9.2.9　比较器和数/模转换器DAC

C8051F000系列MCU有两个12位的电压方式DAC。每个DAC的输出摆幅均为0 V～V_{REF}－1 LSB,对应的输入码范围是0x000～0xFFF。以DAC0为例,12位数据字被写到低字节(DAC0L)和高字节(DAC0H)数据寄存器。在写DAC0H寄存器时数据锁存到DAC0,所以如果需要12位分辨率,应在写入DAC0L之后写DAC0H。DAC可用于8位方式,这种情况是将数据左移后只写入DAC0H,而在DAC0L中写入一个所希望的数值(通常为0x00)。DAC0控制寄存器(DAC0CN)提供允许/禁止DAC0和改变输入数据格式的手段。

9.2.10　JTAG调试和边界扫描

1. JTAG(IEEE1149.1)

在CIP－51内核的每个MCU内部都有一个片内的JTAG接口和逻辑,提供生产和在系统测试所需要的边界扫描功能,支持FLASH的读和写操作以及非侵入式在系统调试。MCU中的JTAG接口完全符合IEEE1149.1规范。在IEEE1149.1规范中的测试接口和操作部分介绍了如何访问JTAG指令寄存器(IR)和数据寄存器(DR)。

JTAG接口使用MCU上4个专用引脚,即:TCK、TMS、TDI和TDO。这些引脚都耐5 V电压。

通过16位JTAG指令寄存器(IR)可以发出对JTAG接口的各种指令。MCU中有3个与JTAG边界扫描相关的数据寄存器和4个与FLASH读/写操作相关的寄存器。

2. 边界扫描

边界扫描路径中的数据寄存器是一个8位移位寄存器。通过执行EXTEST和SAMPLE命令,边界数据寄存器能提供对所有器件引脚以及SFR总线和弱上拉功能的控制和观察。

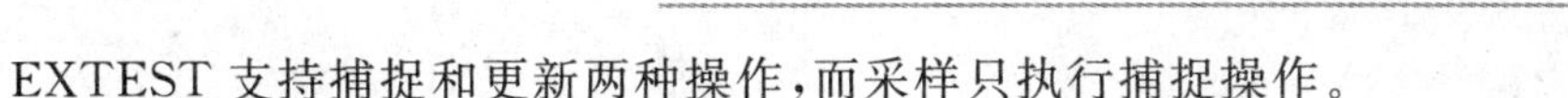

EXTEST支持捕捉和更新两种操作，而采样只执行捕捉操作。

3. 调试支持

每个MCU内部都有JTAG和调试电路。通过4个引脚的JTAG接口，可以使用安装在最终应用系统上的产品MCU进行非侵入式、全速、在系统调试。Silicon Labs的调试系统支持观察和修改存储器和寄存器，设置断点、设置观察点，支持单步及运行和停机命令；不需要额外的目标RAM、程序存储器或通信通道。在调试时，所有的模拟和数字外设都全功能正确运行(保持同步)。当MCU因单步执行或执行到断点而停机时，WDT禁止。

本章小结

第一部分内容主要介绍ADμC8XX系列单片机。ADμC8XX将许多传统80C51/80C52配置的外围芯片集成于芯片内部。由于ADμC8XX内部高度集成了模拟信号的处理功能，所以具有高可靠性、高精度、高速度、高性价比以及开发方便、编程简单等特点，其应用越来越广泛。

第二部分内容主要介绍了一个具有51内核的SoC化单片机的内部各功能部件的结构，让读者能更深一层的理解SoC化的嵌入式系统。C8051F系列单片机是完全集成混合信号系统级芯片即SoC，而且它还具有和80C51兼容的特点，很容易为读者接受。它的内部集成了10位或12位ADC，一个或两个具有电压输出的DAC，两个模拟电压比较器，标准8052单片机的数字资源，一个片内可编程定时/计数器阵列(PCA)，SPI总线接口和SMBus/I²C总线接口，复位电路的复位源最多可达7个，可编程数字I/O和交叉开关，片内具有可在系统和在应用编程的FLASH程序存储器，具有JTAG调试模块。可以说这就是一个真正意义的SoC化嵌入式系统的典型案例。

本章习题

9.1　为什么说ADμC8xx系列器件是典型的嵌入式系统？

9.2　ADμC812是个什么类型的单片机？内部集成了哪些功能部件？

9.3　一个8位A/D转换器的分辨率是多少？

9.4　D/A转换器的工作原理是什么？

9.5　为什么说C8051F系列单片机是典型的SoC型单片机？

9.6　在C8051F系列的单片机中，集成了哪些常见的功能部件？

9.7　具有CIP-51内核的单片机和80C51单片机有什么异同点？

9.8　C8051F的串行口有几种工作方式？与80C51单片机串行口的功能一样吗？

9.9　在C8051F系列单片机中，通过什么引脚和另外一个微机的串行口进行通信？

第10章

80C51嵌入式系统应用实例

主要内容 第一个例子是以80C51单片机为核心、用DS1620集成温度测控芯片实现的高精度低成本温度控制器；第二个例子是用80C51单片机构成的多功能报警系统。

教学建议 以学生自学为主。

教学目的 通过本章学习，使学生：

- 了解嵌入式应用系统设计的方法；
- 熟悉嵌入式系统的一些应用领域。

10.1 高精度低成本温度控制器

温度是工业等领域非常重要的一个参数，在很多应用当中需要对温度进行精确的控制。随着MCU技术的发展，人们越来越多地采用MCU来设计和实现数字调节器，从而达到控制的目的。DS1620芯片是一种真正意义上的数字温度计/控制器，提供9位数字温度输出和3个控制信号输出；既可作为温度测量计使用，也可作为温度控制/调节器使用，尤其可用于实现低成本高精度的温度控制。下面介绍一种基于80C51和DS1620的高精度低成本的温度控制器。

10.1.1 DS1620温度测量与控制原理

1. DS1620的外围特性

DS1620实现温度测量的范围是－55～＋125 ℃，精度为0.5 ℃；温度转换的典型时间为500 ms；有上限、下限和联合控制端等3个温度控制输出；不需要外接器件即可驱动负载进行控制；可通过三线制串行接口与计算机或单片机通信。DS1620的硬件连接非常简单，应用的难点在于软件设计。

DS1620的引脚排列如图10.1所示。其中：

DQ　　数据输入/输出
CLK/$\overline{\text{CONV}}$　　时钟输入和独立模式转换输入
$\overline{\text{RST}}$　　复位输入
GND　　接地端
THIGH　　高温触发端
TLOW　　低温触发端
TCOM　　高/低温联合触发端
V_{DD}　　电源端,电压为+5 V

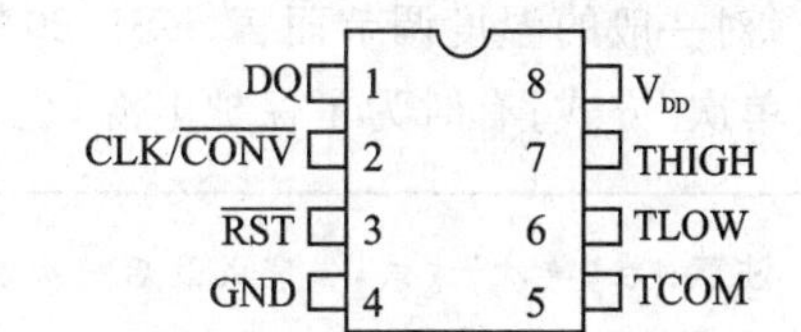

图 10.1　DS1620 的引脚排列

2. DS1620 的控制/状态寄存器及工作方式

(1) 控制/状态寄存器

我们知道,DS1620 作为温度调节器使用时,必须事先给 TH 和 TL 寄存器赋值。另外,DS1620 还有一个控制/状态寄存器用来确定它的工作方式以及反映温度的转换状态。该寄存器的格式如下:

DONE	THF	TLF	NVB			CPU	1 SHOT

其中:

DONE　转换结束位。DONE=1,表示转换结束;DONE=0,表示转换正在进行。

THF　高温标志位。当 DS1620 的温度达到或超过储存在高温寄存器 TH 中的值时,该位置 1。只有在用户向该位写"0"使其复位或断电时,该位才为 0。该位的状态可使用户判断出 DS1620 是否承受过高于 TH 的温度环境(在供电状态下)。

TLF　低温标志位。当 DS1620 的温度达到或低于储存在低温寄存器 TL 中的值时,该位置 1。只有在用户向该位写"0"使其复位或断电时,该位才为 0。该位的状态可使用户判断出 DS1620 是否承受过低于 TL 的温度环境(在供电状态下)。

NVB　非易失性存储器"忙"标志位。NVB =1,表示正在向非易失性存储器 EEPROM 单元写数据;NVB =0,表示非易失性存储器不忙。一次写入 EEPROM 的时间需要 10 ms。

CPU　CPU 使用位。如果 CPU=0,则在$\overline{\text{RST}}$为低时,CLK/$\overline{\text{CONV}}$引脚作为转换启动控制信号使用;如果 CPU=1,则 DS1620 通过三线制串行接口与 CPU 一起工作,此时的 CLK/$\overline{\text{CONV}}$引脚只是与 DQ 和$\overline{\text{RST}}$引脚相配合,作为普通时钟信号使用。该位储存在 EEPROM 单元中,至少可写 50,000 次。

1SHOT "单次"位。如果 1 SHOT=1,则 DS1620 在接收到启动转换命令后只进行一次温度转换;如果 1 SHOT=0,则 DS1620 将连续地进行温度转换。该位储存在 EEPROM 单元中,至少可写 50000 次。

对一般的温度调节而言，DS1620将工作在连续的方式。然而，在一些特定场合需要工作在“单次”方式；有时为了保护电源，也常工作在“单次”方式。

注意：在“单次”方式，当完成最后一次温度转换后，调节器的输出状态（THIGH、TLOW、TCOM）将一直保持不变。

---

(2) 独立模式

当DS1620作为一个简单的温度调节器使用时，可不需要CPU，即独立模式。因为温度的上、下限值是非易失性的，DS1620可在使用前先对其编程。在无CPU的方式，为了方便操作，使用CLK/$\overline{\text{CONV}}$引脚作为转换启动控制信号。记住，此时须将控制/状态寄存器的CPU位写入“0”。

如果采用CLK/$\overline{\text{CONV}}$引脚作为转换启动控制信号，必须使$\overline{\text{RST}}$为低电平、CLK/$\overline{\text{CONV}}$为高电平。如果在10 ms的时间内先将CLK/$\overline{\text{CONV}}$引脚置低，紧接着再将其拉高，则DS1620将进行一次温度转换，然后进入空闲状态。如果CLK/$\overline{\text{CONV}}$引脚被拉低并一直保持低电平，则DS1620将进行连续的温度转换直到CLK/$\overline{\text{CONV}}$引脚重新被拉高为止。在CPU位为“0”时，如果1 SHOT位为1，CLK/$\overline{\text{CONV}}$引脚仍能淹没掉1 SHOT位的作用；也就是说，即使1 SHOT位为1，仍能通过将CLK/$\overline{\text{CONV}}$引脚拉低来启动温度转换。

(3) 三线制通信方式

三线制接口的数据通信从LSB开始，其命令格式如表10－1所列。只有这些命令才能写入DS1620，而其他命令的写入将对器件造成永久的破坏。

表10－1　DS1620的命令格式

命　令	格　式	三总线状态	备　注
温度转换命令			
Read Temperature	AAH	＜读数据＞	
Start Convert T	EEH	空闲	注①
Stop Convert T	22H	空闲	注①
温度调节命令			
Write TH	01H	＜写数据＞	注②
Write TL	02H	＜写数据＞	注②
Read TH	A1H	＜写数据＞	注②
Read TL	A2H	＜写数据＞	注②
Write Config	0CH	＜写数据＞	注②
Read Config	ACH	＜写数据＞	注②

对表中两处注释说明如下：

① 在连续转换方式，终止温度转换命令将暂停连续的转换；若要重新启动，应再发出启动转换。在“单次”方式，每一次读取温度都需发出启动转换命令。

② 在室温下，向EEPROM写入需要10 ms。发出该命令后，在10 ms之内不应再有其他写操作。

下面对具体命令作一介绍：

- 读取温度命令[AAh]：该命令用来读取寄存器的内容，即最近的温度转换结果。在发出本命令之后接下来的9个时钟周期，DS1620将输出寄存器的内容。
- 写TH命令[01H]：该命令用来写TH(高温)寄存器。在发出本命令之后接下来的9个时钟周期，9位上限温度值将写入寄存器，用来改变THIGH的输出操作。
- 写TL命令[02H]：该命令用来写TL(低温)寄存器。在发出本命令之后接下来的9个时钟周期，9位下限温度值将写入寄存器，用来改变TLOW的输出操作。
- 读TH命令[A1H]：该命令用来读TH(高温)寄存器。在发出本命令之后接下来的9个时钟周期，9位用来改变THIGH输出操作的上限值将从DS1620输出。
- 读TL命令[A2H]：该命令用来读TL(低温)寄存器。在发出本命令之后接下来的9个时钟周期，9位用来改变TLOW输出操作的下限值将从DS1620输出。
- 启动温度转换命令[EEH]：该命令用来启动温度转换。在“单次”方式，本命令将启动一次温度转换，然后进入空闲状态；在连续方式，本命令将启动连续的温度转换。
- 终止温度转换命令[22H]：该命令用来终止温度转换。在连续方式，本命令将终止连续的温度转换。发出本命令之后，DS1620将完成当前的温度测量，然后进入空闲状态，直到发出新的启动温度转换命令为止。
- 写控制寄存器命令[0CH]：该命令用来写控制寄存器。在发出本命令之后接下来的8个时钟周期，命令字将写入控制寄存器。
- 读状态寄存器命令[ACH]：该命令用来读状态寄存器的值。在发出本命令之后接下来的8个时钟周期，状态/控制寄存器的内容将从DS1620输出。

尽管DS1620的应用电路比较简单，但DS1620应用的难点在于对其读/写时序的理解以及根据读/写时序编写正确的读/写程序，因为这些时序均需经过软件模拟的方式实现。DS1620的读时序与写时序如图10.2所示。

从中可以看出，DS1620的三总线由3个信号组成，它们是$\overline{RST}$(复位)信号、CLK(时钟)信号、DQ(数据)信号。所有的数据传输都是从$\overline{RST}$输入引脚被拉高开始的；将$\overline{RST}$引脚拉低则停止温度转换。DS1620的一个时钟周期是从上升沿开始、下降沿结束。输入数据时，数据必须在时钟周期的上升沿有效；数据输出时须在下降沿有效并且一直保持到时钟的上升沿。当从DS1620读取数据时，在时钟为高时DQ引脚变为高阻抗状态；将$\overline{RST}$引脚拉低将终止温度转换以及将DQ引脚置为高阻抗状态。

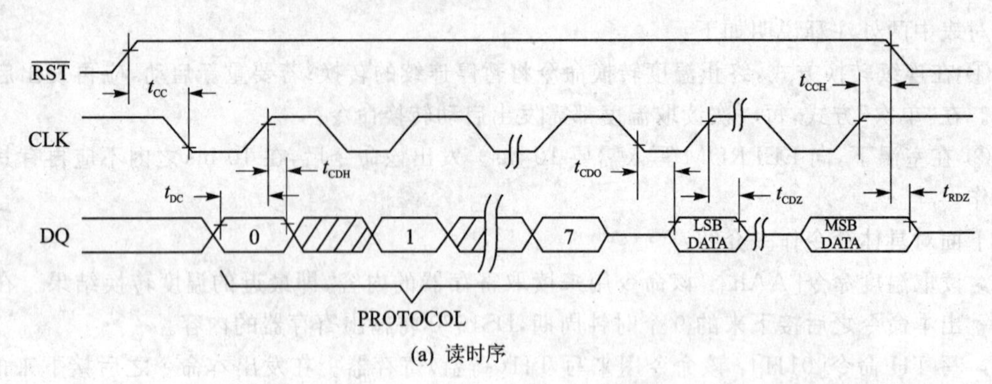

(a) 读时序

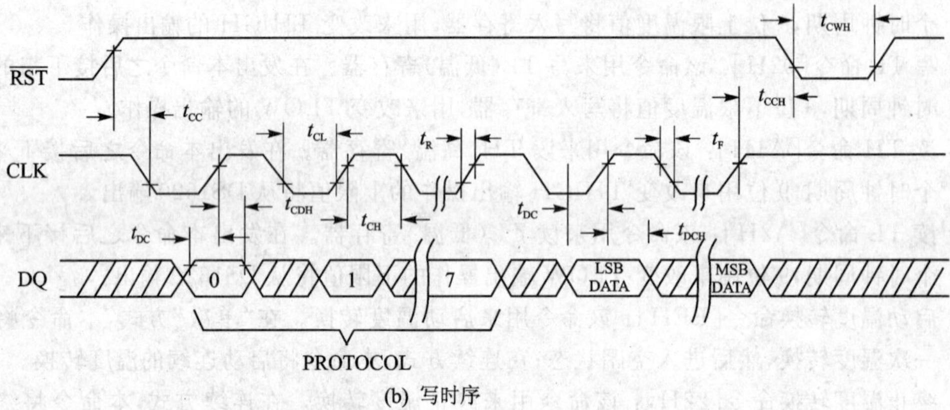

(b) 写时序

图10.2　DS1620的读/写时序

根据上述时序编制读/写子程序。具体如下：

```
;读子程序
READ:     MOV    R2,#8          ;读8位温度数值
          CLR    A
          CLR    C
LOOP1:    LCALL  READBIT        ;调读BIT子程序
          RRC    A
          DJNZ   R2,LOOP1
          RET
READBIT:  CLR    CLK            ;读BIT子程序
          SETB   DQ
          NOP
          MOV    C,DQ
          NOP
          SETB   CLK
```

```
          NOP
          RET
;写子程序
WRITE:    MOV    R3,#8          ;写 8 位数值(温度/命令)
          RRC    A
          NOP
LOOP2:    LCALL  WRITEBIT
          RRC    A
          DJNZ   R3,LOOP2
          RET
WRITEBIT: CLR    CLK            ;写 BIT 子程序
          NOP
          MOV    DQ,C
          NOP
          SETB   CLK
          NOP
          RET
```

3. 温度测量与控制

DS1620 采用一种片上的、独有的温度测量技术来测量温度。温度输出值是 9 位二进制补码格式，最高位为符号位。输出温度 LSB 在先，以 LSB 表示 0.5 ℃。例如，－25 ℃的 9 位输出温度的数据表示格式如下：

MSB															LSB
x	x	x	x	x	x	x	1	1	1	0	0	1	1	1	0

借助 DS1620 的 3 个温度触发输出端 THIGH、TLOW 和 TCOM，它可以方便地用温度控制器来控制温度，其工作原理如下。

当 DS1620 测出的温度达到或超过存储在上限寄存器 TH 中的值时，THIGH 变为高电平，并保持，直到温度值小于 TH 的值为止。利用这一特性，THIGH 的输出可用来告知用户当前温度已达到或超过温度上限值；因此，DS1620 可作为闭环控制系统的一部分用来启动冷却系统以及当温度返回该上限值时关闭该系统。TLOW 的作用与 THIGH 类似，当 DS1620 的温度达到或低于储存在下限寄存器 TL 中的值时，TLOW 为高，直到温度值大于 TL 的值为止。利用这一特性，TLOW 的输出可用来告知用户当前温度已低于温度下限值；DS1620 也可作为闭环控制系统的一部分用来启动加热系统以及当温度返回该下限值时关闭该系统。对 TCOM 而言，如果 DS1620 测量的温度超出 TH 的值，TCOM 被置成高电平，并保持直至温度达到或低于 TL 的值为止。不难看出，它的上行程与下行程的门槛温度值不同，分别是 TH 和 TL 的值。这样，利用 TCOM 引脚的输出特性，通过恰当选取 TL 和 TH 的值并用程序将其写入非易失性寄存器当中，即可得到任意的温度控制效果。这就是温度控制的基础。其输出关系如图 10.3 所示。

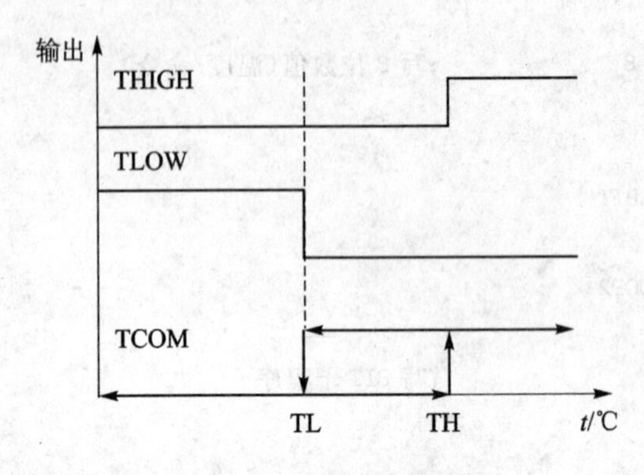

图 10.3　控制器的输出

10.1.2　控制电路的实现

一种采用 DS1620 的低成本高精度的温度控制器实现的系统如图 10.4 所示。该系统由单片机(80C51)、数字温度控制器芯片(DS1620)、功率接口电路和控制对象(压缩机)组成。单片机 80C51 的作用是将控制的上、下限温度值和 DS1620 的命令字写入到 DS1620 当中，然后系统就可脱离单片机工作；功率接口电路负责将数字电平信号转换为对负载的开/关时间，并具有隔离功能；控制对象可以是压缩机，也可以是其他的实现设备，如风扇等。本设计非常适合作为空调器的温度控制器使用，只利用 DS1620 的 TCOM 端就能方便地控制空调压缩机的开/闭，从而实现对室内温度的控制。由于 TCOM 端所具有的类似迟滞效应的特性，可以先通过单片机写入上、下限温度值，DS1620 就可以对温度实现精确的控制，使环境的温度保持在一个范围之内；同时，还避免了纯开关控制带来的频繁开关机现象。对一些低压负载，可略去功率接口电路，直接接到负载的开/闭端，电路变得更加简单。

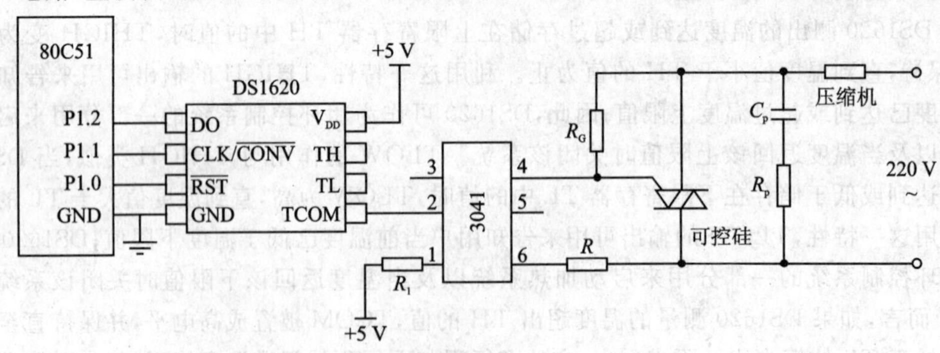

图 10.4　控制器电路

10.1.3 控制程序设计

为方便读者，本书给出了用 80C51 汇编语言书写并实现的主程序。本程序实现的功能是，将室内温度控制在 25～28 ℃之间。

```
        ORG    0000H
        SJMP   MAIN
        RST    BIT  P1.0
        CLK    BIT  P1.1
        DQ     BIT  P1.2
        ORG    0030H
MAIN:   MOV    SP,＃60H
        CLR    RST
        SETB   RST
        MOV    A,＃0CH              ;写入“写 CONFIG 命令”
        LCALL  WRITE
        LCALL  DELAY50MS            ;调延时子程序完成物理过程
        MOV    A,＃03H              ;写入 CONFIG 设定值
        LCALL  WRITE
        CLR    RST
        LCALL  DELAY50MS
        SETB   RST
        MOV    A,＃01H              ;写入“TH”命令
        LCALL  WRITE
        MOV    A,＃56               ;写入 TH“+56”
        LCALL  WRITE
        CLR    C                    ;符号为“+”
        LCALL  WRITEBIT
        CLR    RST
        LCALL  DELAY50MS
        SETB   RST
        MOV    A,＃02H              ;写入“TL”命令
        LCALL  WRITE
        MOV    A,＃50               ;写入 TL“+50”
        LCALL  WRITE
        CLR    C                    ;符号为“+”
        LCALL  WRITEBIT
        CLR    RST
        LCALL  DELAY50MS
```

```
        SETB   RST                     ;启动转换
        MOV    A,#0EEH
        LCALL  WRITE
        CLR    RST
        MOV    R4,#10
LOOP3:  LCALL  DELAY50MS
        DJNZ   R4,LOOP3
        SJMP   $
DELAY50MS:……                           ;延时子程序,从略
```

这些程序可直接移植到其他温度控制系统的方案设计当中。限于篇幅,有关DS1620的操作命令,请参阅其他文献。需要特别指出的是,本设计选用的系统时钟频率为12 MHz,上述程序和时序都是以此为基准;如果选用其他的时钟频率,只需对其中的延时参数和实现时序做适当的修改即可。

10.2 多功能报警系统

提到报警有很多种情况,用于安全防范的,也有用于友情提示的,还有紧急求救的等。报警装置也是五花八门,有人体热辐射的远红外探测、空间微波场分布变化的探测、红外线遮挡探测、玻璃破碎和断线探测等多种方式。无论怎样,报警系统都要在现场用声音和特殊的光线来提醒和提示,以示警告;但是很少能把现场的实际情况如实地上传到异地的网络上的大型数据库中。出于这种考虑,我们设计了这个报警系统。

10.2.1 系统的组成与工作原理

计算机报警系统由两大部分组成:下位机部分和主机部分。其中下位机部分的主要功能是用来监测设防现场并及时地将报警信号编码,然后立刻通过无线通道发送给主机。主机部分由计算机和80C51单片机构成,主要是利用80C51接收无线信号,计算机处理报警数据并利用应用软件管理这个系统,具体内容包括无线接收设防现场送来的报警信号、用多种方式提示值班人员和相关的警务人员、处理报警数据。如图10.5所示。

1. 工作原理

下位机80C51单片机主要负责对现场的数据进行实时采集,分别来自光、磁、烟、温度、湿度等多种类型的传感器,得到多路模拟信号,经过系统的A/D转换器变成数字信号,就可以让单片机识别和处理。具体下位机部分的原理如图10.6所示。

系统的主机部分由计算机和一片80C51单片机构成,主要完成报警信号的处理。在此系统中,该80C51单片机主要任务是控制无线接收模块正确的接收报警数据,之后再利用单片

机的程序进行解码，然后将还原的数据送给计算机。当计算机接到报警信息后，会用醒目的闪烁文字和语音提醒值班人员，同时将 110 电话自动拨出，在此过程中计算机还会将报警信息存储在报警数据库中，以便日后对事故进行详细地调查、分析、取证。这里的单片机与计算机之间采用串行口通信标准，使它们之间的硬件电路结构简单。由于单片机的输出电平为 TTL 电平标准，要和计算机上 RS－232 的输出电平标准相互匹配，必须利用电平转换专用芯片 MAX232，将两种不同的电平标准相互转换，如图 10.7 所示。MAX232 芯片是 MAXIM 公司生产、包括两路接收器和驱动器的 IC 芯片，适用于各种 EIA－232C 和 V.28/V.24 的通信接口。MAX232 芯片内部有一个电压变换器，可以把输入的＋5 V 电源电压变换成为 RS－232C 输出电平所需的±10 V 电压。因此，采用此芯片的串行通信系统只需单一的＋5 V 电源就可以。

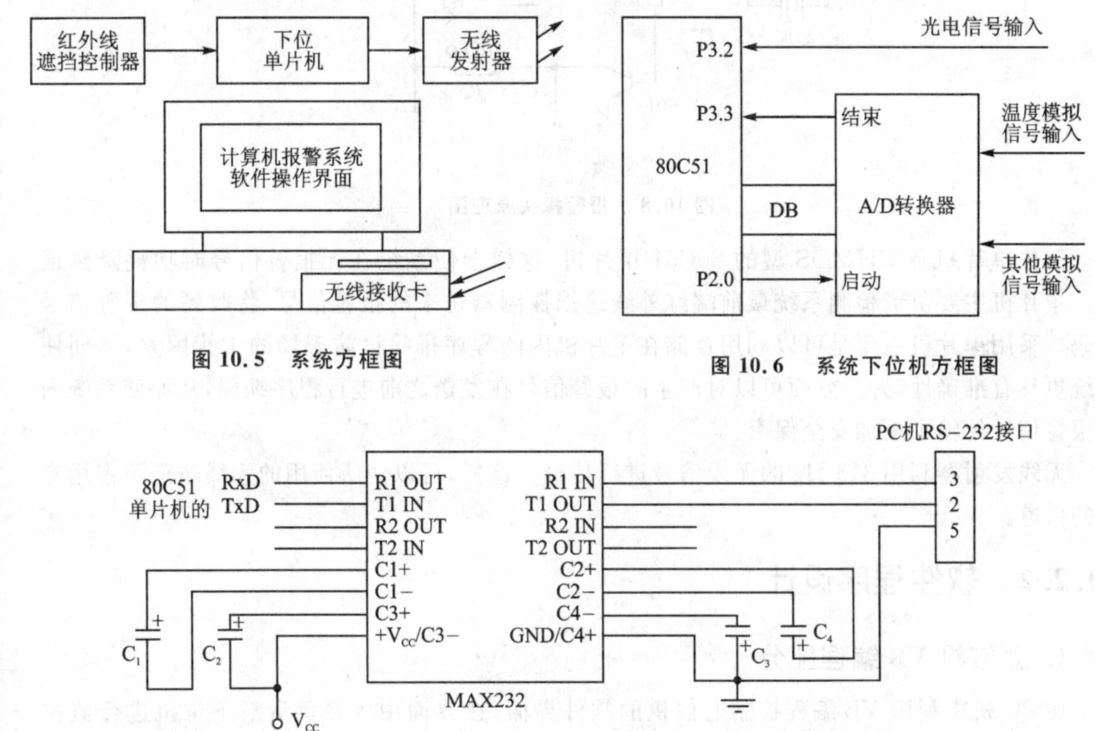

图 10.5　系统方框图

图 10.6　系统下位机方框图

图 10.7　系统通信原理图

这部分设计的主要重点在于怎样使双方之间真正地建立合适的通信协议，能够真正实现无误差传输报警数据。在设计时首选了通信协议中最安全可靠的握手协议，然后精确地计算单片机和计算机各自的波特率。单片机和计算机之间采用三芯的数据电缆，即发送、接收、地线，这样构成了典型的全双工的串行通信方式。

2. 传感器及控制模块

本系统使用了XJZ-6新型主动式红外线感应控制模块，它具有功耗低、体积小、抗干扰性能强等优点，完全能满足系统最前端的要求。这部分的硬件原理如图10.8所示。

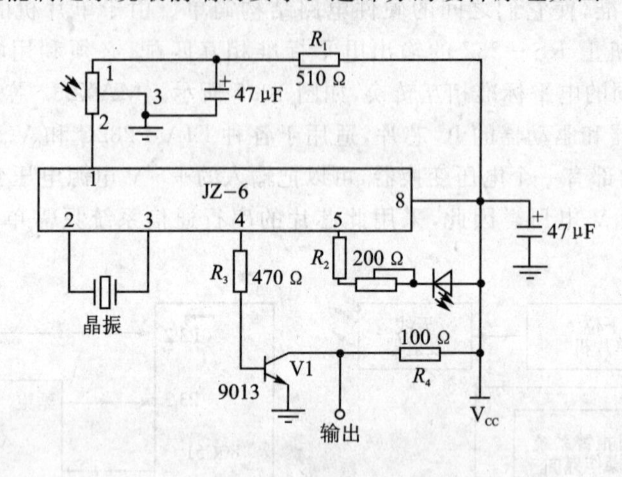

图10.8　报警探头原理图

下位单片机是CHMOS型的80C51单片机，这样会使系统在无报警信号时功耗降到最低。单片机主要负责检测系统最前端红外线遮挡探测器送来的报警信号，将收到的报警信号编码。采用单片机主要是可以利用存储在单片机内的程序排除设防现场的干扰因素，从而使系统更具有准确性，另一方面可以对产生的报警信号在发送之前进行程序编码，从而使系统内的报警信号传输中更加安全保密。

无线发射器利用315 Hz的无线信号进行传输。这样，可以使所使用的无线通道不占用专用的信道。

10.2.2　软件程序设计

1. 上位机VB编程部分

在PC机中利用VB编程控制上位机的软件界面，在界面中主要负责对下位机进行监控和报警数据的实时处理，下面重点介绍主要的VB程序模块。

在VB中添加了一个MSCOMM的控件，这个控件可以直接操作PC机的串行口。在这个控件中，选择PC机的串行口COM1，设定串行口的波特率为2400 bit/s，无奇偶校验、一个停止位。

在VB中，MSCOMM控件的核心语句如下：

```
MSComm1.CommPort = 1
```

```
MSComm1.Settings = "2400,n,8,1"
MSComm1.PortOpen = True
MSComm1.RThreshold = 1
```

将上述对串行口的设定代码放在主程序的引导窗体中，以完成主程序启动之后对PC机的串行口直接进行初始化。

在主程序界面中，利用MSCOMM控件的中断事件完成接收下位机的报警信息，以便能够在报警产生之后，立刻停止所有操作，迅速处理报警信息。具体程序如下：

```
Private Sub MSComm1_OnComm()
buf = MSComm1.Input
    Select Case buf
    Case"0" //有报警信号
        i = i + 1
        Text1.Text = "最新报警时间位置" & Time & " " & "门"
        Timer2.Enabled = True
        Timer3.Enabled = True
        Timer4.Enabled = True
        Timer5.Enabled = True
        Label4.Caption = "现场报警"
        Label4.ForeColor = RGB(255, 0, 0)
        With frm报警数据.datPrimaryRS.Recordset
        AddNew
        Fields("报警次数") = Str(i)
        Fields("报警时间") = Date & "   " & Time
        Fields("报警位置") = "门"
        Update
        End With
    Case "1" //无报警信号
        Timer2.Enabled = True
        Timer3.Enabled = True
        Shpstate.BackColor = RGB(255, 0, 0)
    End Select
End Sub
```

2. 下位机80C51程序设计

80C51部分的控制程序主要功能是监测现场的报警信息。当有警情时，通过单片机的串行口立刻把下位机的机器号、报警位置、报警时间、报警类型等数据发给上位机，然后等待上位机的复位处理；如果没有警情，每监测完一遍现场的所有信号，主动把现场的数据上传给上位机,以方便上位机对各个设防现场的状况实时了解和监控。如果能在80C51中嵌入TCP/IP的协议程序,可实现各报警现场的联网监控。这里仅以光和温度信号的监测为例说明单片机的处理过程,其他具体内容可根据不同应用场合,依据这里的基础模型自行进行扩充。这也体现了单片机的控制优势。下面是单片机部分核心的典型程序。

```
        ORG     0000H
        SJMP    MAIN
        ORG     0030H
MAIN:   NOP
        ;显示本机机器号("0")
        MOV     SCON,#50H       ;串行口工作于方式1
        MOV     TMOD,#20H       ;定时器T1工作于方式2,产生串行口的收发数据波特率
        MOV     TH1,#0F3H       ;发送初始化,T1自动重新装载的初始值
        MOV     TL1,#0F3H       ;发送初始化,T1第一次装载的初始值
        SETB    TR1             ;启动定时器开始产生串行口的波特率。
START:  JNB     P3.2,NOWANG     ;测光电信号,1为有人,从循环中跳出发送报警信号给PC计算机
        MOV     30H,#1          ;30H是光电报警的标志,如果内容为1有报警,为0则无报警
        LCALL   AD
        CJNE    31H,#38,$+3
        JC      NOWANG
        MOV     A,31H
        MOV     A,#1            ;31H单元内容是1说明有温度报警
NOWANG: MOV     30H,#0
        MOV     31H,#0
        LCALL   SEND
        SJMP    START
AD:     MOV     DPTR,#0FFFEH
        MOVX    @DPTR,A         ;启动A/D
        JNB     P3.3,$          ;等待A/D转换完成
        MOVX    A,@DPTR
        MOV     31H,A
        RET
SEND:   MOV     SBUF,#30H
        JNB     TI,$
        CLR     TI
        MOV     SBUF,#31H
        JNB     TI,$
        CLR     TI
        RET
```

本系统可实现如下功能:

- 系统能将报警数据自动地存储在计算机指定的报警专用数据库内。为日后对事故的调查、分析、取证提供了详细的现场分析资料。
- 系统可以对多个设防的现场进行实时监控,而且每个设防现场可以监测光、磁、烟、温度、湿度,系统可为多种不同的应用场合提供设计参考。
- 系统采用无线通信方式进行异地传送报警数据。这样使整套系统在网络结构上和实际安装上具有显著的优点。系统的通信虽是无线,但不占用专用的信道。
- 系统扩展方便。由于在系统中采用了主从结构的计算机通信方式,这样从机可以方便地扩展,方便了不同用户对多个现场进行多方位、多角度的设防。
- 系统操作的保密性。系统利用计算机的软件界面,设置了惟有系统管理员才可操作系统的权限,防止了他人私自解除对现场的监测。
- 系统的主从机中均采用了单片机的控制电路,使整套系统具有智能化的特点,但硬件并没有因此而复杂,成本比其他非单片机结构更加低廉。
- 报警信号监测及时、准确。系统的最前端采用了XJZ-6新型主动式红外线感应控制模块,它具有功耗低、体积小、抗干扰性能强等优点。
- 由于已经将单片机做成的无线接收卡嵌入计算机的主机箱内,所以无须给无线接收卡添加任何驱动程序,也无须给计算机再增加任何外设;再加之无线通信,使主机(计算机)外部无任何可见硬件设备,使系统的管理更加安全、隐蔽。
- 系统可以根据需要,选择适当的音乐作为报警的提示或警告音等。

本章小结

第一个应用实例介绍了一种采用DS1620温度传感器芯片实现的高精度低成本的温度控制器。为便于学习和应用,给出了整个系统的实现电路,并专门针对DS1620芯片应用的难点——程序设计给出了具体的读/写子程序和主程序实现方案。

第二个应用实例介绍了80C51单片机与PC机通信的一种典型应用。通过这个例子,可以了解PC机控制单片机的一种实现方案,以此为基础,可以实现一系列上位机控制下位机数据采集的实际应用。

本章习题

10.1 简述DS1620温度测控芯片实现温度控制的原理。

10.2 为了让单片机的串行口与PC的串行口保持协议一致,单片机应该怎样对串行口进行初始化编程?

附录 A

指令速查表(按字母顺序排列)

指 令		功能简述	字节数	机器周期数
ACALL	addr11	2 KB 范围内绝对调用	2	2
ADD	A,data	累加器加立即数	2	1
ADD	A,@Ri	累加器加内部 RAM 单元	1	1
ADD	A,direct	累加器加直接寻址单元	2	1
ADD	A,Rn	累加器加寄存器	1	1
ADDC	A,#data	累加器加立即数和进位标志	2	1
ADDC	A,@Ri	累加器加内部 RAM 单元和进位标志	1	1
ADDC	A,direct	累加器加直接寻址单元和进位标志	2	1
ADDC	A,Rn	累加器加寄存器和进位标志	1	1
AJMP	addr11	2 KB 范围内绝对转移	2	2
ANL	A,#data	累加器"与"立即数	2	1
ANL	A,@Ri	累加器"与"内部 RAM 单元	1	1
ANL	A,direct	累加器"与"直接寻址单元	2	1
ANL	A,Rn	累加器"与"寄存器	1	1
ANL	C,/bit	C 逻辑与直接寻址位的反	2	2
ANL	C,bit	C 逻辑与直接寻址位	2	2
ANL	direct,#data	直接寻址单元"与"立即数	3	2
ANL	direct,A	直接寻址单元"与"累加器	2	1
CJNE	@Ri,#data,rel	内容 RAM 单元与立即数不等转移	3	2
CJNE	A,#data,rel	累加器与立即数不等转移	3	2
CJNE	A,direct,rel	累加器与直接寻址单元不等转移	3	2
CJNE	Rn,#data,rel	寄存器与立即数不等转移	3	2

续表

指令		功能简述	字节数	机器周期数
CLR	bit	直接寻址位清零	2	1
CLR	C	C清零	1	1
CLR	A	累加器清零	1	1
CPL	A	累加器取反	1	1
CPL	bit	直接寻址位取反	2	1
CPL	C	C取反	1	1
DA	A	十进制调整	1	1
DEC	@Ri	内部RAM单元减1	1	1
DEC	A	累加器减1	1	1
DEC	direct	直接寻址单元减1	2	1
DEC	Rn	寄存器减1	1	1
DIV	AB	累加器除以寄存器B	1	4
DJNZ	direct,rel	直接寻址单元减1不为零转移	3	2
DJNZ	Rn,rel	寄存器减1不为零转移	2	2
INC	@Ri	内部RAM单元加1	1	1
INC	A	累加器加1	1	1
INC	direct	直接寻址单元加1	2	1
INC	DPTR	数据指针加1	1	2
INC	Rn	寄存器加1	1	1
JB	bit,rel	直接寻址位为1转移	3	2
JBC	bit,rel	直接寻址位为1转移并清该位	3	2
JC	rel	C为1转移	2	2
JMP	@A+DPTR	散转指令	1	2
JNB	bit,rel	直接寻址位为0转移	3	2
JNC	rel	C为零转移	2	2
JNZ	rel	累加器非零转移	2	2
JZ	rel	累加器为零转移	2	2
LCALL	addr16	64 KB范围内长调用	3	2
LJMP	addr16	64 KB范围内长转移	3	2
MOV	bit,C	C送直接寻址位	2	1

续表

指　令		功能简述	字节数	机器周期数
MOV	C,bit	直接寻址位送C	2	1
MOV	@Ri, direct	直接寻址单元送内部RAM单元	2	2
MOV	@Ri,＃data	立即数送内部RAM单元	2	1
MOV	@Ri,A	累加器送内部RAM单元	1	1
MOV	A,＃data	立即数送累加器	2	1
MOV	A,@Ri	内部RAM单元送累加器	1	1
MOV	A,direct	直接寻址单元送累加器	2	1
MOV	A,Rn	寄存器送累加器	1	1
MOV	direct,＃data	立即数送直接寻址单元	3	2
MOV	direct, A	累加器送直接寻址单元	2	1
MOV	direct,@Ri	内部RAM单元送直接寻址单元	2	2
MOV	direct,Rn	寄存器送直接寻址单元	2	2
MOV	direct2,direct1	直接寻址单元送直接寻址单元	3	2
MOV	DPTR,＃data16	16位立即数送数据指针	3	2
MOV	Rn, direct,	直接寻址单元送寄存器	2	2
MOV	Rn,＃data	立即数送寄存器	2	1
MOV	Rn,A	累加器送寄存器	1	1
MOVC	A,@A＋DPTR	查表数据送累加器(数据指针为基址)	1	2
MOVC	A,@A＋PC	查表数据送累加器(程序计数器为基址)	1	2
MOVX	@DPTR,A	累加器送外部RAM单元(16位)	1	2
MOVX	@Ri, A	累加器送外部RAM单元(8位)	1	2
MOVX	A, @DPTR	外部RAM单元送累加器(16位)	1	2
MOVX	A,@Ri	外部RAM单元送累加器(8位)	1	2
MUL	AB	累加器乘寄存器B	1	4
NOP		空操作	1	1
ORL	A,＃data	累加器"或"立即数	2	1
ORL	A,@Ri	累加器"或"内部RAM单元	1	1
ORL	A,direct	累加器"或"直接寻址单元	2	1
ORL	A,Rn	累加器"或"寄存器	1	1
ORL	C,/bit	C逻辑"或"直接寻址位的反	2	2

续表

指　令		功能简述	字节数	机器周期数
ORL	C,bit	C 逻辑“或”直接寻址位	2	2
ORL	direct,#data	直接寻址单元“或”立即数	3	2
ORL	direct,A	直接寻址单元“或”累加器	2	1
POP	direct	栈顶弹至直接寻址单元	2	2
PUSH	direct	直接寻址单元压入栈顶	2	2
RET		子程序返回	1	2
RETI		中断返回	1	2
RL	A	累加器左环移位	1	1
RLC	A	累加器连进位标志左环移位	1	1
RR	A	累加器右环移位	1	1
RRC	A	累加器连进位标志右环移位	1	1
SETB	bit	直接寻址位置位	2	1
SETB	C	C 置位	1	1
SJMP	rel	相对短转移	2	2
SUBB	A,#data	累加器减立即数和进位标志	2	1
SUBB	A,@Ri	累加器减内部 RAM 单元和进位标志	1	1
SUBB	A,direct	累加器减直接寻址单元和进位标志	2	1
SUBB	A,Rn	累加器减寄存器和进位标志	1	1
SWAP	A	累加器高 4 位与低 4 位交换	1	1
XCH	A,@Ri	累加器与内部 RAM 单元交换	1	1
XCH	A,direct	累加器与直接寻址单元交换	2	1
XCH	A,Rn	累加器与寄存器交换	1	1
XCHD	A,@Ri	累加器与内部 RAM 低 4 位交换	1	1
XRL	A,#data	累加器“异或”立即数	2	1
XRL	A,@Ri	累加器“异或”内部 RAM 单元	1	1
XRL	A,direct	累加器“异或”直接寻址单元	2	1
XRL	A,Rn	累加器“异或”寄存器	1	1
XRL	direct,#data	直接寻址单元“异或”立即数	3	2
XRL	direct,A	直接寻址单元“异或”累加器	2	1

附录 B

PDIUSBD 12 引脚描述

符 号	引 脚	类 型	描 述
DATA[0]	1	IO2	双向数据位 0
DATA[1]	2	IO2	双向数据位 1
DATA[2]	3	IO2	双向数据位 2
DATA[3]	4	IO2	双向数据位 3
GND	5	P	地
DATA[4]	6	IO2	双向数据位 4
DATA[5]	7	IO2	双向数据位 5
DATA[6]	8	IO2	双向数据位 6
DATA[7]	9	IO2	双向数据位 7
ALE	10	I	地址锁存使能：在多路地址/数据总线中下降沿锁存地址信息，用于地址/数据总线配置
CS_N	11	I	片选（低电平有效）
SUSPEND	12	I，OD4	器件处于挂起状态
CLKOUT	13	O2	可编程时钟输出
INT_N	14	OD4	中断（低电平有效）
RD_D	15	I	读选通（低电平有效）
WR_N	16	I	写选通（低电平有效）
DMREQ	17	O4	DMA 请求
DMACK_N	18	I	DMA 确认（低电平有效）
EOT_N	19	I	DMA 传输结束（低电平有效），EOT_N 仅当 DMACK_N 和 RD_N 或 WR_N 一起激活时才有效

续表

符　号	引　脚	类　型	描　述
	20	I	复位(低电平有效且不同步),片内上电复位电路,该引脚可接 V_{CC}
GL_N	21	OD8	GoodLink LED 指示器(低电平有效)
XTAL1	22	I	晶振连接端 1(6 MHz)
XTAL2	23	O	晶振连接端 2(6 MHz),如果采用外部时钟信号,则连接 XTAL1,XTAL2 应当悬空
V_{DD}	24	P	电源电压 4.0～5.5 V。要使器件工作在 3.3 V,对 VCC 和 VOUT3.3 脚都应提供 3.3 V
D−	25	A	USB D−数据线
D+	26	A	USB D+数据线
VOUT3.3	27	P	3.3 V 调节输出。要使器件工作在 3.3 V,对 VCC 和 VOUT3.3 脚都应提供 3.3 V
A0	28	I	地址位:A0=1 选择命令,指令 AO=0 选择数据,该位在多路地址/数据总线配置时可忽略,应将其接高电平

注:O2 为 2 mA 驱动输出;

　　O4 为 4 mA 驱动输出;

　　IO2 为 4 mA 驱动输入和输出;

　　OD4 为 4 mA 驱动开漏输出;

　　OD8 为 8 mA 驱动开漏输出。

附录C

PDIUSBD 12 端点描述

端点数	端点索引	传输类型	传输方向	最大信息包规格 (Byte)
模式 0(非同步传输模式)				
0	0	控制输出	输出	16
	1	控制输入	输入	16
1	2	普通输出	输出	16
	3	普通输入	输入	16
2	4	普通输出	输出	64
	5	普通输入	输入	64
模式 1(同步输出传输模式)				
0	0	控制输出	输出	16
	1	控制输入	输入	16
1	2	普通输出	输出	16
	3	普通输入	输入	16
2	4	同步输出	输出	128
模式 2(同步输入传输模式)				
0	0	控制输出	输出	16
	1	控制输入	输入	16
1	2	普通输出	输出	16
	3	普通输入	输入	16
2	4	同步输入	输入	128
模式 2(同步输入/输出传输模式)				
0	0	控制输出	输出	16
	1	控制输入	输入	16
1	2	普通输出	输出	16
	3	普通输入	输入	16
2	4	普通输出	输出	64
	5	普通输入	输入	64

附录D

PDIUSBD 12的命令描述

命令名	接收者	编　码	数　据
初始化命令			
设置地址/使能	器件	D0H	写1字节
设置端点使能	器件	D1H	写1字节
设置模式	器件	F3H	写2字节
设置DMA	器件	FBH	读/写1字节
数据流命令			
读中断寄存器	器件	F4H	读2字节
选择端点	控制输出	00H	读1字节(可选)
	控制输入	01H	读1字节(可选)
	端点1输出	02H	读1字节(可选)
	端点1输入	03H	读1字节(可选)
	端点2输出	04H	读1字节(可选)
	端点2输入	05H	读1字节(可选)
读最后处理状态	控制输出	40H	读1字节
	控制输入	41H	读1字节
	端点1输出	42H	读1字节
	端点1输入	43H	读1字节
	端点2输出	44H	读1字节
	端点2输入	45H	读1字节
读缓冲区	选择的端点	F0H	读n字节
写缓冲区	选择的端点	F0H	读n字节
设置端点状态	控制输出	40H	写1字节
	控制输入	41H	写1字节
	端点1输出	42H	写1字节
	端点1输入	43H	写1字节
	端点2输出	44H	写1字节
	端点2输入	45H	写1字节
应答设置	选择的端点	F1H	无
缓冲区清0	选择的端点	F2H	无
使缓冲区有效	选择的端点	FAH	无
普通命令			
发送恢复		F6H	无
读当前帧数目		F5H	读1或2字节

附录 E

ZLG7290 的应用程序

```
;与硬件有关的伪指令定义
            SCL         EQU  P1.0
            SDA         EQU  P1.1
            K0          EQU  10                    ;S10
            K1          EQU  1                     ;S1
            K2          EQU  2                     ;S2
            KRIGHT      EQU  11                    ;S11
            KLEFT       EQU  12                    ;S12
            KMODE       EQU  13                    ;S13
            SLVZLG7290  EQU  0x70                  ;ZLG7290 从地址
            SUBKEY      EQU  0x1                   ;键码值子地址
            SUBCMDBUF   EQU  0x7                   ;命令缓冲区子地址
            SUBDPRAM    EQU  0x10                  ;显存子地址
            KEYINT      EQU  P3.3                  ;中断信号
            DPBUF:      EQU  30H                   ;显示缓冲区
            I           EQU  38H                   ;显示缓冲区指针
            IICWRITEBUF EQU  39H                   ;I²C 写缓冲区
            IICREADBUF  EQU  3AH                   ;I²C 读缓冲区
            KEY         EQU  IICREADBUF
            KEY_REPEAT  EQU  IICREADBUF + 1
            FUNCTIONKEY EQU  IICREADBUF + 2
            EDITMODE    BIT  F0                    ;修改模式位
            KEYNUM      EQU  3DH                   ;数字键键码 0～9
            TEMP        EQU  3EH
            TXDBYTE     EQU  R7                    ;发送字节数
            RXDBYTE     EQU  R5                    ;接收字节数
;80C51 主程序
            ORG         0000H
MAIN:       MOV         SP,#60H                    ;系统堆栈初始化
            SETB        KEYINT                     ;置 KEYINT 引脚为输入状态,非中断方式
```

```
            CLR         A                       ;显示缓冲区初始化为 00H
            MOV         R0,#DPBUF
            MOV         R1,#8
DPBUFINI:   MOV         @R0,A
            INC         R0
            DJNZ        R1,DPBUFINI
            CLR         EDITMODE                ;非修改模式,输入模式
            MOV         I,A                     ;显示缓冲区偏移量初始化
LOOP:       JB          KEYINT,LOOP             ;等待有键按下
            MOV         SLVADDR,#SLVZLG7290     ;有键按下
            MOV         SUBADDR,#SUBKEY
LOOP1:      MOV         R1,#IICREADBUF          ;给出发送/接收缓冲区的首地址
            MOV         R5,#3                   ;给出接收字节数
            MOV         R7,#1                   ;给出发送字节数
            LCALL       _IICTXDRXD              ;调用 I²C 软件包,读 KEY、KEY_REPEAT、
                                                ;FUNCTIONKEY 的内容到 IICREADBUF0~2
            JC          LOOP1                   ;读出错重试
            MOV         A,KEY
            CLR         C
            CJNE        A,#K0+1,NEXT            ;K0 的键码 = 10
NEXT:       JNC         CTRLKEY                 ;转控制键
            MOV         KEYNUM,KEY              ;有效的数字键
            CJNE        A,#K0,FORKEY0END
            MOV         KEYNUM,#0
FORKEY0END:
            JB          EDITMODE,FOREDITEND     ;输入模式下,左移 1 位(原有数左移)
            MOV         IICWRITEBUF,#010H       ;左移 1 位指令
            MOV         SLVADDR,#SLVZLG7290
            MOV         SUBADDR,#SUBCMDBUF
            MOV         R1,#IICWRITEBUF
            MOV         R5,#0                   ;接收字节数
            MOV         R7,#1+1                 ;发送字节数
            LCALL       _IICTXDRXD
FOREDITEND: MOV         A,#LOW (DPBUF)          ;输出 1 位(新输入数),控制闪烁
            ADD         A,I
            MOV         R0,A
            MOV         @R0,KEYNUM
            MOV         A,@R0
            JNB         EDITMODE,FORNOEDITEND
```

```
              ORL       A,#040H                    ;修改模式下闪烁
FORNOEDITEND:MOV        IICWRITEBUF+01H,A
              MOV       A,I
              ADD       A,#060H
              MOV       IICWRITEBUF,A              ;在第 I 位 LED 译码并显示 DPBUF+I
              MOV       SLVADDR,#SLVZLG7290
              MOV       SUBADDR,#SUBCMDBUF
              MOV       R1,#IICWRITEBUF
              MOV       R5,#0                      ;接收字节数
              MOV       R7,#1+2                    ;发送字节数
              LCALL     _IICTXDRXD
              SJMP      FORNEXT
CTRLKEY:      MOV       A,KEY_REPEAT               ;控制键
              JNZ       FORKMODEEND
              MOV       A,KEY
              CJNE      A,#KMODE,FORKMODEEND       ;单击 KMODE
              CPL       EDITMODE
              CLR       A
              MOV       I,A                        ;显示缓冲区指针初始化
FORKMODEEND:  MOV       IICWRITEBUF+1,#0H          ;当前位不闪烁
              JNB       EDITMODE,ININPUTMODE       ;修改模式,选择要修改的位
              MOV       A,KEY
              CJNE      A,#KLEFT,FORKLEFTEND
              INC       I
FORKLEFTEND:  MOV       A,KEY
              CJNE      A,#KRIGHT,FORKRIGHTEND
              DEC       I
FORKRIGHTEND:ANL        I,#111B
              MOV       DPTR,#TAB8SEL1
              MOV       A,I
              MOVC      A,@A+DPTR
              MOV       IICWRITEBUF+1,A            ;当前位(新选择的)闪烁
ININPUTMODE:  MOV       IICWRITEBUF,#70H           ;闪烁控制指令
              MOV       SLVADDR,#SLVZLG7290
              MOV       SUBADDR,#SUBCMDBUF
              MOV       R1,#IICWRITEBUF
              MOV       R5,#0
              MOV       R7,#1+2
              LCALL     _IICTXDRXD
```

```
FORNEXT:       LJMP        LOOP
TAB8SEL1:      DB 00000001B, 00000010B, 00000100B, 00001000B
               DB 00010000B, 00100000B, 01000000B, 10000000B
;I2C发送/接收子程序
_IICTXDRXD:    SETB        RETRY                 ;设置错误标志位
SENDSTART:     SETB        SDA                   ;启动信号
               SETB        SCL
               NOP
               NOP
               ⋮                                 ;起延时作用,NOP的个数取决于单片机的工
                                                 ;作时钟
               CLR         SDA
               NOP
               NOP
               ⋮                                 ;延时,同上
               CLR         SCL
SENDSLAADR:    MOV         A,SLVADDR             ;发送信息(被控器地址地址,数据)
               CJNE        TXDBYTE,#0,SENDSLAADR1
               SETB        ACC.0                 ;TXDBYTE=0时进行读操作
SENDSLAADR1:   SETB        C                     ;发送地址
               LCALL       XMBYTE                ;检测到应答位时释放SDA线
               JC          IICERR                ;无应答出错
               JB          ACC.0,RECEIVEDATA     ;SLAADR.0=1时进行读操作
               MOV         A,SUBADDR             ;写操作
SENDDATA:                                        ;发送数据
               SETB        C                     ;检测应答位时释放SDA线
               LCALL       XMBYTE
               JC          IICERR                ;无应答出错
               MOV         A,@R1
               INC         R1
               DJNZ        TXDBYTE,SENDDATA
               DEC         R1
               MOV         A,RXDBYTE
               JNZ         SENDSTART             ;RXDBYTE>0时进行读操作
               JMP         SENDSTOP
RCVBYTE:       MOV         A,#0FFH               ;接收1字节数据
                                                 ;释放SDA线允许输入
XMBYTE:        MOV         R4,#9                 ;发送1字节数据
                                                 ;设置数据格式为8+1位(非)应答位
```

```
RXBIT:        RLC     A                       ;按位传送
                                              ;左移数据
              MOV     SDA,C                   ;输出数据(写)
              SETB    SCL
              MOV     C,SDA                   ;输入数据(读)
              NOP
              NOP
              ⋮                               ;延时
              CLR     SCL
              NOP
              NOP
              ⋮                               ;延时
              DJNZ    R4,RXBIT                ;重复操作直到处理完所有数据位
              RET
RECEIVEDATA:  MOV     A,RXDBYTE               ;接收数据
              CJNE    A,#2,RECEIVEDATA1       ;RXDBYTE = 1(最后一个字节)时,
                                              ;发送非应答位(C = 1);否则发送应答位(C = 0)
RECEIVEDATA1: LCALL   RCVBYTE
              MOV     @R1,A
              INC     R1
              DJNZ    RXDBYTE,RECEIVEDATA
SENDSTOP:                                     ;产生 I2C 停止信号
              CLR     RETRY                   ;清除错误标志位
IICERR:       CLR     SDA                     ;出错返回
              SETB    SCL
              NOP
              NOP
              ⋮
              SETB    SDA
              MOV     C,RETRY                 ;返回出错标志(C = RETRY)
              RET
              END                             ;结束
```

更详细的程序可参考周立功公司网站上的有关资料。

参考文献

[1] 何立民. 嵌入式系统的定义与发展历史. 单片机与嵌入式系统应用[J],2004(1)

[2] 马忠梅. 单片机的C语言应用程序设计[M]. 第4版. 北京：北京航空航天大学出版社,2007.

[3] http://www.zlgmcu.com

[4] http://www.hkzk.com.cn

[5] 潘琢金. C8051FXXX高速SOC单片机原理及应用[M]. 北京：北京航空航天大学出版社,2002.

[6] John L. Hennessy, David A. Patterson. 计算机系统结构——量化研究方法[M]. 第3版. 北京：电子工业出版社,2004.

[7] 吕京建,肖海桥. 嵌入式处理器分类与现状. http://www.bol-system.com,2006.8.

[8] 郑泽胜. 嵌入式系统及实时软件开发. 嵌入式Linux中文社区,http://www.pocketix.com.

[9] 李全利. 单片机原理及应用技术[M]. 第2版. 北京：高等教育出版社,2004.

[10] 李广弟. 单片机基础[M]. 北京：北京航空航天大学出版社,1999.

[11] 张毅刚. 单片机应用设计[M]. 第2版. 哈尔滨：哈尔滨工业大学出版社,1997.

[12] 徐惠民,安德宁. 单片微型计算机原理接口与应用[M]. 北京：北京邮电大学出版社,1996.

[13] 许永和. 8051单片机USB接口程序设计[M]. 北京：北京航空航天大学出版社,2004.

[14] 杨金岩,郑应强,张振仁. 8051单片机数据传输接口扩展技术与应用实例[M]. 北京：人民邮电出版社,2005.

[15] 肖踞雄,翁铁成,宋中庆. USB技术及应用设计[M]. 北京：清华大学出版社,2003.

[16] 李刚. ADμC8XX系列单片机原理与应用技术[M]. 北京：北京航空航天大学出版社,2002.